Educational Producer For Your Success

 2026 첫 시행!

이륜자동차 정비기능사 필기

정장만
진기철 편저
정우연

[신설 국가기술자격 대비 맞춤도서]

- 정비 직무에 기반한 핵심이론 정리
- '핵심이론 + 기출예상문제'로 구성
- 실기시험 예상문제 수록
- 4도(컬러) 편집으로 가독성 극대화

에듀피디 동영상강의 www.edupd.com

 에듀피디
EDUPD

이륜자동차
정비기능사 필기

1판 1쇄 2025년 9월 17일
2판 1쇄 2026년 1월 5일

저 자 정장만, 정우연, 진기철
발행처 에듀피디
등 록 제300-2005-146
주 소 서울 종로구 대학로 45 임호빌딩 2층 (연건동)
전 화 1600-6690
팩 스 02)747-3113

※ 이 책은 저작권법에 따라 보호받는 저작물이므로 무단전재와 무단복제를 금지하며 책 내용의 전부 또는 일부를 이용하려면 반드시 저작권자와 에듀피디의 서면 동의를 받아야 합니다.

머리말

최근 이륜자동차는 단순한 교통수단을 넘어 레저, 스포츠, 도시 배달, 전문 직업 운송 등 다양한 영역에서 그 활용도가 눈에 띄게 확대되고 있습니다. 이에 따라 이륜자동차의 내부 구조 이해, 정비 기술 숙련, 법규 준수 능력을 갖춘 전문 정비인력의 필요성이 더욱 중요해졌습니다.

특히 **이륜자동차정비기능사** 자격은 이러한 시대적 흐름 속에서 정비 분야에 뛰어들고자 하는 이들에게 신뢰할 수 있는 전문성의 근거가 되며, 실무 역량과 신뢰성을 동시에 갖춘 정비 엔지니어로 성장하기 위한 첫걸음이 되고 있습니다.

이 교재는 자격증 취득을 희망하는 수험생 여러분에게 최적화된 길잡이가 되고자 기획되었습니다. 핵심 이론의 정밀 분석과 기출문제 유형에 대한 심층 해설을 바탕으로, 실기시험에서 요구하는 절차와 논리를 판서처럼 재현하여 수험생들의 이해도를 높였습니다.

실전 시험과 현장 정비의 흐름을 자연스럽게 이어줄 수 있도록, 다음과 같은 요소들을 체계적으로 제시하였습니다.

점검 항목 : 실제 정비 작업 시 반드시 확인해야 할 부분과 기준
고장 진단 방법 : 흔히 발생하는 문제들에 대한 원인 분석과 해결 절차
작업 순서 : 실기시험뿐 아니라 현장 작업 시에도 유용한 단계별 접근 방식
시각 자료 : 부위별 정밀한 도해와 실물 사진으로 세밀한 위치와 기능 이해 지원

조금의 오차도 허용되지 않는 오늘날 이륜자동차 정비 환경에서는, 단순한 기계 지식을 넘어 전기·전자 회로의 작동 이해, 배터리 및 친환경 파워트레인 등에 대한 인식, 그리고 정비 과정 전반에 걸친 안전 의식이 필수입니다. 이 교재는 이러한 통합적 시각을 수험생 여러분에게 제공하여, 자격시험 합격을 넘어 현장의 실무 경쟁력을 마련하는 든든한 기반이 되기를 희망합니다.

끝으로, 이 책이 만들어지기까지 헌신과 전문성을 제공해주신 산업 현장의 숙련 정비사, 교육 현장의 교수진, 그리고 제도 운영을 위해 협조해주신 모든 분들께 깊은 감사의 마음을 전합니다. 독자 여러분의 끊임없는 도전과 열정이 반드시 빛나는 결실로 이어지기를 진심으로 기원합니다.

2025년 12월

저자 일동

출제기준(필기)

| 직무분야 | 기계 | 중직무분야 | 자동차 | 자격종목 | 이륜자동차 정비기능사 | 적용기간 | 2026.01.01 ~2029.12.31 |

○ 직무내용 : 이륜자동차 각 시스템(엔진, 전기장치, 섀시, 동력전달 장치, 안전·편의장치, 프레임, 전기오토바이)의 구조 및 작동원리를 이해하고 각 구성품의 이상 유무를 진단 및 점검하여 정비하는 직무이다.

| 검정방법 | 객관식 | 문제수 | 60 | 시험시간 | 1시간 |

필기과목명	문제수	주요항목	세부항목	세세항목
이륜자동차 엔진, 전기장치, 섀시, 동력전달장치, 안전·편의장치, 프레임, 전기오토바이	60	1. 오토바이 엔진정비	1. 엔진 본체 정비	1. 엔진 본체의 이해 2. 엔진 본체 점검 및 진단·검사 3. 엔진 본체 교환 및 수리
			2. 흡·배기 및 과급장치 정비	1. 흡·배기 및 과급장치의 이해 2. 흡·배기 및 과급장치 점검 및 진단·검사
			3. 연료장치 정비	1. 연료장치의 이해 2. 연료장치 점검 및 진단·검사 3. 연료장치 관련 부품 조정 4. 연료장치 교환 및 수리
			4. 냉각장치 정비	1. 냉각장치의 이해 2. 냉각장치 점검 및 진단·검사 3. 냉각장치 교환 및 수리
			5. 엔진 전자제어장치 정비	1. 엔진 전자제어장치의 이해 2. 엔진 전자제어장치 점검 및 진단·검사 3. 엔진 전자제어장치 관련 부품 조정 4. 엔진 전자제어장치 교환 및 수리
		2. 오토바이 전기장치 정비	1. 시동·충전 장치 정비	1. 시동·충전 장치의 이해 2. 시동·충전 장치 점검 및 진단·검사 3. 시동·충전 장치 교환 및 수리
			2. 점화장치 정비	1. 점화장치의 이해 2. 점화장치 점검 및 진단·검사 3. 점화장치 교환 및 수리
			3. 등화장치 정비	1. 등화장치의 이해 2. 등화장치 점검 및 진단·검사 3. 등화장치 교환 및 수리
			4. 전기·전자회로 분석	1. 전기·전자 회로의 이해 2. 전기·전자 회로 점검 및 진단·검사 3. 전기·전자 회로 교환 및 수리

필기과목명	문제수	주요항목	세부항목	세세항목
		3. 오토바이 섀시정비	1. 휠 · 타이어 정비	1. 휠 · 타이어의 이해 2. 휠 · 타이어 점검 및 진단 · 검사 3. 휠 · 타이어 교환 및 수리 4. 타이어 압력 조정
			2. 현가장치 정비	1. 현가장치의 이해 2. 현가장치 점검 및 진단 · 검사 3. 현가장치 교환 및 수리
			3. 조향장치 정비	1. 조향장치의 이해 2. 조향장치 점검 및 진단 · 검사 3. 조향장치 교환 및 수리
			4. 제동장치 정비	1. 제동장치의 이해 2. 제동장치 점검 및 진단 · 검사 3. 제동장치 관련 부품 조정 4. 제동장치 관련 부품 교환 및 수리
		4. 오토바이 동력전달 장치정비	1. 변속기(수동, 무단, 자동) 정비	1. 변속기의 이해 2. 변속기와 클러치 점검 및 진단 · 검사 3. 변속기 관련 부품 조정 4. 변속기 교환 및 수리
			2. 차동장치 정비	1. 차동장치의 이해 2. 차동장치 점검 및 진단 · 검사 3. 차동장치 교환 및 수리
			3. 드라이브라인 정비	1. 드라이브라인의 이해 2. 드라이브라인 점검 및 진단 · 검사 3. 드라이브라인 교환 및 수리
		5. 오토바이 안전 · 편의 장치정비	1. 주행안전장치(에어백, ABS, TPMS 등) 정비	1. 주행안전장치의 이해 2. 주행안전장치 점검 및 진단 · 검사 3. 주행안전장치 교환 및 수리
			2. 편의장치(히터, 에어컨, 정속주행장치 등) 정비	1. 편의장치의 이해 2. 편의장치 점검 및 진단 · 검사 3. 편의장치 교환 및 수리
		6. 오토바이 프레임 정비	1. 프레임 변형계측 수정 작업	1. 프레임의 이해 2. 프레임 점검 및 진단 · 검사
		7. 전기오토바이정비	1. 배터리 · 충전장치 정비	1. 배터리 · 충전장치의 이해 2. 배터리 · 충전장치 점검 및 진단 · 검사 3. 배터리 · 충전장치 교환 및 수리
			2. 직류전원장치 · 모터 컨트롤러 정비	1. 직류전원장치 · 모터컨트롤러의 이해 2. 직류전원장치 · 모터컨트롤러 점검 및 진단 · 검사 3. 직류전원장치 · 모터컨트롤러 교환 및 수리
			3. 모터 정비	1. 모터장치의 이해 2. 모터장치 점검 및 진단 · 검사 3. 모터장치 교환 및 수리

필기과목명	문제수	주요항목	세부항목	세세항목
		8. 안전 및 법규	1. 관련 법규	1. 대기환경보전법령(이륜자동차 관련)
				2. 소음·진동관리법령(이륜자동차 소음 허용기준)
				3. 산업안전보건법령(작업안전관리 관련)
				4. 자동차관리법령(이륜자동차 관련)
				5. 자동차(부품) 성능 및 기준에 관한 규칙
			2. 안전관리	1. 작업자 안전관리

출제기준(실기)

| 직무분야 | 기계 | 중직무분야 | 자동차 | 자격종목 | 이륜자동차 정비기능사 | 적용기간 | 2026.01.01 ~2029.12.31 |

○ 직무내용 : 이륜자동차 각 시스템(엔진, 전기장치, 섀시, 동력전달 장치, 안전·편의장치, 프레임, 전기오토바이)의 구조 및 작동원리를 이해하고 각 구성품의 이상 유무를 진단 및 점검하여 정비하는 직무이다.

○ 수행준거
1. 엔진의 구조 및 작동원리에 대한 이해를 바탕으로 엔진 성능, 매연, 엔진 소음, 연료 누유, 냉각수 누수 등의 주요 원인을 파악하여 엔진을 점검 및 진단하여 정비할 수 있다.
2. 각 전기장치의 구조·작동원리를 이해하고, 결함 부품을 서비스 매뉴얼의 지침에 따라 진단 점검후 정상 작동되도록 정비할 수 있다.
3. 동력의 흐름과 전달, 차단 및 변환 등에 대한 이해를 바탕으로 각종 측정 장비의 데이터에 따라 고장을 진단하고 정비할 수 있다.
4. 동력 전달을 위한 각종 변속기와 동력전달구성요소에 대한 지식과 실무 능력을 가지고 점검·정비할 수 있다.
5. 오토바이의 주행 중에 탑승자의 안전·편의장치 구성품의 입력, 제어, 출력 등의 작동여부를 확인하고 정비할 수 있다.

| 검정방법 | 작업형 | 시험시간 | 3시간 30분 정도 (엔진 1시간 30분, 섀시 1시간, 전기 1시간) |

필기과목명	주요항목	세부항목	세세항목
이륜자동차 정비실무	1. 오토바이 엔진정비	1. 엔진 본체 정비하기	1. 제조사별 엔진 본체 구조·장치를 파악하여 점검 및 진단할 수 있다. 2. 제조사별 서비스 매뉴얼에 따라 엔진 본체 관련 부품을 조정할 수 있다. 3. 제조사별 엔진 종류에 따라 규정 값을 기준으로 교환 및 수리할 수 있다. 4. 서비스매뉴얼의 세부점검 목록에 따라 엔진 본체 장치를 검사할 수 있다.
		2. 흡·배기 및 과급장치 정비하기	1. 흡·배기 및 과급장치의 점검 시 안전작업 절차에 따라 고장원인을 분석할 수 있다. 2. 분해·조립절차 계획을 수립하여 장비·공구를 준비할 수 있다. 3. 흡·배기 및 과급장치의 규정 값 범위가 되도록 조정할 수 있다. 4. 서비스 매뉴얼에 따라 흡·배기 및 과급장치 관련 부품을 분해·조립순서에 맞게 교환 및 수리할 수 있다. 5. 서비스 매뉴얼에 따라 흡·배기 및 과급장치의 가스, 공기의 흐름의 누설 여부 검사를 통해 정상작동 여부를 확인할 수 있다.
		3. 연료장치 정비하기	1. 고장진단 장비를 사용하여 제어장치의 고장원인을 분석할 수 있다. 2. 분해·조립절차 계획을 수립하여 장비·공구를 준비할 수 있다. 3. 차종별 연료장치를 파악하여 규정 값대로 조정할 수 있다. 4. 서비스 매뉴얼에 따라 관련 부품을 분해·조립순서에 맞게 교환 및 수리할 수 있다. 5. 서비스 매뉴얼에 따라 연료장치의 정상작동 여부를 검사할 수 있다.

필기과목명	주요항목	세부항목	세세항목
		4. 냉각장치 정비하기	1. 고장진단 장비를 활용하여 냉각계통의 고장원인을 분석할 수 있다. 2. 분해·조립절차 계획을 수립하여 장비·공구를 준비할 수 있다. 3. 서비스 매뉴얼에 따라 관련 부품을 분해·조립순서에 맞게 교환 및 수리할 수 있다. 4. 서비스 매뉴얼에 따라 냉각수 흐름에 대한 검사를 통해 냉각장치의 정상작동 여부를 확인할 수 있다.
		5. 엔진 전자제어장치 정비하기	1. 시운전과 진단장비를 활용하여 엔진 전자제어장치의 이상 유무를 검사할 수 있다. 2. 가솔린 전자제어장치의 규정 값 범위가 되도록 조정할 수 있다. 3. 서비스 매뉴얼에 따라 관련 부품을 탈부착 순서에 맞게 교환 및 수리할 수 있다. 4. 서비스 매뉴얼에 따라 가솔린 전자제어장치의 정상작동 여부를 검사할 수 있다.
	2. 오토바이 전기장치 정비	1. 시동·충전 장치 정비하기	1. 제조사별 서비스 매뉴얼의 지침에 따라 시동·충전장치를 점검 및 진단할 수 있다. 2. 제조사별 서비스 매뉴얼의 정비 절차를 준수하여 확정된 결함 부문을 수리 및 교환할 수 있다. 3. 제조사별 서비스 매뉴얼에 따라 부품을 교환 수리 후 시동·충전장치의 정상작동 여부를 검사할 수 있다.
		2. 점화장치 정비하기	1. 제조사별 서비스 매뉴얼의 지침에 따라 점화장치를 점검 및 진단할 수 있다. 2. 제조사별 서비스 매뉴얼의 정비 절차를 준수하여 확정된 결함 부문을 수리 및 교환할 수 있다. 3. 제조사별 서비스 매뉴얼에 따라 부품을 교환 수리후 점화장치의 정상작동 여부를 검사할 수 있다.
		3. 등화장치 정비하기	1. 제조사별 서비스 매뉴얼의 지침에 따라 등화 장치를 점검 및 진단 할 수 있다. 2. 제조사별 서비스 매뉴얼의 정비 절차를 준수하여 확정된 결함 부문을 수리 및 교환할 수 있다. 3. 제조사별 서비스 매뉴얼에 따라 부품을 교환 수리 후 등화장치의 정상작동 여부를 검사할 수 있다.
		4. 전기·전자회로 분석하기	1. 제조사별 서비스 매뉴얼에 따라 전기·전자 회로도를 판독하고 점검할 수 있다. 2. 확인된 결함 부문의 원인을 분석하고 정비 방법과 범위를 수립할 수 있다. 3. 제조사별 서비스 매뉴얼의 정비 절차를 준수하여 확정된 결함 부품을 수리 및 교환할 수 있다. 4. 제조사별 서비스 매뉴얼에 따라 부품을 교환 수리후 전기·전자회로의 정상작동 여부를 검사할 수 있다.
	3. 오토바이 섀시정비	1. 휠·타이어 정비하기	1. 휠·타이어의 상태를 파악하여 결함에 대해 진단 및 점검할 수 있다. 2. 제조사별 서비스 매뉴얼에 따라 타이어 적정 압력을 조정할 수 있다. 3. 휠·타이어 교환 계획에 따른 장비·공구를 준비할 수 있다. 4. 오토바이 구조에 적합한 휠·타이어를 교환할 수 있다. 5. 휠·타이어의 세부점검목록에 따라 정상작동 여부를 검사할 수 있다.

필기과목명	문제수	주요항목	세부항목	세세항목
			2. 현가장치 정비하기	1. 제조사별 서비스매뉴얼에 따라 현가 장치를 점검 및 진단할 수 있다. 2. 분해·조립절차 계획을 수립하여 장비·공구를 준비할 수 있다. 3. 현가장치 관련 부품의 규정 값 범위가 되도록 조정할 수 있다. 4. 제조사별 서비스 매뉴얼에 따라 현가장치 관련 부품을 교환 및 수리할 수 있다. 5. 제조사별 서비스 매뉴얼에 따라 수리 후 현가장치의 정상작동 여부를 검사할 수 있다.
			3. 조향장치 정비하기	1. 제조사별 서비스매뉴얼에 따라 조향장치를 점검 및 진단할 수 있다. 2. 분해·조립절차 계획을 수립하여 장비·공구를 준비할 수 있다. 3. 조향장치 관련 부품의 규정 값 범위가 되도록 조정할 수 있다. 4. 제조사별 서비스 매뉴얼에 따라 조향장치 관련 부품을 교환 및 수리할 수 있다. 5. 제조사별 서비스 매뉴얼에 따라 수리 후 조향장치의 정상작동 여부를 검사할 수 있다.
			4. 제동장치 정비하기	1. 제조사별 서비스매뉴얼에 따라 제동장치를 점검 및 진단할 수 있다. 2. 분해·조립절차 계획을 수립하여 장비·공구를 준비할 수 있다. 3. 제동장치 관련 부품의 규정 값 범위가 되도록 조정할 수 있다. 4. 제조사별 서비스 매뉴얼에 따라 제동장치 관련 부품을 교환 및 수리할 수 있다. 5. 제조사별 서비스 매뉴얼에 따라 수리 후 제동장치의 정상작동 여부를 검사할 수 있다.
		4. 오토바이 동력전달장치정비	1. 수동변속기 정비하기	1. 제조사별 서비스 매뉴얼에 따라 수동변속기와 클러치의 고장원인을 분석할 수 있다. 2. 제조사별 서비스 매뉴얼에 따라 클러치 유격을 규정값 범위가 되도록 조정할 수 있다. 3. 수동변속기 부품들의 분해·조립절차 계획을 수립하여 장비·공구를 준비할 수 있다. 4. 제조사별 서비스 매뉴얼에 따라 손상된 부품을 탈거하여 수리 및 교환할 수 있다. 5. 제조사별 서비스 매뉴얼에 따라 수리 후 정상 작동여부를 검사할 수 있다.
			2. 무단변속기 정비하기	1. 제조사별 서비스 매뉴얼에 따라 무단변속기와 클러치의 고장원인을 분석할 수 있다. 2. 무단변속기 부품들의 분해·조립절차 계획을 수립하여 장비·공구를 준비할 수 있다. 3. 제조사별 서비스 매뉴얼에 따라 손상된 부품을 탈거하여 수리 및 교환할 수 있다. 4. 제조사별 서비스 매뉴얼에 따라 수리 후 정상 작동여부를 검사할 수 있다.

필기과목명	문제수	주요항목	세부항목	세세항목
			3. 자동변속기 정비하기	1. 제조사별 서비스 매뉴얼에 따라 자동변속기의 고장원인을 분석할 수 있다. 2. 자동변속기 부품들의 분해·조립절차 계획을 수립하여 장비·공구를 준비할 수 있다. 3. 제조사별 서비스 매뉴얼에 따라 손상된 부품을 탈거하여 수리 및 교환할 수 있다. 4. 제조사별 서비스 매뉴얼에 따라 수리 후 정상 작동여부를 검사할 수 있다.
			4. 차동장치 정비하기	1. 제조사별 서비스 매뉴얼에 따라 차동장치의 고장원인을 분석할 수 있다. 2. 차동장치 분해·조립절차 계획을 수립하여 장비·공구를 준비할 수 있다. 3. 제조사별 서비스 매뉴얼에 따라 차동장치 관련 부품을 수리 및 교환할 수 있다. 4. 제조사별 서비스 매뉴얼에 따라 수리 후 차동장치의 정상 작동 여부를 검사할 수 있다.
			5. 드라이브라인 정비하기	1. 제조사별 서비스 매뉴얼에 따라 드라이브라인을 고장원인을 분석할 수 있다. 2. 제조사별 서비스 매뉴얼에 따라 각 드라이브라인 정비에 필요한 장비·공구를 준비할 수 있다. 3. 제조사별 서비스 매뉴얼에 따라 드라이브라인의 수리, 조정, 교환할 수 있다. 4. 제조사별 서비스 매뉴얼에 따라 수리 후 드라이브라인의 정상 작동 여부를 검사할 수 있다.
		5. 오토바이 안전·편의장치 정비	1. 주행안전장치 정비하기	1. 제조사별 서비스 매뉴얼에 따라 에어백, ABS, TPMS 등의 이상유무를 점검할 수 있다. 2. 제조사별 서비스 매뉴얼의 입출력 값을 확인하여 고장원인을 분석할 수 있다. 3. 분해·조립 절차 계획을 수립하여 장비·공구를 준비할 수 있다. 4. 제조사별 서비스 매뉴얼에 따라 안전에 유의하여 고장부품을 수리 및 교환할 수 있다. 5. 제조사별 서비스 매뉴얼에 따라 주행안전장치의 정상작동 여부를 검사할 수 있다.
			2. 편의장치 정비하기	1. 제조사별 서비스 매뉴얼에 따라 정속주행장치, 난방장치 등 편의장치의 이상유무를 점검할 수 있다. 2. 편의장치 입출력제어를 전기회로도를 이용하여 고장원인을 분석할 수 있다. 3. 분해·조립 절차 계획을 수립하여 장비·공구를 준비할 수 있다. 4. 제조사별 서비스 매뉴얼에 따라 고장부품을 수리 및 교환할 수 있다. 5. 제조사별 서비스 매뉴얼에 따라 편의장치의 정상작동 여부를 검사할 수 있다.

목차

PART 1 이륜자동차 동력장치

CHAPTER 01 이륜자동차 개요 18
- 01 도로교통법상 정의 ● 18
- 02 자동차관리법상 정의 ● 18
- 03 법률적 정의 ● 19
- 04 이륜차의 법적분류 ● 19

CHAPTER 02 이륜자동차 각 부의 명칭 20
- 01 바이크 우측면 ● 20
- 02 바이크 좌측면 ● 21

CHAPTER 03 엔진 본체의 구조와 작용 22
- 01 엔진 및 관련부품 명칭 ● 22
- 02 열기관 ● 25
- 03 기관의 분류 ● 26
- 04 실린더헤드와 헤드개스킷 ● 32
- 05 다양한 실린더 배열 ● 35
- 06 피스톤 ● 39
- 07 커넥팅로드 ● 41
- 08 크랭크축 ● 42
- 09 크랭크축 베어링 ● 46
- 10 밸브개폐 기구와 밸브 ● 48
- 11 흡·배기 밸브 ● 55
- 12 밸브시스템 ● 59

CHAPTER 04 냉각장치 61
- 01 냉각장치의 필요성 ● 61
- 02 기관의 냉각방법 ● 61
- 03 수랭식 기관의 주요구조와 그 기능 ● 62
- 04 부동액 ● 67

CHAPTER 05 윤활장치 69
- 01 기관 오일의 역할 ● 69
- 02 기관 오일의 작용과 구비조건 ● 69
- 03 기관 오일의 분류 ● 70
- 04 기관 오일 공급방법 ● 72
- 05 바이크 오일 공급장치 ● 73

CHAPTER 06 연료장치 80
- 01 카뷰레터 ● 80
- 02 바이크기관의 연료와 연소 ● 84
- 03 전자제어 연료분사 방식 ● 86

CHAPTER 07 흡기 및 배기장치 93
- 01 흡기장치 ● 93
- 02 배기장치 ● 94
- 03 촉매장치 ● 96
- 04 바이크 배출가스 ● 97
- 05 바이크 흡기·배기의 성능 향상 기술 ● 100

이륜자동차 동력장치 예상문제 **104**

PART 2 이륜자동차 섀시 및 프레임

CHAPTER 01 이륜자동차 구동기구　134
- 01 감속과 구동계통의 기본원리 ● 134
- 02 1차 감속기구 ● 136
- 03 클러치 ● 138
- 04 변속기 ● 144
- 05 드라이브 라인 ● 149
- 06 스쿠터의 클러치와 변속기 ● 154

CHAPTER 02 시동장치　164
- 01 시동장치의 개요 ● 164

CHAPTER 03 첨단변속기　168
- 01 HFT(Human Friendly Transmission) ● 168
- 02 YCC-S(Yamaha Chip Control Shift) ● 170
- 03 듀얼 클러치 변속기(DCT) ● 172

CHAPTER 04 현가장치　180
- 01 현가장치의 개요 ● 180
- 02 현가장치(쇽업쇼버)의 기능과 구조 ● 181
- 03 앞바퀴 현가장치 ● 185
- 04 뒷바퀴 현가장치 ● 191

CHAPTER 05 조향장치　195
- 01 조향장치의 개요 ● 195

CHAPTER 06 도난방지 장치　198
- 01 스마트 카드키 시스템 ● 198
- 02 이모빌라이저(Immobilizer) ● 198

CHAPTER 07 이륜자동차 안전 장비　199
- 01 에어백(airbag) ● 199
- 02 헬멧 ● 200
- 03 라이딩 슈트 ● 201
- 04 장갑 ● 201

CHAPTER 08 제동장치　202
- 01 제동장치의 개요 ● 202
- 02 유압 브레이크 ● 202
- 03 디스크 브레이크 ● 207
- 04 배력 브레이크 ● 212
- 05 드럼 브레이크 ● 214
- 06 ABS(Anti lock Brake System) ● 215
- 07 TCS(Traction Control System) ● 217

CHAPTER 09 휠 및 타이어　218
- 01 바퀴의 구성 ● 218

CHAPTER 10 바이크 프레임　226
- 01 프레임의 개요 ● 226
- 02 프레임의 종류 ● 226

이륜자동차 섀시 및 프레임 예상문제　234

PART 3 이륜자동차 전기안전장치

CHAPTER 01 전기 기초이론 262
- 01 전기의 성질 ● 262
- 02 전기의 핵심요소 ● 263
- 03 전기의 기본 법칙 ● 265

CHAPTER 02 반도체 269
- 01 진성 반도체 ● 269
- 02 불순물 반도체 ● 270
- 03 다이오드 ● 271
- 04 트랜지스터 ● 274
- 05 사이리스터 ● 278
- 06 IC(집적회로 : Integrated Circuit) ● 279
- 07 컴퓨터의 논리회로 ● 279
- 08 반도체의 성질과 장·단점 ● 282

CHAPTER 03 충전장치 283
- 01 발전 충전 계통 ● 283
- 02 충전원리 ● 283

CHAPTER 04 축전지 285
- 01 축전지의 개요 ● 285
- 02 납산축전지의 구조와 작용 ● 286
- 03 납산축전지의 여러가지 특성 ● 291
- 04 축전지의 자기방전 ● 292
- 05 납산축전지 충전 ● 293
- 06 MF축전지 – 밀폐형 배터리 ● 295

CHAPTER 04 점화장치 296
- 01 점화장치의 개요 ● 296
- 02 고압 발생원리 ● 297
- 03 컴퓨터 제어방식의 점화장치 ● 299
- 04 CDI 점화 ● 309
- 05 트랜지스터 점화 ● 311
- 06 디지털 제어식 풀 트렌지스터 점화 ● 312
- 07 포인트 점화시스템 ● 314
- 08 점화시점과 진각 ● 315

CHAPTER 06 등화장치 318
- 01 헤드라이트 시스템 ● 318
- 02 방향지시등 ● 324
- 03 안개등 ● 325
- 04 미등 ● 325
- 05 제동등 ● 325
- 06 번호등 ● 325

CHAPTER 07 전기오토바이 326
- 01 전기오토바이 기본구조 ● 326
- 02 배터리 ● 326
- 03 전기 모터 ● 329
- 04 컨트롤러 ● 332
- 05 구동 시스템 ● 333
- 06 보조 전장 시스템 ● 335

이륜자동차 전기안전장치 예상문제 337

PART 4 안전 및 법규

CHAPTER 01 바이크 정비 작업자 안전관리 지침　366
- 01 작업 전 준비사항 ● 366
- 02 개인 보호장비(PPE) 착용 ● 366
- 03 핵심 정비 항목 및 안전수칙 ● 367
- 04 청소 및 정리 ● 368
- 05 작업 후 마무리 및 응급 대응 ● 368

CHAPTER 02 관련 법규　369
- 01 대기환경보전법령(이륜자동차 관련) ● 369
- 02 소음·진동관리법령(이륜자동차 소음 허용기준) ● 369
- 03 산업안전보건법령(작업안전관리 관련) ● 370
- 04 자동차관리법령(이륜자동차 관련) ● 371
- 05 자동차성능 및 기준에 관한 규칙 ● 372

PART 5 기출예상 모의고사

기출예상 모의고사 1회　376
기출예상 모의고사 2회　388

✿ 부록(실기)

국가기술자격검정 실기시험 예상문제&결과기록표　400

PART 01

이륜자동차 동력장치

Motorcycle Power System

01 이륜자동차 개요
02 이륜자동차 각 부의 명칭
03 엔진 본체의 구조와 작용
04 냉각장치
05 윤활장치
06 연료장치
07 흡기 및 배기장치

CHAPTER 01 이륜자동차 개요

※ 오토바이 또는 모터사이클(motorcycle)이란 앞뒤로 있는 2바퀴에 원동기를 장치하여 그 동력으로 바퀴를 회전시키거나 유사한 구조를 갖춘 탈 것이라 정의하며 오토바이를 운전하기 위해 2종 소형면허와 원동기장치자전거 면허가 제도화되어 있다.

① 원동기면허는 배기량이 125cc 미만의 이륜차만 운전이 가능하다.
② 2종 소형면허는 배기량이 125cc 초과의 이륜차 운전이 가능하다.
③ 125cc 초과 이륜차를 운전하려면 2종 소형면허를 필수로 취득하여야 한다.

01 도로교통법상 정의

※ 도로교통법상 이륜차는 (배기량 125cc 초과)를 말한다. 원동기장치자전거는 (125cc 이하, 11KW 이하)를 말한다.

[SUZUKI R-125]

[한솜 비즈젯-125]

출처 : 할리데이비슨

❖ 그림 1-1 원동기장치자전거

02 자동차관리법상 정의

※ 자동차관리법 제3조(자동차의 종류)

제1항5호 이륜자동차 : 총배기량 또는 정격출력의 크기와 관계없이 1인 또는 2인의 사람을 운송하기에 적합하게 제작된 이륜의 자동차 및 그와 유사한 구조로 되어 있는 자동차

PART 01 이륜자동차 동력장치

[HONDA CBR 650R]

[BMW R1200RT]

03 법률적 정의

※ 법률에서는 오토바이(모터사이클)를 이륜자동차 즉 바퀴가 둘인 자동차로 특정한다. 바퀴가 셋인 ATC 삼륜형 이륜자동차, 바퀴가 넷인 ATV는 사륜형 이륜자동차를 지칭한다.

출처 : 네이버블로그

04 이륜차의 법적분류

배기량		50cc 미만	50~100cc 미만	100~260cc 미만	260cc 초과
자동차관리법		분류없음	소형이륜자동차	중형이륜자동차	대형이륜자동차
도로교통법		원동기장치 자전거(125cc 이하)		이륜자동차	
면허증	원동기	가능 (단, 125cc 이하)		운전불가	
	2종 소형	가능			
	자동차	가능 (단, 125cc 이하)		운전불가	
고속도로		불가			
일반도로		60km/h (4차선 이상 70km/h)			

CHAPTER 01 • 이륜자동차 개요

CHAPTER 02

이륜자동차 각 부의 명칭

01 바이크 우측면

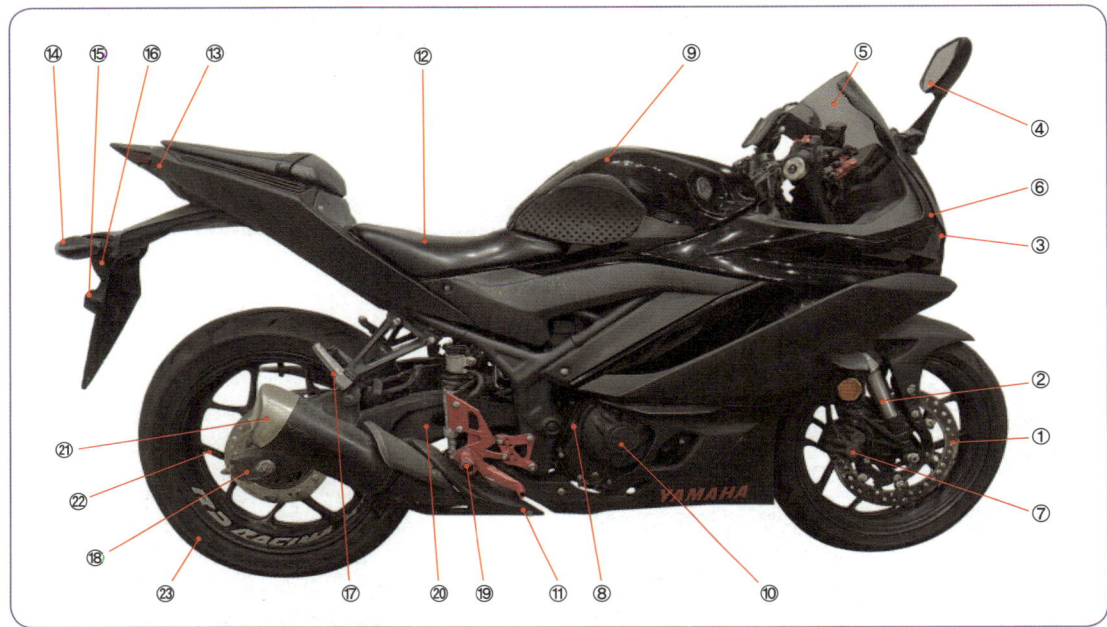

※ 그림 1-2 바이크 우측면 명칭

1. 브레이크 디스크
2. 프런트 포크
3. 헤드라이트
4. 리어뷰미러
5. 윈드스크린
6. 프런트어퍼카울
7. 브레이크캘리퍼
8. 라디에이터
9. 연료탱크
10. 엔진
11. 배기관
12. 시트
13. 리어카울
14. 테일램프
15. 방향지시등
16. 번호판
17. 스텐
18. 스윙암
19. 텐덤 스텝
20. 드라이브체인
21. 머플러
22. 휠
23. 타이어

02 바이크 좌측면

☼ 그림 1-3 바이크의 좌측면 명칭

1. 헤드라이트
2. 계기판
3. 핸들(그립)
4. 미러
5. 프런트포크
6. 프런트휀다
7. 휠
8. 연료탱크
9. 엔진
10. 인젝션
11. 프레임
12. 시트
13. 사이드커버
14. 스텝
15. 리어쇽업쇼버
16. 리어휀다
17. 테일램프
18. 타이어
19. 사이드스탠드

CHAPTER 03 엔진 본체의 구조와 작용

01 엔진 및 관련부품 명칭

1 실린더헤드, 실린더, 크랭크축 케이스로 구성

① 실린더헤드
② 실린더
③ 크랭크축 케이스
④ 오일팬
⑤ 흡기포트
⑥ 퓨얼 인젝션

❋ 그림 1-4 야마하 YZF-R1

2 바이크 계기반

바이크는 실외에서 주행하기 때문에 우천시 계기반 둘레가 젖으므로 방수기능을 갖추고 있다.
선진적인 디지털 계기반과 고전적인 아날로그 분위기를 연출한 계기반의 다양한 방식이 존재한다.

❋ 그림 1-5 할리데이비슨 계기반

2-1 계기반 구성

① **회전계** : 엔진의 회전수를 표시한다.
② **속도계** : 주행속도를 표시한다.
③ **시계** : 시간과 날짜를 표시한다.
④ **거리계** : 총 주행거리를 표시할 수 있으며, 적산거리는 물론, 리셋이 가능한 단거리 측정용기능도 갖춘다.
⑤ **연료계** : 연료의 용량을 표시한다.
⑥ **유압경고등** : 엔진오일의 압력과 오일의 양을 알려주는 경고등
⑦ **시프트 체인지 인디케이터** : 엔진 회전수에 맞게 변속 타이밍을 알려주는 표시등
⑧ **기어 포지션** : 바이크 기어의 위치를 알려주는 표시등
⑨ **레드 존** : 엔진에 과도한 부하가 걸리는 고속회전 영역을 표시하는 구간
⑩ **뉴트럴 램프** : 변속기의 중립 위치를 알리는 램프
⑪ **하이 빔** : 헤드라이트의 상향등 작동상태를 알린다.

3 엔진 성능의 핵심 지표

엔진의 성능을 나타내는 지표로서 최고 출력이나 최대 토크를 사용

3-1 마력 : 시간당 달릴 수 있는 힘(토크에 지속성이 더해짐) / 단위(PS)

① 1마력은 1초 동안 75kg의 물체를 1m 옮기는 힘. 영국식 Horse power : 745.7w
② 프랑스, 독일식 PS(Pferde-Starke : 말의 힘이란 뜻의 독일어) : 735.5w
③ 지금은 전 세계적으로 단위를 통일해서 KW(킬로와트) 표시가 정식으로 사용
④ 1KW = 1.360PS, 1PS = 0.7355KW

3-2 토크 : 크랭크축을 돌리는 엔진의 회전시키는 힘을 나타내는 단위(kg·m)

회전수가 높으면 고속회전형 스포츠 엔진, 회전수가 낮으면 중저속 토크엔진임을 알 수 있다.

4 바이크 주요 제원과 차체 각부의 치수

4-1 주요제원

주요제원이란 기계류의 성능과 특성을 나타내는 치수나 무게 따위를 적은 표로 표준화된 수치로 나타내기 때문에 바이크의 객관적인 정보를 얻을 수 있다.
바이크를 구입할 때 주행방식의 종류, 각부의 치수, 하중, 용적, 정원이나 주행성능 등, 여러가지 장치의 치수와 화려한 전자장비들 속에서 값진 정보들이 작성되어 있다. 제원표에는 전장(길이), 전폭(너비), 전고(높이), 최저 지상고, 바이크 중량 등이 기재되어 있다.

4-2 바이크 주요 제원과 차체 각부의 치수

① **전장** : 타이어를 포함한 차체의 맨 앞부터 맨 뒤 끝까지의 거리
② **전폭** : 차체 중에서 가장 폭이 넓은 부분
③ **전고** : 지면에서 바이크의 가장 높은 부분까지의 거리(백미러는 포함되지 않는다.)
④ **축거** : 전륜 중심부터 후륜 중심까지의 길이로 축간거리가 짧을수록 신속한 코너링이 가능하다.
⑤ **최저지상고** : 차체의 가장 낮은 부분에서 지면까지의 거리
⑥ **시트고** : 시트의 높이를 말하며, 시트 가장 낮은 부분에서 지면까지의 거리
⑦ **바이크 중량** : 엔진오일과 가솔린 등을 뺀 건조 중량표기가 일반적으로 기재

02 열기관

열에너지(연료의 연소)를 기계적 에너지(일)로 변환시키는 장치를 열기관(heat engine)이라 한다. 열기관에는 내연기관과 외연기관이 있다.

1 내연기관

내연기관은 연료를 실린더 내에서 연소·폭발시켜서 그 동력을 얻는 방식이며, 혼합가스 자체가 함유하고 있는 화학적 에너지를 전기점화, 압축착화, 연속점화 등에 의해 열에너지로 바꾸어 그 연소가스가 팽창할 때의 일(work)을 직접 이용하는 방식이다. 바이크기관(bike engine), 디젤기관(diesel engine), LPG기관 등이 여기에 속한다.

2 외연기관

외연기관은 연료의 연소를 실린더 바깥쪽에 설치된 연소장치에서 연소시켜 얻은 열에너지를 실린더 내부로 유입하여 기계적 에너지를 얻는 형식이다. 증기터빈, 증기기관이 외연기관에 속한다.

03 기관의 분류

1 기계학적 사이클에 관한 분류

1-1 4행정 사이클 기관(4 stroke cycle engine)

4행정 사이클 기관은 크랭크축이 2회전하고, 피스톤은 흡입, 압축, 폭발, 배기의 4행정을 하여 1사이클을 완성하는 기관이다.

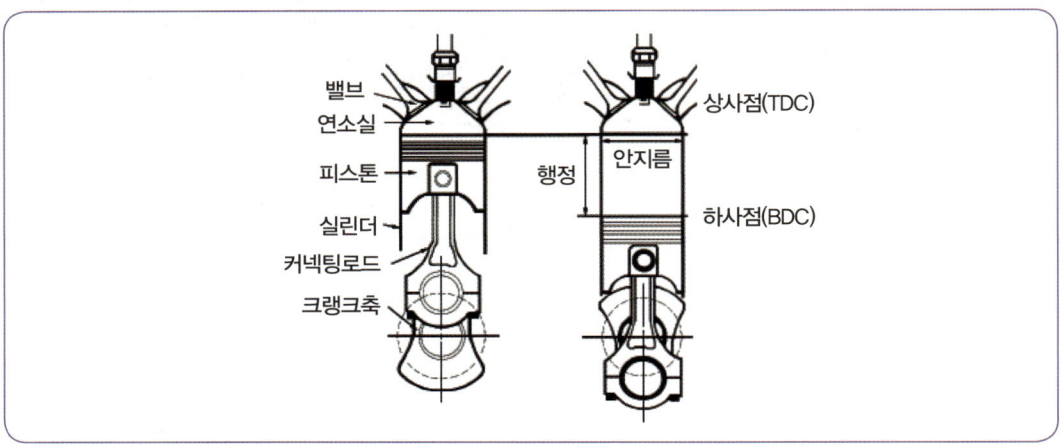

❈ 그림 1-6 4행정 사이클 기관의 구성

4사이클 엔진은 흡기구와 배기구에 각각 밸브를 설치하여 4행정에 맞추어 밸브를 개폐한다.

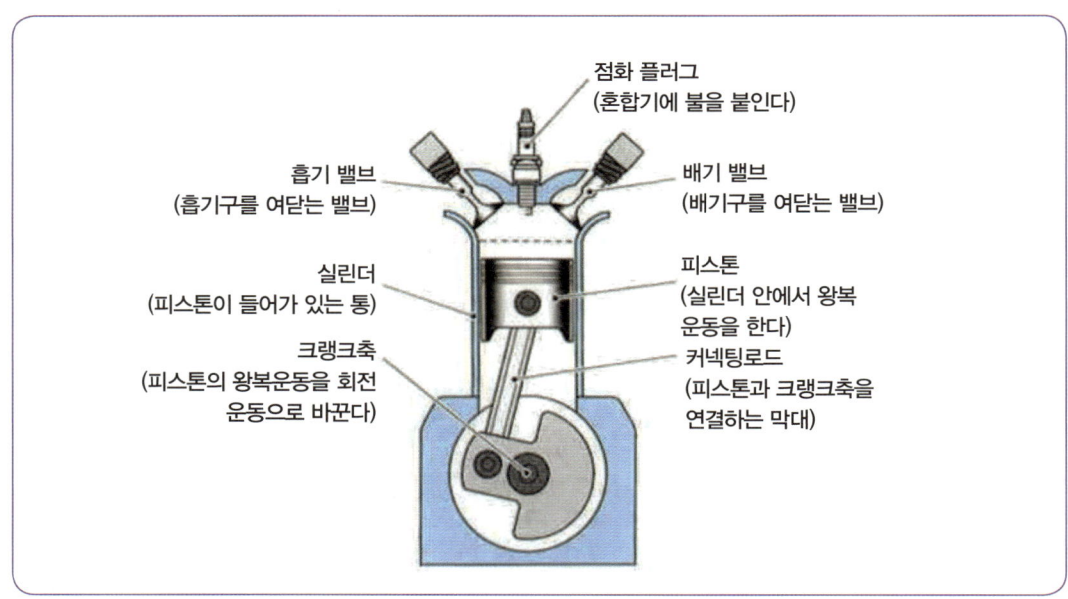

1) 흡입행정(intake stroke)

흡입행정은 사이클의 맨 처음 행정으로 흡입밸브는 열리고 배기밸브는 닫혀 있으며, 피스톤은 상사점(TDC)에서 하사점(BDC)으로 내려간다. 바이크기관은 혼합가스(공기+가솔린), 디젤기관은 공기가 실린더 내에는 부압(부분진공)발생으로 흡입되며, 이때 크랭크축은 180° 회전한다.

2) 압축행정(compression stroke)

압축행정은 피스톤이 하사점에서 상사점으로 올라가며, 이때 흡입과 배기밸브는 모두 닫혀 있다. 이에 따라 바이크기관은 혼합가스를 디젤기관은 공기를 압축하며 크랭크축은 360° 회전한다.

3) 폭발(동력)행정(power stroke)

흡입과 배기밸브는 모두 닫혀 있으며 바이크기관은 압축된 혼합가스에 점화플러그에서 전기불꽃 방전으로 점화하고, 디젤기관은 압축된 공기에 분사노즐에서 연료(경유)를 분사시켜 자기착화하여, 실린더 내의 압력을 상승시켜서 피스톤은 상사점에서 하사점으로 내려가고, 크랭크축은 540° 회전한다. 폭발압력은 바이크기관이 35~45kgf/cm^2, 디젤기관은 55~65kgf/cm^2 정도이다.

● 그림 1-7 바이크 엔진 연소실

4) 배기행정(exhaust stroke)

배기행정은 배기밸브가 열리면서 폭발행정에서 일을 한 연소가스를 실린더 밖으로 배출시키는 행정이다. 이때 피스톤은 하사점에서 상사점으로 올라가며 크랭크축은 720° 회전하여 1사이클을 완료한다.

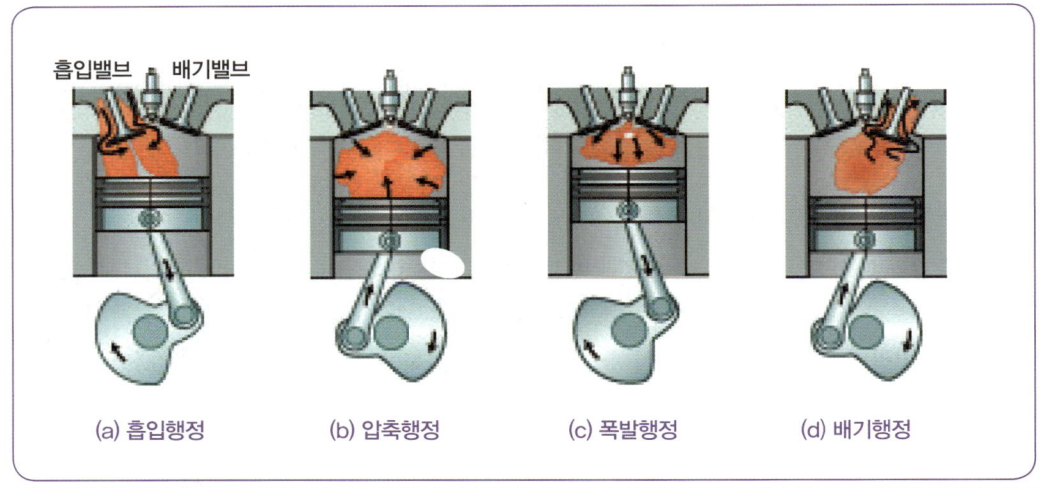

❖ 그림 1-8 4행정 사이클 기관의 작동순서

1-2 4행정 사이클 기관의 밸브개폐 시기

4행정 사이클 기관의 흡·배기밸브는 행정 중 정확히 상사점이나 하사점에서 개폐되지 않고 상사점 전·후, 또는 하사점 전·후에서 개폐된다. 이것은 혼합가스나 공기가 관성을 지니고 있기 때문에 가스의 흐름관성을 유효하게 이용하기 위함이다. 밸브개폐 시기를 표시하는 그림을 밸브 개폐 시기 선도(valve timing diagram)라 한다.

[그림 1-9]에 의하면 흡입밸브는 상사점 전 10°에서 열리고, 하사점 후 45°에서 닫히며, 배기밸브는 하사점 전 45°에서 열리고 상사점 후 10°에서 닫힌다. 또 상사점 부근에서는 흡·배기밸브가 동시에 열려 있게 되는데 이것을 밸브 오버랩(valve over lap)이라 부른다. 이 기관의 경우 밸브 오버랩은 10°+10°= 20°이다.

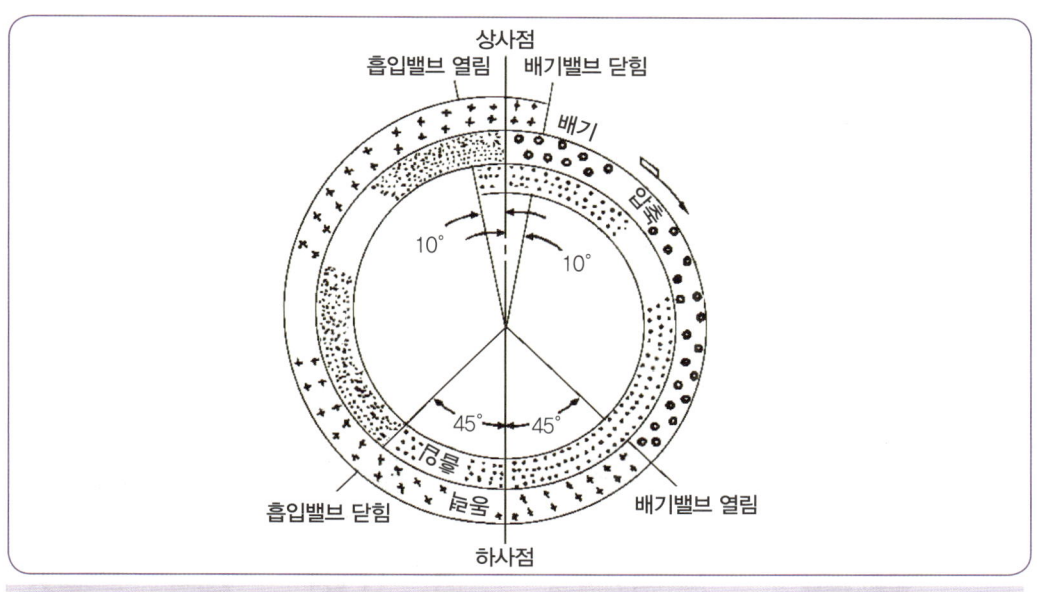

❋ 그림 1-9 4행정 사이클 기관의 밸브개폐 시기 선도

1-3 2행정 사이클 기관(2 stroke cycle engine)

2행정 사이클 기관의 작동은 크랭크축이 1회전할 때마다 1회의 폭발행정을 하게 되어 있으며, 구조가 간단해 경량화 할 수 있다. 이 형식의 소형기관에서는 포핏형(poppet type)의 흡·배기밸브가 없으며 실린더에 설치한 소기구멍과 배기구멍을 피스톤이 상하 왕복운동을 하면서 개폐하여 흡·배기를 하지만 흡입에서 압축·폭발 및 배기의 구별이 4행정 사이클 기관처럼 확실하지가 않다.

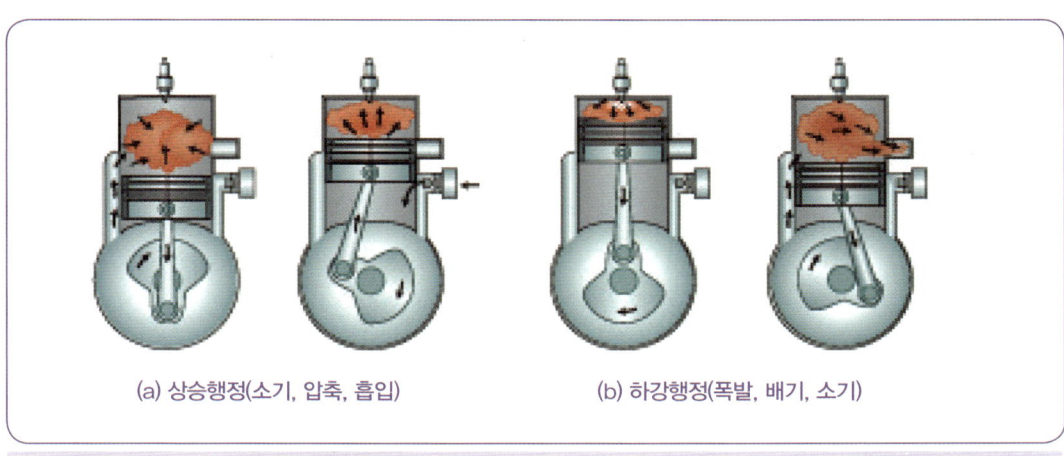

❋ 그림 1-10 2행정 사이클 기관의 작동순서

2 밸브배열에 의한 분류

밸브배열에 의한 분류에는 I-헤드형, L-헤드형, F-헤드형, T-헤드형 등이 있다. I-헤드형(I-head type)은 실린더헤드에 흡입과 배기밸브를 모두 설치한 형식이며, I-헤드형에는 캠축을 실린더헤드에 설치하고, 흡입밸브와 배기밸브를 캠이 직접 개폐하는 형식인 OHC(over head cam shaft)가 있다. 그리고 L-헤드형(L-head type)은 실린더블록에 흡입과 배기밸브를 일렬로 나란히 설치한 형식이고, F-헤드형(F-head type)은 실린더헤드에 흡입밸브를, 블록에 배기밸브를 설치한 형식이다. T-헤드형(T-head type)은 실린더블록에 실린더를 중심으로 양쪽에 흡·배기밸브를 설치한 형식이다.

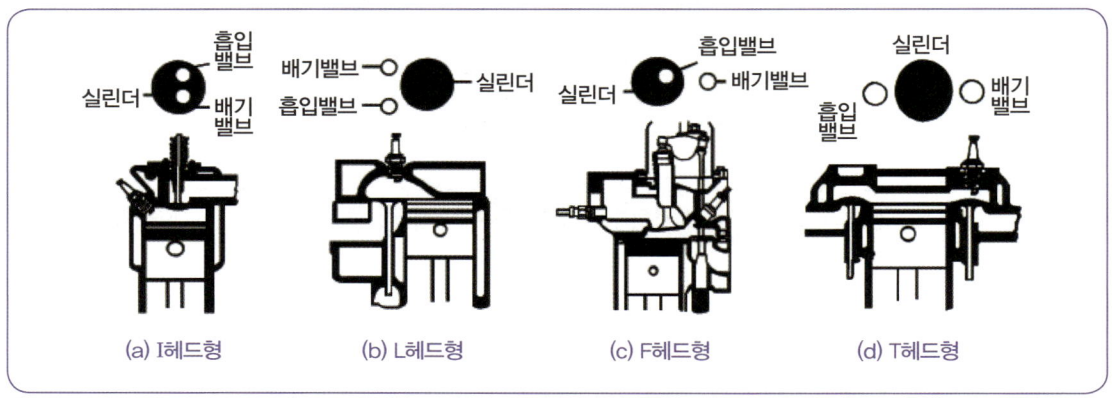

그림 1-11 밸브배열에 의한 분류

3 실린더 배열에 의한 분류

3-1 직렬형 기관 : 실린더가 일렬로 수직 배열한 형식이며, 실린더 수에 따라 다르지만 4실린더인 경우에는 크랭크축이 5개의 베어링에 의해 크랭크케이스에 지지되며 크랭크축의 위상각도는 180°이다.

3-2 V형 기관 : 직렬형 기관 2개조를 V형으로 설치한 것이며, V의 각도는 기관 설계에 따라 약간씩 다르지만 일반적으로 60~90°를 이루고 있다. V형 기관의 특징은 기관 전체 길이를 짧게 할 수 있으며, 중량이 감소하며 강성이 증가하는 장점이 있다.

3-3 성형(방사형) 기관 : 실린더를 방사선 모양으로 배열한 것으로 크랭크 핀이 1개이며 주로 항공기용 기관으로 사용된다.

3-4 수평 대향형 기관 : 실린더가 수평으로 서로 마주보고 있는 배치로, 2, 4, 6, 8, 12기통 등 짝수가 된다.

❖ 그림 1-12 실린더 배열에 의한 분류

(a) 직렬형　　(b) V형　　(c) 성형　　(d) 수평 대향형

4 실린더 안지름과 피스톤 행정비율에 의한 분류

4-1 장행정 기관(under square engine)

장행정 기관은 실린더 안지름(D)보다 피스톤 행정(L)이 큰 형식이다. 즉, L/D > 1.0이며 큰 회전력을 얻을 수 있고, 측압을 감소시킬 수 있으며, 흡입 공기량이 많고 폭발력이 큰 장점이 있으나 회전속도가 비교적 낮으며, 기관의 높이가 높아지는 단점이 있다.

4-2 정방행정 기관(square engine)

정방행정 기관은 실린더 안지름(D)과 피스톤 행정(L)의 크기가 똑같은 형식이다. 즉, L/D = 1.0이다.

4-3 단행정 기관(over square engine)

단행정 기관은 실린더 안지름(D)이 피스톤 행정(L)보다 큰 형식이다. 즉, L/D < 1.0이며 다음과 같은 특징이 있다.
① 피스톤 평균속도를 올리지 않고도 회전속도를 높일 수 있으므로 단위 실린더 체적 당 출력을 크게 할 수 있다.
② 흡입과 배기밸브의 지름을 크게 할 수 있어 체적효율을 높일 수 있다.
③ 직렬형에서는 기관의 높이가 낮아지고, V형에서는 기관의 폭이 좁아진다.
④ 피스톤이 과열하기 쉽다.
⑤ 폭발압력이 커 크랭크축 베어링의 폭이 넓어야 한다.
⑥ 회전속도가 증가하면 관성력의 불평형으로 회전부분의 진동이 커진다.
⑦ 실린더 안지름이 커 기관의 길이가 길어진다.

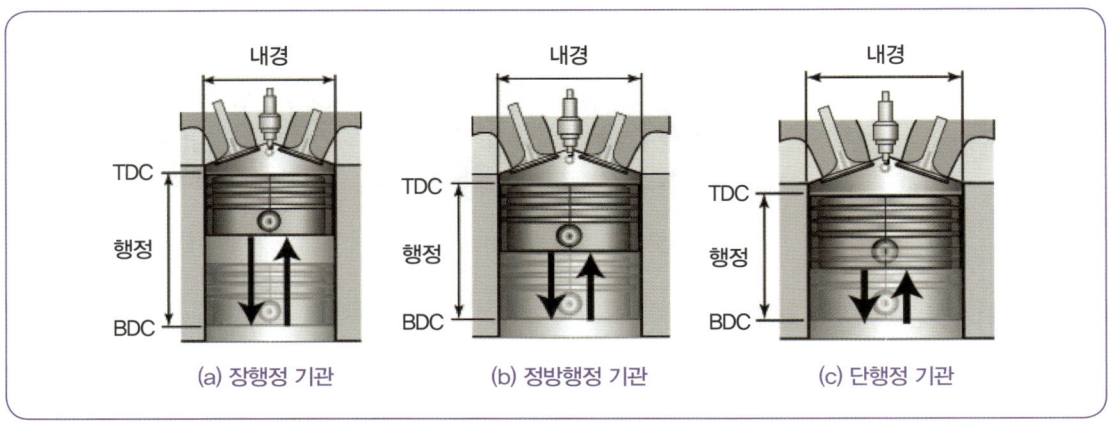

❋ 그림 1-13 실린더 안지름과 피스톤 행정 비율에 의한 분류

04 실린더헤드(cylinder head)와 헤드개스킷

1 실린더헤드의 개요

실린더헤드는 헤드개스킷(head gasket)을 사이에 두고 실린더블록에 몇 개의 볼트로 설치된다. 실린더 위쪽에는 연소실이 있으며, 바깥쪽에는 흡·배기다기관, 점화플러그 및 밸브 개폐기구가 설치되어 있고 재질은 주철이나 알루미늄합금이다.

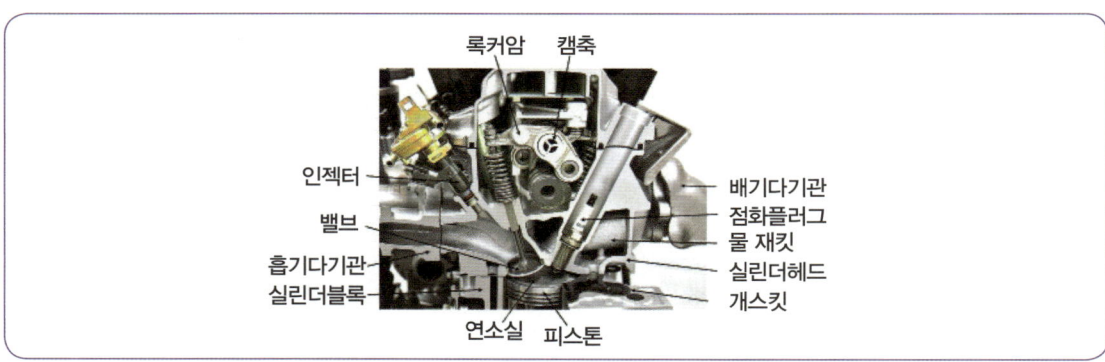

❋ 그림 1-14 실린더헤드의 구조

헤드개스킷(head gasket)

헤드개스킷은 실린더헤드와 블록의 접합 면 사이에 끼워져 양면을 밀착시켜서 압축가스, 냉각수 및 기관오일이 누출되는 것을 방지하기 위하여 사용하는 석면계열의 물질이다. 고열, 고부하 및 고압축에 잘 견디는 스틸 베스토 개스킷(steel besto gasket) 그리고 강철판으로만 얇게 제작한 스틸 개스킷(steel gasket) 등이 사용되고 있다.

2 연소실(combustion chamber)

연소실은 실린더헤드에 의하여 형성되며, 이곳에서 혼합가스의 점화와 연소가스의 팽창이 시작된다. 연소실의 양부는 기관성능에 큰 영향을 미치므로 형상을 비롯하여 밸브 설치위치, 점화플러그의 설치위치 등 여러 가지 고려가 필요하고 연소실의 형상에는 반구형·지붕형·욕조형·쐐기형 등이 있다. 연소실의 구비 조건은 다음과 같다.

① 강한 와류를 형성할 것
② 가능하면 빠른 시간 내에 연소가 끝날 것
③ 열손실이 작을 것
④ 기계적 옥탄가가 높을 것
⑤ 연소실 표면적을 최소로 할 것

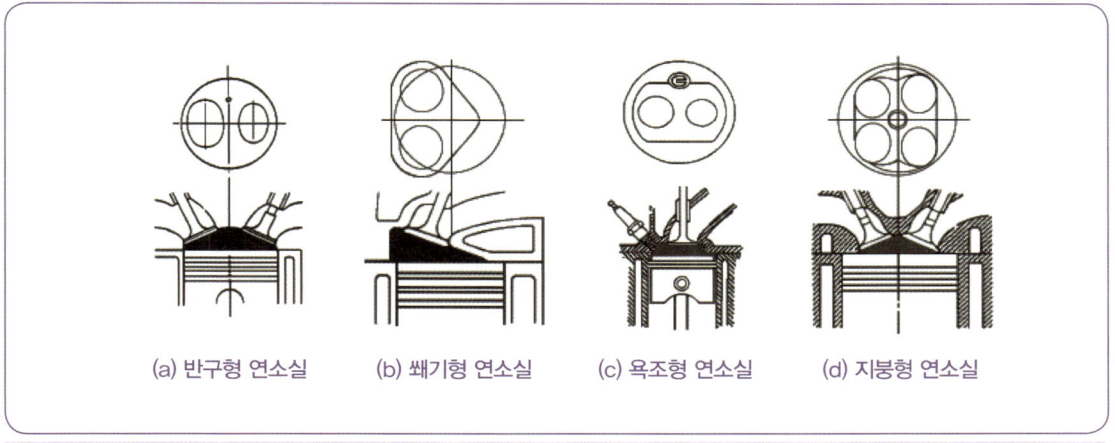

(a) 반구형 연소실   (b) 쐐기형 연소실   (c) 욕조형 연소실   (d) 지붕형 연소실

◎ 그림 1-15 I-헤드형 연소실의 종류

2-1 압축비

① 압축비 : 실린더 내부에 흡입되는 혼합기를 압축하는 비율을 말하며 (실린더체적+연소실체적)/ 연소실체적으로 계산된다. 압축비가 너무 높으면 혼합기가 발열되어 이상연소가 이루어진다.
② 이상연소가 발생되는 현상을 노킹이라 한다.

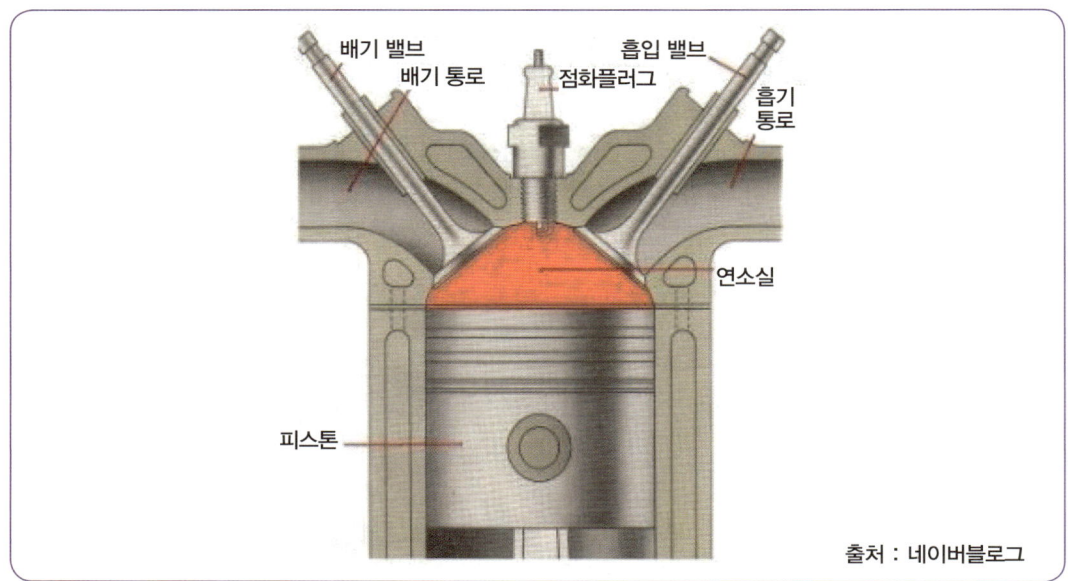

출처 : 네이버블로그

2-2 밸브 오버랩

상사점 부근에서는 흡·배기밸브가 동시에 열려 있는 구간을 말한다. 흡기밸브는 상사점 전 10°에서 개방, 하사점 45°에서 닫힌다.
① 배기밸브는 하사점 전 45°에서 개방 상사점 후 10°에서 닫힌다.
② 밸브 오버랩 : 10°+ 10°= 20°

05 다양한 실린더 배열

① 단기통과 다기통 : 실린더가 하나만 있는 단기통엔진과 4기통이나 2기통 등이 널리 사용되고 있다.
  - 400cc 단기통 엔진을 4개로 늘리면 하나의 실린더가 담당하게 되는 배기량이 ¼로 줄게 된다.
  - 400cc 엔진이면 기통당 100cc가 되므로 연소실체적이 줄어든 만큼 연소 효율이 높아지며, 피스톤이나 관련 부품도 그만큼 작고 가벼워지므로 보다 고속회전으로 돌릴 수 있는 엔진이 된다.

② 직렬 2기통, 직렬 4기통
③ V형 2기통(V트윈)
④ 수평대향 2기통(박서 트윈)
⑤ 스퀘어 4기통

1 단기통 엔진

① 다기통 엔진과 달리 고출력을 얻기에는 불리한 구조이지만 작고 가벼워서 어떤 바이크에도 탑재하기가 편하고 제작단가도 낮출 수 있다. 50~125cc 등 소배기량 모델은 전부 4사이클, 2사이클 엔진을 불문하고 단기통엔진이다.
② 엔진의 연소간격은 4기통 등에 비하여 벌어져 있어서 '둥둥둥' 거리는 단속적인 배기음이 특징이며 엔진의 크기와 무게가 바이크에 조종성에 미치는 영향이 크기 때문에 주로 오프로드 바이크나 스쿠터 등에 알맞은 형태라고 할 수 있다.

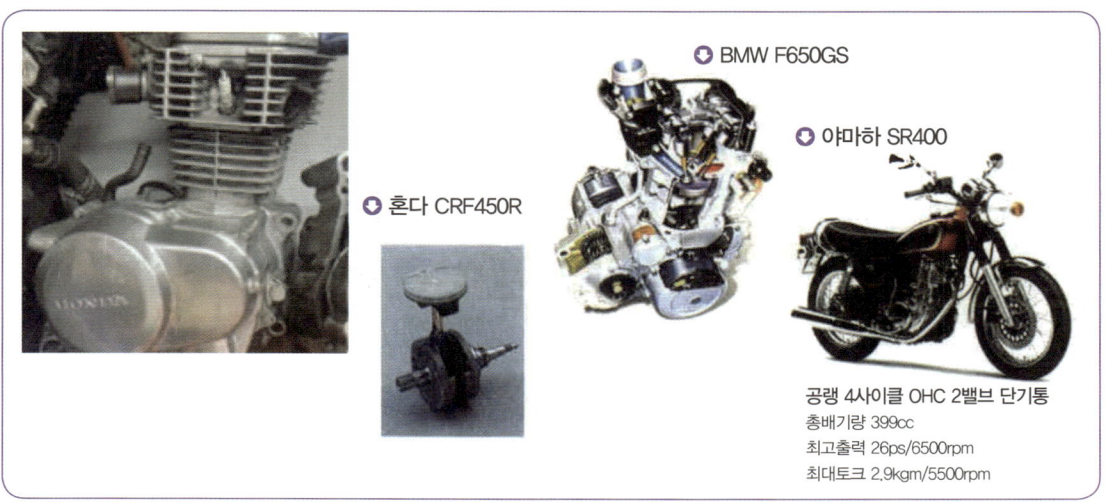

○ BMW F650GS
○ 야마하 SR400
○ 혼다 CRF450R

공랭 4사이클 OHC 2밸브 단기통
총배기량 399cc
최고출력 26ps/6500rpm
최대토크 2.9kgm/5500rpm

2 직렬 2기통 엔진

① 2개의 실린더를 옆으로 나란히 배치한 배열을 직렬 2기통이라고 정의한다. 실린더가 지면으로부터 수직으로 솟아있는 (버티컬 트윈) 엔진을 말하며 흡·배기기계의 배치가 편리하고 좌우 실린더가 주행풍을 골고루 받기 때문에 냉각성이 우수한 합리적인 구조로 이루어져 있다.

② 180도 크랭크축으로 서로 역방향으로 움직이는 직렬 2기통은 서로의 실린더가 발생하는 진동을 상쇄하지만 360도 크랭크축은 피스톤이나 커넥팅로드 등 무거운 부품이 같은 타이밍으로 회전하기 때문에 진동을 억제하기 위하여 크랭크축에 밸런싱웨이트를 달아서 균형을 잡는다.

3 수평대향형 엔진

출처 : BMW

✦ 그림 1-16 수평대향형(박서엔진)

① 엔진의 실린더의 배치 방법 중 실린더가 마주보며 수평으로 배치된 엔진을 말한다. 피스톤이 상하로 움직이지 않고 좌우로 움직여 동력을 얻는다. BMW 이륜차의 경우 공랭식 2기통 수평대향 엔진은 상징성을 나타낸다. 수평대향 엔진의 특유의 진동상쇄로 인해 승차감이 좋으며 양쪽으로 실린더가 도출되어 공기와 맞부딪혀 자연냉각 효율이 높지만 화상의 위험과 사고시 엔진 헤드가 파손되어 엔진 자체에 충격이 크다.

② V형 엔진의 실린더 V뱅크각을 수평으로 배열해 놓은 엔진으로 엔진의 높이가 낮고 바이크에 탑재했을 때의 무게 중심을 낮출 수 있지만, 엔진의 좌우 폭은 V형보다 넓다.

항공기 제조사였던 독일의 BMW는 1923년에 처음으로 R32라는 배기량 486cc 수평대향 2기통 엔진이 진화하여 오늘날까지 100년 이상에 걸쳐 이어져 오는 유서 깊은 엔진이다.

4 직렬 4기통 엔진

① 실린더가 4개인 엔진을 표현하며 엔진은 직렬형으로 구성되어 있다. 초기의 엔진은 단기통과 2기통이 주류를 이루었으나 엔진 기술이 발전하면서 높은 회전수와 출력과 유연한 주행 성능을 위해 4기통 엔진 개발에 주력하였다. 진동을 최소화하고 부드러운 주행이 가능하게 하며 가속성과 스로틀 반응도 뛰어나며 고속주행에 적합하다.

② 차체의 진행방향에 대해 실린더가 가로로 배열한 것이 일반적이지만 세로로 배열하는 방법도 존재한다.

5 V형 엔진

① V형 엔진에서 실린더의 뱅크각이 180도로 배치된 엔진을 말하며 두개의 실린더가 이루는 각도가 할리데이비슨은 45도, 모토굿지와 두카티는 90도 트윈을 채택하고 있다.

② 엔진 높이를 낮출 수 있어서 전체적으로 아담한 엔진으로 만들기가 쉽고 크랭크축을 짧게 제작이 가능해 핸들링에 유리하고, 각 기통의 연소간격이 부등간격이라 트랙션 특성이 우수한 장점과 직렬엔진에 비하여 밸브 구동계는 2개가 필요하며 크랭크축을 세로로 배열하면 뒤쪽 실린더에 주행풍이 충분히 받지 못하는 단점도 존재한다.

③ **할리데이비슨 V트윈 엔진**

할리데이비슨은 1909년에 처음으로 45도 V트윈 탑재 바이크를 판매하였다.
(성능은 배기량 811cc 7.2ps)

④ 흡기밸브가 실린더헤드 위에 있는 OHV형식과 배기밸브가 실린더 옆에 있는 SV형식의 F헤드라는 엔진을 1911년에 개발하였는데 실린더 단면이 흡·배기 통로가 위아래에 하나씩 뚫려 있어 F헤드라고 한다.

45도로 배열된 2개의 실린더 이미지는 할리데이비슨의 역사를 상징한다.

출처 : 할리데이비슨

06 피스톤

1 피스톤(piston)

피스톤은 실린더 내에서 왕복 운동하는 기구이며, 폭발행정에서 고온·고압의 가스로부터 받은 압력으로 커넥팅로드를 거쳐 크랭크축에서 회전력이 발생하도록 한다. 피스톤의 구비조건은 다음과 같다.

① 피스톤은 실린더 내를 고속으로 왕복운동을 하므로 관성력에 의한 동력손실을 적게 하고 무게가 가벼울 것
② 고온·고압에 충분히 견딜 수 있을 것
③ 열전도율이 크고, 열팽창률이 적을 것
④ 피스톤은 실린더 내의 폭발압력을 유효하게 이용할 수 있고, 어떤 온도에서도 가스 블로바이가 없을 것
⑤ 피스톤 상호간의 무게 차이가 적을 것(각 피스톤의 무게차이 2%(5g) 이내, 각 피스톤 커넥팅로드 조립체의 무게차이 2%(30g) 이내)
⑥ 실린더 벽과의 마찰이 적고, 기계적 손실이 최소가 되도록 윤활을 하기 위한 적당한 간극이 있을 것
⑦ 실린더 벽을 윤활하는 윤활유가 연소실에 들어가지 못하는 구조일 것

1-1 피스톤의 구조

피스톤은 피스톤 헤드(piston head), 링 지대(ring belt), 스커트(skirt section), 보스(boss section) 등으로 구성되어 있다.

링 지대에는 피스톤 링을 끼우기 위한 홈이 파져 있다. 링이 끼워지는 홈을 링 홈(ring groove), 홈과 홈 사이를 랜드(land)라고 부르며 위에서부터 차례로 제1번 랜드, 제2번 랜드 … 라 부른다. 그리고 어떤 형식에서는 제1번 랜드에 좁은 홈을 여러 개 파서 피스톤 헤드의 열이 스커트로 전달되는 것을 억제하고 있다. 이 홈을 히트 댐(head dam)이라 부른다. 피스톤 아랫부분이 되는 스커트는 피스톤이 왕복운동을 할 때 측압을 받는 일을 한다.

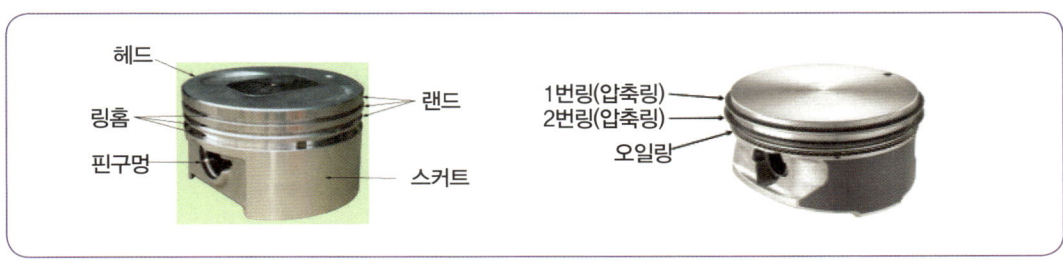

◈ 그림 1-17 피스톤의 구조

1-2 피스톤의 재료

피스톤의 재료로는 특수주철과 알루미늄합금이 있으며 알루미늄합금을 대부분 사용한다. 주철은 알루미늄합금에 비해 강도가 크고, 열팽창률이 작아 피스톤 간극을 작게 할 수 있어 블로바이나 피스톤 슬랩을 감소시킬 수 있다. 그러나 무게가 무거워 운전 중의 관성이 증대되어 고속 기관용 피스톤으로는 부적합하다.

알루미늄합금 피스톤은 무게가 가볍고, 열전도성이 커 피스톤 헤드의 온도가 낮게 되므로 고속·높은 압축비 기관에 적합하여 출력을 증대시킬 수 있으나 열팽창계수가 크고, 강도가 약간 낮은 결점이 있다. 주로 사용되는 피스톤용 알루미늄합금에는 구리계열의 Y합금(Y-alloy)과 규소계열의 로엑스(Lo-ex : low expansion alloy)가 있다.

1-3 피스톤 간극(실린더 간극)

피스톤은 기관이 작동을 할 때 열팽창을 하므로 이를 위해 상온에서 실린더와의 사이에 어느 정도의 간극을 두게 되는데 이것을 피스톤 간극 또는 실린더 간극이라 한다.

피스톤 간극이 작으면 실린더와 피스톤 사이의 고착(소결)이 발생한다. 피스톤 간극이 크면 블로바이가 발생하여 압축압력 저하, 연소실에 윤활유가 침입, 윤활유가 연료로 희석, 피스톤 슬랩 발생, 기관의 출력 저하, 기관 시동이 어려워지므로 알루미늄합금 피스톤의 경우 일반적으로 실린더 안지름의 0.05% 정도로 한다.

2 피스톤 링(piston ring)

피스톤 링은 링 홈에 끼워져 피스톤과 함께 실린더 내에서 왕복운동을 하면서 실린더 벽에 밀착되어 실린더와 피스톤 사이에서의 압축과 연소가스의 누출을 방지하는 기밀유지 작용(밀봉작용), 실린더와 피스톤사이를 윤활하는 기관오일 중에서 여분의 오일을 긁어내려 연소실로 들어가는 것을 방지하는 오일 제어작용, 피스톤 헤드가 받은 열의 대부분을 실린더 벽으로 전달하는 열전도 작용(냉각작용) 등 3대 작용을 한다.

피스톤 링의 재질은 조직이 치밀한 특수주철이며, 원심 주조방법으로 제작한다. 피스톤 링을 피스톤에 조립할 때 링 이음부분의 위치는 서로 120~180° 방향으로 끼워야 한다.

3 피스톤 핀(piston pin)

피스톤 핀은 피스톤 보스부분에 끼워져 피스톤과 커넥팅로드 소단부를 연결해주는 핀이며, 피스톤이 받은 폭발력을 커넥팅로드로 전달한다. 피스톤 핀의 고정방법에는 고정식, 반부동식(요동식), 전부동식(부동식)이 있다.

07 커넥팅로드(connecting rod)

커넥팅로드는 피스톤 핀과 크랭크축을 연결하는 막대이며, 피스톤의 왕복운동을 크랭크축으로 전달하는 일을 한다. 소단부(small end)는 피스톤 핀에 연결되고, 대단부(big end)는 평면 베어링을 통하여 크랭크 핀에 결합되어 있다. 커넥팅로드의 재질은 니켈-크롬강, 크롬-몰리브덴강 등의 특수강을 단조(forging)하여 제작한다.

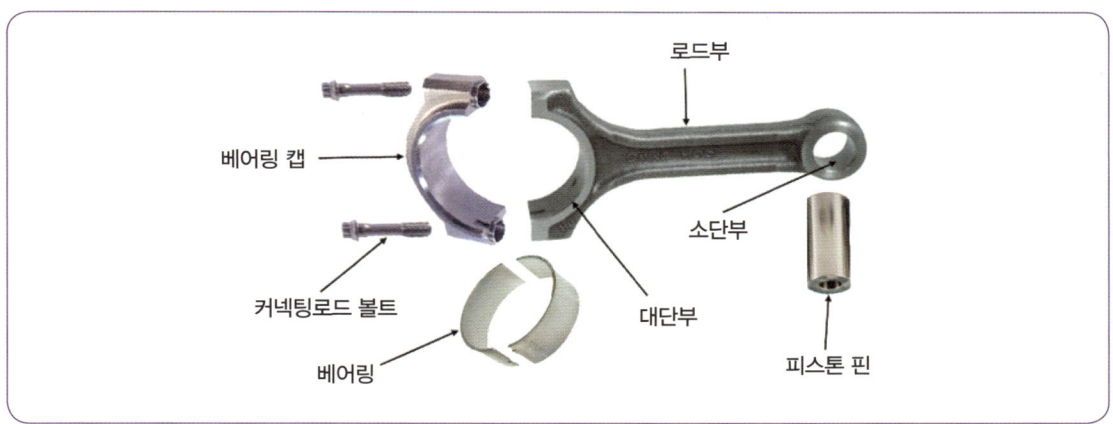

◎ 그림 1-18 커넥팅로드의 구조

08 크랭크축(crank shaft)

크랭크축의 회전중심을 형성하는 축 부분을 메인저널(main journal), 커넥팅로드 대단부와 결합되는 부분을 크랭크 핀(crank pin), 메인저널과 크랭크 핀을 연결하는 부분을 크랭크 암(crank arm) 그리고 회전평형을 유지하기 위해 크랭크 암에 둔 평형추(balance weight) 등의 주요부분으로 구성되어 있다. 또 크랭크 축 앞 끝에는 캠축 구동용의 타이밍기어 또는 타이밍벨트 구동용 스프로켓과 물 펌프 및 발전기 구동을 위한 크랭크축 풀리가 설치되며, 뒤쪽에는 플라이휠을 설치하기 위한 플랜지(flange)와 클러치 축 지지용 파일럿 베어링을 끼우는 구멍이 있다.

내부에는 커넥팅로드 베어링으로 기관오일을 공급하기 위한 오일구멍 및 통로가 있고, 크랭크축은 큰 하중을 받으면서 고속회전을 하기 때문에 이것에 견딜 수 있는 충분한 강도와 강성을 지녀야 한다. 따라서 현재 사용되는 크랭크축 재질은 고탄소강, 크롬-몰리브덴(Cr-Mo)강, 니켈-크롬(Ni-Cr)강 등으로 단조하여 제작한다.

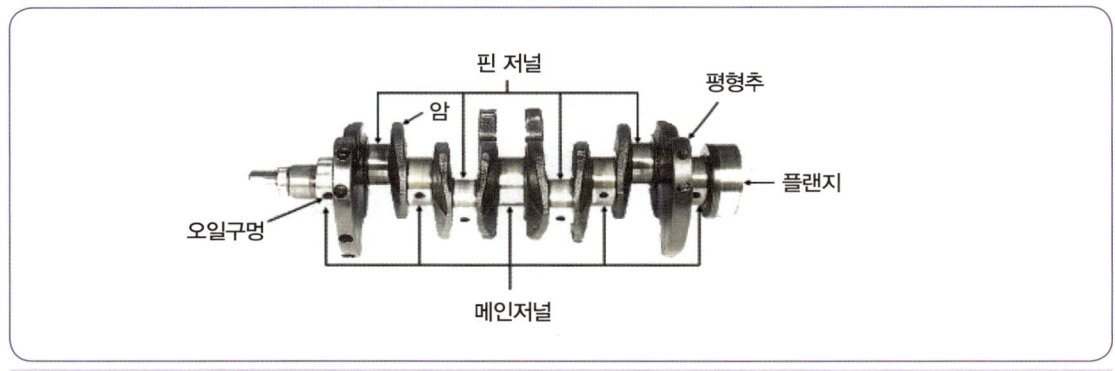

❖ 그림 1-19 크랭크축의 구조

1 점화순서를 결정할 때 고려하여야 할 사항

① 폭발행정이 같은 간격으로 발생하도록 한다.
② 크랭크축에 비틀림 진동이 발생하지 않도록 한다.
③ 인접한 실린더에 연이어서 폭발이 발생하지 않도록 한다.
④ 혼합가스가 각 실린더에 동일하게 분배되게 한다.

2 직렬 기관의 점화순서

① 4실린더 기관은 크랭크축이 매 180° 회전할 때마다 폭발행정이 발생하여 720°(180°×4이므로) 회전하는 동안에 각 실린더마다 폭발이 일어나야 하므로 4회의 폭발을 하면서 1사이클을 완성한다.

② **등간격 폭발** : 4사이클 4기통 엔진은 바깥쪽 2기통과 안쪽 2기통이 같이 움직이므로(1번과 4번, 2번과 3번 피스톤이 동일한 위치에 존재함) 그 폭발간격은 등간격이 되어 크랭크축 180도마다 연소실에서 폭발이 이루어진다.

③ **부등간격 폭발** : 보통의 엔진이 기통별 폭발간격을 같게 하는데 비해 폭발간격을 불규칙하게 폭발하는 것을 말하며 눈길이나 흙밭에서 출발한 경우에 스로틀을 크게 열어도 타이어가 공회전을 할 뿐이지 제대로 앞으로 나가지 못할 때 엔진의 폭발간격 중에 비어 있는 시간을 마련함으로써 타이어의 그립력이 회복되고, 라이더도 구동력이 잘 전달되는 것을 느낄 수 있어 조정성이 크게 향상된다.

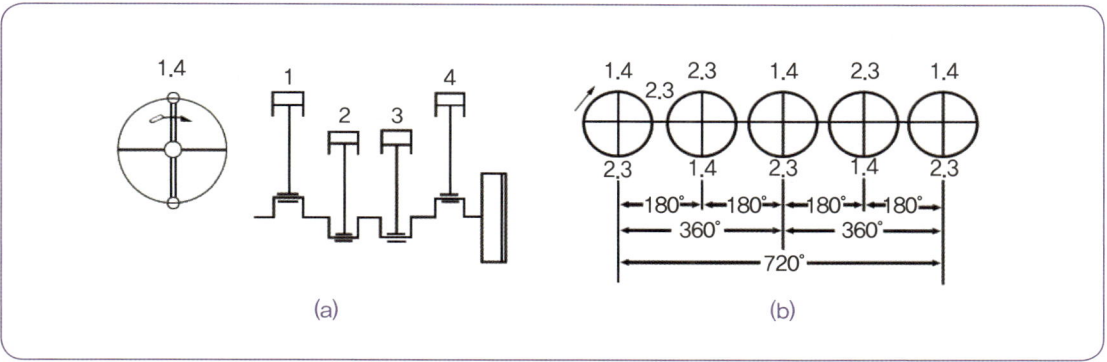

※ 그림 1-20 4실린더 기관 크랭크 핀과 피스톤의 위치

※ 표 1-1 점화순서가 1-3-4-2일 경우

실린더번호 \ 크랭크 회전각	1회전		2회전	
	0~180°	180~360°	360~540°	540~720°
1	폭발	배기	흡입	압축
2	배기	흡입	압축	폭발
3	압축	폭발	배기	흡입
4	흡입	압축	폭발	배기

❂ 표 1-2 점화순서가 1-2-4-3일 경우

크랭크 회전각 실린더번호	1회전		2회전	
	0~180°	180~360°	360~540°	540~720°
1	폭발	배기	흡입	압축
2	압축	폭발	배기	흡입
3	배기	흡입	압축	폭발
4	흡입	압축	폭발	배기

❂ 표 1-3 점화순서가 6실린더 우수식일 경우

크랭크 회전각 실린더번호	1회전				2회전			
	0~180°		180~360°		360~540°		540~720°	
	60°	120°	240°	300°	420°	480°	600°	660°
1	폭발		배기		흡입		압축	
2	흡입	압축		폭발		배기		흡입
3	배기		흡입		압축		폭발	압축
4	압축		폭발		배기		흡입	압축
5	폭발	압축		배기		압축		폭발
6	흡입		압축		폭발		배기	

❂ 표 1-4 점화순서가 6실린더 좌수식일 경우

크랭크 회전각 실린더번호	1회전				2회전			
	0~180°		180~360°		360~540°		540~720°	
	60°	120°	240°	300°	420°	480°	600°	660°
1	폭발		배기		흡입		압축	
2	배기		흡입		압축		폭발	배기
3	흡입	압축		폭발		배기		흡입
4	폭발	배기		흡입		압축		폭발
5	압축	폭발		배기		흡입		압축
6	흡입		압축		폭발		배기	

3 크랭크 위상에 따른 연소 간격

3-1 2기통 360° 크랭크 위상(등간격)

① 1번 실린더가 상사점일 때, 2번 실린더도 상사점, 1번 실린더가 하사점일 때, 2번 실린더도 하사점

> 흡입 – 압축 – 폭발 – 배기(1번 실린더)
> 폭발 – 배기 – 흡기 – 압축(2번 실린더)

② 2개의 실린더가 등간격으로 연소하게 되어, 그 결과 출력 발생 시 진동소음이 적으나 고회전으로 갈수록 복합적인 진동이 커져서 고회전에는 불리하다.

3-2 2기통 180° 크랭크 위상(부등간격)

① 일반적인 2기통의 형태이며, V형 2기통 형태도 동일한 위상형태를 가진다.
② 360도 크랭크 위상이 단기통보다 2배 빠른 폭발과 배기음을 가진다면 180도 크랭크위상은 단기통과 거의 같은 속도의 폭발/배기음을 가진다.
③ 1번 실린더가 상사점일 때, 2번 실린더도 상사점, 1번 실린더가 하사점일 때, 2번 실린더도 하사점

> 흡입 – 압축 – 폭발 – 배기(1번 실린더)
> 배기 – 흡입 – 압축 – 폭발(2번 실린더)

④ 이러한 시스템은 서로 간의 힘에 도움이 되지 않는다. 저회전에서는 흡·배기가 원활하지 못한 단점이 존재하지만 고회전에서 비교적 유리하며, 2번의 폭발이 거의 동시에 일어나서 토크가 4기통이나 360도 크랭크에 비해 월등히 강하다.

3-3 V4 76° 뱅크/28° 크랭크핀 오프셋

① V형 4기통 엔진은 크랭크축을 76°/28° 크랭크축을 채택해서 부등간격 폭발을 의도적으로 실현한 시스템으로 V형 4기통엔진은 폭발간격이 부등간격으로 이루어지는데 180도 크랭크축일 경우에는 크랭크축이 2회전하는 사이에 180°, 270°, 180°, 90°의 부등간격 폭발에 의해 독특한 고동감을 발휘한다.
② VFR1200F의 새로운 V4엔진은 V뱅크 76도/28도 위상 크랭크축을 채택해서 256°, 104°의 독특한 부등간격 폭발이 되어 더욱 효과적인 트랙션 성능과 사운드, 고동감을 실현하였다.
③ 고성능이면서도 다루기가 편한 엔진특성에 성공하고 있다.

09 크랭크축 베어링(crank shaft bearing)

크랭크축에서 사용하는 베어링은 평면 베어링(plain bearing)이다. 평면 베어링에는 분할형과 부시형(bushing)이 있다.

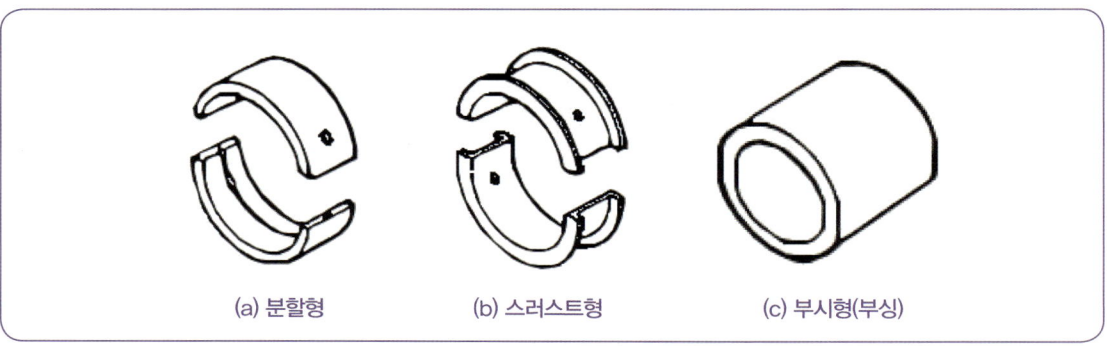

(a) 분할형   (b) 스러스트형   (c) 부시형(부싱)

✿ 그림 1-21 크랭크축 베어링

1 크랭크축 베어링의 재료

크랭크축 베어링의 재료에는 구리(Cu), 납(Pb), 아연(Zn), 은(Ag), 카드뮴(Cd), 알루미늄(Al) 등의 합금인 배빗메탈, 켈밋합금, 알루미늄합금 등이 있으며, 어느 것이나 저널의 재질보다 융점이 낮고 연하므로 한계 윤활상태가 되면 자체가 소모되어 저널의 마멸을 방지한다.

1-1 배빗메탈(babbit metal)

배빗메탈은 주석(Sn) 80~90%, 안티몬(Sb) 3~12%, 구리(Cu) 3~7%가 표준 조성이다. 특징은 취급이 쉽고, 매입성능, 길들임 성능, 부식에 견디는 성질 등은 크나 고온 강도가 낮으며, 피로 강도, 열전도 성능이 좋지 못하다. 현재는 주로 켈밋합금이나 트리 메탈의 코팅(coating)용으로 사용되고 있다.

1-2 켈밋합금(kelmet alloy)

켈밋합금은 구리(Cu) 60~70%, 납(Pb) 30~40%가 표준 조성이다. 특징은 열전도 성능이 양호하고, 녹아 붙지 않아 고속·고온 및 높은 하중에 잘 견디나 경도가 커 매입성능, 길들임 성능, 부식에 견디는 성질 등이 작다.

1-3 알루미늄합금(aluminium alloy)

알루미늄과 주석의 합금이며, 배빗메탈과 켈밋메탈이 지니는 각각의 장점을 구비한 베어링이다. 그러나 길들임 성능과 매입성능은 배빗메탈로 표면층을 만들어서 개선하고 있다.

2 크랭크축 베어링의 구조

베어링의 구조를 살펴보면 탄소강 또는 구리 합금의 셸(back plate 또는 shell)에 베어링 금속을 코팅하여 사용하는데 베어링의 가운데에는 오일구멍(oil holes)이 있고 원둘레 방향으로는 오일 홈(oil grooves)이 파져 있다.

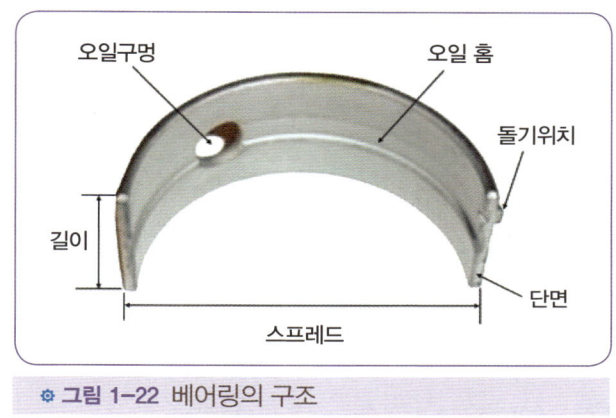

✿ 그림 1-22 베어링의 구조

2-1 베어링 크러시(bearing crush)

크러시는 베어링의 바깥둘레와 하우징 둘레와의 차이를 말하며 두는 이유는 다음과 같다.
① 베어링 바깥둘레를 하우징 둘레보다 조금 크게 하고, 볼트로 압착시켜 베어링 면의 열전도성을 높이기 위함이다.
② 크러시가 너무 크면 안쪽 면으로 찌그러져 저널에 긁힘을 일으키고, 작으면 기관 작동에 따른 온도변화로 인하여 베어링이 저널을 따라 움직이게 되는데 이를 방지하기 위함이다. 따라서 신품 베어링으로 교환할 때 베어링 캡이나 베어링을 연삭해서는 안 된다.

2-2 베어링 스프레드(bearing spread)

스프레드는 베어링 하우징의 지름과 베어링을 끼우지 않았을 때 베어링 바깥쪽 지름과의 차이를 말한다. 스프레드를 두는 이유는 다음과 같다.
① 조립할 때 베어링이 제자리에 밀착되게 하기 위함이다.
② 조립할 때 캡에 베어링이 끼워져 있어 작업이 편리하다.
③ 크러시가 압축됨에 따라 안쪽으로 찌그러지는 것을 방지한다.

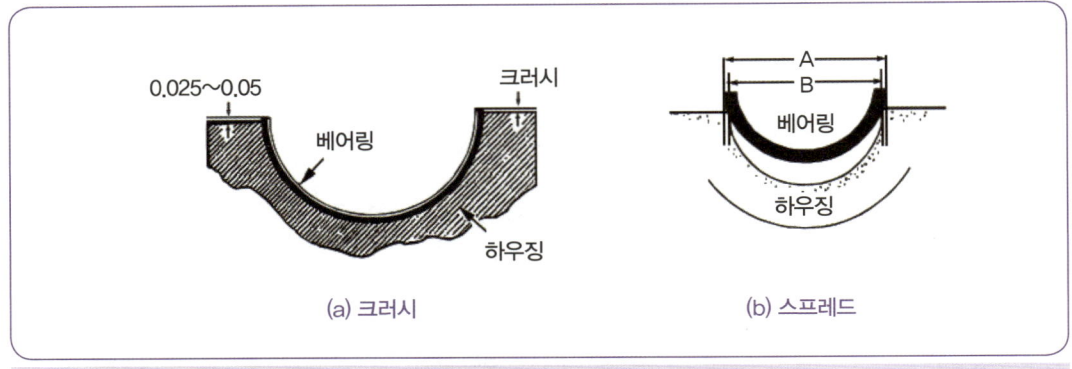

※ 그림 1-23 크러시와 스프레드

10 밸브개폐 기구와 밸브(valve train & valve)

1 밸브개폐 기구의 개요

1-1 I-헤드형(OHV : Over Head Valve)

I-헤드형 기관의 밸브개폐 기구는 캠축, 밸브 리프터, 푸시로드, 로커암 축 어셈블리, 밸브로 구성되어 있으며 흡·배기밸브가 모두 실린더헤드에 설치되므로 밸브 리프터와 밸브 사이에 푸시로드와 로커암 축 어셈블리의 두 부품이 더 설치되어 있다.

작동은 캠축이 회전운동을 하면 푸시로드가 밸브 리프터에 의하여 상하운동을 하여 로커암이 그 설치 축을 중심으로 움직인다. 이에 따라 로커암의 밸브 쪽 끝이 밸브 스템 끝을 눌러 열리게 하고, 닫힐 때에는 스프링의 장력으로 닫힌다.

고속회전에 푸시로드가 무게나 강성의 면에서 불리하나 배기량이 큰 할리데이비슨 등에 사용된다.

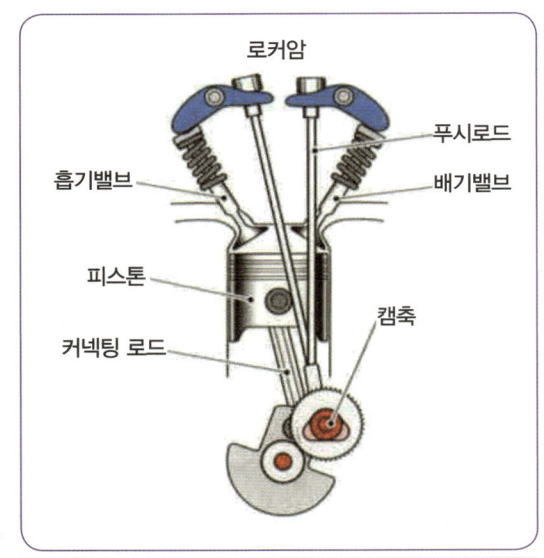

※ 그림 1-24 OHV의 기본 구조

1-2 OHC형(Over Head Camshaft)

OHC형 기관의 밸브개폐 기구는 캠축을 실린더 헤드 위에 설치하고 캠이 직접 로커암을 구동하는 형식이다. 이 형식은 캠축을 구동하는 타이밍체인이나 벨트장치와 실린더헤드의 구조는 복잡해지나 밸브개폐 기구의 왕복운동 부분의 관성력이 작아져 밸브 가속도가 커진다. 또 OHC(Over Head Camshaft)엔진은 DOHC에 비해 부품수가 적어서 실린더 헤드를 적게 만들 수 있는 특징이 있다.

OHC형에는 1개의 캠축으로 모든 밸브를 개폐시키는 SOHC(single over head camshaft)형과 2개의 캠축으로 각각의 흡·배기밸브를 구동하는 DOHC(double over head cam-shaft)형이 있다.

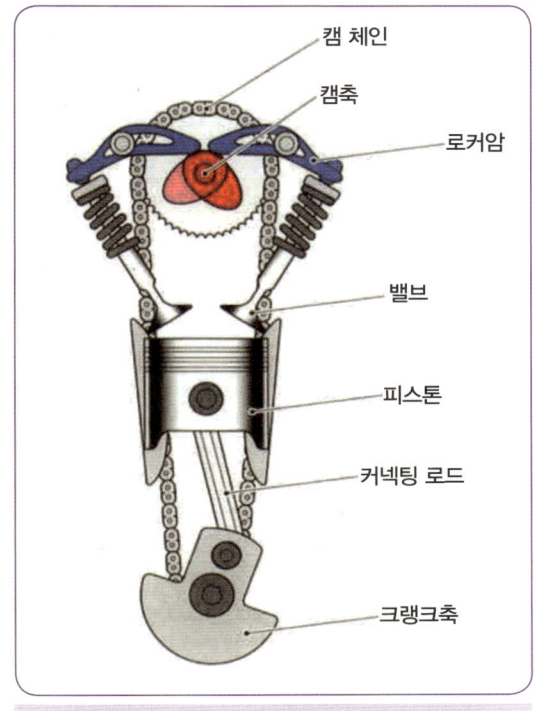

※ 그림 1-25 OHC의 기본 구조

※ 표 1-5 DOHC형과 SOHC형의 특징

구분	DOHC형	SOHC형
특징	① 흡입효율을 향상시킬 수 있다. ② 허용 최고 회전속도를 높일 수 있다. ③ 연소 효율을 높일 수 있다. ④ 응답성이 향상된다. ⑤ 구조가 복잡하고, 제작비가 비싸다.	① OHV에 비해 밸브 회전의 관성질량을 줄이기 쉽다. ② 부품수가 OHC나 DOHC보다 적기 때문에 사이즈가 작고 가벼우며 저렴하고, 정비성이 좋다. ③ DOHC보다 캠 샤프트가 하나 적기 때문에 구동저항이 적어 연비가 좋다. ④ 사이드 밸브나 OHV처럼 엔진의 중심을 낮게 할 수 있다. ⑤ 캠축하나로 흡·배기 양쪽의 밸브를 여닫기 때문에, 밸브 협각등의 레이아웃의 허용범위가 좁다.

1-3 DOHC형(Double Over Head Camshaft)

실린더 헤드 위에 2개의 캠축이 있어서 흡기밸브와 배기밸브 구동을 하는 시스템을 DOHC(Double Over Head Camshaft)라고 한다. 직동식과 로커암식으로 구분된다.

① **직동식** : 구조가 단순해서 동력손실이 적어 고속회전 엔진에 주로 사용된다.
② **로커암식** : 밸브 리프트량(캠에 눌려서 밸브의 이동량)을 변경하기가 편하고, 실린더 헤드를 작게 만들 수 있는 특징이 있다.

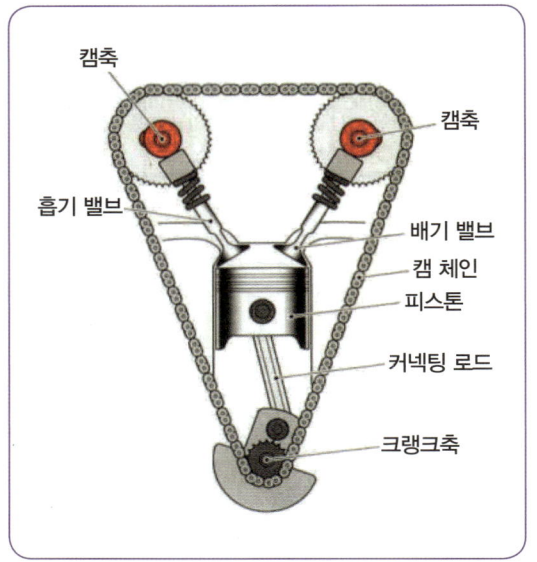

❀ 그림 1-26 DOHC의 기본 구조

1-4 SV형(Side Valve)

SV(Side Valve) 방식은 OHV가 등장하기 이전에 사용되었던 방식으로 크랭크축 옆에 있는 캠축이 밸브를 누르는 단순한 시스템이지만, 연소실 구조가 비효율적이고 밸브도 크고 무거워 현재에는 사용되지 않는다.

❀ 그림 1-27 할리데이비슨 SV엔진

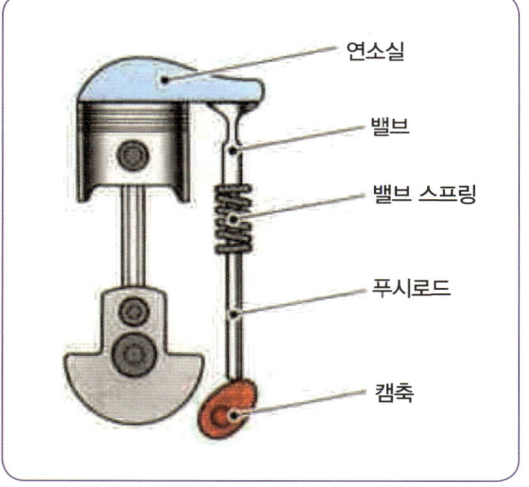

❀ 그림 1-28 SV의 기본 구조

2 밸브개폐 기구의 구성부품과 그 기능

2-1 캠(cam)

캠은 달걀 모양을 하고 있으며 축의 중심부터 외주까지의 거리가 일정하지 않고 돌출되는 부분(캠노즈 또는 캠탑)이 캠축이 1회전하는 사이에 캠 노즈가 밸브 끝을 누르면 밸브 스프링이 눌려서 연소실의 밸브가 열리는 구조로 캠이 밸브를 직접 누르는 직동식과 로커암을 거쳐서 누르는 로커암식 등이 있다.

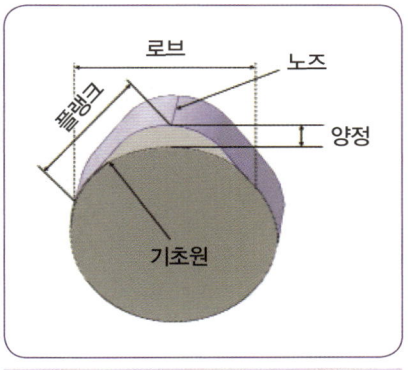

❖ 그림 1-29 캠의 구조

> **캠의 구조**
> ① 양정 : 기초원과 노즈사이의 거리
> ② 노즈 : 밸브가 완전히 열리는 점
> ③ 플랭크 : 밸브 리프트나 로크암과 접촉하는 측면
> ④ 로브 : 밸브가 열리기 시작하여 닫힐 때까지 캠이 회전한 거리

2-2 캠축(cam shaft)

캠축의 주요기능은 흡·배기밸브 개폐이며, 재질은 특수주철, 저탄소강에 침탄시킨 것, 중탄소강에 화염경화나 고주파 경화시킨 것을 사용한다. 또 캠의 형상은 밸브개폐 상태, 열림 시간, 밸브 양정 등은 캠의 형상에 따라 결정되므로 기관에 따라 다양한 캠이 사용된다. 캠의 형상에는 접선 캠, 볼록 캠 및 오목 캠 등이 있다. 양정(lift)은 캠에서 기초원과 노즈(nose) 사이의 거리를 양정(lift)이라 한다.

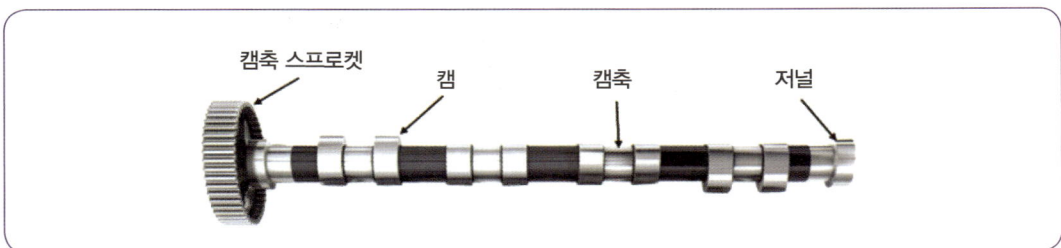

❖ 그림 1-30 캠축의 구조

실린더 헤드에 캠축이 설치되어 있는 DOHC(2개)나 OHC(1개)의 경우 크랭크축의 회전이 캠 체인이나 캠기어트레인 또는 베벨 기어등으로 캠축에 전달된다.

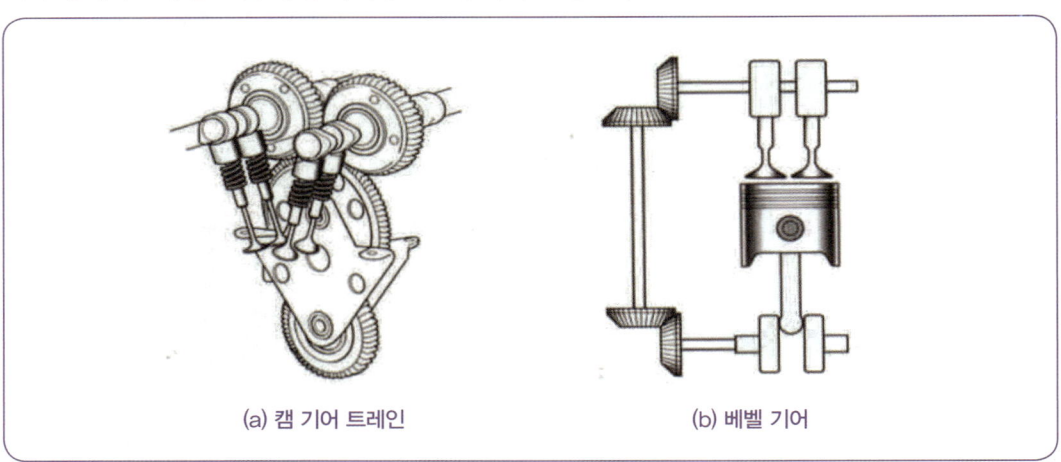

(a) 캠 기어 트레인   (b) 베벨 기어

1) 캠축과 크랭크축의 동력전달방식

크랭크축과 캠축의 동력전달방식을 체인방식으로 사용하는 OHC 엔진이 주로 사용하는 방식

2) OHV 엔진의 캠축

크랭크축 옆에 캠축이 구동하는 OHV 엔진은 푸시로드와 로커암으로 밸브를 작동시킨다.

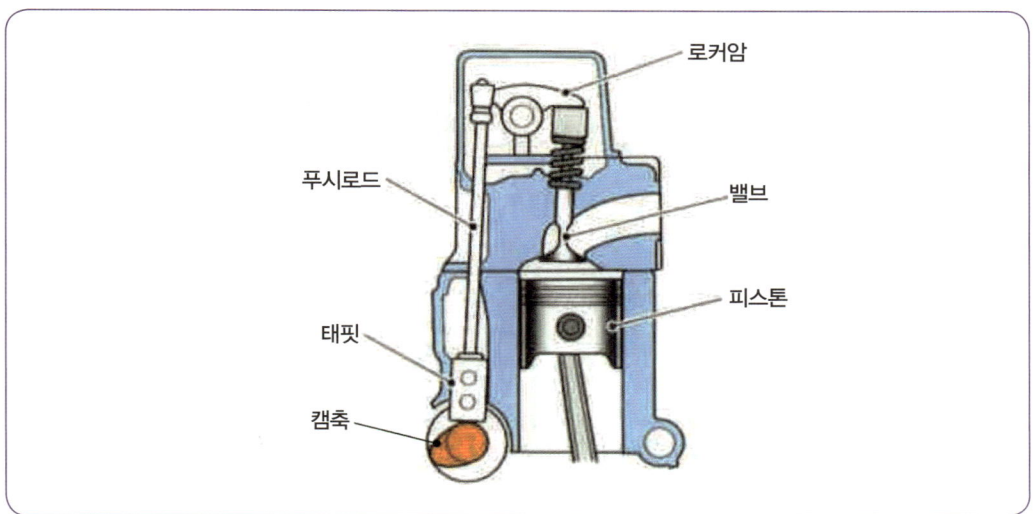

3) 캠축의 구동방식

(1) 기어 구동방식(gear drive type)

이 방식은 크랭크축 기어와 캠축 기어의 물림에 의한 방식이며, 4행정 사이클 기관에서는 크랭크 축 2회전에 캠축 1회전하는 구조로 되어 있다. 크랭크 축 기어의 재질은 저탄소 침탄강, 크롬강으로 표면을 경화하며 캠축 기어의 재질은 베이클라이트로 제작하여 소음감소 및 크랭크축 기어의 마멸을 감소시키고 있다.

(2) 체인 구동방식(chain drive type)

이 방식은 타이밍 체인을 통하여 캠축을 구동하는 것이며 양쪽 체인의 스프로켓 비율은 4행정 사이클 기관의 경우 2 : 1이며, 스프로켓의 재질은 강철이다. 특징은 동력전달 효율이 높고, 소음이 감소되며, 캠축의 설치위치를 자유롭게 정할 수 있으나 체인이 늘어나 헐거워지면 밸브개폐 시기가 틀려지는 결점이 있다.

최근에는 체인의 헐거움을 자동적으로 조절하는 텐셔너(tensioner)와 체인의 진동을 방지하는 댐퍼(damper)를 두고 있다.

(3) 벨트 구동방식(belt drive type)

이 방식은 타이밍벨트로 캠축을 구동하는 방식이며, 벨트에도 스프로켓 돌기 형상과 동일한 돌기가 파져 있다.

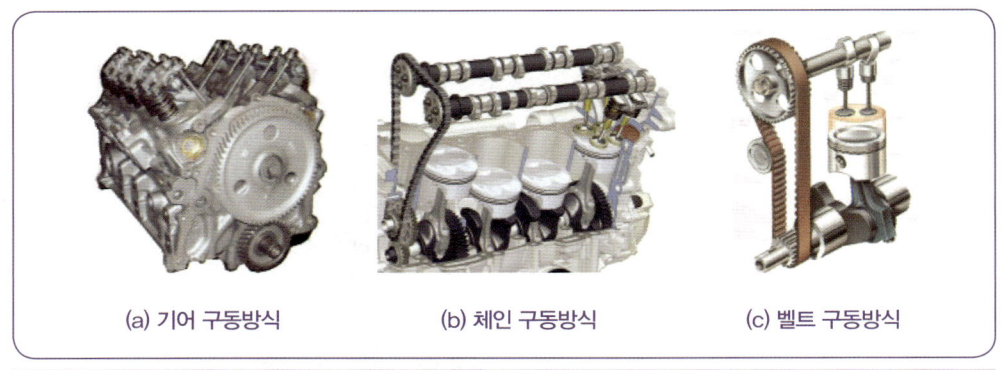

(a) 기어 구동방식   (b) 체인 구동방식   (c) 벨트 구동방식

🌣 그림 1-31 캠축의 구동방식

2-3 밸브 리프터(밸브 태핏 : valve lifter or valve tappet)

1) 기계식 밸브 리프터

기계식 밸브 리프터는 I-헤드형 기관은 원통형이며, 그 내부에 푸시로드를 받는 오목 면이 있고, 리프터 밑면에는 편 마멸을 방지하기 위해 리프터 중심과 캠 중심을 오프셋(off-set)시키고 있다.

2) 유압식 밸브 리프터

유압식 밸브 리프터는 오일의 비압축성과 윤활장치의 순환압력을 이용하여 작용케 한 것이며, 기관의 작동 온도변화에 관계없이 밸브 간극을 0으로 유지시키도록 한 방식이다. 유압식 밸브 리프터는 기관성능 향상, 연료 소비율 감소, 경량화와 더불어 진동 및 소음 감소 목적으로 제작된 것이다.

(1) 유압식 밸브 리프터의 특징

① 밸브간극을 점검·조정하지 않아도 된다.
② 밸브개폐 시기가 정확하고 작동이 조용하다.
③ 오일이 완충작용을 하므로 밸브개폐 기구의 내구성이 향상된다.
④ 밸브개폐 기구의 구조가 복잡해지고 윤활장치가 고장이 나면 기관 작동이 정지된다.

11 흡·배기밸브

흡입밸브 및 배기밸브는 연소실에 설치된 흡·배기구멍을 각각 개폐하고 혼합가스(또는 공기)를 흡입하고, 연소가스를 내보내는 일을 한다. 압축과 폭발행정에서는 밸브 시트에 밀착되어 연소실 내의 가스가 누출되지 않도록 한다. 바이크용 기관의 흡·배기용 밸브는 포핏 밸브(poppet valve)를 사용한다.

1 흡·배기밸브의 구비조건

① 높은 온도에서 견딜 것(기관 작동 중 흡입밸브는 최고 450~500℃, 배기밸브는 700~800℃ 정도이다)
② 밸브헤드 부분의 열전도율이 클 것
③ 높은 온도에서의 장력과 충격에 대한 저항력이 클 것
④ 높은 온도의 가스에 부식되지 않을 것
⑤ 가열이 반복되어도 물리적 성질이 변화하지 않을 것
⑥ 관성력이 커지는 것을 방지하기 위하여 무게가 가볍고 내구성이 클 것
⑦ 흡·배기가스 통과에 대한 저항이 적은 통로를 만들 것

2 흡·배기밸브의 재질

밸브는 페라이트(ferrite)계열 또는 오스테나이트(austenite)계열의 내열강을 사용하며, 제작방법은 금속조직의 흐름이 끊어지지 않도록 업셋 단조(up-set forging)를 사용한다. 최근에는 밸브헤드는 오스테나이트 계열을, 스템은 페라이트 계열을 사용하여 전기용접하고 밸브 스템 끝 부분은 스텔라이트를 녹여 붙이기도 한다.

3 흡·배기밸브 주요부분의 기능

3-1 밸브 헤드(valve head)

밸브 헤드는 고온·고압의 가스에 노출되므로 배기밸브에서는 열 부하가 매우 크다. 또 흡입효율을 증대시키기 위해 흡입밸브 헤드의 지름을 크게 한다. 밸브 헤드의 형상에는 플랫형(flat type), 튤립형(tulip type), 반 튤립형(semi-tulip type), 버섯형(mushroom type) 등이 있다.

3-2 밸브 마진(valve margin)

마진의 두께가 얇으면 높은 온도에서 밸브가 작동될 때의 충격으로 밸브 시트와 접촉할 때 둘레에 걸쳐 위로 벌어져 충분한 기밀유지가 되지 못한다. 일반적으로 마진의 두께가 0.8mm 이하인 경우에는 재사용하지 못한다.

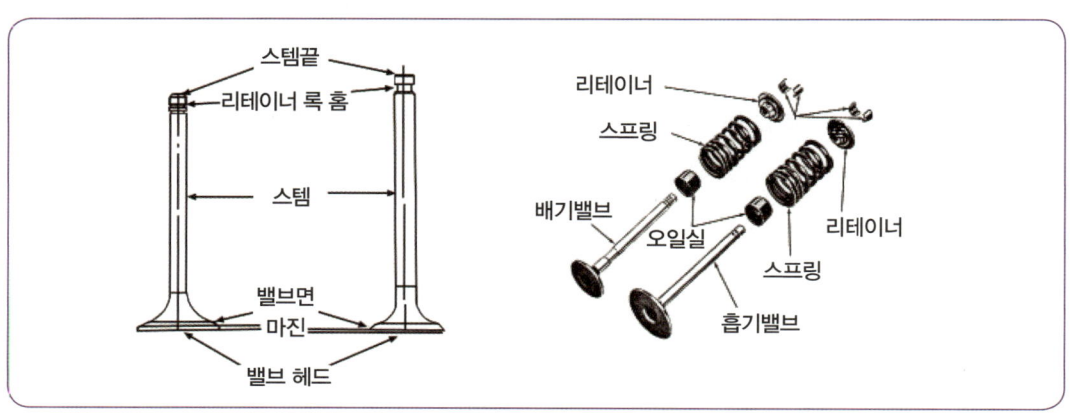

◆ 그림 1-32 밸브의 구조

3-3 밸브 면(valve face)

밸브 면은 시트(seat)에 밀착되어 연소실 내의 기밀유지 작용을 한다. 이에 따라 밸브 면의 양부는 실린더 내의 압축압력과 밀접한 관계가 있으며 기관의 출력에 큰 영향을 미친다. 밸브 면은 기관 작동 중 고온·고압상태에서 밸브시트와 충격적으로 접촉하고 이 접촉에서 밸브 헤드의 열을 시트로 전달한다. 페이스 각도는 60°, 45°, 30°의 것이 있으며 주로 45°를 가장 많이 사용한다.

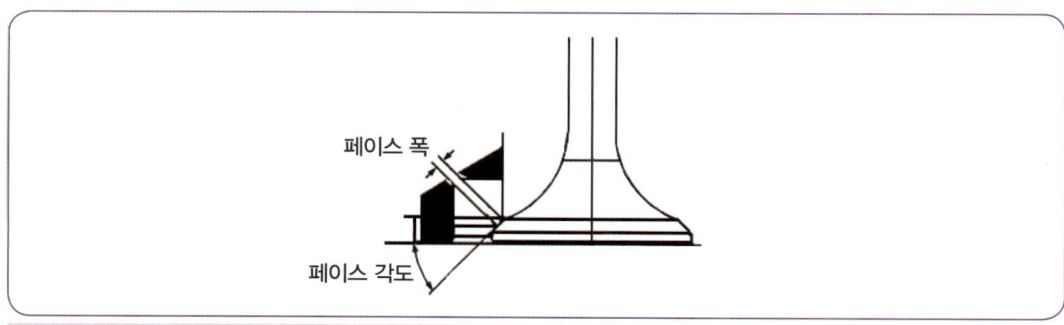

◆ 그림 1-33 밸브 면의 구조

3-4 밸브 스템(valve stem)

밸브 스템은 그 일부가 밸브 가이드에 끼워져 밸브운동을 바르게 유지하고, 밸브 헤드의 열을 가이드를 통하여 실린더헤드로 전달한다.

3-5 밸브스프링 리테이너 록 홈과 리테이너 록

밸브스프링은 실린더헤드와 리테이너 사이에 끼워지고 리테이너 록에 의하여 밸브 스템에 고정된다.

3-6 밸브 스템 끝(valve stem end)

밸브 스템 끝은 밸브에 캠의 운동을 전달하는 로커암과 충격적으로 접촉하는 부분이며, 기계식 리프터를 사용하는 기관에서는 스템 끝과 로커암 사이에 열팽창을 고려한 밸브간극이 설치된다. 그리고 밸브 스템 끝은 평면으로 다듬질되어 있다.

3-7 밸브시트(valve seat)

밸브시트는 밸브 면과 밀착되어 연소실의 기밀유지 작용과 밸브 헤드의 냉각작용을 한다.
시트는 밸브 면과 연속적인 충격 접촉을 하므로 이에 손상되지 않을 정도의 경도가 있어야 한다. 시트의 각도는 60°, 45°, 30°가 있고 시트의 폭은 1.5~2.0mm이며, 폭이 넓으면 밸브의 냉각효과는 크지만 압력이 분산되어 기밀유지가 불량하다. 작동 중 열팽창을 고려하여 밸브 면과 시트 사이에 1/4~1° 정도의 간섭 각을 둔다.

3-8 밸브 가이드(valve guide)

밸브 가이드는 밸브의 상하운동 및 시트와 밀착을 바르게 유지하도록 밸브 스템을 안내해 주는 부분이다.

3-9 밸브 스프링(valve spring)

밸브 스프링은 압축과 폭발행정에서 밸브 면과 시트를 밀착시켜 기밀을 유지시키고 흡입과 배기행정에서는 캠의 형상에 따라서 밸브가 열리도록 작동시킨다. 밸브 스프링의 재질은 탄성이 큰 니켈강이나 규소-크롬(Si-Cr)강을 사용한다. 또 밸브 스프링의 장력이 너무 크면 밸브가 열릴 때 큰 힘이 필요하므로 기관의 출력이 손실되고, 닫힐 때 시트가 손상되기 쉽다.

반대로 스프링 장력이 작으면 밀착 불량으로 출력 감소, 가스 블로바이 발생, 고속으로 운전될 때 밸브스프링의 신축이 심하여 밸브스프링의 고유 진동수와 캠 회전속도 공명에 의하여 스프링이 튕기는 현상인 스프링 서징현상이 발생한다. 서징현상이 발생하면 2중 스프링, 부등 피치 스프링, 원뿔형 스프링 등을 사용한다.

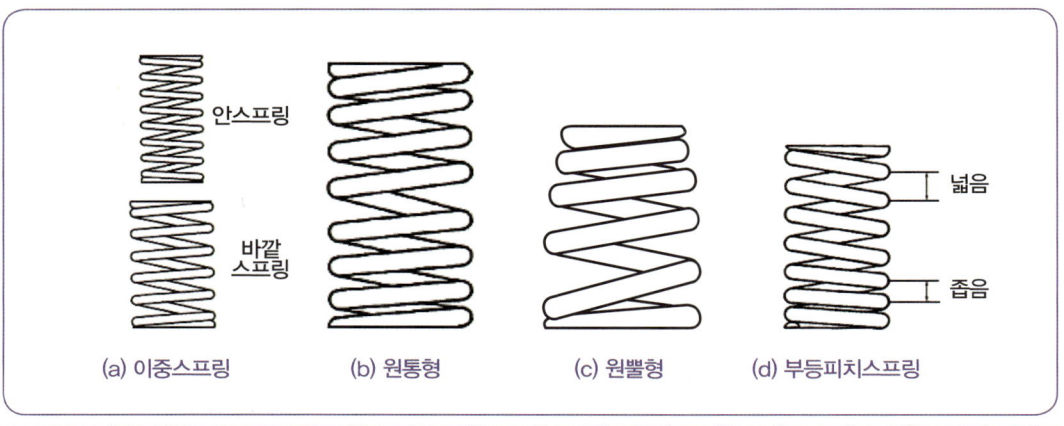

※ 그림 1-34 밸브 스프링의 종류

4 밸브 회전기구의 필요성

① 밸브 면과 시트 사이, 스템과 가이드 사이에 쌓이는 카본을 제거한다.
② 밸브 면과 시트, 스템과 가이드의 편 마멸을 방지한다.
③ 밸브 헤드 부분의 온도를 균일하게 할 수 있다.

5 밸브간극(valve clearance)

밸브간극은 기계식 리프터를 사용하는 기관에서 작동 중 열팽창을 고려하여 I-헤드형과 OHC형은 로커암과 밸브 스템 끝사이에 두고 있으며, 일반적으로 배기밸브 쪽의 간극을 더 크게 두고 있다. 이것은 배기밸브 쪽 온도가 높아 열팽창이 크기 때문이다.
밸브간극은 대략 흡입밸브가 0.2~0.35mm, 배기밸브가 0.3~0.4mm 정도이다. 또 기관이 냉간된 상태와 온간된 상태의 간극이 다르다.

12 밸브시스템

1 멀티 밸브

엔진이 고속회전을 할수록 밸브개폐시기가 짧아지게 되어 흡·배기의 효율이 한계가 발생하여 많은 혼합기의 흡입과 배기가스의 배출을 위하여 밸브면적을 크게 해야 한다.
4밸브, 5밸브 등의 멀티 밸브 방식으로 흡·배기구의 총면적을 늘일 수 있어 경량으로 제작하여 고속회전 고출력이 가능해진다.

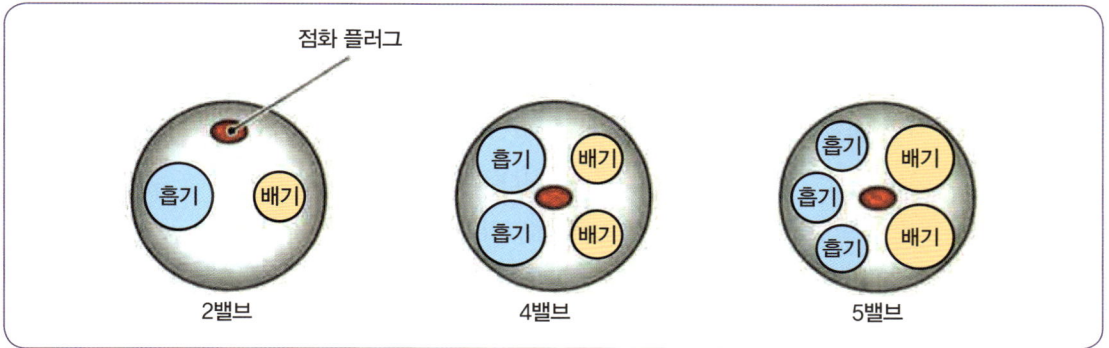

4밸브 엔진은 연소실중앙에 점화플러그 구멍이 있으며 5밸브 방식에서는 흡기밸브 3개의 직경이 작게 구성되어 있다.

2 회전수 응답형 밸브시스템

① REV(Revoloution Modulated Valve Control) 혼다의 CBR400F 모델에 장착되어 엔진의 회전수에 따라 흡·배기의 작동 밸브수를 변화시키는 엔진으로 즉 4밸브 중 저속으로 주행 시 흡기밸브 1개, 배기밸브 1개만이 작동하며 일정한 속도 이상이 되면 흡·배기 각각 2개의 밸브 모두 작동하는 시스템을 말한다.
② 4밸브 작동 시 고속회전영역에서는 고출력을 발휘하고, 2밸브 작동시에는 혼합기 누출감소, 유속증가로 와류효과와 충진효율을 향상시켜 중·저속 회전영역의 출력향상을 실현했다.

3 가변 밸브시스템

① VVT(Variable Valve Timing) 시스템은 엔진의 흡기 및 배기 밸브가 열리는 시작과 지속 시간을 실시간으로 조절하는 시스템이며 엔진 회전수에 따라 흡·배기 밸브의 효율을 최적화하여 출력과 연비를 향상시킨다.
② 캠축 자체를 회전시켜 밸브타이밍을 조절하는 방식(혼다 VTEC, 닛산 VVEL, BMW VANOS)과 캠축에 별도의 장치를 설치하여 밸브 타이밍을 조절하는 방식(폭스바겐 VVT, 현대 CVVT), 밸브자체에 작동장치를 설치하여 밸브타이밍을 조절하는 방식(VVTi, 벤츠 VVT)으로 나뉜다.

4 뉴매틱 밸브 시스템(Pneumatic Valve Return System)

① 고속 회전하는 엔진의 밸브를 개폐하는 밸브스프링은 흡·배기 밸브 움직임에 따라가지 못해 최악의 경우에는 밸브서징이 발생하는 경우도 있다. 스프링의 장력을 강하게 할 수 있지만 밸브 개폐 시 동력 손실도 동시에 발생하므로 한계가 있다.
② 초고속회전형 F1 레이스 엔진에서 개발된 것이 뉴매틱 밸브이며 캠으로 밸브를 열고, 공기의 힘으로 닫는 구조로 되어 있으나 2만 회전 이상으로 작동하는 초고속회전형 엔진과 고출력을 실현했으나 시판되는 차량에 시스템을 채택하는 예는 아직 전무하다.

5 데스모드로믹(Desmodromic) 밸브시스템

① 밸브개폐 시 2개의 캠과 로커암이 밸브를 열고 닫는 일을 분담하며, 스프링이 없고 기계적으로 밸브를 개폐한다.
② 밸브 개폐 타이밍을 치밀하게 관리할 수 있으며, 밸브를 열 때의 동력손실과 섭동 저항을 억제할 수 있는 장점이 있다. 스프링이 차지하는 공간이 없으므로 밸브 스템을 짧게 만들 수 있어서 실린더 헤드를 아담하게 설계할 수 있으며, 고속회전에서 발생하는 밸브 서징의 우려가 없어서 고속회전 엔진에 유리한 시스템이다. 다만, 스프링 밸브 방식에 비해 구조가 복잡해지고 제작단가도 비싸다는 단점이 있으며 밸브간극을 조정할 필요도 있다.

출처 : 이탈리아 두카디

✿ 그림 1-35 데스모드로믹(Desmodromic) 밸브시스템

CHAPTER 04 냉각장치

01 냉각장치의 필요성

냉각 장치는 작동 중인 기관의 폭발행정에서 발생되는 열을 냉각시켜 기관의 온도를 알맞게 유지시키는 장치이며, 기관의 정상적인 작동 온도는 75~95℃이고, 실린더헤드 물 재킷의 온도로 나타낸다. 실린더 속의 연소가스의 온도는 약 1500~2000℃ 정도이며, 이 열의 상당량이 실린더헤드, 실린더블록, 피스톤, 흡·배기밸브 등으로 전달된다.

기관이 과열하면 부품재료의 강도가 저하되고, 고장을 일으키거나 수명이 단축되고 연소상태도 불량하여 노크나 조기점화를 일으켜 기관의 출력이 저하한다. 반대로 기관이 과냉하면 연소에서 발생한 열량 가운데 냉각으로 손실되는 열량이 커지기 때문에 기관의 열효율이 낮아지고, 연료소비율이 증가하는 등의 문제를 초래한다. 수온계는 실린더헤드 물 재킷 내의 냉각수 온도(75~95℃)를 표시한다.

02 기관의 냉각방법

1 공랭식(air cooling type) 기관

공랭식은 기관을 대기와 직접 접촉시켜서 냉각시키는 방법으로 냉각수의 보충, 누출, 동결 등의 염려가 없고 구조가 간단하여 취급이 쉬운 장점이 있으나 기후, 운전상태 등에 따라 기관의 온도가 변화하기 쉽고 냉각이 균일하지 못한 단점이 있다. 공랭식에는 자연 통풍방식과 강제 통풍방식이 있다.

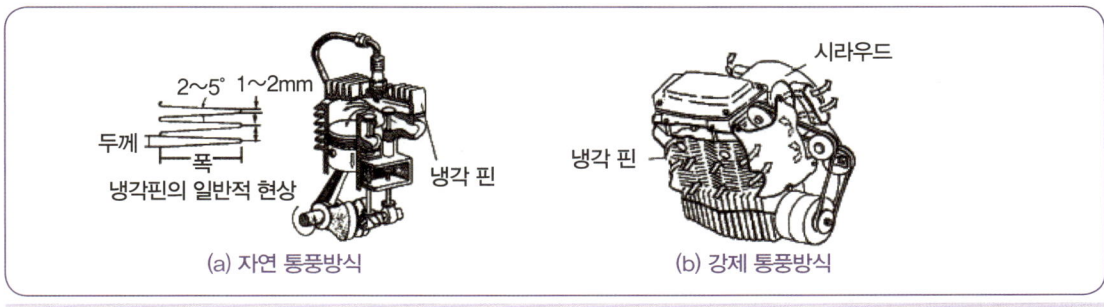

❀ 그림 1-36 공랭식 기관

2 수냉식(water cooling type) 기관

수냉식은 냉각수를 사용하여 기관을 냉각시키는 방식이며, 냉각수는 연수를 사용하여야 한다. 수냉식은 냉각수를 순환시키는 방식에 따라 자연 순환방식, 강제 순환방식, 압력 순환방식, 밀봉 압력방식 등이 있으나, 현재는 밀봉 압력방식만을 사용한다.

출력이 클수록 엔진에서 발생하는 폭발력도 강하여 열도 많이 발생하며, 제대로 식혀주지 않으면 과열현상으로 엔진이 파손되므로 안정적인 냉각을 위해 실린더와 실린더 헤드에 냉각수를 순환시켜 냉각을 하는 방식을 수랭식 냉각방식이다.

> **수냉식 기관의 과열원인**
> ① 구동벨트의 장력이 작거나 벨트가 파손되었다.
> ② 냉각 팬이 파손되었다.
> ③ 라디에이터 코어가 20% 이상 막혔다.
> ④ 물 펌프의 작동이 불량하거나 라디에이터 호스가 파손되었다.
> ⑤ 수온조절기가 닫힌 채 고장이 났다.
> ⑥ 수온조절기의 열리는 온도가 너무 높다.
> ⑦ 라디에이터 코어가 파손되었거나 오손되었다.
> ⑧ 물 재킷 내에 스케일이 많이 쌓여 있다.

03 수냉식 기관의 주요구조와 그 기능

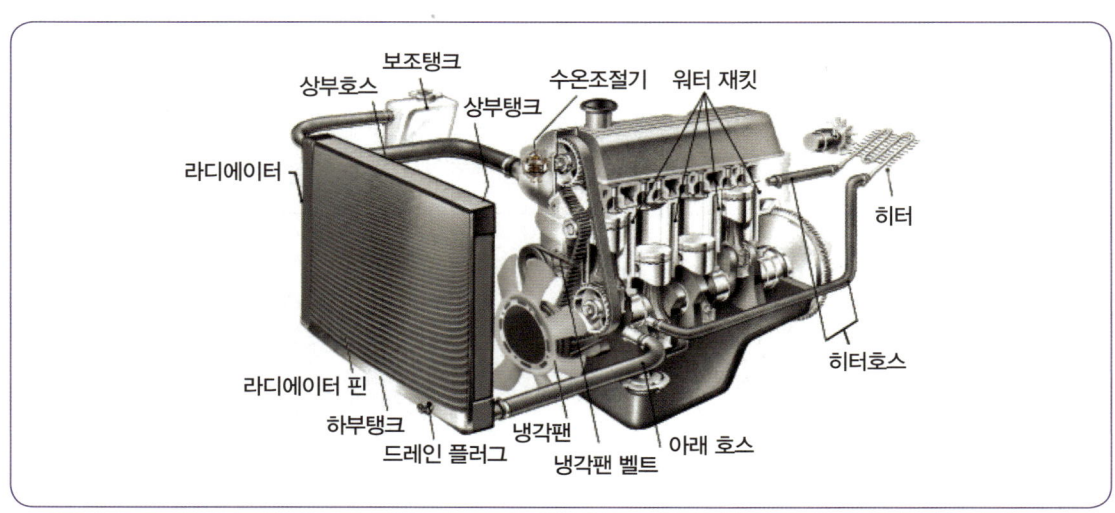

◎ 그림 1-37 수냉식 기관의 주요구조

1 물 재킷(water jacket)

물 재킷은 실린더헤드 및 블록에 일체 구조로 된 냉각수가 순환하는 물 통로이다.

2 물 펌프(water pump)

물 펌프는 구동벨트를 통하여 크랭크축에 의해 구동되며, 실린더헤드 및 블록의 물 재킷 내로 냉각수를 순환시키는 원심력 펌프이다.

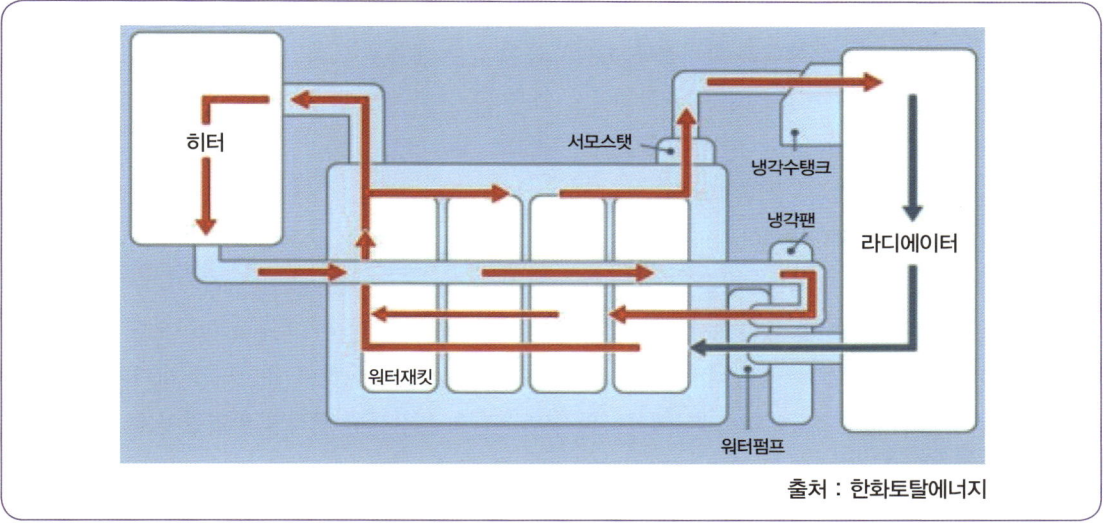

◈ 그림 1-38 냉각수 순환계통

3 냉각 팬(cooling fan)

냉각 팬은 물 펌프 축과 일체로 회전하며 라디에이터를 통하여 공기를 흡입하여 라디에이터 통풍을 도와준다.

4 구동벨트(팬벨트 : drive belt or fan belt)

구동벨트는 이음새가 없는 고무제 V-벨트를 사용하며 크랭크축 풀리, 발전기 풀리, 물 펌프 풀리 등을 연결 구동한다. 구동벨트의 장력점검은 발전기 풀리와 물 펌프 풀리 사이에서 점검하며 10kgf의 힘으로 눌렀을 때 13~20mm의 헐거움이면 양호하다. 그리고 장력조정은 발전기 브래킷의 고정 볼트를 풀고 발전기를 이동시키면 된다.

구동벨트 장력이 너무 크면 발전기 및 물 펌프 풀리의 베어링 마멸 촉진, 물 펌프의 고속회전으로 기관이 과냉할 염려가 있고 구동벨트 장력이 너무 작으면 물펌프 회전속도가 느려 기관이 과열, 발전기의 출력 저하, 소음발생, 구동벨트의 손상이 촉진된다.

5 라디에이터(방열기 : radiator)

라디에이터는 위쪽에 위탱크, 라디에이터 캡, 오버플로 파이프, 입구 파이프 등이 있고, 중간에는 코어(수관과 냉각 핀)가 있으며 아래쪽에는 출구 파이프와 냉각수 배출용 드레인 플러그(drain plug)가 설치되어 있다. 라디에이터 재질은 구리나 황동이고 최근에는 알루미늄합금이 사용된다. 라디에이터 코어 막힘률은 20% 이상 되어서는 안된다.

$$라디에이터\ 코어\ 막힘률 = \frac{신품\ 용량 - 사용품\ 용량}{신품\ 용량} \times 100(\%)$$

라디에이터는 실린더헤드 및 블록에서 뜨거워진 냉각수가 라디에이터 위 탱크로 들어오면 수관(튜브)를 통하여 아래 탱크로 흐르는 동안 바이크의 주행속도와 냉각 팬에 의하여 유입되는 대기와의 열교환이 냉각핀에서 이루어져 냉각된다. 라디에이터의 구비조건으로는 단위 면적당 방열량이 클 것, 가볍고 작으며 강도가 클 것, 냉각수 및 공기 흐름저항이 적어야 한다.

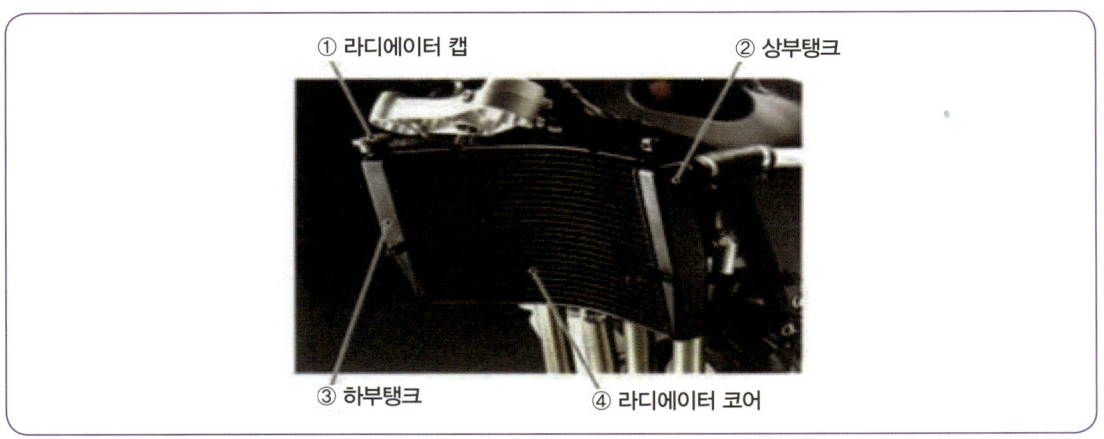

※ 그림 1-39 바이크 라디에이터

6 라디에이터 캡(radiator cap)

6-1 라디에이터 캡의 개요

라디에이터 캡은 냉각장치 내의 비등점(비점)을 높여 냉각 범위를 넓게 하기 위하여 압력식 캡을 사용한다. 압력식 캡의 압력은 게이지 압력으로 0.2~0.9kg/cm² 정도이며 이때 냉각수 비등점은 112℃ 정도이다.

6-2 라디에이터 캡의 작용

1) **압력이 낮을 때** : 압력이 낮을 때(냉각수가 냉각된 상태) 압력밸브와 진공(부압)밸브는 밸브스프링의 장력으로 각각 시트에 밀착되어 냉각장치의 기밀을 유지한다.

2) **압력이 높을 때** : 냉각장치 내의 압력이 규정 값 이상이 되면 압력밸브가 스프링장력을 이기고 열려 통로를 연다. 이에 따라 냉각장치 내의 과잉압력의 수증기가 오버플로 파이프(over flow pipe)를 거쳐 배출된다. 압력밸브의 주작용은 냉각수의 비등점을 상승시키는 것이므로 압력밸브 스프링이 파손되거나 장력이 약해지면 비등점이 낮아진다.

3) **진공(부압)밸브의 작동** : 냉각수가 냉각되어 냉각장치 내의 압력이 부압으로 되면 대기압력으로 인하여 진공밸브가 그 스프링을 누르고 열려 보조 물탱크 내의 냉각수가 라디에이터로 유입된다.

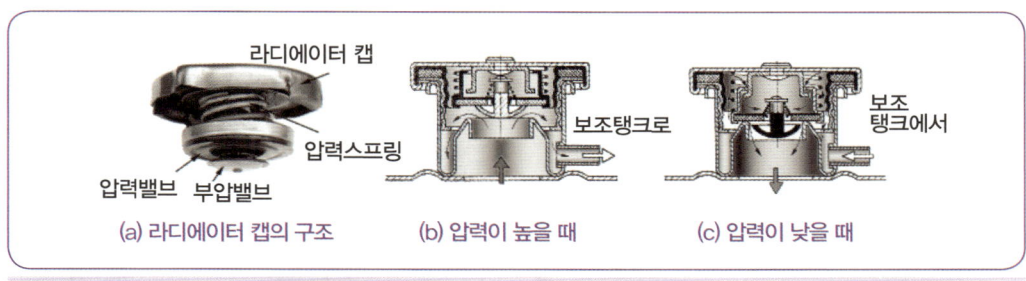

※ 그림 1-40 라디에이터 캡의 작동

7 냉각수 흐르는 방식

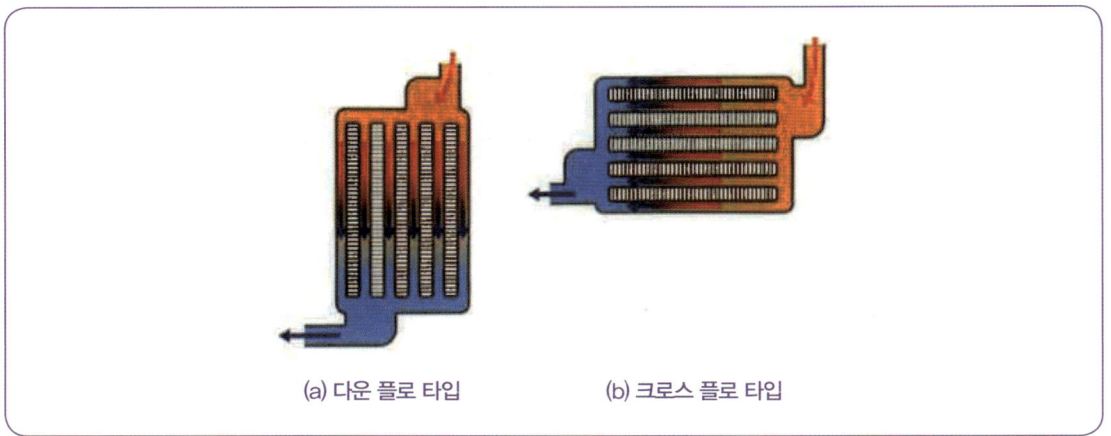

(a) 다운 플로 타입 (b) 크로스 플로 타입

❖ 그림 1-41 다운 플로 타입과 크로스 플로 타입

① 다운 플로(버티컬) 타입 : 위에서 아래로 냉각수가 흐르는 방식
② 크로스 플로(사이드 탱크) 타입 : 좌우로 냉각수가 흐르는 방식(탱크가 좌우로 구성되어 있는 방식)

8 바이크 수냉식 냉각장치 회로도

냉각수를 물펌프로 순환시켜서, 엔진에서 발생하는 실린더헤드나 실린더의 물재킷에 압송된다. 온도가 올라간 냉각수는 라디에이터를 통하여 냉각되며, 정상작동 온도 전에는 thermostat가 작동을 하지 않아 순환경로를 제어한다.

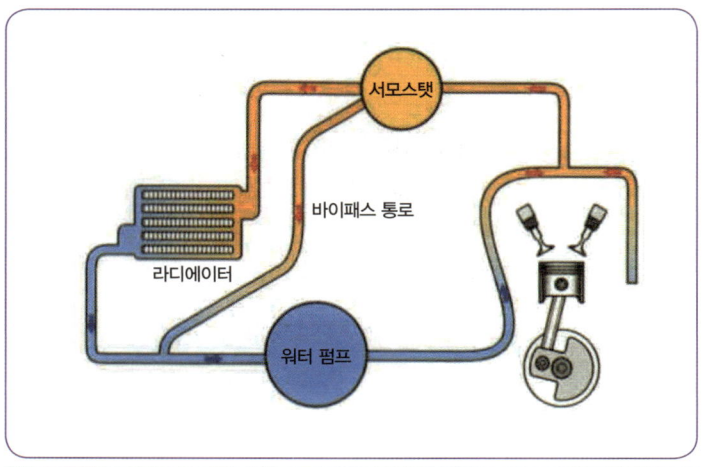

❖ 그림 1-42 냉각수의 순환 경로

9 수온조절기

수온조절기는 기관의 냉각수 출구에 수온을 일정하게 유지하는 출구제어방식과 기관 입구에 설치하는 입구제어방식이 있으며 냉각수 온도에 따라 냉각수 통로를 개폐하여 기관의 온도를 알맞게 유지하는 기구이다. 작동은 냉각수의 온도가 차가울 때는 수온 조절기가 닫혀서 라디에이터 쪽으로 냉각수가 흐르지 못하게 하고, 냉각수가 가열되면 점차 열리기 시작하여 정상온도(85℃)가 되면 완전히 열려서 냉각수가 라디에이터로 순환한다.

수온조절기의 종류에는 바이메탈형, 휘발성이 큰 에텔 에테르나 알코올을 봉입한 벨로즈형, 왁스와 합성고무를 이용한 펠릿형 등이 있으며, 현재는 펠릿형 이외에는 사용하지 않고 있다.

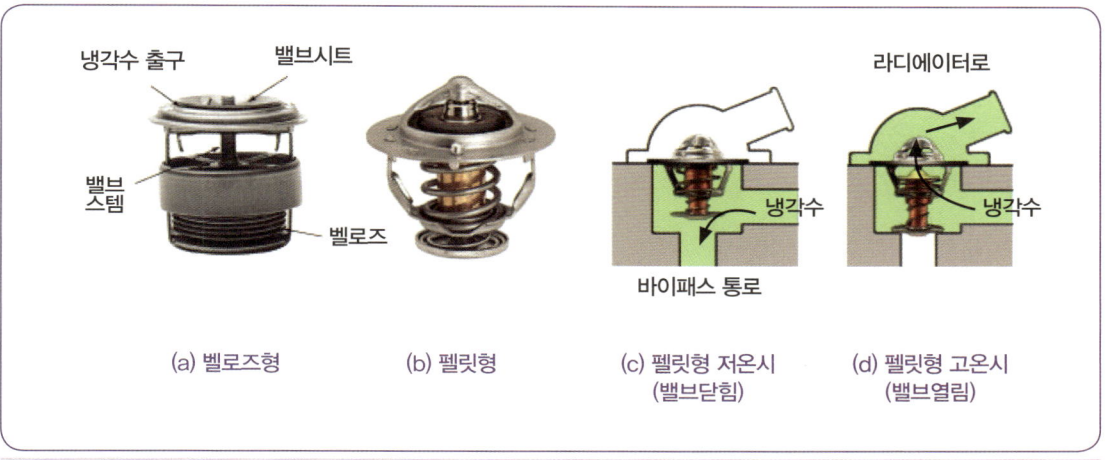

❋ 그림 1-43 수온조절기

04 부동액

냉각수가 동결되는 것을 방지하기 위하여 냉각수와 혼합하여 사용하는 액체이며, 그 종류에는 에틸렌글리콜, 메탄올, 글리세린 등이 있으며 현재는 에틸렌글리콜이 주로 사용된다.

1 부동액의 특징

1-1 에틸렌글리콜의 특징

① 비등점이 197.2℃, 응고점이 최고 -50℃이다.
② 도료(페인트)를 침식하지 않는다.

③ 냄새가 없고 휘발하지 않으며, 불연성이다.
④ 기관 내부에 누출되면 교질상태의 침전물이 생긴다.
⑤ 금속 부식성이 있으며, 팽창계수가 크다.

1-2 메탄올의 특징

① 알코올이 주성분이며, 응고점이 -30℃이다.
② 가연성이며 도료를 침식시킨다.
③ 비등점이 80℃ 정도이므로 휘발성이 크다.

1-3 글리세린의 특징

① 비중이 커 혼합할 때 잘 저어야 한다.
② 금속 부식성이 있다.

2 부동액 다루기

2-1 부동액의 구비조건

① 물보다 비등점이 높아야 하며, 빙점(응고점)은 낮을 것
② 물과 혼합이 잘 될 것
③ 휘발성이 없고, 순환이 잘 될 것
④ 내 부식성이 크고, 팽창계수가 적을 것
⑤ 침전물이 없을 것

2-2 부동액의 혼합비율

부동액의 혼합비율은 그 지방 최저 온도보다 5~10℃ 더 낮은 기준으로 사용하며, 부동액의 농도는 비중계로 측정한다.

윤활장치

01 기관 오일의 역할

엔진내부의 수많은 금속부품들이 고속으로 회전운전, 왕복운동 등을 반복한다.
금속표면끼리 맞닿아서 움직인다면 마찰때문에 원활하게 움직이지 못할 뿐더러, 마찰에 의한 에너지 손실, 부품의 마모가 발생하고, 과열현상을 일으켜 금속이 녹아 붙는 중대한 트러블이 발생하는 현상을 방지하기 위하여 금속과 금속 사이에 오일을 공급하여 금속표면에 유막을 끊임없이 만들어 주는 역할을 한다.
4사이클 엔진오일은 오일펌프에 의하여 엔진 각 부에 압송되어 마찰저감, 마모 경감 등의 역할을 수행하며, 냉각, 밀봉, 세정, 방청 등 다양한 역할을 한다.

02 기관 오일의 작용과 구비조건

1 기관 오일의 작용

① 마찰감소 및 마멸방지작용
② 실린더 내의 가스 누출방지(밀봉) 작용
③ 열전도작용
④ 세척(청정)작용
⑤ 완충(응력 분산)작용
⑥ 부식 방지(방청)작용

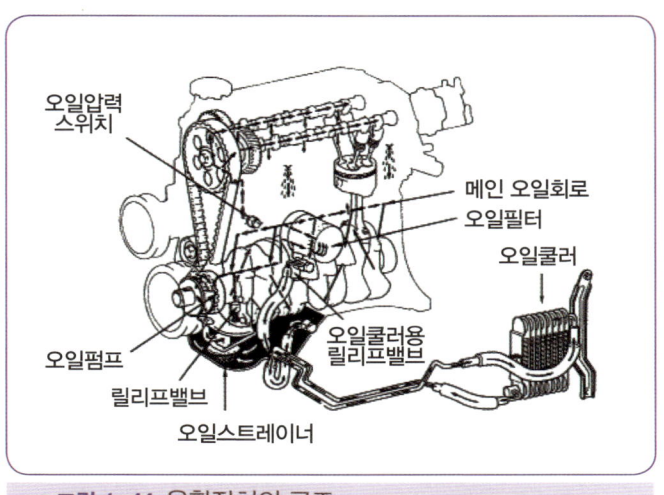

※ 그림 1-44 윤활장치의 구조

※ 윤활장치는 기관 내부의 각 미끄럼 운동부분에 기관오일을 공급하여 마찰부분과 회전 베어링 사이에 고착 등을 방지하기 위해 오일 막(oil film)을 형성하여 마모를 방지하는 장치

2 기관 오일의 구비조건

① 점도가 적당할 것
② 점도지수가 커 온도와 점도와의 관계가 적당할 것
③ 인화점 및 자연 발화점이 높고, 응고점이 낮을 것
④ 강인한 오일 막을 형성할 것(유성이 좋을 것)
⑤ 기포 발생 및 카본 생성에 대한 저항력이 클 것
⑥ 비중이 적당할 것
⑦ 열과 산에 대하여 안정성이 있을 것

03 기관 오일의 분류

기관 오일의 분류에는 점도에 따른 분류인 SAE 분류, 기관의 사용조건 및 온도에 따른 분류인 API 분류와 SAE 신 분류가 있다.

1 SAE 분류

SAE(society of automotive engineers : 미국자동차기술협회)에서 제정한 기관오일이다. SAE번호로 그 점도를 표시하며 번호가 클수록 점도가 높은 오일이며, 분류는 다음과 같다.

1-1 겨울철용 기관오일

겨울철에는 기온이 낮아서 오일의 유동성이 떨어지기 때문에 낮은 점도의 오일이 필요하다. 겨울철에는 SAE #5W, 10W, 20W, 10, 20 등을 사용한다.

1-2 봄·가을철용 기관오일

봄, 가을철용은 겨울철용보다는 점도가 높고, 여름철용보다는 점도가 낮은 기관 오일이며 SAE #30을 주로 사용한다.

1-3 여름철용 기관오일

여름철용은 기온이 높기 때문에 기관 오일의 점도가 높아야 하며 SAE #40, 50을 주로 사용한다.

1-4 범용 기관오일

이 오일은 저온에서 기관이 시동될 수 있도록 점도가 낮고, 고온에서도 오일의 기능을 발휘할 수 있는 오일이다. 전 계절용 또는 다급기관 오일이라고도 부르며 SAE 5W-20, 10W-30, 20W-40 등이 있다.

2 API 분류

이것은 API(american petroleum institute : 미국석유협회)에서 제정한 기관 오일이며, 가솔린기관용(ML, MM, MS)과 디젤기관용(DG, DM, DS)으로 구분되어 있다.

2-1 가솔린 기관용

① **ML(motor light)** : 가장 좋은 조건(경 부하용)에서 사용하는 기관오일이다.
② **MM(motor moderate)** : ML과 MS 사이에 해당하는 중 부하용 기관오일이다.
③ **MS(motor severe)** : 고온·고부하로 인하여 기관오일의 온도가 높고, 산화가 격렬하게 일어나는 가혹한 조건에서 가솔린에 의해 희석이 많은 기관에서 사용한다.

2-2 디젤 기관용

① **DG(diesel general)** : 황(S)분이 적은 경유를 사용하고, 알맞은 온도와 부하에서 사용되며 마멸이나 침전물에 문제가 없는 디젤기관에서 사용한다.
② **DM(diesel moderate)** : 침전물이나 마멸이 발생할 경향이 비교적 크며, 시판용 경유를 사용하고 중 부하 운전조건에서 사용된다.
③ **DS(diesel severe)** : 고온·고부하 및 출발, 정지, 장시간 연속운전 등의 가혹한 조건이며 황(S)분이 많은 저질 경유를 사용하거나 과급기가 부착된 디젤기관에서 사용한다.

3 SAE 신분류

이것은 SAE가 ASTM(american society of testing material : 미국 재료시험 협회), API 등과 협력하여 새로 제정한 기관오일이며 가솔린기관용은 S(service), 디젤기관용은 C(commercial)로 하여 다시 A, B, C, D …… 알파벳 순서로 그 등급을 정하고 있다.

4 JASO(Japanese automotive standards organization) 규격

바이크용 엔진은 습식클러치를 채택하는 경우가 대부분이라 마찰 저감제는 클러치 미끄러짐 현상을 유발할 수 있다. 그래서 일본은 독자적인 바이크용 엔진오일 등급을 결정한다.
유막의 흡성력이 우수한 MA와 마찰성이 낮은 MB의 2종류와 2사이클 엔진용의 FA, FB, FC의 3단계가 있으며 FC가 최상급으로 나뉜다.

04 기관 오일 공급방법

1 비산방식

이 방식은 오일펌프가 없으며 커넥팅로드 대단부에 부착한 주걱(오일 디퍼)으로 오일 팬 내의 오일을 크랭크축이 회전할 때의 원심력으로 퍼 올려 뿌려주는 방식이다.

2 압송방식(압력방식)

이 방식은 크랭크축이나 캠축으로 구동되는 오일펌프로 오일을 흡입하여 압력을 가한 다음 각 윤활부분으로 보내는 것이다. 순환하는 유압은 바이크기관이 2~3kgf/cm^2, 디젤기관은 3~4kgf/cm^2 정도이다.

3 비산 압송방식

이 방식은 비산방식과 압송방식을 조합한 형식이며, 크랭크축과 캠축 베어링, 밸브개폐 기구 등으로는 압송방식으로 공급하고, 실린더 벽, 피스톤 링과 핀 등에는 커넥팅로드 대단부에서 뿌려지는 오일로 윤활하는 방식이다. 현재 가장 많이 사용되고 있다.

05 바이크 오일 공급장치

1 바이크 오일 공급장치의 구성

1-1 오일 팬(oil pan)

오일 팬은 오일을 저장하는 역할을 하는 동시에 외부에 있는 공기와의 접촉을 통하여 냉각작용을 하고 있다.
① 섬프(sump) : 기관이 기울어졌을 때에도 오일이 충분히 고여 있도록 하는 역할
② 배플(baffle plate : 칸막이) : 급제동 시 오일 유동으로 인해 오일이 비는 것을 방지
③ 드레인 플러그(drain plug) : 오일 교환 시 오일을 배출시키는 역할

1-2 오일 스트레이너

오일 스트레이너는 오일 팬의 오일 속에 항상 잠겨 있으며 오일 팬에 있는 비교적 굵은 입자의 불순물을 여과하며 얇은 철망으로 되어 있다.

1-3 바이크 엔진오일 윤활시스템 방식

1) 습식 섬프(wet sump)

섬프가 윤활유 저장소 역할을 하며, 오일팬에 일정량의 오일을 저장해 두어야 하기 때문에 웨트 섬프라고 한다. 대부분 바이크용 엔진이 변속기와 일체되어 있어 엔진 내부에 담겨져 있는 오일을 빨아올려 엔진오일로 옆에 있는 변속기나 클러치 등도 윤활하는 방식이다.

웨트 섬프 방식엔진은 변속기나 클러치나 엔진오일로 윤활, 냉각, 세정하는 것이 보편적이다.

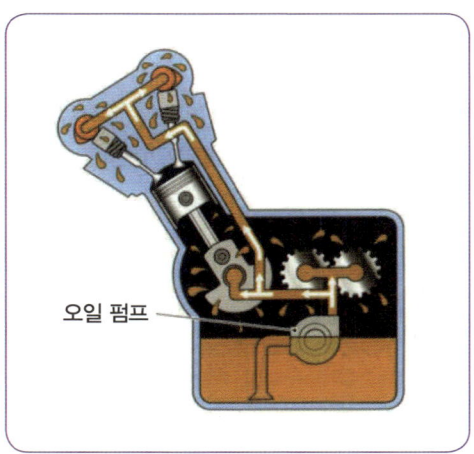

오일 펌프

BMW의 슈퍼스포츠 바이크인 S1000RR의 수냉 4밸브 DOHC 엔진은 마그네슘합금으로 제작된 오일 팬에서 공급되는 엔진오일이 기계구동식 10장짜리 습식다판 클러치, 상시 치합식 트윈샤프트 6단변속기에도 공급된다.

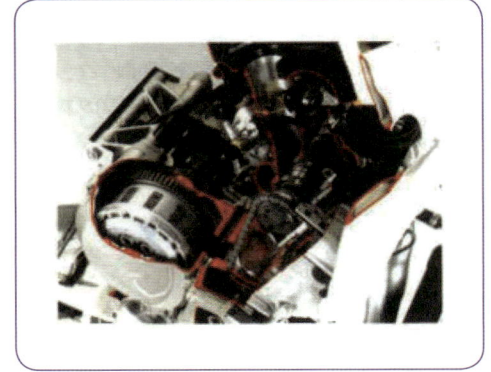

2) 건식 섬프(dry sump)

드라이 섬프 방식은 오일을 별도로 저장하는 오일탱크가 외부에 있기 때문에 크랭크축 아랫부분이 작아져 중심이 낮아진다. 그러나 장치가 커지고 비용도 많이 소비되기 때문에 일반적이지는 않다.

자연 낙하된 오일은 오일펌프(스캐빈징 펌프)로 빨아올려 오일탱크에 저장한다.

엔진 밑에 오일 팬이 없는 드라이 섬프는 지면과 노면의 거리 확보가 유리하며 오일탱크의 공간을 줄이기 위해 프레임의 일부를 오일탱크로 활용하는 경우도 있다.

오일 교환은 구조상 오일탱크에서 교환하도록 주로 설계되어 있으며 엔진쪽에서 오일을 배출하면 오일 라인에 에어가 들어갈 우려가 있다.

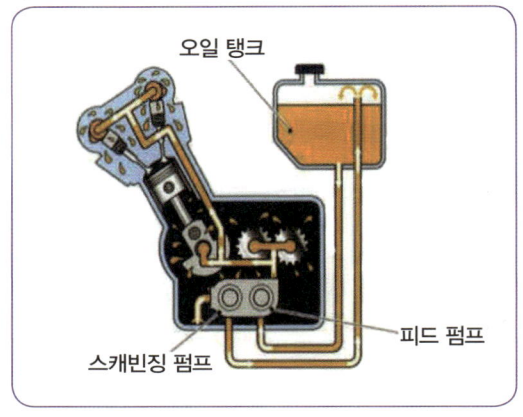

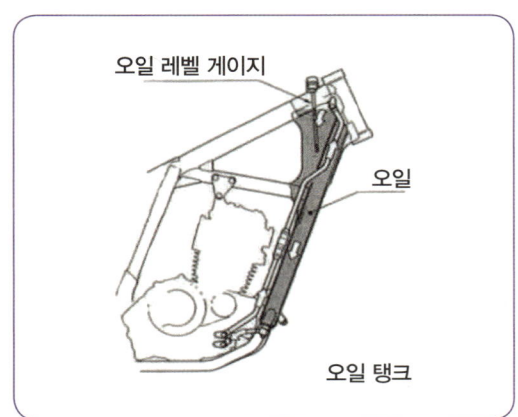

1-4 오일필터(oil filter)

① 오일필터는 기관 각 부의 마찰부분에서 발생한 금속분말이나 연소에 의해 발생된 카본 및 기타 이물질을 여과하여 기관에 공급되는 오일을 항상 깨끗하게 유지하는 장치
② 오일 여과기는 케이스와 엘리먼트 여과로 구성되어 있다.
　㉠ **엘리먼트교환식** : 엘리먼트만 교환하는 방식
　㉡ **카트리지교환식** : 엘리먼트와 케이스가 일체로 되어 있어 전체를 교환하는 방식

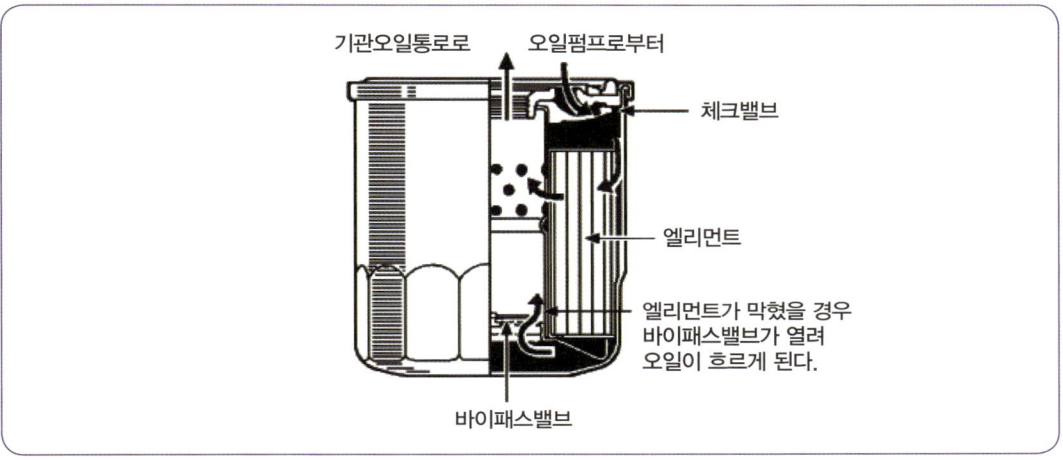

❂ 그림 1-45 오일여과기의 구조

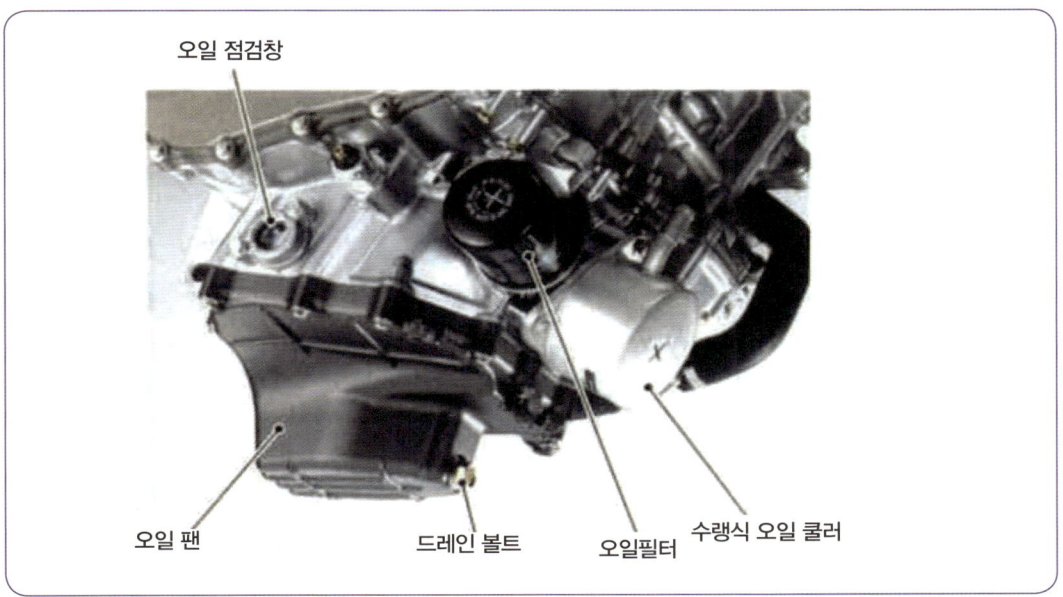

❂ 그림 1-46 바이크의 오일필터와 오일팬

1-5 유압 조절밸브(oil pressure relief valve)

이 밸브는 윤활회로 내를 순환하는 유압이 과도하게 상승하는 것을 방지하여 유압이 일정하게 유지되도록 하는 작용을 한다.

1-6 유면 표시기(oil level gauge)

유면 표시기는 오일 팬 내의 기관오일 양을 점검할 때 사용하는 막대이며, 그 아래쪽에 F(full or MAX)와 L(low or MIN)표시 눈금이 표시되어 있다.

오일 양은 항상 "F"선 가까이 있어야 하며 "F"선보다 높으면 많은 양의 오일이 실린더 벽에 뿌려져 오일이 연소하고, "L"선보다 훨씬 낮으면 오일 공급량 부족으로 윤활이 불완전하게 된다. 기관오일 양 점검은 다음의 순서로 한다.
① 바이크를 평탄한 지면에 주차시킨다.
② 기관을 시동하여 정상 운전온도로 한 후 기관을 정지한다.
③ 유면 표시기를 빼서 묻은 오일을 깨끗이 닦은 후 다시 끼운다.
④ 다시 유면 표시기를 빼서 오일이 묻은 부분이 "F"와 "L"선의 중간 이상에 있으면 된다.
⑤ 오일 양을 점검할 때 점도도 함께 점검한다.

2 오일 여과 방식

2-1 전류식 오일여과기(full-flow filter)

전류식 오일여과기는 오일펌프에서 나온 오일 모두를 여과기를 거쳐서 여과된 후 윤활부분으로 가는 방식이다.

2-2 분류식 오일여과기(by-pass filter)

분류식 오일여과기는 오일펌프에 나온 오일의 일부만 여과하여 오일 팬으로 보내고, 나머지는 그대로 윤활부분으로 보내는 방식이다.

2-3 샨트식 오일여과기(shunt flow filter)

샨트식 오일여과기는 오일펌프에서 나온 오일의 일부만 여과하게 한 방식이다.

3 오일 쿨러(oil cooler)의 역할

엔진에서 순환하는 뜨거워진 엔진 오일을 냉각시켜 윤활유의 기능을 유지하는 장치이며 주행풍이 냉각 핀과 접촉하면 오일 파이프를 지나는 오일도 냉각이 된다.
주행풍이 닿기 쉬운 곳에 설치되어 있으며, 구조는 라디에이터와 매우 비슷하다.

3-1 공랭식 오일쿨러

수냉 엔진의 냉각장치인 라디에이터와 비슷한 구조이며, 주행풍이 냉각 핀을 냉각시키기 때문에 표면적을 늘이기 위해 납작하게 생긴 오일 파이프를 지나는 엔진오일을 냉각시킨다.

주행풍이 잘 접촉되도록 프런트 포크 사이에 설치되어 있는 것이 일반적이며, 라디에이터와 마찬가지로 다운 플로타입과 크로스 플로 타입이 있다.

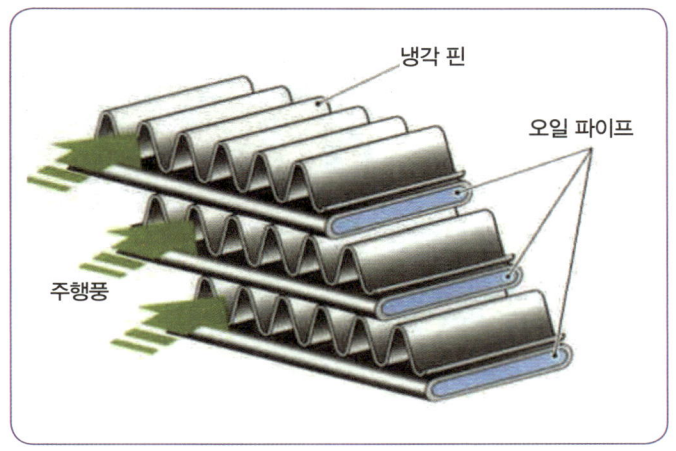

⚙ 그림 1-47 공랭식 쿨러

3-2 유랭식 오일쿨러

드라이 섬프 방식 공랭V트윈 엔진을 탑재하는 할리데이비슨 XR1200은 오일쿨러(유랭식)를 장착하여 실린더헤드 둘레를 냉각하고 있다.

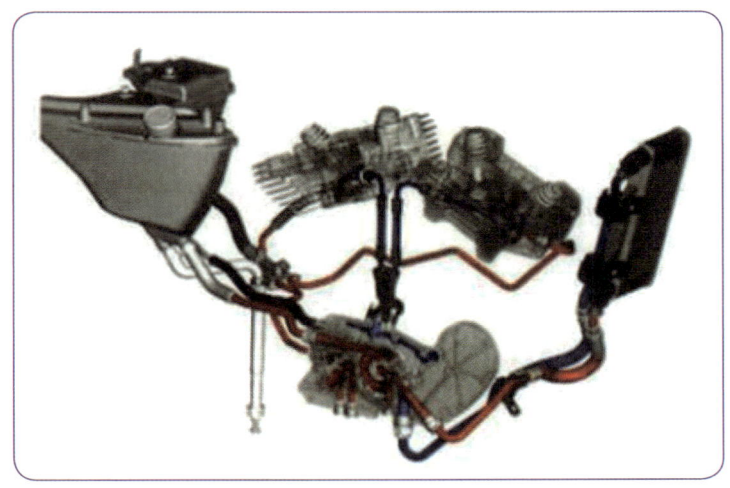

⚙ 그림 1-48 할리데이비슨 XR1200

3-3 수냉식 오일쿨러

수냉식 오일 쿨러

① 수냉식 오일 쿨러에도 수많은 오일 통로가 마련되어 있는데 공랭식과는 달리 라디에이터로 식힌 냉각수(쿨런트)를 순환시켜 냉각한다.
② 오일은 냉각수보다 낮은 온도로 떨어지지 않으므로 서모스탯이 없더라도 유온을 일정하게 유지하는 효과도 있으며 주행풍이 잘 닿도록 크랭크축케이스의 진행 방향(전면부)에 부착되어 있다.
③ 라디에이터의 냉각수를 이용해서 오일을 냉각시키는 수냉식 오일 쿨러는 크랭크축 케이스 앞에 설치되는 경우가 많다.

4 2사이클 바이크 엔진의 윤활

4-1 2사이클 바이크 엔진오일

밀폐된 크랭크축 케이스 안에서 피스톤의 움직임에 따라 발생하는 부압으로 혼합기를 흡입하는 2사이클 엔진은 오일과 가솔린을 섞은 상태로 크랭크축 케이스에 공급하면 실린더나 크랭크축 베어링 등을 윤활하면서 가솔린과 함께 연소되어 배출된다.

4-2 혼합 급유식

가솔린과 오일을 20~50대 1 정도의 비율로 이미 섞어 놓은 연료를 사용하며, 저속회전부터 고속회전까지 오일 비율이 일정하지만, 오일 부족으로 윤활 불량을 일으킬 우려가 없는 단순한 시스템으로 레이싱 머신에서 많이 채택한 방식이다.

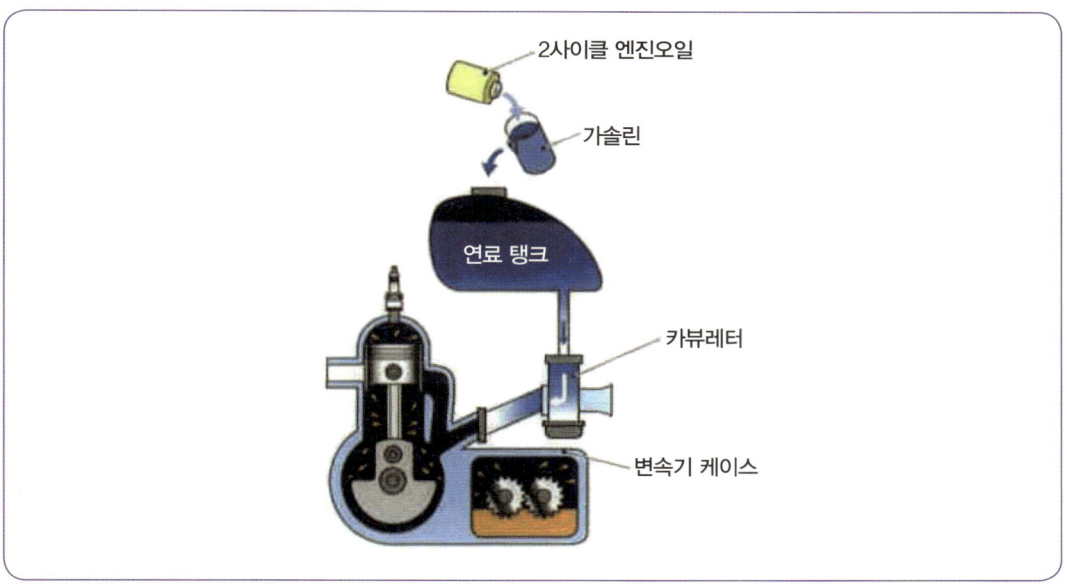

4-3 분리 급유식

엔진이 아닌 별도로 마련한 오일 탱크의 오일을 플런저 펌프로 필요한 양만큼 공급하는 방식이다. 엔진 회전수에 맞는 최적의 오일 공급량을 펌프로 공급하는 분리 급유식이 일반적으로 널리 사용되며, 오일은 전용 2사이클 엔진오일을 사용한다.

4-4 변속기 케이스 급유식

변속기 케이스의 윤활은 크랭크축 케이스와 분리되어 있어 전용 기어 오일을 케이스에 담아 두고 오일을 퍼 올려 각 부분을 윤활하며 기어오일은 4사이클의 엔진오일처럼 정기적인 교환이 필요하다.

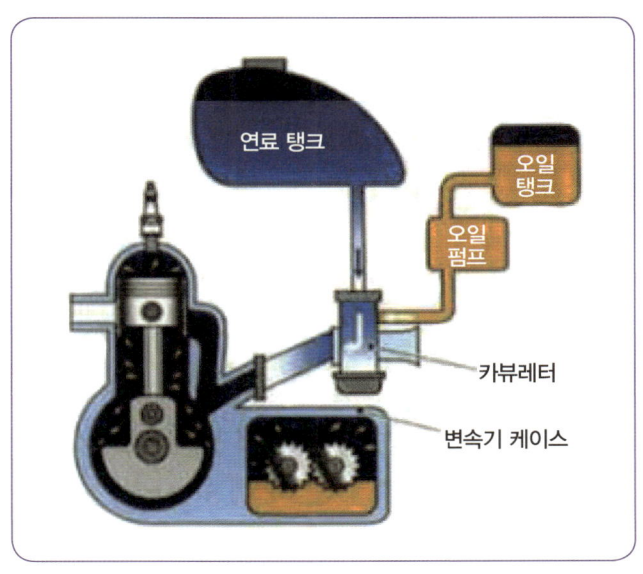

CHAPTER 06 연료장치

01 카뷰레터

1 VM 카뷰레터 원리

엔진은 연료를 태워서 발생하는 연소 가스의 압력을 동력으로 이용하는 내연기관이며, 연료를 연소시키기 위하여 산소, 즉 공기가 필요하므로 공기와 연료의 적당한 비율로 섞인 혼합 기체를 엔진에 보내줄 경우 가장 효과적이므로, 액체인 연료를 분무해 공기와 섞어주는 장치를 카뷰레터라고 칭한다.

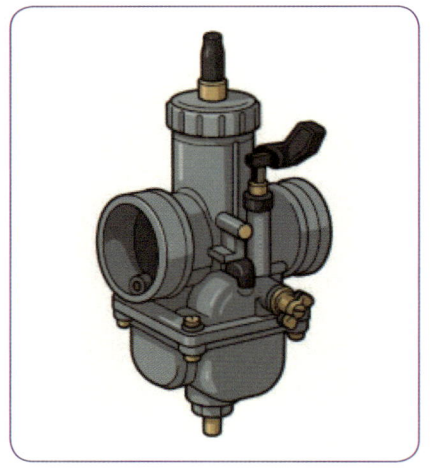

2 VM 카뷰레터 구조

연료탱크에서 공급된 가솔린을 플로트 챔버에서 저장한다. 엔진이 회전하면 피스톤이 내려가면서 부압이 발생하고, 공기가 다량 빨려 들어간다. 이 공기의 흐름이 벤튜리(메인보어)라는 흡기 통로의 기압을 낮추게 되고, 플로트 챔버 안에 고여 있던 가솔린이 가는 관을 타고 빨려 올라온다.
메인 보어에 흘러나온 가솔린은 공기와 섞이면서 무화상태가 되어 연소실로 빨려 들어간다.

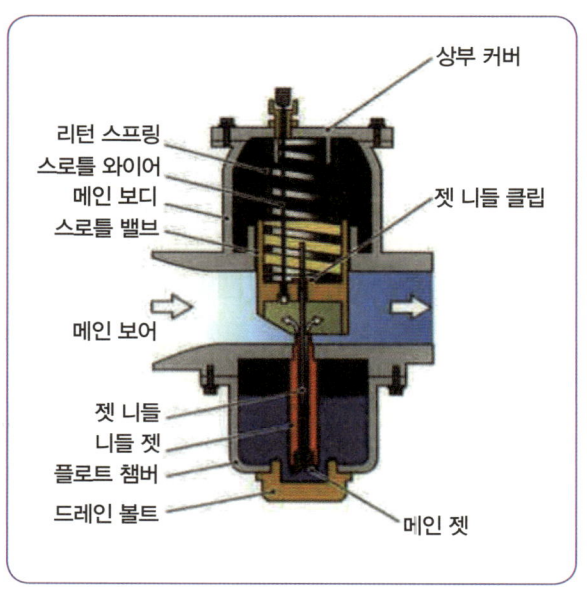

◆ **그림 1-49** 혼다 줌머-50 카뷰레터

3 모터사이클 VM 카뷰레터 적용

3-1 모터사이클 카뷰레터 적용

① 환경규제 때문에 세계적으로 2000년대 중반부터 사용을 중단하였으며, 비용적인 문제로 인하여 자동차보다 늦게 전자제어 연료분사 장치로 바뀌었다. 오토바이는 자동차보다 구조가 단순하고 연식에 따른 수명이 길어, 현재에도 카뷰레터가 달린 이륜차가 주행중인 경우도 있다.

② 2008년부터 125cc 이상의 모터사이클이 연료 분사방식으로 바뀌었고, 50~110cc의 경우에는 기화기를 사용하는 모델이 몇 가지 남아 있으며 2024년 이후 카뷰레터 사양은 더 이상 출시되지 않으며, 환경 기준 또한 유로 4에서 유로 5 적용을 앞두고 있다.

3-2 모터사이클 카뷰레터 작동

1) VM 카뷰레터 구성품

① **메인 젯(main jet)** : 플로트 챔버 안의 가솔린을 빨아 올리는 가는 관(니들 젯) 끝에는 구멍이 뚫려 구멍의 크기에 따라 가솔린을 빨아 올리는 양을 조절하는데 뚫린 부분을 메인 젯이라 한다.

② **젯 니들** : 끝이 뾰족하게 생겨서 스로틀 밸브가 많이 열리면 가솔린 양을 증가시킬 수 있으며, 니들 젯 안에 바늘처럼 생긴 막대를 일컫는다.

③ **니들 젯(needle jet)** : 연료 탱크에서 흘러 나온 가솔린은 일단 플로트 챔버에 고이고 거기에서 니들 젯이라는 가솔린 흡입관을 지나서 메인 보어로 이동한다.

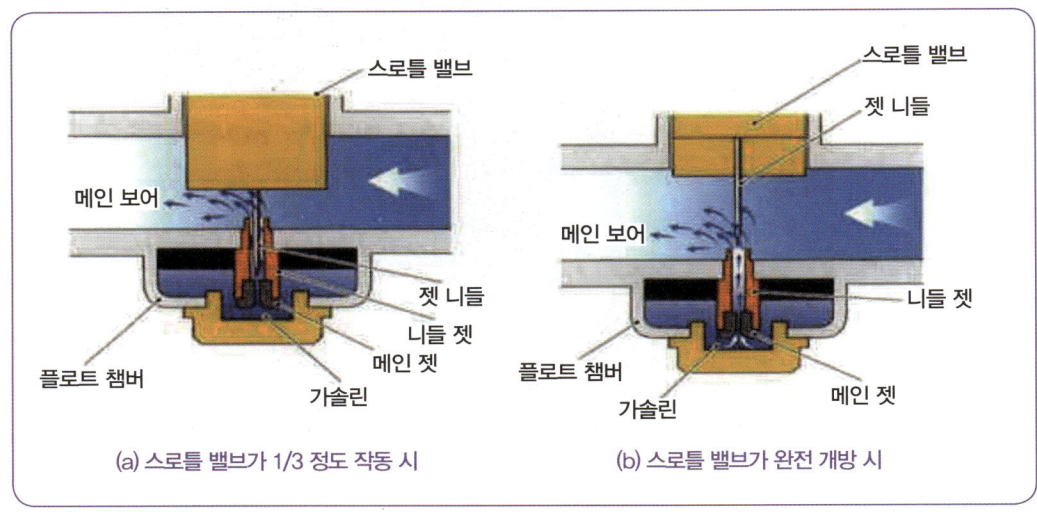

(a) 스로틀 밸브가 1/3 정도 작동 시   (b) 스로틀 밸브가 완전 개방 시

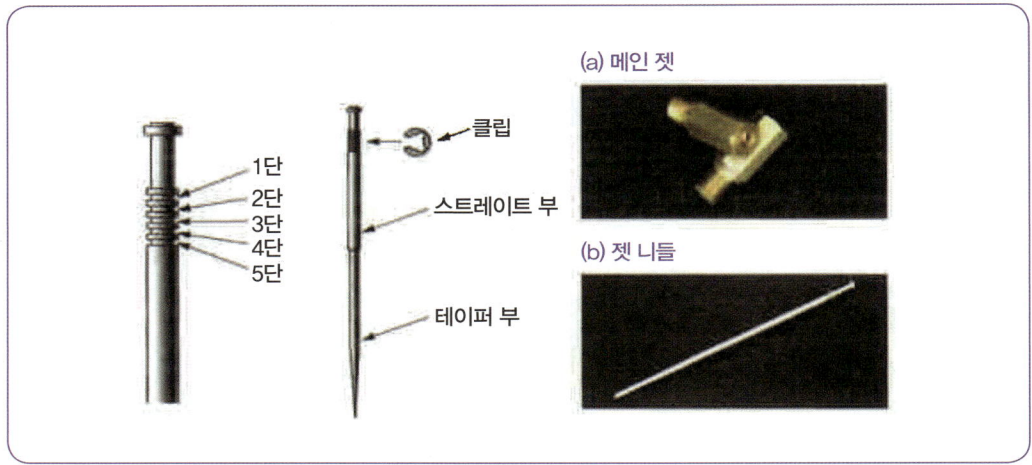

◈ 그림 1-50 젯 니들의 클립단수

젯 니들의 클립위치를 바꿈으로써 스로틀 밸브와 젯 니들의 장착 위치가 바뀌고 연료분출량도 변화된다. 스로틀개도 1/3~3/4 부근에서 연료공급량에 영향을 미친다.

④ **아이들 포트(idle port)** : 아이들링 상태 시 메인 계통(니들 젯)과는 별도의 통로를 통해 연료는 공급된다. 엔진의 흡입력이 작을 (부압 시) 때도 소량의 연료가 공급되는 전용통로를 말한다.

⑤ **슬로 젯(파일럿 젯)** : 가솔린의 양을 조절하는 통로

⑥ **슬로 에어 젯(slow air jet)** : 공기의 양을 조절하는 통로

⑦ **파일럿 스크루(pilot screw)** : 공기와 가솔린이 섞인 양을 조절하는 통로

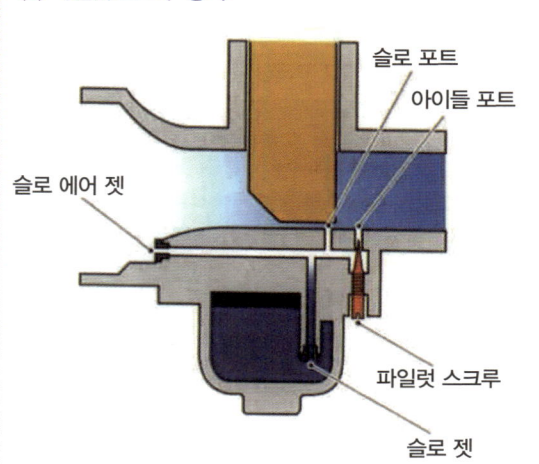

(a) 에어 스크루 방식
슬로 아이들 포트
슬로 에어 젯
에어 스크루
슬로 젯

아이들링 시에는 공기와 가솔린을 전용통로인 슬로 포트를 통해 메인 보어에 공급한다.
공기로 공연비를 조정하는 **에어 스크루 방식**

(b) 파일럿 스크루 방식
슬로 포트
아이들 포트
슬로 에어 젯
파일럿 스크루
슬로 젯

슬로 포트 이외에도 아이들 포트를 별도로 설치해서 공기와 가솔린의 양을 조정하는 **파일럿 스크루 방식**

4 모터사이클 CV 카뷰레터 작동

① VM 카뷰레터는 스로틀 와이어로 벤투리 피스톤을 직접 상하(개폐)로 이동시키는 구조
② CV 카뷰레터는 별도로 마련된 버터플라이밸브(스로틀 밸브)를 스로틀 와이어로 여닫아서 석션 챔버에서 발생하는 부압으로 벤투리 피스톤을 움직인다. 스로틀 밸브를 열면 부압이 발생해서 벤투리 피스톤을 누르고 있는 스프링 힘보다 석션 챔버의 부압이 강해지므로 피스톤이 열리게 된다.

- CV 카뷰레터 : 엔진 흡입력이 크고 배기량이 큰 4사이클 엔진에 적합
- VM 카뷰레터 : 레이싱 머신이나 2사이클 엔진에 적합

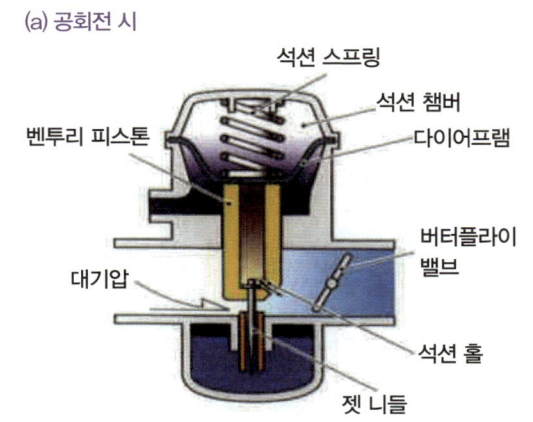

(a) 공회전 시

공회전 시에는 버터플라이 밸브는 닫혀 있으며 석션 스프링은 부압의 영향을 받지 않고 벤투리 피스톤을 아래로 밀어붙이는 상태

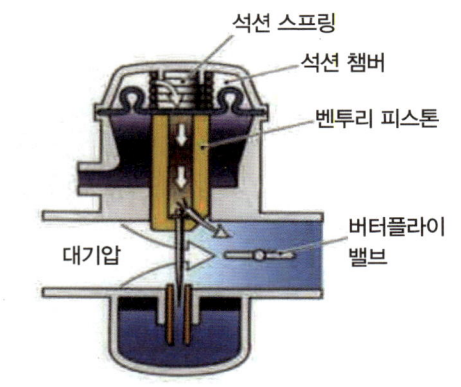

(b) 스로틀을 열었을 때

버터플라이 밸브가 열려서 공기량, 유속이 향상되며 석션 챔버안의 부압도 커지며 석션 스프링의 힘보다 부압이 커지면 스프링이 압축되면서 피스톤이 상승함

02 바이크기관의 연료와 연소

1 바이크기관의 연료

가솔린은 석유계열 원유에서 정제한 탄소(C)와 수소(H)의 유기화합물의 혼합체이다.

1-1 가솔린의 물리적 성질

① **비중** : 0.74~0.76
② **저위 발열량** : 11,000Kcal/kgf
③ **옥탄가** : 90~95
④ **인화점** : -10~-15℃
⑤ **자연 발화점** : 대기압력 하에서 300~500℃

1-2 가솔린의 구비조건

① 체적 및 무게가 적고 발열량이 클 것
② 연소 후 유해 화합물을 남기지 말 것
③ 옥탄가가 높을 것
④ 온도에 관계없이 유동성이 좋을 것
⑤ 연소속도가 빠를 것

2 바이크기관의 연소

2-1 바이크기관의 노크(knocking)

바이크기관의 노크란 실린더 내의 연소에서 화염 면이 미연소가스에 점화되어 연소가 진행되는 사이에 미연소의 말단(end)가스가 높은 온도와 높은 압력으로 되어 자연 발화하는 현상이다.

1) 바이크기관의 노크발생 원인
① 기관에 과부하가 걸렸을 때
② 기관이 과열되었을 때
③ 점화시기가 너무 빠를 때
④ 혼합비가 희박할 때
⑤ 낮은 옥탄가의 가솔린을 사용하였을 때

2) 노크가 기관에 미치는 영향
① 기관 과열 및 출력저하
② 실린더와 피스톤의 손상 및 고착 발생
③ 흡입과 배기밸브 손상
④ 배기가스 온도 저하

3) 바이크기관의 노크방지 방법
① 높은 옥탄가의 가솔린(내폭성이 큰 가솔린)을 사용한다.
② 점화시기를 늦추어 준다.
③ 혼합비를 농후하게 한다.
④ 압축비, 혼합가스 및 냉각수 온도를 낮춘다.
⑤ 화염전파 속도를 빠르게 한다.
⑥ 혼합가스에 와류를 증대시킨다.
⑦ 연소실에 카본이 퇴적된 경우에는 카본을 제거한다.

2-2 옥탄가(octane number)

옥탄가란 가솔린의 앤티노크성(anti knocking property)을 표시하는 수치이다. 즉, 이소옥탄(iso-octane)을 옥탄가 100으로 하고 노멀헵탄(normal heptane)을 옥탄가 0으로 하여 이소옥탄의 함량 비율에 따라 결정된다.

예를 들어 옥탄가 80의 가솔린이란 이소옥탄 80%, 노멀헵탄 20%로 이루어진 앤티노크성(내폭성)을 지닌 것을 의미한다. 또 가솔린의 옥탄가는 CFR기관으로 측정한다. 옥탄가는 다음의 공식으로 산출한다.

$$옥탄가 = \frac{이소옥탄}{이소옥탄 + 노멀헵탄} \times 100$$

03 전자제어 연료분사 방식

전자제어 연료분사 방식이란 각종 센서(sensor)를 부착하고 이 센서에 보내준 정보를 받아서 기관의 작동상태에 따라 연료 분사량을 컴퓨터(ECU : electronic control unit)로 제어하여 인젝터(injector : 분사기구)를 통하여 흡기다기관에 분사하는 방식이다.

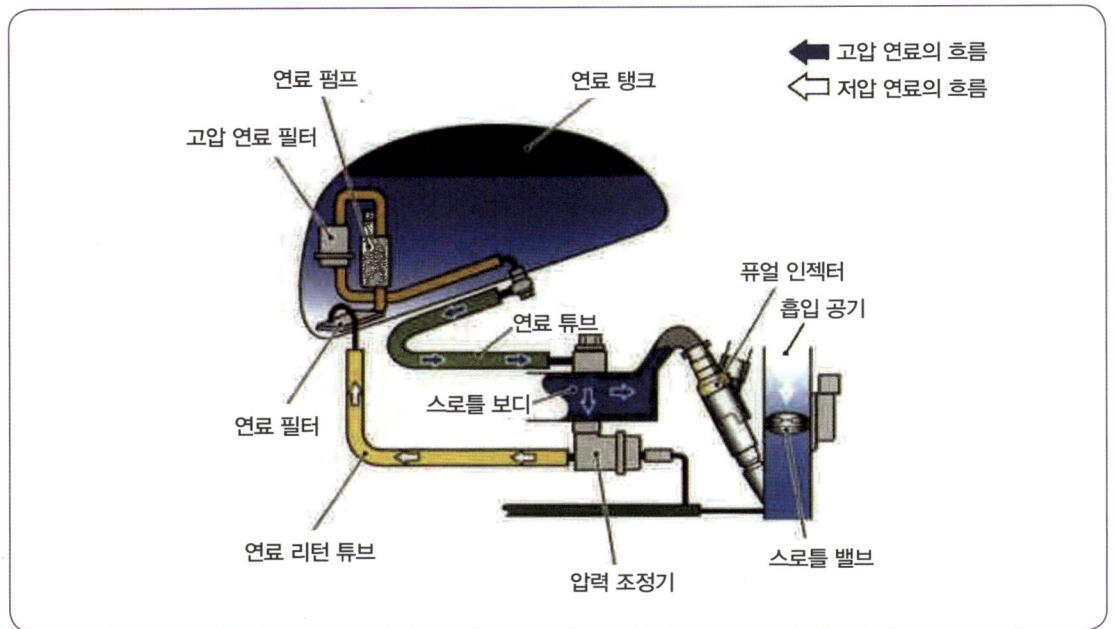

● 그림 1-51 인젝션의 연료 경로

특징
① 공기흐름에 따른 관성질량이 작아 응답성이 향상된다.
② 기관의 출력이 증대되고, 연료소비율이 감소한다.
③ 배출가스 감소로 인한 유해물질 배출감소 효과가 크다.
④ 연료의 베이퍼로크(vapor lock), 퍼컬레이션(percolation), 빙결 등의 고장이 적으므로 운전성능이 향상된다.
⑤ 이상적인 흡기다기관을 설계할 수 있어 기관의 효율이 향상된다.
⑥ 각 실린더에 동일한 양의 연료 공급이 가능하다.
⑦ 전자부품의 사용으로 구조가 복잡하고 값이 비싸다.
⑧ 흡입계통의 공기누설이 기관에 큰 영향을 준다.

1 퓨얼 인젝션(Fuel Injection)

퓨얼 인젝션은 자동차에는 1960년대 적용하였지만, 바이크는 1980년대부터이다.
초기에는 복잡한 시스템과 제작단가가 비싸고 고중량 때문에 문제가 되었지만 컴퓨터 기술이 발전함에 따라 카뷰레터를 대체하는 연료 공급장치로 인정받으며, 일반화되었다.

> **퓨얼 인젝션 시스템(FI) 명칭**
> 혼다: PGM-FI(Programmed Fuel Injection), 스즈키: EPI(Electronic Petrol Injection)
> 야마하: EFI(Electronic Fuel Injection), 가와사키: DFI(Digital Fuel Injection)

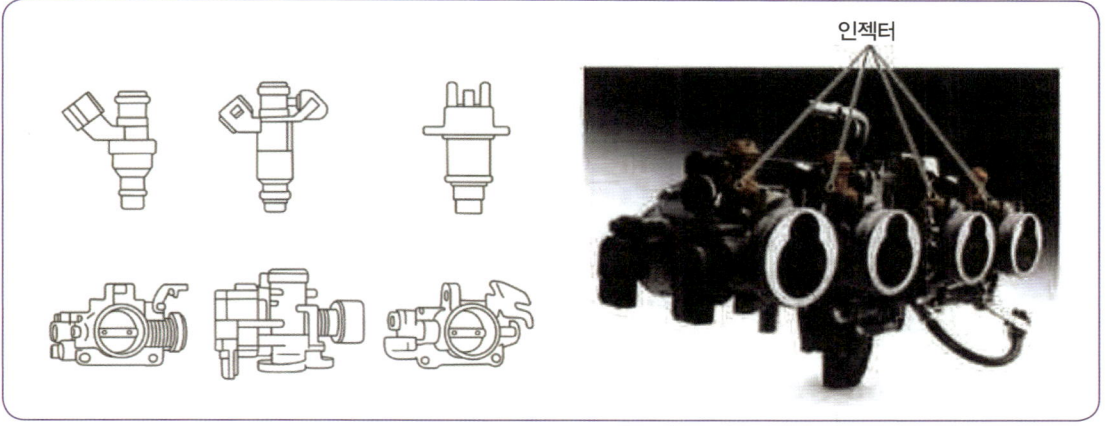

◈ 그림 1-52 가와사키 ZRX1200DAEG 인젝터 시스템

1-1 인젝터 설치 수에 따른 분류

1) TBI(throttle body injection)방식
2) MPI(multi point injection)방식
3) 실린더 내 가솔린 직접 분사방식

1-2 제어방식에 의한 분류

1) 기계 제어방식
   (mechanical control injection)
2) 전자 제어방식
   (electronic control injection)

1-3 분사방식에 의한 분류

1) 연속 분사방식(continuous injection type)
2) 간헐 분사방식(pulse timed injection type)

1-4 흡입 공기량 계측방식에 의한 분류

1) 매스플로방식
   (mass flow type : 질량 유량방식)
2) 스피드 덴시티방식
   (speed density type : 속도 밀도방식)

2 퓨얼 인젝션 구성과 역할

① 크랭크축과 캠, 스로틀 등 차체 각 부에 설치된 센서로부터 정보를 수집해서 ECU가 연산 처리한다.
② 입력된 정보(회전수, 기어 포지 스로틀 개도 등)에 대응하는 맵(MAP)을 토대로 점화시기나 연료분사량이 결정된다.

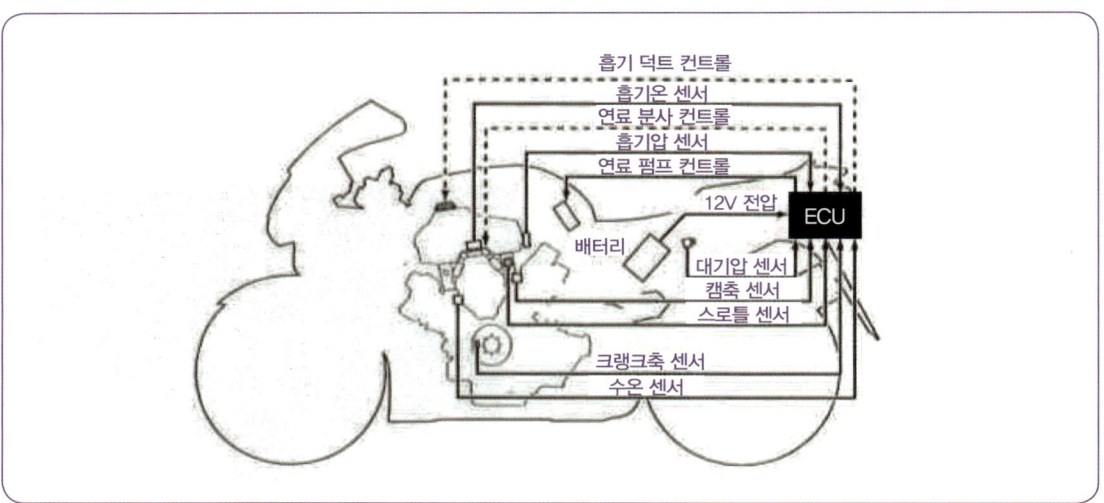

2-1 인젝터

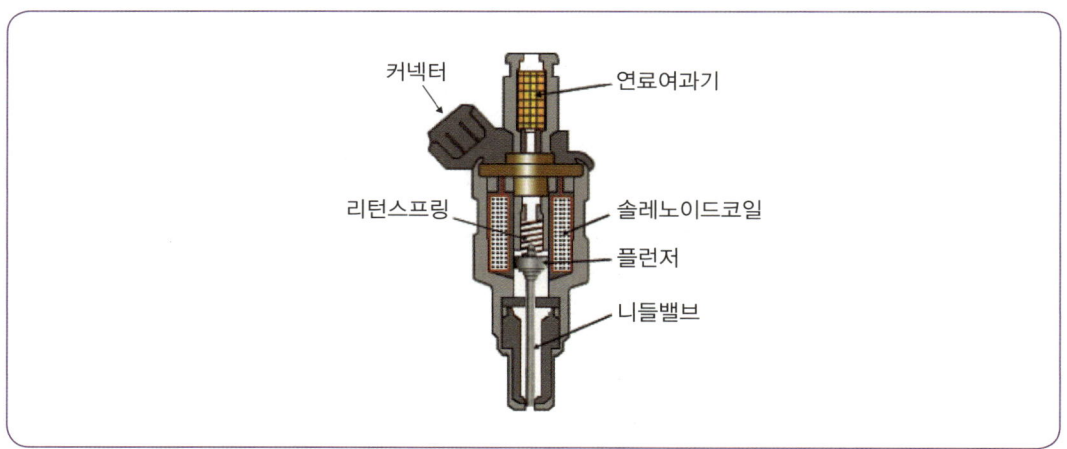

● 그림 1-53 인젝터의 구조

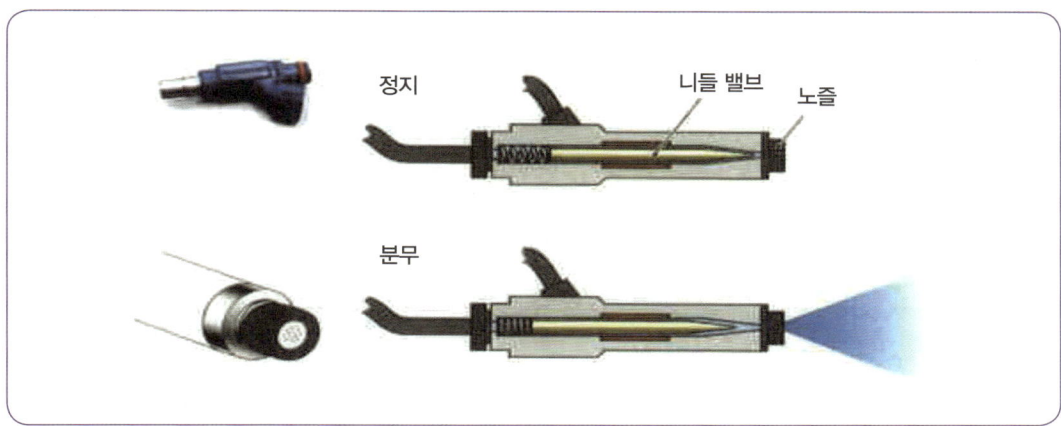

솔레노이드 코일에 전류가 흐르지 않을 경우 니들 밸브는 스프링의 장력에 의해 밸브 시트에 밀착되어 연료의 분사를 차단하고, 솔레노이드 코일에 전류가 흐르면 솔레노이드 코일이 니들 밸브를 들어 올려 연료가 원통형의 분사구멍에서 분사된다. 분사공은 4~12개 정도가 일반적이다.

① ECU의 신호를 받아서 엔진이 요구한 연료를 분사한다.
② 연료압력은 2.55kgf/cm² ~ 3.5kgf/cm², 연료는 인젝터 끝의 노즐이 열려 있는 동안만 분사된다.
③ 노즐 구멍은 4~12개 정도이며, 각 기통마다 1개 달려 있는데, 레이싱 머신이나 고성능 모델은 기통당 2개가 갖추어 있다.
④ 에어클리너 박스 쪽에 설치해서 고속회전 시 가솔린 분사량을 증가시킨다.
⑤ 엔진 고속회전, 스로틀 개도가 클 때에 연료를 분사하는 제2의 인젝터를 세컨더리 인젝터, 통상적인 위치에서 모든 영역을 담당하는 것을 프라이머리 인젝터라 한다.

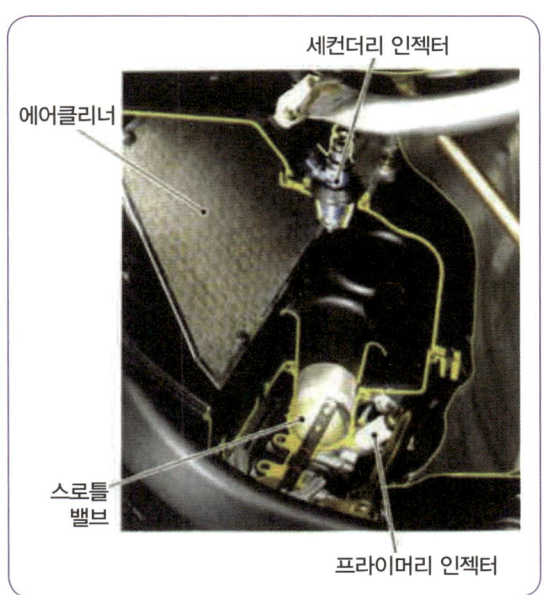
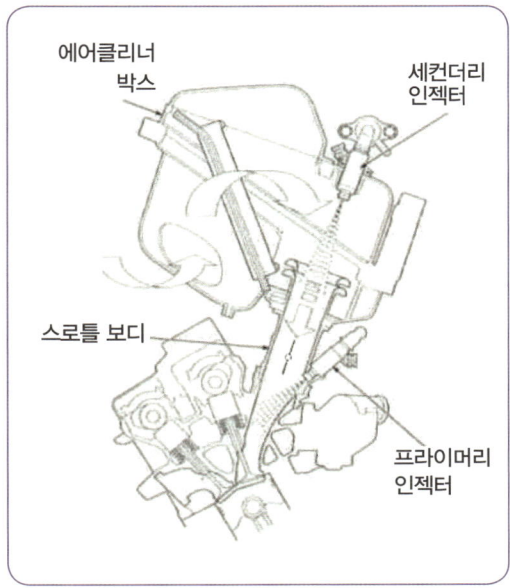

엔진 고속회전, 스로틀 개도가 클 때에 연료를 분사하는 제2의 인젝터를 세컨더리 인젝터, 통상적인 위치에서 모든 영역을 담당하는 것을 프라이머리 인젝터라 한다.

2-2 연료펌프(fuel pump)

연료펌프는 전자력으로 구동되는 전동기를 사용하며, 연료탱크 내에 들어 있다. 연료의 공급량은 기관이 최대로 요구하는 양보다 더 많은 양의 연료를 계속 공급해 주어 연료계통 내의 압력을 일정한 수준으로 유지시켜서 어떤 운전조건에서도 연료의 공급 부족현상이 일어나지 않도록 한다. 그리고 연료펌프 내에는 펌프 내의 압력이 높을 때 작동하여 압력상승에 따른 연료의 누출 및 파손을 방지해주는 릴리프밸브(relief valve)와 연료펌프에서 연료의 압송이 정지되었을 때 곧바로 닫혀 연료계통 내의 잔압을 유지시켜 높은 온도에서 베이퍼로크(vapor lock)를 방지하고, 재 시동성을 높이기 위해 체크밸브(check valve)를 두고 있다.

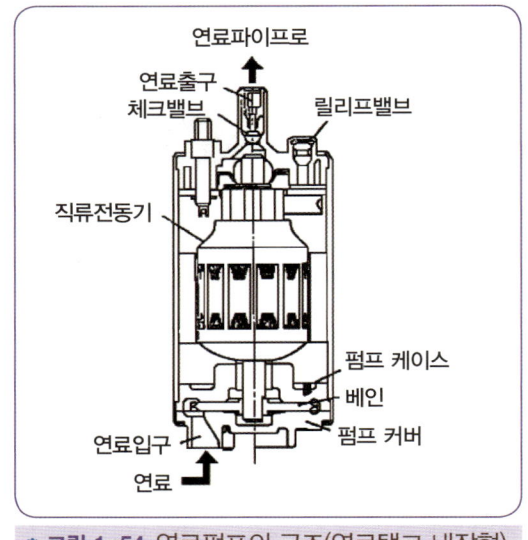

❖ 그림 1-54 연료펌프의 구조(연료탱크 내장형)

2-3 스로틀 밸브

카뷰레터와는 달리 분무기 원리를 이용하지 않으므로 메인보어는 벤튜리 형상이 아니라 테이퍼 형상을 하고 있으며, (스로틀)그립 조작과 연동하는 모터 구동용 밸브(버터플라이 밸브)가 있어서 메인보어의 단면적을 변화시켜 공기의 유속을 제어한다.

2-4 압력조정기

인젝터로 공급되는 가솔린은 연료펌프에 의하여 고압으로 압송되며, 인젝터가 분사하는 가솔린의 양은 엔진 회전수나 스로틀 개도에 따라 쉴 새 없이 변화하여 분사에 따른 파이프내부 압력변동이 없도록 프레셔 레귤레이터(압력 조정기)가 그 역할을 한다.

2-5 YZ 파워 튜너(YZ Power Tuner)

주행환경에 맞게 연료 분사량 맵과 진각 특성(점화시기)맵 두 종류의 3차원 맵을 노면 상황이나 취향에 맞춰 임의 세팅할 수 있는 것이 야마하 YZ450F의 인젝션 시스템이다.

설정을 마친 후의 데이터는 파워 튜너 본체에 보존하며, 입력은 엔진이 정지된 상태에서 전용 커넥터를 접속해서 실시한다. 설정을 마친 후에는 즉시 주행이 가능하며, 모니터 기능도 있어서 엔진 운전 시간 등을 확인할 수 있고 정비시기 등의 판단 자료로 활용할 수 있다.

✿ 그림 1-55 야마하 YZ 450FX

스마트폰에서 와이파이를 연결한 후에 파워 튜너 앱을 켜서 트랙 및 날씨 조건에 맞게 연료공급 및 점화 타이밍을 변경해 상황에 따라 최상의 엔진상태를 설정할 수 있다.

3 연료 계통

3-1 연료 탱크(fuel tank)

연료탱크는 주행에 소요되는 연료를 저장하는 것이며, 주행 중 연료의 출렁거림을 방지하기 위하여 내부에 칸막이가 설치되어 있다.

탱크의 용량이나 형상은 기종에 따라 제각각이며, 용량이 클수록 장거리 주행이 가능하며, 30리터 이상의 대형 탱크와 트라이얼 머신은 2리터 미만의 탱크를 채택하는 경우도 있다.

✿ 그림 1-56 혼다 CBR650R

3-2 카뷰레터 엔진의 연료 공급

연료 탱크에서 저장된 가솔린을 연료펌프의 압력으로 인젝터에 압송하는 자동차기관과 달리 카뷰레터에서는 중력에 의한 자연 낙하 또는 부압으로 연료를 공급한다.

연료 탱크 아래에 연료 콕(가솔린 콕)이 마련되어 있어 레버 조작으로 ON, OFF, RES를 바꾸어 상황에 맞게 가솔린의 공급 여하를 선택할 수 있게 되어 있다.(RES는 예비 탱크로서 가솔린 잔량이 적어지면 남김없이 사용할 수 있도록 연료 출구를 바꾸는 장치)

연료 콕 입구에는 철제 그물로 제작된 연료 필터가 있어서 카뷰레터로 흘러 들어가는 가솔린을 여과해서 불순물을 제거한다.

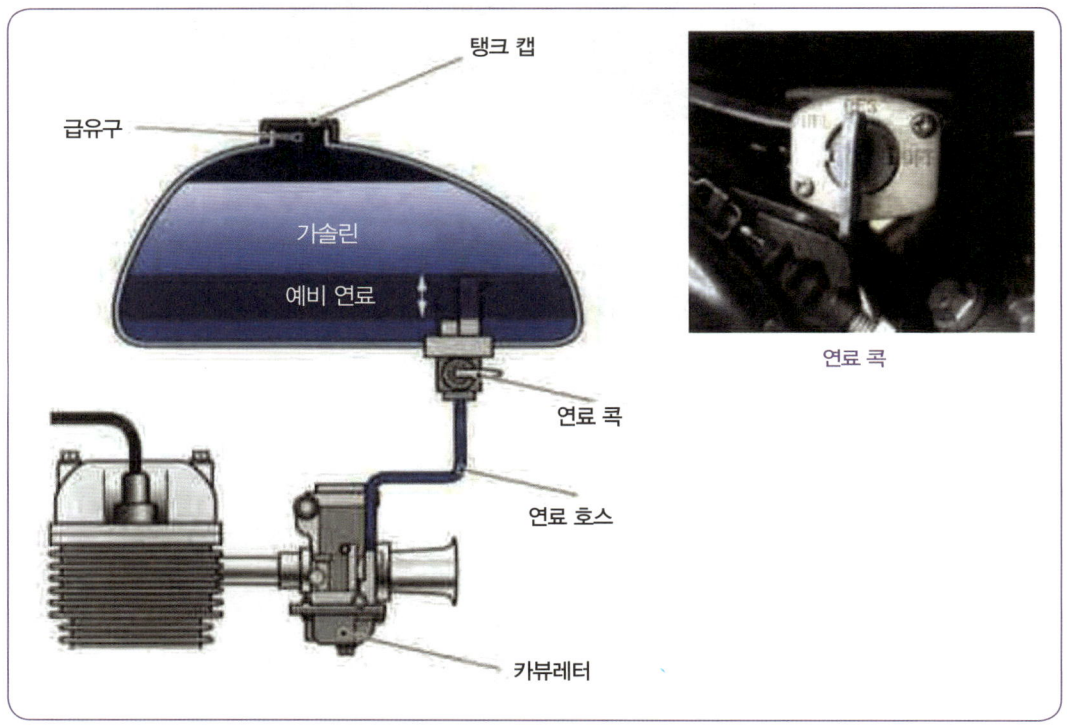

엔진을 정지한 상태로 장시간 주차하면 플로트 챔버에서 가솔린이 넘치게 되므로 연료 콕은 카뷰레터로 흐르는 가솔린의 통로를 임의로 차단할 수 있는 구조로 설계되어 있다.

CHAPTER 07 흡기 및 배기장치

01 흡기장치(Intake system)

1 공기청정기(air cleaner)

실린더 내로 흡입되는 공기와 함께 들어오는 먼지 등은 실린더 벽, 피스톤 링, 피스톤 및 흡·배기밸브 등에 마멸을 촉진시키며 또 기관오일에 유입되어 각 윤활부분의 마멸을 촉진시킨다. 공기청정기는 흡입공기의 먼지 등을 여과하는 작용 이외에 흡입공기의 소음을 감소시킨다.

공기청정기의 종류에는 건식·습식이 있으며 건식 공기청정기는 케이스와 여과 엘리먼트로 구성되며, 습식 공기청정기는 엘리먼트가 스틸 울(steel wool)이나 천(gauze)으로 되어 기관오일이 케이스 속에 들어 있다.

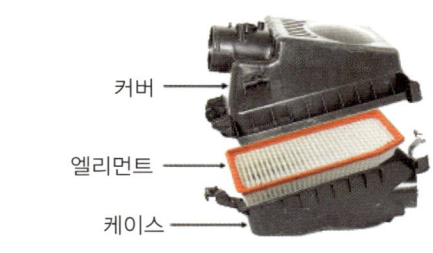

※ 그림 1-57 건식 공기청정기의 구조

2 에어 클리너 박스

에어 클리너가 들어 있는 상자를 에어 클리너 박스라고 하며, 스로틀을 크게 열었을 때에 엔진에 공급되는 공기는 에어 클리너 박스 안의 공기가 대부분이므로 박스가 클수록 에어 공급이 수월해져서 엔진출력도 크게 낼 수 있다.

3 에어 공급로

신선하고 차가운 공기를 다량으로 도입하기 위해 고성능 로드 스포츠 모델은 차체 앞면에 에어 덕트를 설치해서 주행풍을 적극적으로 끌어들이는 방법을 취하고 있다.

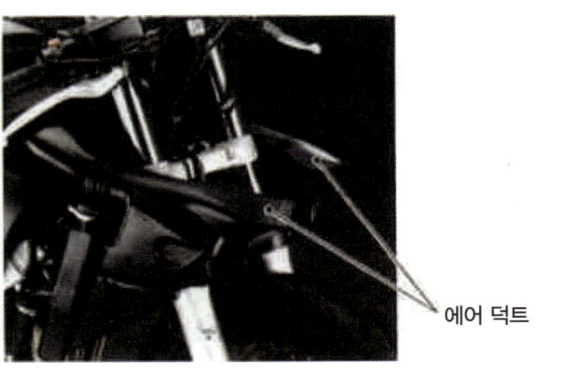

에어 덕트

02 배기장치(exhaust system)

1 배기관과 소음기(muffler)

엔진 연소실에서 발생하는 고온 고압의 배기가스(약 600~900℃)를 그대로 대기 중에 방출하면 매우 위험하며 배출과 동시에 팽창해서 큰 소음(약 음속 340m/sec)이 발생한다. 배기가스의 온도와 압력을 낮추어 폭음을 막아주는 역할을 머플러가 한다.

엔진 배기포트에서 나오는 관을 배기파이프라고 하며, 길이와 굵기, 구부러진 정도나 집합방식 등에 따라 출력특성에 큰 영향을 미친다.

배기관 끝에 설치된 소음기의 내부구조는 몇 개의 방으로 구분되어 있고 배기가스가 이 방들을 지나갈 때마다 음파의 간섭, 압력변화의 감소, 배기온도 등을 점차 낮추는 방식으로 소음을 억제한다.

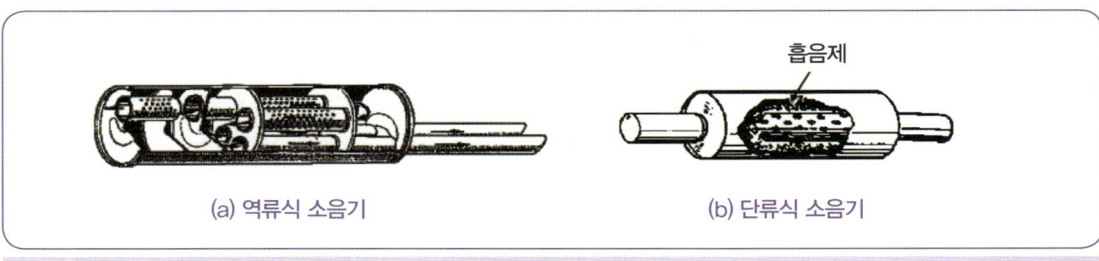

(a) 역류식 소음기   (b) 단류식 소음기

❖ 그림 1-58 소음기의 구조

2 배기다기관(exhaust manifold)

배기다기관은 고온·고압가스가 끊임없이 통과하므로 내열성이 큰 주철 등을 사용하며, 실린더에서 배출되는 배기가스를 모아서 소음기로 보내는 것이다.

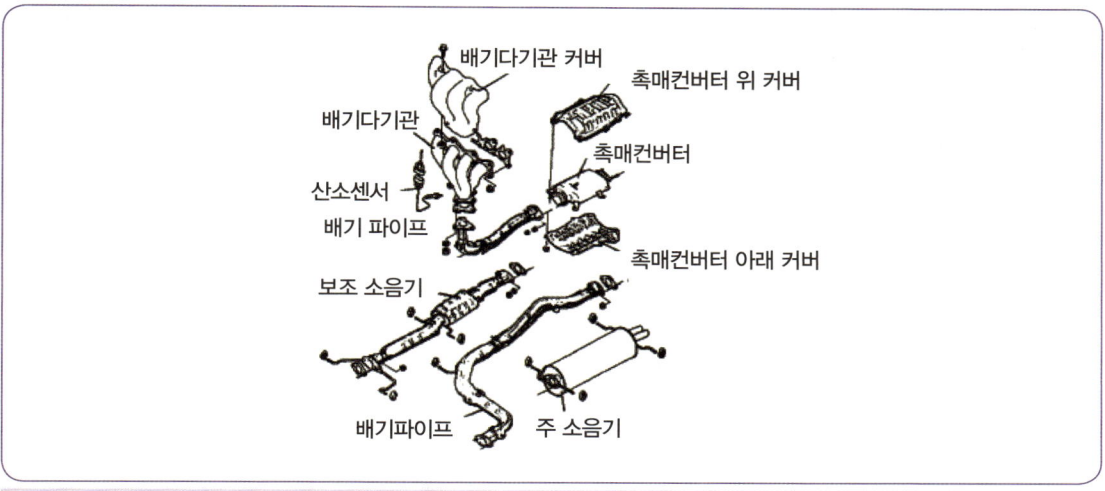

❋ 그림 1-59 배기장치의 구성

3 배기 시스템

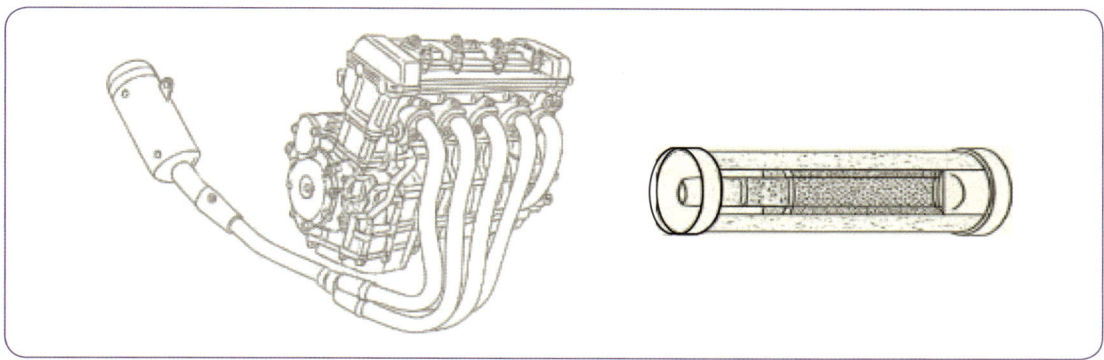

❋ 그림 1-60 직렬 4기통 엔진의 배기 시스템

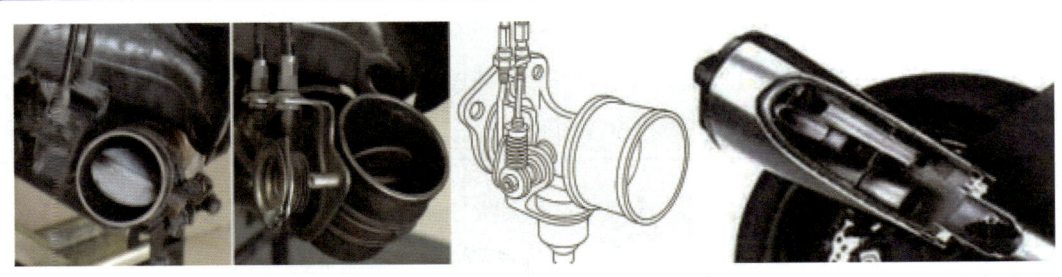

| 배기 경로 도중에 설치한 밸브를 개폐시켜서 단면적을 변화시킴으로 배기관 안의 압력파 상태를 최적화시킬 수 있는 시스템 | 소음기 내부를 여러 개의 방으로 나누어서 배기가스가 소음실에 들어갈 때마다 조금씩 팽창시켜 소리 에너지를 약화시키는 시스템 |

※ 그림 1-61 바이크의 배기시스템

03 촉매장치(catalytic converter)

촉매장치는 연소 후에 발생되는 배기가스의 유해물질을 산화 또는 환원반응을 통해 유해물질을 무해물질로 변환하는 장치를 말한다. 3원 촉매장치는 모양에 따라 펠릿형과 벌집형이 있는데, 펠릿형의 경우 알루미나 담체(substrate) 표면에 백금, 팔라듐이 부착되어 있고, 벌집형의 경우는 담체표면에 백금, 코지라이트가 부착되어 있다. 담체는 세라믹(Al_2O_3), 산화 실리콘(SiO_2), 산화마그네슘(MgO)을 주원료로 하여 합성한 것이며 그 단면은 cm^2당 60개 이상의 미세한 구멍으로 되어 있다.

촉매컨버터가 부착된 바이크의 주의사항은 다음과 같다.
① 반드시 무연 가솔린을 사용할 것
② 기관의 파워 밸런스(power balance)시험은 실린더 당 10초 이내로 할 것
③ 바이크를 밀거나 끌어서 기동하지 말 것
④ 잔디, 낙엽, 카페트 등 가연 물질 위에 주차시키지 말 것

현재 배기저항이 다소 낮은 벌집형 3원 촉매장치를 가장 많이 사용하고 있다. 3원 촉매장치의 작동온도는 약 250℃ 이상으로 가열되어야 촉매작용을 시작하게 되는데 이상적인 작동온도는 약 400~800℃ 사이의 범위이다.

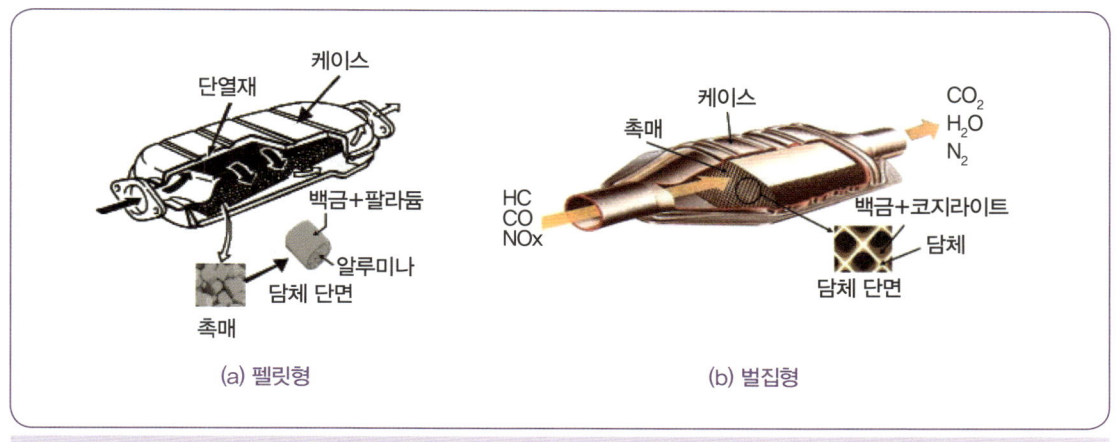

※ 그림 1-62 3원 촉매장치

04 바이크 배출가스

바이크에서 배출되는 가스에는 배기 파이프로부터의 배기가스, 기관 크랭크케이스(crank case)로부터의 블로바이가스 및 연료계통으로부터의 증발가스 등 3가지가 있다.

1 배출가스

1-1 배기가스(exhaust gas)

배기가스의 주성분은 수증기(H_2O)와 이산화탄소(CO_2)이며 그밖에 일산화탄소(CO), 탄화수소(HC), 질소산화물(NOx), 납 산화물, 탄소입자 등이 있으며 이 중에서 일산화탄소, 질소산화물, 탄화수소가 유해물질이다. 배기가스가 차지하는 비율은 60%이다.

1-2 블로바이가스(blow-by gas)

블로바이가스란 실린더와 피스톤 간극에서 크랭크 케이스로 빠져 나오는 가스를 말하며, 조성은 70~95% 정도가 미 연소가스인 탄화수소이고 나머지가 연소가스 및 부분 산화된 혼합가스이다. 블로바이가스가 크랭크 케이스 내에 머물면 기관의 부식, 오일 슬러지(oil sludge) 발생 등을 촉진한다. 블로바이가스가 차지하는 비율은 25%이다.

1-3 연료 증발가스

연료 증발가스는 연료 공급계통에서 연료가 증발하여 대기 중으로 방출되는 가스이며, 주성분은 탄화수소이다. 증발가스가 차지하는 비율은 15%이다.

2 배기가스의 종류

2-1 일산화탄소(CO)

일산화탄소는 연료가 불완전 연소하였을 때 발생되는 무색, 무취의 가스이다. 일산화탄소를 인체에 흡입하면 혈액 속에서 산소를 운반하는 세포인 헤모글로빈과 결합하여 신체 각부에 산소의 공급이 부족하게 되어 어느 한계에 도달하면 중독 증상을 일으킨다.

일반적으로 0.15%의 일산화탄소가 함유된 공기 중에서 1시간 정도 있으면 생명이 위험하다. 배출되는 일산화탄소의 양은 공급되는 혼합가스(공연비)의 비율에 좌우하므로 일산화탄소 발생을 감소시키려면 희박한 혼합가스를 공급하여야 한다. 그러나 혼합가스가 희박하면 기관의 출력 저하 및 실화의 원인이 된다.

2-2 탄화수소(HC)

농도가 낮은 탄화수소는 호흡기계통에 자극을 줄 정도이지만 심하면 점막이나 눈을 자극하게 된다. 연소실 내에서 혼합가스가 연소할 때 연소실 안쪽 벽은 온도가 낮으므로 이 부분은 연소온도에 이르지 못하며, 불꽃은 안쪽 벽에 도달하기 전에 꺼지기 때문에 미 연소가스가 탄화수소로 배출된다.

2-3 질소산화물(NOx)

배기 가스에 들어있는 질소화합물의 95%가 NO_2이고 NO는 3~4% 정도이다. 광화학 스모그(smog)는 대기 중에서 강한 태양광선(자외선)을 받아 광화학반응을 반복하여 일어나며, 눈이나 호흡기계통에 자극을 주는 물질이 2차적으로 형성되어 스모그가 된다. 광화학 반응으로 발생하는 물질은 오존, PAN(peroxyacyl nitrate), 알데히드(aldehyde) 등의 산화성 물질이며 이것을 총칭하여 옥시던트(oxidant)라 한다.

질소는 잘 산화(酸化)하지 않으나 고온·고압 및 전기 불꽃 등이 존재하는 곳에서는 산화하여 질소산화물을 발생시킨다. 특히 연소온도가 2,000℃ 이상인 연소에서는 급증한다. 또 질소산화물은 이론 혼합비 부근에서 최대 값을 나타내며, 이론 혼합비보다 농후해지거나 희박해지면 발생률이 낮아지며, 배기가스를 적당히 혼합가스에 혼합하여 연소 온도를 낮추는 등의 대책이 필요하다.

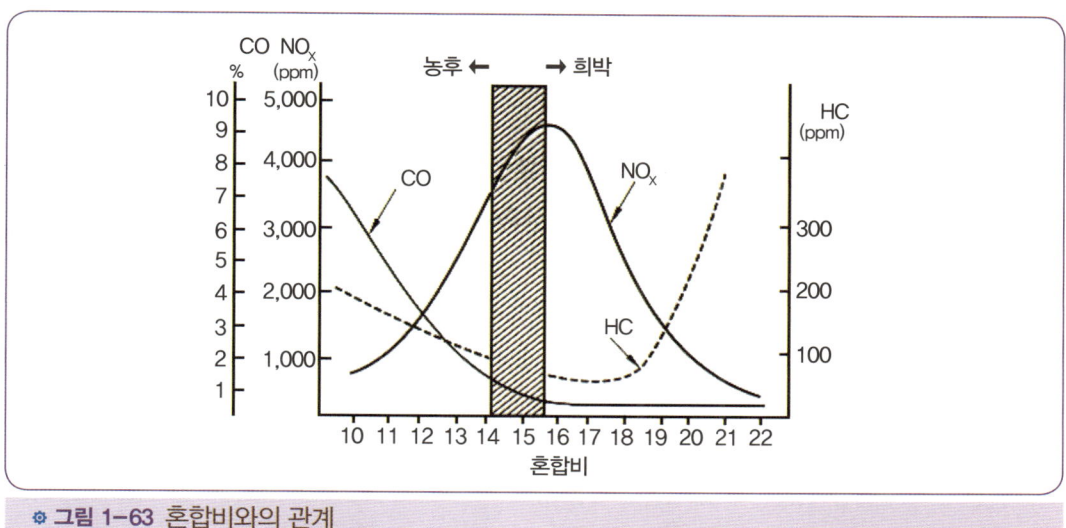

◆ 그림 1-63 혼합비와의 관계

3 환경 대책

3-1 2차 공기 도입 시스템(에어 인젝션 시스템)

배기가스 규제에 대처하기 위하여 촉매 장치 이외에 사용되는 시스템으로 에어클리너로부터 공기를 배기포트에 압송해서 배기가스의 산화(미연소 CO, HC를 재연소시킴)를 촉진시키는 기술이다.

3-2 O_2 피드백 시스템

머플러에 장착한 O_2 센서로 배기가스중의 산소 농도를 검출하여 ECU에 보내면 피드백하여 공연비를 최적화하는 기술이다.

3-3 블로우바이 가스 환원장치

피스톤과 실린더 틈새를 통해 크랭크축 케이스로 빠져 나가는 미연소 가스를 블로우바이 가스라고 하며, 별도의 파이프를 에어클리너 박스에 연결해서 블로우바이 가스를 엔진에 다시 흡입시키는 기술이다.

05 바이크 흡기·배기의 성능 향상 기술

1 익스팬션 챔버(expansion chamber)

2사이클 엔진의 머플러는 배기포트와 닿아 있는 부분과 출구는 가늘게 만들어져 있고, 중간 부분이 크게 부풀어 있는 형상을 하고 있는데 그 부분이 팽창실 역할을 한다고 해서 익스팬션 챔버라고 한다.

연소가스의 압력파를 팽창실에서 증폭시키고 반사시켜서 연소실의 충전 효율을 극대화하는 역할을 한다. 익스팬션 챔버는 엔진의 일부라고도 할 수 있을 정도로 출력 특성에 영향을 미치므로 형상이나 길이, 굵기, 밴딩 각, 테이퍼 각 등으로 제작되었으며, 챔버 출구에는 머플러가 장착되어 있다.

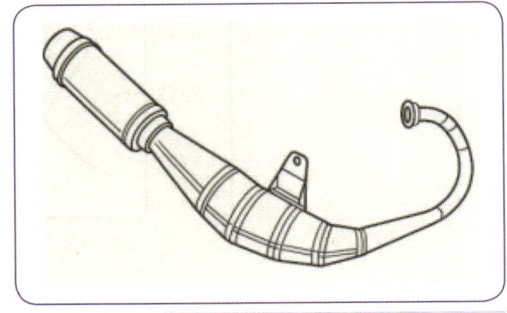

✿ 그림 1-64 익스팬션 챔버

연소실에서 폭발적인 연소를 일으키며 배기관으로 터져 나온 연소가스는 배기관 안에서 압력파를 일으키며 이 충격파는 정압파(+)가 되었다가 부압파(-)가 되었다 반복하는 현상을 맥동효과라 하는데 이 효과를 활용하면 연스가스를 적극적으로 빨아내거나 새어나온 혼합기를 연소실로 되돌릴 수 있다.

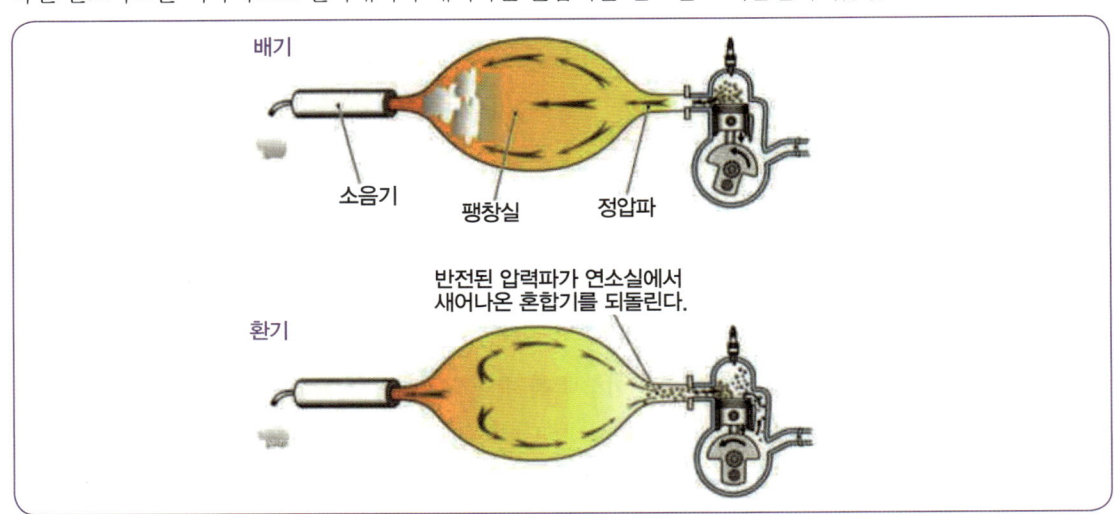

✿ 그림 1-65 맥동효과 충전 효율을 향상

2 전자제어 스로틀(Electronic control throttle)

기존의 기계식 와이어 케이블 방식 스로틀에서는 라이더의 손목조작과 스로틀 밸브 개도가 1:1로 이루어져 있지만, 전자제어 스로틀에서는 각종 센서가 보내오는 정보를 토대로 스로틀 밸브 개폐를 섬세하게 제어할 수 있게 되었다.

전자제어 스로틀을 사용하면 그립을 거칠게 조작했을 때 발생하기 쉬운 울컥거림 등의 스로틀 반응을 해소해서 스로틀 반응성을 향상시킬 수 있고, 스로틀밸브를 급격히 닫을 때 발생하는 과도한 엔진 브레이크도 부드러운 특성으로 변환할 수 있어 모든 회전 영역에서 최적의 트랙션특성을 얻을 수 있다.

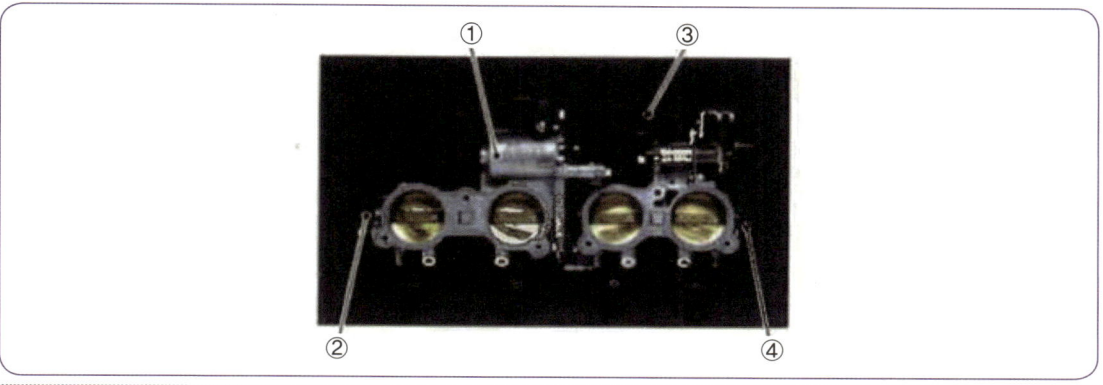

1. 스로틀 밸브 구동 모터   2. 스로틀 포지션센서   3. 액셀포지션센서
4. 메카니컬가드 기능성 풀리(라이더의 의지에 의해서 리턴스프링으로 스로틀을 강제적으로 되돌릴 수 있는 장치, 연료와 점화가 차단됨)

2-1 기계식 와이어 케이블 방식

스로틀 그립과 스로틀 밸브 개도가 1:1로 연결되어 있는 방식으로 섬세하게 그립을 조작하는 테크닉으로 엔진을 컨트롤해야 한다.

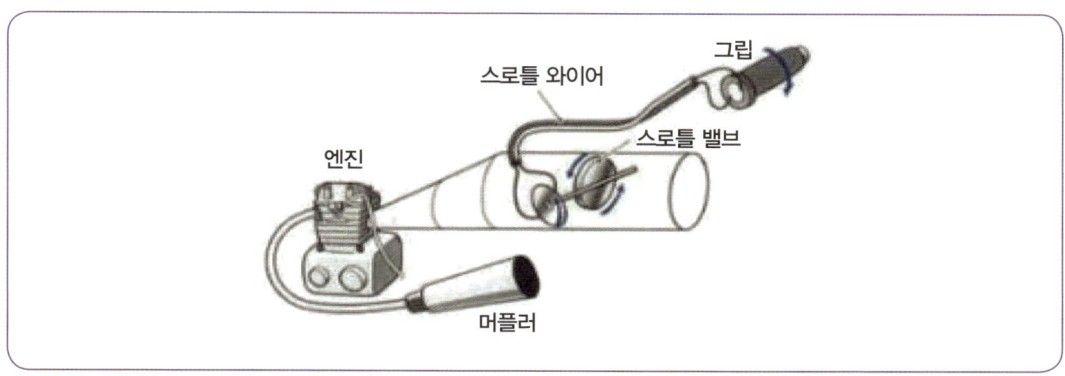

✿ 그림 1-66 기계식 스로틀 방식

2-2 전자제어 스로틀 방식

운전자(라이더)가 스로틀 그립을 조작하면 그 작동이 와이어를 통하여 센서로 전달되어 전기 신호로 ECU가 인식하여 각 센서들의 신호를 피드백하여 결과에 따라 전자제어 스로틀밸브 4개를 모터로 움직인다.

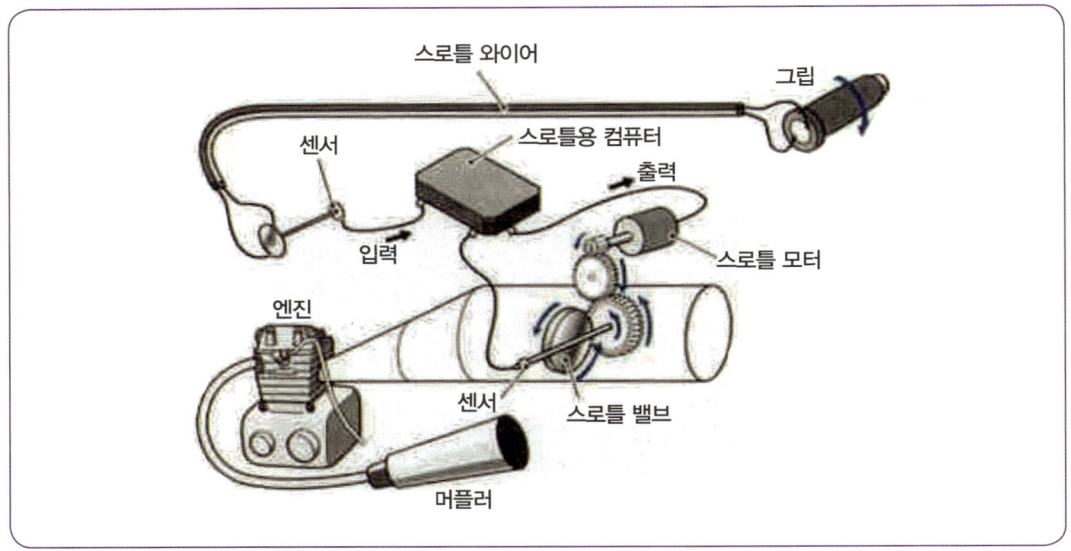

✤ 그림 1-67 전자제어 스로틀 방식

3 전자제어 인테이크(Electronic intake)

에어퍼넬을 상하 분할식으로 제작해서 연결된 상태로 평소 공기를 제공하다가 엔진 회전수나 스로틀 개도가 일정영역을 넘어서면 전자제어로 분리시켜 퍼넬길이를 짧게 하는 기술을 말한다.
에어퍼넬의 길이를 조정함으로써 엔진이 필요로 하는 최적의 공기량을 공급한다.

3-1 에어퍼넬(air funnel)

퍼널이란 깔때기라는 뜻으로 엔진이 필요로 하는 가솔린과 공기의 혼합기를 연소실로 유도하는 흡기 파이프를 에어퍼넬이라고 한다. 엔진의 회전수가 올라가면 에어를 흡입하는 속도도 빨라지는데 어느 정도 일정 속도부터는 퍼널 자체가 흡기를 방해하는 저항이 된다.
퍼널의 길이는 엔진 회전수에 따라 다르기 때문에 중저속에서는 길게, 고속회전에서는 짧게 변한다.

3-2 야마하 전자제어 인테이크(Yamaha Chip Controlled Intake)

에어퍼널의 길이를 전자제어로 바꾸어서 흡입효율을 컨트롤하는데 평상시에는 에어퍼널이 140mm로 공기를 도입하다가 회전수가 9400rpm을 넘어서면 전자제어로 퍼널 상부가 분리되어 하부 65m만 남는다. 고속회전에서의 흡기 효율이 향상되기 때문에 중저속과 고속 성능의 양립을 실현할 수 있다.

(a) 중저속회전
중저속에서 에어퍼널은 상하가 연결된 상태.
긴 퍼널 형상

일정 회전수를 넘어서면

(b) 고속회전
고속회전 시 에어흡입 속도가 빨라져서 짧은 퍼널로 가변 퍼널(전자제어 인테이크)상태가 된다.

4 램에어 인테이크(Ram Air Intake)

램 에어 인테이크는 차량 움직임 또는 램 압력에 의해 생성된 동적 공기 압력을 사용하여 내연기관의 흡기 매니폴드 내부의 정적 공기 압력을 증가시켜 엔진을 통해 더 큰 질량흐름을 허용하여 엔진 출력을 증가시키는 흡기 설계를 말한다.

주행 풍압으로 램 과급을 실시하는 램 에어 과급 시스템에서는 기계적인 압축 대신에 주행으로 발생하는 공기 저항 압력(램 에어)으로 엔진에 공기를 보내는 것으로, 즉 주행풍의 압력을 활용하기 때문에 속도가 빠를수록 램압이 향상되어 더욱 효과를 발휘한다.

PART 01 예상문제

이륜자동차 동력장치 예상문제

001 인젝터 분사시간 결정에 가장 큰 영향을 주는 센서는?

① 수온 센서 ② 공기온도 센서
③ 노크 센서 ④ 흡입공기량 센서

> 풀이 인젝터에서 분사시간을 결정하는 요소는 흡입공기량 센서와 엔진회전수 센서이다.

002 다음 설명 중 옳은 것은?

① MPI 엔진의 연료 분사 압력은 공회전시 약 3 ~ 3.5kg/cm²이다.
② 디젤 엔진이 시동 중에는 흡기매니폴드의 압력이 진공상태이다.
③ 가솔린 엔진에서 흡기 매니폴드 진공도는 고속에서 진공이 크다.
④ 맵 센서는 엔진 회전수를 감지한다.

> 풀이 전자제어연료분사 장치의 연료 압력은 약 3 ~ 3.5 kg/cm²이다.

003 기관의 압축압력 측정시험 방법에 대한 설명으로 틀린 것은?

① 기관을 정상 작동온도로 한다.
② 점화플러그를 전부 뺀다.
③ 엔진오일을 넣고도 측정한다.
④ 기관회전을 1000rpm으로 한다.

> 풀이 기관회전수는 200~300rpm 정도이다.

004 엔진 과열 시 나타나는 현상으로 맞는 것은?

① 연료의 응결로 연소가 불량해진다.
② 작동 부분의 고착 및 변형이 발생하며 내구성이 저하된다.
③ 연료가 쉽게 기화하지 못하고 연비가 나빠진다.
④ 엔진 오일의 점도가 높아져 시동할 때 회전 저항이 커진다.

> 풀이 엔진 과열로 인한 실린더 내부의 고착 및 과열로 인한 변형이 발생하며 내구성이 저하된다.

005 전자제어 가솔린 엔진에서 연료 공급량을 제어하는 요소로 기능하는 센서가 아닌 것은?

① 산소 센서 ② 흡입공기량 센서
③ 크랭크각 센서 ④ 냉각수온 센서

> 풀이 크랭크각 센서는 엔진이 행정에 의해 작동 시 회전 위치를 파악해 정확한 연료의 분사가 일어날 수 있게끔 하는 역할을 한다.

006 다음 중 유압 태핏의 장점에 해당하는 것은?

① 냉각시에만 밸브간극 조정을 한다.
② 오일펌프와 관계가 없다.
③ 밸브간극 조정이 필요없다.
④ 구조가 간단하다.

정답 01. ④ 02. ① 03. ④ 04. ② 05. ③ 06. ③

> **풀이** 유압식 태핏은 유압으로 작동되기 때문에 밸브간극 조정이 필요없다.

007 엔진 윤활유의 구비조건으로 틀린 것은?

① 온도 변화에 따른 점도변화가 적을 것
② 열과 산에 대하여 안정성이 있을 것
③ 인화점 및 발화점이 낮을 것
④ 카본 생성이 적으며 강인한 유막을 형성할 것

> **풀이** 인화점 및 발화점이 높아야 한다.

008 다음 중 열기관에 대한 설명으로 옳은 것은?

① 열기관은 모두 회전 운동을 한다.
② 열기관의 작동 사이클은 모두 하나의 사이클이다.
③ 열기관은 열에너지를 기계적 일로 바꾸는 장치이다.
④ 열기관은 디젤기관과 가솔린기관으로 분류된다.

> **풀이** 열기관은 고열원에서 저열원 사이의 온도차이를 이용하여 열에너지를 기계적 일로 변환하는 장치

009 다음 중 내연기관의 종류에 속하지 않는 것은?

① 가솔린 기관 ② 가스터빈
③ 로터리 기관 ④ 증기 기관

> **풀이** 증기기관은 외연 열기관이다.

010 상사점과 하사점 사이의 거리를 무엇이라고 하는가?

① 행정   ② 보어
③ 압축비   ④ 행정체적

> **풀이** 왕복 내연기관에서 피스톤이 실린더 안의 한 끝에서 다른 끝까지 움직이는 거리

011 가솔린 4행정기관의 행정체적이 150cc이고, 연소실체적이 30cc인 경우 압축비(ε)는 얼마인가?

① 3   ② 4
③ 5   ④ 6

> **풀이** 압축비 = (행정체적 + 연소실체적) / 연소실체적

012 다음 용어들에 대한 설명 중 틀린 것은?

① 행정(L) : 상사점과 하사점 사이의 거리
② 상사점(TDC) : 피스톤이 맨 위로 올라갔을 때 지점
③ 보어(D) : 실린더 안지름
④ 행정체적(Vs) : 피스톤이 상사점에 있을 때 실린더 헤드까지의 공간

> **풀이** 행정체적 : 내연기관에서 피스톤이 행정을 움직이는 동안에 밖으로 배제하는 용적

07. ③ 08. ③ 09. ④ 10. ① 11. ④ 12. ④

013 4행정기관의 작동 시 피스톤이 상사점에서 하사점으로 이동하는 행정기간은 무엇인가?

① 흡입, 압축행정 ② 폭발, 배기행정
③ 흡입, 폭발행정 ④ 압축, 배기행정

> 풀이 피스톤이 상사점에서 하사점으로 이동하는 시기는 흡입과 폭발행정이다.

014 4행정기관의 흡기, 배기 과정에서 흡입밸브와 배기밸브가 동시에 열려 있는 기간을 무엇이라 하는가?

① 블로다운(BLOW DOWN)
② 밸브 오버랩(VALVE OVER LAP)
③ 리드(LEAD)
④ 래그(LAG)

> 풀이 실린더 상사점에서 흡입밸브와 배기밸브가 동시에 열려 있는 시기를 밸브 오버랩이라고 한다.

015 다음은 오토바이연료에 관한 설명이다. 올바른 것은?

① 옥탄값은 가솔린의 앤티노크성(性)을 수량적으로 표시하는 지수이다.
② 옥탄값은 발화성의 정도를 표시한 것이다.
③ 비중은 0.9이다.
④ 시판되고 있는 가솔린은 일반 옥탄가에 90~100% 수준이다.

> 풀이 옥탄가는 휘발유의 성능과 품질을 측정하는 수치이며 옥탄가의 수치는 일반유는 91~92, 고급유는 94~95 정도이다.

016 윤활유 중 광유에 관한 설명이다. 올바른 것은?

① 미네랄 오일을 말하는 것이다.
② 광유는 엔진오일용만으로 사용할 수 있다.
③ 인체에는 전혀 해가 없다.
④ 가격이 비싸 고급유에만 사용한다.

> 풀이 미네랄 오일은 석유에서 추출한 광물성 오일을 말하며, 광유는 엔진오일 이외에 윤활유, 난방유, 산업용 오일에 사용되며 인체에 해로우며 공기중에 노출할 경우 발암물질을 포함할 수 있어 건강에 해롭다.

017 다음 합성유의 종류가 아닌 것은?

① VHVI(Very High Viscosity Index)
② 폴리알파올레핀
③ 에스테르
④ OH_2

> 풀이 OH_2는 수산화 이온을 말하며 산소와 수소원자가 결합하여 형성된 음이온을 말한다.

018 엔진이 2000rpm으로 회전하고 있을 때 그 출력이 65ps라고 하면 이 엔진의 회전력은 몇 kgf·m인가?

① 23.27 ② 22.45
③ 25.46 ④ 26.38

> 풀이 마력 = 토오크 × 회전수/716
> 65 = 토오크 × 2000/716
> 토오크 = 23.27

정답 13.③ 14.② 15.④ 16.① 17.④ 18.①

019 내연기관에서 장행정 엔진은 어느 것인가?

① 행정/실린더내경 = 1
② 행정/실린더내경 〈 1
③ 행정/실린더내경 〉 1
④ 실린더내경/행정 〉 1

풀이 장행정은 행정/실린더내경의 비가 1보다 커야 한다.

020 기관의 실린더 내경을 측정할 때 사용되는 측정기기는?

① 간극 게이지
② 버니어캘리퍼스
③ 다이얼 게이지
④ 내측용 마이크로미터

풀이 실린더 내경의 측정은 내측용 마이크로미터를 사용한다.

021 실린더의 윗부분이 아래부분보다 마멸이 큰 이유는?

① 오일이 상단까지 밀어주지 못하기 때문이다.
② 냉각의 영향을 받기 때문이다.
③ 피스톤링의 호흡작용이 있기 때문이다.
④ 압력이 작게 작용하기 때문이다.

풀이 피스톤링의 호흡작용은 피스톤 링이 상사점과 하사점에서 운동 방향을 바꿀 때마다 피스톤 링의 위치가 바뀌는 현상

022 가솔린기관의 밸브간극이 규정값보다 클 때 발생하는 현상은?

① 출력이 저하된다.
② 소음이 감소하고 밸브기구에 충격을 준다.
③ 흡입밸브 간극이 크면 흡입량이 많아진다.
④ 기관의 체적효율이 증대된다.

풀이 밸브가 완전히 개방되지 않아 엔진의 효율이 떨어진다.

023 기관에서 노킹을 방지하기 위한 대처로 올바르지 않은 것은?

① 고옥탄가 연료사용
② 연소실 내의 냉각효율을 증가시킨다.
③ 점화시기를 지각시킨다.
④ 화염전파시기를 늦춘다.

풀이 화염 전파 속도를 증가시켜야 한다.

024 이륜자동차의 카뷰레터의 장점이 아닌 것은?

① 구조가 비교적 간단하여 고장이 적다.
② 연료와 공기를 혼합하여 엔진으로 보내는 역할을 한다.
③ 겨울철이나 장시간 방치 시 시동이 잘 걸린다.
④ 유지보수와 수리가 비교적 저렴하다.

풀이 겨울철이나 장시간 방치 시 시동이 잘 걸리지 않는다.

025 냉각시스템 중 라디에이터의 압력캡의 역할이 아닌 것은?

① 압력유지를 한다.
② 오버히트 시 기관을 보호한다.
③ 일정온도에서의 냉각수를 순환시킨다.
④ 끓는점을 상승시킨다.

풀이 일정온도에서 냉각수를 순환시키는 역할은 수온조절기가 그 역할을 한다.

026 엔진오일의 유압이 낮아지는 원인이 아닌 것은?

① 엔진오일이 부족할 때 발생한다.
② 오일펌프가 제대로 작동한다.
③ 오일 팬 내의 윤활유 양이 적다.
④ 윤활유 공급 라인에 공기가 유입되었다.

풀이 오일펌프가 제대로 작동하지 않으면 유압이 유지되지 않는다.

027 엔진오일의 기능이 아닌 것은?

① 응력 작용　② 방청 작용
③ 밀봉 작용　④ 냉각 작용

풀이 엔진오일은 응력을 분산하는 작용을 한다.

028 기관의 윤활시스템 중 웨트섬프식 특징으로 옳은 것은?

① 오일의 냉각기능이 드라이섬프식보다 좋다.
② 엔진하단을 높여 충격에 대비할 수 있다.
③ 별도의 오일 리저브탱크를 설치하여야 한다.
④ 구조가 비교적 간단하여 유지보수가 용이하다.

풀이 엔진 하부의 오일 팬에 오일이 저장되는 방식으로 구조가 간단하고 유지보수가 용이하다.

029 밸브스프링의 서징현상을 방지하기 위한 방법 중 옳지 않은 것은?

① 2중 스프링을 장착한다.
② 부등피치 스프링을 장착한다.
③ 스프링의 고유진동수를 작게 한다.
④ 스프링의 피치가 다른 스프링을 사용한다.

풀이 스프링의 고유진동수를 크게 한다.

030 대기오염을 방지하기 위해 부착하는 부품이 아닌 것은?

① 삼원촉매장치　② 인젝터
③ 산소센서　　　④ 캐니스터

풀이 인젝터는 연료를 분사하는 역할을 한다.

031 밸브개폐장치의 설명으로 옳은 것은?

① MLA방식은 영구적으로 사용이 가능하다.
② MLA방식은 정확한 밸브 간격 조절이 가능하다.
③ HLA방식은 오일의 점도와 상관없다.
④ HLA방식은 기계식방식보다 설계가 간단하다.

정답 25. ③　26. ②　27. ①　28. ④　29. ③　30. ②　31. ②

풀이 MLA(Mechanical Lash Adjuster) 밸브개폐장치는 기계식 밸브 간극 조정 장치로 정확한 밸브 간격 조절이 가능하다.

풀이 지르코니아 산소센서는 산소 압력에 차이가 있을 때 전압이 발생하여 이 전압은 산소 농도에 비례하여 변화한다.

032 공기량 계측방식 중 발열체와 공기 사이의 열 전달 현상을 이용한 방식은?

① 열선식과 열막식 계량방식
② 베인식 체적유량 계량방식
③ 칼만와류식
④ 진공식

풀이 열선식은 가느다란 열선을 통해 공기 흐름을 측정하며, 열막식은 얇은 필름 형태의 저항을 사용하여 공기 흐름을 측정하는 방식이다.

033 피스톤 링의 주요기능이 아닌 것은?

① 기밀유지 작용   ② 열전도 작용
③ 세척 작용   ④ 윤활유제어 작용

풀이 피스톤 링의 역할은 오일제어 작용, 열전도 작용, 기밀유지 작용이다.

034 각종 센서의 내부 구조 및 원리에 대한 설명으로 거리가 먼 것은?

① 냉각수 온도센서: NTC를 이용한 서미스터 전압값의 변화
② 지르코니아 산소센서: 온도에 의한 전류값을 변화
③ 맵센서: 진공으로 저항값을 변화
④ 스로틀위치센서: 가변저항을 이용한 전압값 변화

035 실린더 헤드 탈부착 작업으로 맞는 것은?

① 실린더 헤드볼트를 풀 때는 중앙에서 바깥쪽을 향하여 대각선 방향으로 푼다.
② 실린더 헤드를 조일 때는 2~3회에 나누어 임팩트 드릴로 신속하게 조인다.
③ 실린더 헤드가 고착되었을 때에는 강질의 해머로 강하게 두드린다.
④ 실린더 헤드 조립시 헤드볼트는 깨끗이 세척하여 사용한다.

풀이 실린더 헤드 조립 시 헤드볼트는 깨끗이 세척하여 사용해야 한다.

036 크랭크 각 센서의 기능에 대한 설명으로 틀린 것은?

① ECU는 크랭크 각 센서 신호를 기초로 연료분사시기를 결정한다.
② 엔진 시동 시 연료량 제어 및 보정신호로 사용된다.
③ 엔진의 크랭크 축 회전각도 또는 회전위치를 검출한다.
④ ECU는 크랭크 각 센서 신호를 기초로 엔진 1회전당 흡입공기량을 계산한다.

풀이 크랭크 각 센서는 크랭크축의 위치와 회전 속도를 감지하여 ECU에 전달하여 점화 플러그가 적절한 타이밍에 점화되도록 조절하여 엔진의 효율성과 성능을 극대화한다.

32. ①   33. ③   34. ②   35. ④   36. ④

037 전자제어 가솔린 엔진에 대한 설명으로 틀린 것은?

① 흡기 온도 센서는 공기 밀도 보정 시 사용된다.
② 공회전 속도 제어에 스텝모터를 사용하기도 한다.
③ 산소센서의 신호는 이론 공연비 제어에 사용된다.
④ 점화시기는 크랭크 각 센서가 점화2차 코일의 저항으로 제어한다.

풀이 점화시기 제어는 주로 엔진의 ECU에 의하여 이루어진다.

038 전자제어 가솔린 엔진에서 인젝터의 연료분사량을 결정하는 주요 인자로 옳은 것은?

① 분사 각도
② 솔레노이드 코일 수
③ 연료펌프 복귀 전류
④ 니들 밸브의 열림시간

풀이 인젝터의 연료 분사량은 니들 밸브의 열림 시간에 의해 결정된다.

039 엔진의 밸브 스프링이 진동을 일으켜 밸브 개폐시기가 불량해지는 현상은?

① 스텀블   ② 서징
③ 스털링   ④ 스트레치

풀이 밸브 스프링의 진동으로 불안정한 진동 현상이 발생하는 현상을 서징 현상이라 한다.

040 차량에서 발생되는 배출가스 중 지구 온난화에 가장 큰 영향을 미치는 것은?

① H_2 ② CO_2
③ O_2 ④ HC

풀이 지구 온난화에 가장 큰 영향을 미치는 배출가스는 이산화탄소(CO_2)이다.

041 엔진오일을 점검하는 방법으로 틀린 것은?

① 엔진 정지 상태에서 오일량을 점검한다.
② 오일의 변색과 수분의 유입여부를 점검한다.
③ 엔진 오일의 색상과 점도가 불량할 경우 보충한다.
④ 오일량 게이지 F와 L 사이에 위치하는지 확인한다.

풀이 엔진 오일과 색상 점도가 불량할 경우 오일을 교환해야 한다.

042 산소 센서의 피드백 작용이 이루어지는 시기는 운전 시 언제인가?

① 시동 시   ② 연료차단 시
③ 급 감속 시   ④ 통상 운전 시

풀이 산소센서의 피드백 제어는 주로 엔진이 정상 작동 온도에 도달한 후에 즉, 엔진이 예열된 상태에서 이루어진다.

정답 37. ④ 38. ④ 39. ② 40. ② 41. ③ 42. ④

043 수냉식 엔진의 과열 원인으로 틀린 것은?

① 라디에이터 코어가 30% 막힌 경우
② 물펌프의 임펠라가 마모된 경우
③ 수온 조절기가 열림상태로 고장 난 경우
④ 워터재킷 내에 스케일이 많이 있는 경우

풀이 수온 조절기가 열린 상태로 고장이 난 경우에는 기관이 과냉되는 원인이 된다.

044 가솔린 전자제어 연료 분사장치에서 ECU로 입력되는 요소가 아닌 것은?

① 연료 분사 신호
② 대기 압력 신호
③ 냉각수 온도 신호
④ 흡입 공기 온도 신호

풀이 연료 분사 신호는 ECU에서 출력되는 신호이다.

045 내연기관용 보통의 부동액으로 사용되고 있는 에틸렌 글리콜의 특징으로 틀린 것은?

① 무색 무취의 끈적한 액체이지만, 물과 잘 섞이지 않는다.
② 밀도는 약 1.11이다.
③ 도료를 침식하지 않는다.
④ 끓는점은 197℃이다.

풀이 에틸렌 글리콜은 무색, 무취의 끈적한 액체이지만, 물과 잘 섞인다.

046 전자제어 엔진에서 지르코니아 방식 후방 산소센서와 전방 산소센서의 출력 파형이 동일하게 출력된다면, 예상되는 고장 부위는?(두 산소센서 모두 농후와 희박의 그래프를 연속적으로 나타낸 상황이다)

① 정상
② 촉매 컨버터
③ 후방 산소센서
④ 전방 산소센서

풀이 정상적인 상황에서는 후방 산소 센서가 촉매 변환기 후의 배기가스 상태를 감지하여 전방 산소 센서와 다른 파형을 보여야 하지만 동일한 파형을 나타낸다. 그리고 촉매 컨버터가 정상이라면 후방 센서는 비교적 평탄한 값을 보여야 하지만, 전방 센서처럼 변동이 있다. 이는 제 역할을 못한다는 의미이다.

047 점화순서가 1-3-4-2인 엔진에서 2번 실린더 배기행정이면 1번 실린더의 행정으로 옳은 것은?

① 흡입
② 압축
③ 폭발
④ 배기

풀이 점화순서는 반시계 방향이며 행정순서는 시계방향이다.

048 최적의 점화시기를 의미하는 MBT에 대한 설명으로 옳은 것은?

① BTDC 약 10°~15° 부근에서 최대 폭발 압력이 발생되는 점화시기
② ATDC 약 10°~15° 부근에서 최대 폭발 압력이 발생되는 점화시기
③ BTDC 약 5°~10° 부근에서 최대 폭발 압력이 발생되는 점화시기
④ ATDC 약 15°~20° 부근에서 최대 폭발 압력이 발생되는 점화시기

정답 43. ③ 44. ① 45. ① 46. ② 47. ③ 48. ②

풀이 MBT는 Minimum Best Timing의 약자로, 엔진의 점화시기를 최적화하여 최대의 성능과 효율을 얻기 위한 시점을 의미하는데 상사점 후 ATDC 약 10°~15° 부근에서 최대 폭발 압력이 발생되는 점화시기를 말한다.

049 냉각수 온도 센서의 역할로 틀린 것은?

① 과열 방지
② 엔진 온도 감지
③ 연료 효율성
④ 기본 연료 분사량 결정

풀이 기본 연료 분사량을 결정하는 센서는 공기유량센서, 엔진회전수 센서, 대기압 센서, 흡기온도 센서이다.

050 전자제어 연료분사 장치에서 인젝터 분사시간에 대한 설명으로 틀린 것은?

① 급감속 할 경우 연료분사가 차단되기도 한다.
② 배터리 전압이 낮으면 무효 분사시간이 길어진다.
③ 급가속 할 경우에 순간적으로 분사시간이 길어진다.
④ 지르코니아 산소센서의 전압이 높으면 분사시간이 길어진다.

풀이 지르코니아 산소센서의 전압이 높으면 분사시간이 짧아진다.

051 열선식 흡입공기량 센서의 장점으로 옳은 것은?

① 소형이며 가격이 저렴하다.
② 정확한 흡입공기의 양을 매우 정확하게 측정할 수 있다.
③ 먼지나 이물질에 의한 고장 염려가 적다.
④ 기계적 충격에 강하다.

풀이 열선식 센서는 흡입 공기의 양을 매우 정확하게 측정할 수 있다.

052 전자제어 바이크 엔진에서 사용되는 센서 중 흡기 온도 센서에 대한 내용으로 틀린 것은?

① 흡기온도가 낮을수록 공연비는 증가된다.
② 온도에 따라 저항값이 변화되는 NTC형 서미스터를 주로 사용한다.
③ 엔진 시동과 직접 관련되며 흡입공기량과 함께 기본 분사량을 결정한다.
④ 온도에 따라 달라지는 흡입 공기밀도 차이를 보정하여 최적의 공연비가 되도록 한다.

풀이 흡기온도가 낮을수록 공연비는 감소한다. 흡기 온도가 낮으면 공기 밀도가 높아져서 더 많은 산소가 포함되므로, 연료 분사량이 증가하여 공연비가 낮아진다.

053 엔진에서 밸브 스템의 구비조건이 아닌 것은?

① 관성력이 증대되지 않도록 가벼워야 한다.
② 열전달 면적을 크게 하기 위하여 지름을 크게 한다.
③ 스템과 헤드의 연결부는 응력집중을 방지하도록 곡률반경이 작아야 한다.
④ 밸브 스템의 윤활이 불충분하기 때문에 마멸을 고려하여 경도가 커야 한다.

풀이 스템과 헤드의 연결부는 응력집중을 방지하기 위해 곡률반경이 커야 한다.

정답 49.④ 50.④ 51.② 52.① 53.③

PART 01 이륜자동차 동력장치

054 전자제어 엔진에서 연료의 기본 분사량 결정 요소는?

① 배기 산소 농도   ② 대기압
③ 흡입 공기량   ④ 배기량

> 풀이 전자제어 엔진에서 연료의 기본 분사량을 결정하는 주요 요소는 흡입 공기량과 엔진 회전수이다. 흡입 공기량은 공기 유량 센서(AFS)를 통해 측정되고, 엔진 회전수는 크랭크 각 센서(CAS)를 통해 측정된다.

055 배기량 400CC, 연소실 체적이 50CC인 가솔린 엔진이 3000rpm일 때 축 토크가 8.95Kgf · m 이라면 축 출력은 약 몇 PS인가?

① 15.5   ② 35.1
③ 37.5   ④ 38.1

> 풀이 토크(Nm) = 8.95kgf · m × 9.80665Nm/kgf · m
> = 87.76Nm
> P = 2π × 87.76Nm × 3000rpm/60
> = 27,564.55와트
> 1PS는 735.5 와트이다.
> 따라서, 와트를 PS로 변환하면,
> 출력(PS) = 27,564.55와트/735.5와트
> PS = 37.49PS

056 전자제어 엔진의 연료 분사장치 특징에 대한 설명으로 가장 적절한 것은?

① 연료과다 분사로 연료소비가 크다.
② 진단장비 이용으로 고장수리가 용이하지 않다.
③ 연료분사 처리속도가 빨라서 가속 응답 성능이 좋아진다.
④ 연료 분사장치 단품의 제조원가가 저렴하여 엔진 가격이 저렴하다.

> 풀이 전자제어 엔진의 연료 분사장치 특징은 연료분사 처리속도가 빨라서 가속 응답성능이 좋아진다.

057 가솔린 엔진에서 노크발생을 억제하기 위한 방법으로 틀린 것은?

① 연소실 벽 온도를 낮춘다.
② 압축비 흡기온도를 낮춘다.
③ 자연발화 온도가 낮은 연료를 사용한다.
④ 연소실 내 공기와 연료의 혼합을 원활하게 한다.

> 풀이 노크는 연료가 너무 빨리 발화하여 발생하는 현상으로, 자연발화 온도가 낮은 연료는 오히려 노크를 더 쉽게 발생시킬 수 있다.

058 피스톤의 단면적 $40cm^2$ 행정이 10cm, 연소실 체적 $50cm^3$인 엔진의 압축비는 얼마인가?

① 3:1   ② 9:1
③ 12:1   ④ 18:1

> 풀이 행정체적 = 피스톤 단면적 × 행정길이
> $40cm^2$ × 10cm = $400cm^3$
> 총 체적 = 행정체적 + 연소실체적
> $400cm^3$ + $50cm^3$ = $450cm^3$
> 압축비 = 450/50 = 9

059 엔진의 지시마력이 105PS, 마찰마력이 21PS 일 때 기계효율은 약 몇 %인가?

① 70   ② 80
③ 90   ④ 100

정답 54. ③ 55. ③ 56. ③ 57. ③ 58. ② 59. ②

풀이 브레이크 마력 = 105PS − 21PS = 84PS/105
　　　　　　　　 = 0.8 = 80%

060 실린더 내에 흡입되는 흡기량이 감소하는 이유가 아닌 것은?

① 타이밍체인을 이용한 과급장치를 장착하였을 때
② 흡입 및 배기밸브의 개폐시기 조정이 불량할 때
③ 흡입 및 배기의 관성이 피스톤 운동을 따르지 못할 때
④ 피스톤 링, 밸브 등의 마모에 의하여 가스 누설이 발생할 때

풀이 과급장치는 엔진에 더 많은 공기를 공급하여 흡기량을 증가시키는 역할을 한다.

061 지르코니아 방식 산소 센서에 대한 설명으로 틀린 것은?

① 지르코니아 소자는 백금으로 코팅되어 있다.
② 배기가스 중의 산소 농도에 따라 출력전압이 변화한다.
③ 산소센서의 출력 전압은 연료 분사량 보정 제어에 사용된다.
④ 산소센서의 온도가 100°C 부근에서 정상적으로 작동하기 시작한다.

풀이 지르코니아 산소센서는 일반적으로 약 300°C 이상에서 정상적으로 작동하기 시작한다.

062 크랭크 축 엔드 플레이 간극이 크면 발생할 수 있는 내용이 아닌 것은?

① 커넥팅 로드에 휨 하중 발생
② 밸브 간극의 증대
③ 피스톤 측압 증대
④ 클러치 작동 시 진동 발생

풀이 크랭크 축 엔드 플레이 간극은 크랭크 축의 축 방향 유격을 의미하며, 밸브 간극과는 직접적인 관련이 없다.

063 전자제어 연료 분사 장치에서 연료 분사량 제어에 대한 설명 중 틀린 것은?

① 기본 분사량은 흡입 공기량과 엔진 회전수에 의해 결정된다.
② 기본 분사시간은 흡입 공기량과 엔진 회전수를 곱한 값이다.
③ 스로틀 밸브의 개도 변화율이 크면 클수록 비동기 분사시간은 길어진다.
④ 비동기 분사는 급가속시 엔진의 회전수에 관계없이 순차 모드에 추가로 분사하여 가속응답성을 향상시킨다.

풀이 기본 분사시간은 흡입 공기량과 엔진 회전수를 곱한 값이 아니라, 흡입 공기량과 엔진 회전수에 의해 결정된다.

064 전자제어 엔진에서 연료 분사량은 인젝터 솔레노이드 코일의 어떤 인자에 의해 결정되는가?

① 전압치　　② 저항치
③ 통전시간　④ 코일권수

정답　60. ①　61. ④　62. ②　63. ②　64. ③

풀이 전자제어 엔진에서 연료 분사량은 인젝터 솔레노이드 코일의 통전시간(인젝터 개방시간)에 의해 결정된다.

풀이 MAP 센서(MAP: Manifold Absolute Pressure Sensor)는 흡기 매니폴드의 절대 압력을 측정하여 이를 전압신호로 변환해 ECU(전자제어장치)에 전달한다.

065 아래 그림은 삼원 촉매의 정화율을 나타낸 그래프이다. 1. 2. 3을 바르게 표현한 것은?

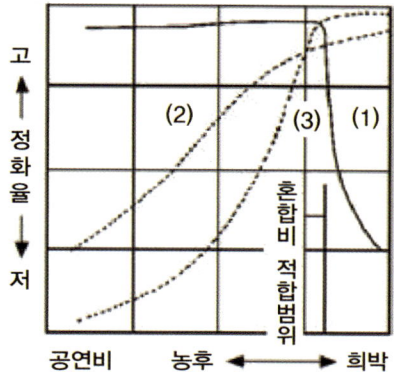

① CO, NOx, HC   ② NOx, CO, HC
③ NOx, HC, CO   ④ HC, CO, NOx

풀이 **농후한 상태($\lambda < 1$)**: 산소가 부족하여 CO와 HC의 생성이 증가한다. 이 경우, 삼원촉매는 NOx를 환원하여 질소(N_2)와 산소(O_2)로 분리한다.
희박한 상태($\lambda > 1$): 산소가 과잉되어 CO와 HC의 생성이 감소하지만, NOx의 생성이 증가한다. 삼원촉매는 CO와 HC를 산화하여 이산화탄소(CO_2)와 물(H_2O)로 변한다.

066 전자제어 엔진의 MAP센서에 대한 설명으로 옳은 것은?

① 흡기 다기관의 절대압력을 측정한다.
② 고도에 따르는 공기의 밀도를 계측한다.
③ 대기에서 흡입되는 공기내의 수분함유량을 측정한다.
④ 스로틀 밸브의 개도에 따른 점화 각도를 검출한다.

067 엔진 오일 분류에 대한 설명으로 가장 옳지 않은 것은?

① SAE분류는 엔진오일을 점도에 따라 분류한 것으로 5W-30에서 W 앞의 숫자는 상온에서의 점도를 W가 붙지 않은 뒤의 숫자는 100도에서의 점도를 나타낸다.
② API분류는 가솔린 엔진용 엔진오일은 ML, MM, MS로 디젤 엔진용 엔진오일은 DG, DM, DS로 구분한다.
③ 기온이 낮은 국가나 겨울철용 엔진오일에는 SAE 분류 기준 20W-40보다는 5W-30을 사용하는 것이 더 적합하다.
④ API분류에서 경부하용 가솔린 엔진에 적합한 엔진오일의 분류는 ML이다.

풀이 SAE 분류에서 숫자W는 영하의 기온에서 엔진오일의 기능이 얼마나 제기능을 할 수 있는가를 나타내며 뒤의 숫자는 100도에서 점도가 하락하는지 안하는지 확인하는 기준이 된다.

068 2행정 사이클 엔진에 비해 4행정 사이클 엔진이 가지는 특징에 대한 설명으로 가장 옳지 않은 것은?

① 압축비가 높다.
② 피스톤의 소손이 빠르다.
③ 체적효율이 높다.
④ 충격이나 소음이 크다.

65. ③ 66. ① 67. ① 68. ②

> **풀이** 기관의 수명은 4행정 4사이클 엔진은 기관의 과열이 덜 되므로 수명이 길다. 2행정 사이클은 폭발 횟수가 많으므로 기관이 쉽게 과열되어 수명이 짧고, 실린더 벽에 흡,배기구 및 소기구가 있어 피스톤 링과 피스톤의 마모가 쉽게 발생한다.

069 냉각수에 첨가하는 부동액의 종류에 해당하지 않는 것은?

① 에틸렌글리콜 ② 아초산에틸
③ 글리세린   ④ 메탄올

> **풀이** 부동액은 수냉식 내연기관의 냉각수에 첨가하여 저온에서의 동파와 녹을 막는데 사용하는 화학물질이며 종류는 에틸렌글리콜, 글리세린, 메탄올이다.

070 가솔린엔진 이론공연비 14.7 : 1에서 14.7의 의미는?

① 가솔린의 질량 ② 공기의 질량
③ 산소의 질량   ④ NOx의 질량

> **풀이** 가솔린 엔진의 이론 공연비 14.7 : 1에서 14.7은 공기의 질량을 의미한다.

071 장행정 기관에 대한 설명으로 틀린 것은?

① 폭발력과 배기량이 크다.
② 회전력이 크고, 피스톤 측압이 작다.
③ 엔진회전속도가 느리고 회전력이 크다.
④ 흡입밸브의 직경을 크게 해야 한다.

> **풀이** 장행정기관의 특징
> 측압을 감소시킬 수 있으며, 흡입공기량이 많고 폭발력이 큰 장점이 있으나 회전속도가 비교적 낮으며, 기관의 높이가 높아지는 단점이 있다.

072 자동차의 냉각장치에서 라디에이터의 구비조건이 아닌 것은?

① 공기의 흐름저항이 작을 것
② 단위면적당 방열량이 작을 것
③ 가볍고 작으며 강도가 클 것
④ 냉각수의 흐름저항이 작을 것

> **풀이** 라디에이터의 구비조건
> 단위면적당 방열량이 클 것, 가볍고 작으며 강도가 클 것, 냉각수 및 공기 흐름저항이 작아야 한다.

073 다음 중 엔진오일이 회색일 때의 원인으로 알맞은 것은?

① 엔진오일의 오염   ② 냉각수 유입
③ 연소생성물의 유입 ④ 가솔린의 유입

> **풀이** 엔진오일 검정색이면 – 심한 오염
> 우유색이면 – 냉각수가 혼합한 경우

074 다음 중 질소산화물(NOx)가 상승하는 원인은?

① 공연비가 농후한 경우
② 냉각수 온도가 낮은 경우
③ 점화시기가 빠른 경우
④ 압축비가 낮은 경우

> **풀이** 질소산화물의 상승 원인
> 연소온도가 2000℃ 이상인 연소에서는 급증하며 이론혼합비 부근에서 최대값을 나타내며, 이론 혼합비보다 농후해지거나 희박해지면 발생률이 낮아지며, 점화시기가 빠른 경우 상승한다.

정답   69. ②   70. ②   71. ④   72. ②   73. ③   74. ③

075 유압이 높아지는 원인으로 옳은 것은?

① 오일펌프의 마멸이 증대
② 오일의 점도가 높거나 회로가 막힘
③ 오일 통로에 공기가 유입
④ 오일 팬 내의 오일 부족

풀이 윤활장치의 유압이 높아지는 원인
① 유압 조절밸브(릴리프밸브)의 스프링 장력이 클 경우
② 윤활 계통의 일부가 막힌 경우
③ 저온으로 인한 오일의 점도가 높은 경우
④ 크랭크축의 오일간극이 작은 경우

076 라디에이터 신품 주수량이 10리터라면 사용 후 8리터가 되었을 때 라디에이터 코어의 막힘률은?

① 30%   ② 25%
③ 20%   ④ 15%

풀이 코어의 막힘율 = 신품용량 - 구품용량/신품용량 × 100
= 10 - 8/10 × 100 = 20%

077 부동액의 구비조건이 아닌 것은?

① 물보다 비등점이 높고, 응고점이 높아야 함
② 내부식성이 크고 팽창계수가 낮아야 함
③ 휘발성이 없고 침전물이 없어야 함
④ 물과 잘 섞여야 함

풀이 부동액의 구비조건
- 물보다 비등점이 높아야 하며, 빙점(응고점)은 낮을 것
- 물과 혼합이 잘 될 것
- 휘발성이 없고, 순환이 잘 될 것
- 내 부식성이 크고, 팽창계수가 적을 것
- 침전물이 없을 것

078 바이크 기관의 노크 방지법이 아닌 것은?

① 화염전파 거리를 길게 한다.
② 연료 착화 지연
③ 미연소 가스의 온도와 압력을 저하
④ 압축행정 중 와류발생

풀이 바이크기관의 노크방지 방법
① 높은 옥탄가의 가솔린(내폭성이 큰 가솔린)을 사용한다.
② 점화시기를 늦추어 준다.
③ 혼합비를 농후하게 한다.
④ 압축비, 혼합가스 및 냉각수 온도를 낮춘다.
⑤ 화염전파속도를 빠르게 한다.
⑥ 혼합가스에 와류를 증대시킨다.
⑦ 연소실에 카본이 퇴적된 경우에는 카본을 제거한다.

079 다음 보기 중 VVT(Variable Valve Timing)의 제어방법으로 바르게 설명한 것끼리 묶은 것은?

㉠ 공회전시 밸브오버랩이 커야 흡입효율이 향상되며 배기가스 충돌이 없다.
㉡ 중부하 운전영역에서 밸브오버랩을 크게 하여 연소실 내의 배기가스 재순환량을 높여 질소산화물의 발생을 억제하고, 탄화수소의 배출도 감소시킬 수 있다.
㉢ 경부하, 중저속영역에서는 밸브오버랩이 커야 연소안정성을 향상시킬 수 있다.
㉣ 고부하, 중저속영역에서는 밸브오버랩이 커야 체적효율성이 향상된다.

① ㉠, ㉡   ② ㉡, ㉢
③ ㉠, ㉢   ④ ㉡, ㉣

풀이 엔진의 회전속도가 높은 곳과 낮은 곳에서는 최적의 밸브타이밍이 다르기 때문에 흡기밸브는 회전속도가 낮은 곳에서는 느리게, 고속회전에서는 빠르게 열리도록 하는 장치가 가변 밸브 타이밍 시스템이다.

080 다음 중 삼원촉매장치의 기능에 대한 설명으로 바르지 않은 것은?

① CO, HC는 CO_2로 산화시킨다.
② 공연비에 가까워 질수록 촉매의 성능이 향상된다.
③ NOx는 이산화질소(NO_2)로 환원된다.
④ 벌집모양의 세라믹 촉매는 백금과 로듐으로 구성되어 있다.

풀이 삼원촉매장치에서 NOx는 이산화질소(NO_2)로 환원되는 것이 아니라, 질소(N_2)와 산소(O_2)로 환원된다.

081 어느 4행정 사이클 기관의 밸브 개폐시기가 다음과 같다. 밸브오버랩은 얼마인가?

| 흡기 밸브 열림: 상사점 전 10° |
| 흡기 밸브 닫힘: 하사점 후 55° |
| 배기 밸브 열림: 하사점 전 45° |
| 배기 밸브 닫힘: 상사점 후 20° |

① 30° ② 55°
③ 65° ④ 100°

풀이 밸브오버랩
흡·배기 작용을 완전하게 하기 위해서는 상사점을 기준으로 흡기 밸브는 조금 빠르게 열리고 배기밸브는 조금 늦게까지 열린 채로 있어야 한다.
흡기밸브 열림 상사점 전 10° + 배기 밸브 닫힘 상사점 후 20° = 30°

082 전자제어 바이크 엔진에서 고속운전 중 스로틀 밸브를 급격히 닫을 때 연료 분사량을 제어하는 방법은?

① 변함 없음   ② 분사량 증가
③ 분사량 감소 ④ 분사 일시 중단

풀이 전자제어 바이크 엔진에서 고속운전 중 스로틀 밸브를 급격히 닫을 때, 연료 분사량을 일시적으로 중단하여 엔진의 과잉 연소를 방지하고 배출가스를 줄이는 역할을 한다.

083 엔진 크랭크축의 휨을 측정할 때 필요한 기기가 아닌 것은?

① 블록 게이지   ② 정반
③ 다이얼 게이지 ④ V블럭

풀이 엔진 크랭크축의 휨을 측정할 때는 정반, 다이얼 게이지, V블럭이 필요하지만, 블록 게이지는 사용되지 않는다.

084 피스톤의 재질로서 가장 거리가 먼 것은?

① Y-합금   ② 특수 주철
③ 켈밋 합금   ④ 로엑스(Lo-Ex)합금

풀이 피스톤의 재질로는 주로 Y-합금, 특수 주철, 로엑스(Lo-Ex) 합금이 사용된다.

085 전자제어 바이크 분사장치(MPI)에서 폐회로 공연비 제어를 목적으로 사용하는 센서는?

① 노크센서   ② 산소센서
③ 차압센서   ④ EGR 위치센서

풀이 전자제어 바이크 분사장치(MPI)에서 폐회로 공연비 제어를 위해 산소센서를 사용한다. 산소센서는 배출가스의 산소 농도를 측정하여 공연비를 조절하는 데 중요한 역할을 한다.

정답 80. ③ 81. ① 82. ④ 83. ① 84. ③ 85. ②

086 전자제어 바이크 엔진에서 흡입되는 공기량 측정 방법으로 가장 거리가 먼 것은?

① 피스톤 직경
② 흡기 다기관 부압
③ 핫 와이어 전류량
④ 칼만와류 발생 주파수

풀이 전자제어 바이크 엔진에서 흡입되는 공기량을 측정하는 방법으로는 흡기 다기관 부압, 핫 와이어 전류량, 칼만와류 발생 주파수가 사용되지만, 피스톤 직경은 공기량 측정과 관련이 없다.

087 배출가스 중 질소산화물을 저감시키기 위해 사용하는 장치가 아닌 것은?

① 매연 필터(DPF)
② 삼원 촉매 장치(TWC)
③ 선택적 환원 촉매(SCR)
④ 배기가스 재순환 장치(EGR)

풀이 매연 필터(DPF)는 주로 디젤 엔진에서 발생하는 미세입자(PM)를 제거하는데 사용되며, 질소산화물(NOx)을 저감시키는 역할은 하지 않는다.

088 전자제어 바이크 엔진(MPI)에서 급가속 시 연료를 분사하는 방법으로 옳은 것은?

① 동기분사
② 순차분사
③ 간헐분사
④ 비동기분사

풀이 전자제어 바이크 엔진(MPI)에서 급가속 시에는 모든 인젝터에 동시에 분사 신호를 보내어 연료를 분사하는 비동기분사 방식이 사용된다.

089 산소센서 내측의 고체 전해질로 사용되는 것은?

① 은
② 구리
③ 코발트
④ 지르코니아

풀이 지르코니아는 고체 전해질로 사용되는 것으로 산소 이온 전도체로서, 산소 가스의 농도를 측정하는 데 중요한 역할을 한다.

090 옥탄가에 대한 설명으로 옳은 것은?

① 탄화수소의 종류에 따라 옥탄가가 변화한다.
② 옥탄가 90 이하의 가솔린은 4 에틸납을 혼합한다.
③ 옥탄가의 수치가 높은 연료일수록 노크를 일으키기 쉽다.
④ 노크를 일으키지 않는 기준연료를 이소옥탄으로 하고 그 옥탄가를 0으로 한다.

풀이 옥탄가는 휘발유의 노킹 저항성을 나타내는 수치로, 탄화수소의 종류에 따라 변화한다.

091 윤활유의 유압 계통에서 유압이 저하되는 원인으로 틀린 것은?

① 윤활유 누설
② 윤활유 부족
③ 윤활유 공급펌프 손상
④ 윤활유 점도가 너무 높을 때

풀이 윤활유 점도가 너무 높으면 유압 시스템에서 유압이 높아지는 원인이 될 수 있다.

86. ① 87. ① 88. ④ 89. ④ 90. ① 91. ④

092 전자제어 바이크 엔진(MPI)에서 동기분사가 이루어지는 시기는 언제인가?

① 흡입행정 말 ② 압축행정 말
③ 폭발행정 말 ④ 배기행정 말

풀이 전자제어 바이크 엔진(MPI)에서 동기분사는 배기행정 말에 이루어진다.

093 전자제어 바이크 엔진에서 연료분사량 제어를 위한 기본 입력신호가 아닌 것은?

① 냉각수온 센서 ② MAP 센서
③ 크랭크각 센서 ④ 대기압 센서

풀이 전자제어 바이크 엔진에서 연료분사량 제어를 위한 기본 입력신호로는 냉각수온 센서, MAP 센서, 크랭크각 센서가 사용된다.

094 흡입밸브의 닫힘 시기에 관한 설명 중 틀린 것은?

① 저속 운전영역에서 흡입밸브를 늦게 닫으면 혼합가스가 역류한다.
② 저속 운전영역에서 흡입밸브를 빨리 닫으면 혼합기가 희박해진다.
③ 고속 운전영역에서 흡입밸브를 빨리 닫으면 회전력과 최고 출력이 낮아진다.
④ 고속 운전영역에서 흡입밸브를 늦게 닫으면 흡입공기의 관성을 충분히 활용할 수 있다.

풀이 저속 운전영역에서 흡입밸브를 빨리 닫으면 혼합기가 희박해지는 것이 아니라, 혼합가스의 양이 충분하지 않아 엔진 성능이 저하될 수 있다.

095 엔진에서 베어링 스프레드를 두는 이유로 틀린 것은?

① 베어링 조립 시 베어링이 캡에서 이탈됨을 방지한다.
② 작은 힘으로 눌러 끼워 베어링이 제자리에 밀착되게 한다.
③ 베어링 캡 조립 시 베어링과 하우징 사이에 간극을 유지한다.
④ 베어링 조립에서 크러시가 압축됨에 따라 안쪽으로 찌그러지는 것을 방지한다.

풀이 베어링 스프레드는 베어링이 제자리에 밀착되도록 하기 위해 사용되며, 베어링과 하우징 사이에 간극을 유지하는 역할은 하지 않는다.

096 흡기다기관의 진공도 시험으로 알아낼 수 있는 사항이 아닌 것은?

① 연료회로의 불량
② 압축 압력 누설 유무
③ 실린더 헤드 개스킷의 불량
④ 밸브 면과 시트와의 밀착 불량

풀이 흡기다기관의 진공도 시험으로는 압축 압력 누설 유무, 실린더 헤드 개스킷의 불량, 밸브 면과 시트와의 밀착 불량을 확인할 수 있지만, 연료회로의 불량은 확인할 수 없다.

정답 92. ④ 93. ④ 94. ② 95. ③ 96. ①

097 블로 다운(blow down) 현상의 설명으로 옳은 것은?

① 배기행정 초기에 배기가스가 급격하게 배출되는 현상이다.
② 압축행정 시 피스톤과 실린더 사이에서 가스가 누출되는 현상이다.
③ 폭발행정 시 밸브와 밸브시트 사이에서 연소가스가 누출되는 현상이다.
④ 배기에서 흡입행정 시 상사점 부근에서 흡·배기 밸브가 동시에 열려있는 현상이다.

풀이 블로 다운(blow down) 현상은 배기행정 초기에 배기밸브가 열리면서 고압의 배기가스가 급격히 배출되는 현상을 의미한다.

098 전자제어 바이크 엔진에서 수온센서 단선으로 컴퓨터(ECU)에 정상적인 냉각수온값이 입력되지 않으면 어떻게 연료분사되는가?

① 연료 분사를 중단
② 흡기 온도를 기준으로 분사
③ 엔진 오일온도를 기준으로 분사
④ ECU에 의한 페일 세이프 값을 근거로 분사

풀이 전자제어 바이크 엔진에서 수온센서가 단선되면, ECU는 정상적인 냉각수온값을 받지 못하므로 페일 세이프 값을 사용하여 연료 분사를 제어한다.

099 피스톤 슬랩현상을 방지하는 방법으로 틀린 것은?

① 피스톤 간극을 작게 한다.
② 오프셋 피스톤을 사용한다.
③ 피스톤 링의 중량을 감소시킨다.
④ 피스톤 링의 장력을 낮추어 저항을 줄인다.

풀이 피스톤 슬랩현상을 방지하기 위해서는 피스톤 링의 장력을 낮추는 것이 아니라, 피스톤 간극을 작게 하고, 오프셋 피스톤을 사용하며, 피스톤 링의 중량을 감소시키는 방법이 효과적이다.

100 바이크 엔진에서 인젝터의 연료 분사량 제어와 직접적으로 관계있는 것은?

① 인젝터의 니들 밸브 지름
② 인젝터의 니들 밸브 유효 행정
③ 인젝터의 솔레노이드 코일 통전 시간
④ 인젝터의 솔레노이드 코일 차단 전류 크기

풀이 전자제어 바이크 엔진에서 인젝터의 연료 분사량은 솔레노이드 코일의 통전 시간에 의해 제어된다. 통전 시간이 길어질수록 연료 분사량이 증가하고, 짧아질수록 감소한다.

101 단행정 엔진의 특징에 대한 설명으로 틀린 것은?

① 직렬형 엔진인 경우 엔진의 길이가 짧아진다.
② 직렬형 엔진인 경우 엔진의 높이를 낮게 할 수 있다.
③ 피스톤의 평균속도를 올리지 않고 회전속도를 높일 수 있다.
④ 흡·배기 밸브의 지름을 크게 할 수 있어 흡입효율을 높일 수 있다.

풀이 단행정 엔진의 경우, 직렬형 엔진에서 엔진의 길이가 오히려 길어질 수 있다.

97. ① 98. ④ 99. ④ 100. ③ 101. ①

102 캐니스터에서 포집한 연료 증발가스를 흡기다기관으로 보내주는 장치는?

① PCV ② EGR밸브
③ PCSV ④ 서모밸브

풀이 캐니스터에서 포집한 연료 증발가스를 흡기다기관으로 보내주는 장치는 퍼지 컨트롤 솔레노이드 밸브(PCSV)이다.

103 연료장치에서 연료가 고온상태일 때 체적 팽창을 일으켜 연료 공급이 과다해지는 현상은?

① 베이퍼록 현상 ② 퍼컬레이션 현상
③ 캐비테이션 현상 ④ 스텀블 현상

풀이 퍼컬레이션 현상은 연료가 고온 상태일 때 체적 팽창을 일으켜 연료 공급이 과다해지는 현상이다.

104 다음 실린더헤드 설명 중 옳지 않은 것은?

① 실린더헤드에는 냉각수가 흐르는 통로와 오일이 흐르는 통로가 있다.
② 실린더헤드 볼트를 조일 때는 제조사에서 제시한 토크로 관리를 해야 하고 반드시 신품으로 해야 한다.
③ 실린더헤드는 항상 평면도가 유지되어야 한다.
④ 실린더헤드 가스켓은 깨끗하게 세척해서 사용한다.

풀이 실린더헤드 가스켓은 재사용해서는 안된다.

105 피스톤링 및 피스톤 조립방법으로 옳지 않은 것은?

① 피스톤 링 장착 방법은 링의 엔드 갭이 크랭크 축 방향과 크랭크 축 직각방향을 피해서 120~180도 간격으로 설치한다.
② 피스톤 링 1조가 4개로 되어 있을 경우 맨 밑에 압축링을 먼저 끼운 다음 오일링을 차례로 끼운다.
③ 피스톤 링을 조립할 경우에는 피스톤 링에 오일을 도포한다.
④ 피스톤 링 압축 공구를 이용하여 피스톤링을 압축한 후 망치를 이용하여 힘을 조절하여 조립한다.

풀이 피스톤 링은 맨 밑에 오일링을 끼우고 윗부분에는 압축링을 끼운다.

106 다음 설명 중 옳지 않은 것은?

① 실린더는 피스톤링에 의해 마모가 되지 않도록 담금질이 되어 있다.
② 알루미늄 실린더블록의 엔진에는 실린더 라이너를 사용한다.
③ 캠높이를 양정이라 한다.
④ 연소실의 형상은 압축비와 밀접한 관련이 있다.

풀이 캠높이에서 기초원을 뺀 것을 양정이라 한다.

정답 102. ③ 103. ② 104. ④ 105. ② 106. ③

107 다음 설명 중 옳지 않은 것은?

① SOHC는 흡입공기 및 배기가스를 신속하게 배출할 수 있다.
② DOHC는 흡기와 배기밸브가 각각 2개씩 총 4개 밸브로 구성되어 있으며 SOHC대비 엔진출력이 높다.
③ 흡기배기 밸브가 열리는 정도는 캠 양정과 관련된다.
④ 밸브의 개폐를 엔진회전수와 부하에 따라 조정할 수 있는 가변밸브 시스템을 사용하면 출력이 높아진다.

풀이 흡입공기와 배기가스는 엔진회전수와 작동상태에 따라서 배출된다.

108 엔진 본체 부속장치에 해당되지 않은 것은?

① 윤활장치　　② 냉각장치
③ 연료장치　　④ 실린더헤드

풀이 엔진은 실린더헤드와 실린더블록 그리고 크랭크축과 오일팬으로 구성되어 있다.

109 엔진 본체에서 피스톤 링의 작용이 아닌 것은?

① 기밀유지작용　　② 오일제어작용
③ 열전도작용　　　④ 감마작용

풀이 피스톤링의 작용에 감마작용은 전혀 포함되지 않는다.

110 엔진 기계적 고장 진단에서 비정상 밸브 소음이 발생되었을 때 가능한 원인이 아닌 것은?

① 밸브 고착
② 타이밍 체인 정렬 불량
③ 밸브 실(seal) 마모
④ 밸브 간극 불량

풀이 밸브 실의 마모로 인하여 틈새가 발생하면 그 틈새로 오일의 누유가 되며 밸브 소음과는 무관하다.

111 피스톤 링 장착 방법은 링의 엔드 갭이 크랭크축 방향과 크랭크축 직각 방향을 피해 몇 도 간격으로 설치하는가?

① 100~120도　　② 120~140도
③ 120~160도　　④ 120~180도

풀이 서로 엇갈리게 교차로 끼워 넣으면서 120도에서 180도를 유지해야 한다.

112 엔진본체에서 크랭크 축 검사 중 틀린 것은?

① 측정공구를 사용 할 경우는 0점 세팅 후 측정한다.
② 크랭크축 메인 저널, 피스톤 핀 저널 측정 시 직각방향으로 두 번 측정한다.
③ 크랭크축을 세척한 후 육안 점검하여 이상 여부를 판단한다.
④ 측정공구는 측정 부위의 왼쪽에서 측정해야 한다.

풀이 크랭크축 검사에서 측정부위는 왼쪽에서 측정해야 하는 것은 해당사항이 아니다.

정답　107. ①　108. ④　109. ④　110. ③　111. ④　112. ④

113 이륜차 기관에서 연소실 기능을 갖는 부품으로만 짝지어진 것은?

① 실린더 블록, 실린더 헤드, 피스톤
② 실린더 블록, 피스톤 링, 흡배기 밸브
③ 실린더 헤드, 피스톤 링, 흡배기 밸브
④ 피스톤, 흡배기 밸브, 피스톤 링

> **풀이** 연소실
> 실린더 블록과 실린더 헤드가 결합된 상태에서 피스톤이 상사점에 있을 때 피스톤 헤드 윗부분의 공간을 말한다.

114 다음 중 옳지 않은 것은?

① 엔진 오일을 교환할 경우 오일필터, 에어필터, 엔진오일 등을 교환하여야 하는데 적정량의 오일을 채워 주어야 한다.
② 스로틀밸브에 카본이 쌓이게 되면 엔진공회전이 불규칙하거나 엔진회전수가 부정확하게 작동하므로 정기적으로 스로틀보디를 청소해야 한다.
③ 점화플러그를 분리하였을 경우 절연체가 균열 및 손상이 되거나, 중심 전극의 마모가 심하면 중심전극만 교환하면 된다.
④ 엔진을 분해하여 손상된 부품을 수리하거나 교환할 경우 손상된 개스킷, 베어링, 실린더헤드 볼트, 타이밍벨트, 타이밍 체인 등은 신품으로 교환해야한다.

> **풀이** 점화플러그를 분리하였을 경우 절연체가 균열 및 손상이 되거나 중심전극의 마모가 심하면 플러그 전체를 교환해주면 된다.

115 실린더로 유입되는 공기를 최대한 활용하여 동력을 얻어내고자 할 때 필요한 연료의 양으로 동력의 최대점과 유해 배출가스의 배출 최소점이 어느 정도 일치하는 구간을 의미하는 것은?

① 이론공연비   ② 희박공연비
③ 농후공연비   ④ 공기과잉율

> **풀이** 이론공연비
> 공기와 연료의 혼합중량비를 공기 연료비라고 하는데 공기가 완전 연소하기 위하여, 이론상 과부족이 없는 공기와 연료의 비율을 이론 공기 연료비라고 한다.

116 4실린더 기관이 1-3-4-2의 순서로 폭발을 한다. 2번 실린더에서 압축을 한다면 3번 실린더는 어떤 과정인가?

① 흡입과정   ② 압축과정
③ 폭발과정   ④ 배기과정

> **풀이** 행정순서는 시계방향이며 점화순서는 반시계방향

117 엔진본체 부품의 연소실에 대한 설명으로 옳지 않은 것은?

① 공기와 연료가 흡기 밸브를 통해 유입되어 연소되는 곳이다.
② 모양에 따라 반구형, 쐐기형, 지붕형, 욕조형으로 나눌 수 있다.
③ DOHC의 경우 지붕형 연소실은 흡·배기 밸브의 위치를 안정되게 설치할 수 있다.
④ 엔진의 점화장치에 따라 알맞은 연소실 체적을 설계하여야 한다.

정답 113. ① 114. ③ 115. ① 116. ④ 117. ④

풀이 연소실 체적은 엔진 형태에 따라 설계를 해야 한다.

118 실린더 헤드와 실린더 블록 사이에 장착되어 압력의 누설 및 엔진오일과 냉각수의 혼입을 방지하기 위한 부품은?

① 스로틀밸브
② 캠축
③ 실린더헤드 가스켓
④ 흡기다기관

풀이 **실린더헤드 가스켓**
실린더블록과 실린더헤드 사이에 설치되면 연소실의 기밀을 유지하고, 냉각수통로와 엔진오일통로로부터 냉각수와 엔진오일이 누설되는 것을 방지하는 역할을 한다.

119 다음 중 바이크 엔진의 가변 흡기장치(variable inertia changing system)에 대한 설명으로 옳은 것은?

① 일정회전 이상에서만 작용한다.
② 관성이나 압력변화를 이용하여 흡기의 충전효율을 높이는 장치이다.
③ 개·폐회로는 기어의 변속시기에 맞추어 작동된다.
④ 기관이 일정 회전수 이상이 되면 흡기포트가 사실상 길어지는 효과가 있다.

풀이 가변흡기장치는 엔진회전 및 부하상태에 따라서 공기흡입통로를 조절하여 엔진의 전 운전영역에서 엔진출력을 향상시키는 장치를 말한다.

120 입구 제어방식과 비교하여 출구 제어방식 냉각장치의 특징으로 가장 거리가 먼 것은?

① 수온조절기의 내구성이 좋다.
② 과냉 현상이 발생할 수도 있다.
③ 수온조절기에 걸리는 부하가 증대된다.
④ 수온센서의 출력 변동이 적다.

풀이 출구 제어방식은 실린더 헤드에서 배출되는 부분에 수온 조절기를 설치하여 냉각수 온도를 제어하는 방식이며 특징은 수온센서의 출력변동은 적으나 수온조절기에 걸리는 부하가 증대되고, 과냉 현상이 발생할 수 있다.

121 기관의 냉각장치 회로에 공기가 차 있을 경우 나타날 수 있는 현상과 관련 없는 것은?

① 냉각수 순환 불량 ② 구성품의 손상
③ 히터 성능 불량   ④ 기관 과냉

풀이 기관의 과냉은 냉각장치 회로에 공기가 차 있을 경우 나타날 수 있는 현상과 관련이 없다.

122 수냉식과 비교한 공랭식 기관의 장점이 아닌 것은?

① 구조가 간단하다.
② 마력당 중량이 가볍다.
③ 정상온도에 도달하는 시간이 짧다.
④ 기관을 균일하게 냉각시킬 수 있다.

풀이 공랭식은 공기와 접촉한 면만 냉각시킬 수 있다.

118. ③ 119. ② 120. ① 121. ④ 122. ④

123 전자제어 엔진의 연료분사량 제어에 대한 설명으로 옳지 않은 것은?

① 엔진을 시동한 직후에는 공전속도를 안정시키기 위해 시동후에도 일정한 시간동안 연료를 증량시킨다.
② 엔진이 냉각된 상태에서 가속시키면 일시적으로 희박해지는 현상을 방지하기 위해 연료분사량을 증가시킨다.
③ 엔진의 출력을 증가할 때 연료분사량 증량은 스로틀위치센서 또는 엑셀포지션 센서의 신호에 따라 조절된다.
④ 스로틀 밸브가 닫혀서 공전 스위치가 ON 되었을 때 엔진회전속도가 규정값일 경우에는 연료분사량을 점차 증가시킨다.

풀이 공전스위치가 ON되었을 때 엔진회전속도가 규정값일 경우에는 연료분사량이 점차 감소된다.

124 다음 이륜차 전자제어 센서 중 부특성 서미스터 방식을 쓰지 않는 것은?

① 냉각수온센서(WTS)
② 흡기온도센서(ATS)
③ 스로틀포지션센서(TPS)
④ 오일온도센서(OTS)

풀이 스로틀포지션센서
스로틀바디에 장착되어 있으며, 스로틀밸브의 개도를 감지하는 기능을 한다.

125 이륜차 전자제어장치에서 산소센서 파형 점검 진단시 지르코니아 산소센서 방식일 경우 전압축은 몇 V로 조정하는가?

① 1V
② 3V
③ 5V
④ 10V

풀이 지르코니아 산소센서의 방식은 전압축 1V로 조정

126 이륜차 전자제어 엔진의 이론공연비에 대한 설명으로 옳지 않은 것은?

① 공기가 완전 연소하기 위하여 이론상 과부족이 없는 공기와 연료의 비율을 일컫는 것
② 실린더로 유입되는 공기를 최대한 활용하여 동력을 얻어내고자 할 때 필요한 연료의 양
③ 동력의 최대점과 유해 배출가스의 배출최소점이 어느 정도 일치하는 구간
④ 연료가 주가 되어 연료의 분사량에 따라 공기를 혼합한다.

풀이 이론공연비
공기와 연료의 혼합 중량비를 공기 연료비라고 하는데 공기가 완전 연소하기 위하여 이론상 과부족이 없는 공기와 연료의 비율을 이론 공기 연료비라고 한다.

127 엔진으로 흡입되는 공기의 밀도를 감지하기 위해 온도를 측정하여 온도와 공기의 밀도에 따른 산소의 양을 감지하기 위한 센서는 무엇인가?

① 흡기온도센서
② 공기흐름센서
③ 스로틀포지션센서
④ 맵센서

풀이 에어 플로센서에 설치되어 흡입공기 온도를 측정하는 일종의 저항이다.

정답 123. ④ 124. ③ 125. ① 126. ④ 127. ①

128 전자제어 연료 분사장치의 인젝터에 대한 설명 중 틀린 것은?

① 컴퓨터 명령에 따라서만 작동된다.
② 솔레노이드 밸브의 일종이다.
③ 연료의 압력에 의해서만 분사량이 조절된다.
④ 컴퓨터가 작동시키는 분사시간에 의해 유량이 결정된다.

풀이 분사량은 ECU의 작동시간과 통전시간 그리고 신호에 의해서 작동되고 결정된다.

129 전자제어 가솔린 기관의 연료분배 파이프에서 연료압력 조절기의 역할은?

① 흡기매니폴드 부압과 연료압력의 차압을 일정하게 유지시킨다.
② 대기압과 비교하여 연료압력을 항상 일정하게 유지시킨다.
③ 대기압보다 항상 3kgf/cm² 높게 연료압력을 유지시킨다.
④ 연료압력이 높으면 연료가 들어오지 못하도록 밸브가 닫힌다.

풀이 **연료압력 조절기**
인젝터에 가해지는 연료의 압력을 흡기다기관의 진공도에 의하여 2.2 ~ 2.6kgf/cm²의 차이를 유지시켜 연료의 분사 압력을 유지시키는 역할을 한다.

130 전자제어 엔진에서 ECU 입력신호가 아닌 것은?

① 공기흐름센서 ② 흡기온도센서
③ 냉각수온도센서 ④ 인젝터

풀이 인젝터는 ECU의 출력신호이다.

131 2018년 1월 1일 이후 제작된 50cc 이상의 바이크의 배출가스 정기검사에서 부하검사 항목은?

① 일산화탄소, 탄화수소
② 일산화탄소, 이산화탄소
③ 일산화탄소, 공기과잉률, 이산화탄소
④ 일산화탄소, 탄화수소, 질소산화물

풀이 2018년 1월 1일 이후 제작된 50cc 이상 바이크 중·소형 이륜 자동차의 배출가스 항목은 일산화탄소(CO), 탄화수소(HC)이다.

132 행정체적 90, 연소실체적 10일 때 압축비로 맞는 것은?

① 10 ② 15
③ 20 ④ 25

풀이 압축비 구하는 공식 = (연소실체적+행정체적)/연소실체적 = (10+90)/10 = 10

133 옥탄가 연료의 설명으로 틀린 것은?

① 옥탄가가 높으면 자연발화가 잘 된다.
② 옥탄가는 내폭성의 정도를 나타낸 값이다.
③ 높은 옥탄가 연료를 사용하여 노크를 방지할 수 있다.
④ 높은 옥탄가는 정숙주행에 도움을 준다.

128. ③ 129. ① 130. ④ 131. ① 132. ① 133. ①

풀이 옥탄가가 높은 휘발유는 연료의 민감도가 낮기 때문에 고압축비 엔진이나 고급 엔진에서 점화시점을 안정시키고 정확한 타이밍에 폭발하여 보다 강력한 출력과 토크를 뽑아낼 수 있다.

134 타이어 공기압이 높을 때 나타나는 현상은?

① 승차감이 떨어진다.
② 타이어 외부면이 마모된다.
③ 구름저항이 높아진다.
④ 스탠딩웨이브 현상이 발생한다.

풀이 공기압이 높을 때는 외부 충격에 의한 불규칙한 마모가 발생되며, 타이어의 중앙부 마모가 빠르게 된다. 그리고 승차감이 불량하며 운전자가 쉽게 피로감을 느낀다.

135 기관 윤활회로 내의 유압이 낮아지는 원인에 대한 설명으로 가장 옳지 않은 것은?

① 유압 조절 밸브스프링 장력이 과다하다.
② 크랭크축 베어링의 과다 마멸로 오일 간극이 커졌다.
③ 오일펌프의 마멸 또는 윤활회로에서 오일이 누출된다.
④ 오일팬의 오일량이 부족하다.

풀이 유압이 높아지는 원인
① 엔진의 온도가 낮아 오일의 점도가 높다.
② 윤활회로 내의 막힘
③ 유압 조절 밸브(릴리프밸브)스프링의 장력이 과다하다.
④ 유압조절밸브가 막힌 채로 고착
⑤ 각 마찰부의 베어링 간극이 적을 때

136 이륜차 엔진의 밸브 구동 장치에 해당하지 않는 것은?

① 캠축(camshaft)
② 타이밍체인(timing chain)
③ 커넥팅 로드(connecting rod)
④ 로커 암(roker arm)

풀이 커넥팅 로드(Connecting Rod)는 피스톤과 크랭크샤프트를 연결하는 봉으로 피스톤의 왕복운동을 크랭크샤프트를 회전운동으로 바꾸는 기능을 한다.

137 다음 중 윤활유에 대한 설명으로 바르지 않은 것은?

① 점도가 높으면 에너지손실이 증대되고, 점도가 낮으면 축과 베어링 등이 소결되기 쉽다.
② 윤활유는 열과 산에 대하여 안정성이 있어야 한다.
③ 윤활유는 산화방지의 역할을 한다.
④ 인화점과 발화점은 낮아야 한다.

풀이 인화점과 발화점은 높아야 한다.

138 기관에 냉각수가 혼입되었을 때 윤활유의 색으로 가장 적합한 것은?

① 검정색   ② 붉은색
③ 우유색   ④ 회색

풀이 ③ 우유색 : 냉각수 혼입
① 검은색 : 심한 오염
② 붉은색 : 유연가솔린 유입
④ 회색 : 에틸 납 연소생성물 혼입

정답 134. ① 135. ① 136. ③ 137. ④ 138. ③

139 등화장치에 대한 설명으로 옳은 것은?

① 조명용 : 전조등, 번호등
② 신호용 : 방향지시등, 후미등
③ 표시용 : 차폭등, 브레이크등
④ 경고용 : 충전등, 연료등

풀이 조명용: 전조등, 후퇴등, 안개등, 실내등
신호용: 제동등, 방향지시등, 비상등
표시용: 차폭등, 차고등, 후미등, 번호판 등, 주차등
경고등: 충전등, 냉각수 과열경고, 엔진오일경고, ESC경고, 엔진점검경고, 타이어공기압경고, ABS경고, 연료부족경고

140 연소실 체적 30cc, 행정체적 180cc일 때, 압축비를 구하면?

① 5:1   ② 6:1
③ 7:1   ④ 8:1

풀이 압축비=1+행정체적/연소실체적이므로 1+(180/30)이므로 7

141 가솔린 노킹 방지하는 방법으로 거리가 먼 것은?

① 점화시기를 지연시킨다.
② 농후하게 해서 화염전파거리를 짧게 한다.
③ 세탄가가 높아야 한다.
④ 카본을 제거하여 열이 많이 모이는 열점을 제거하여 조기연소를 방지한다.

풀이 착화성이 좋은(세탄가가 높은) 연료를 사용하는 방법은 디젤기관의 노크방지법이다.

142 피스톤이 상사점에 위치할 때, 피스톤 상면과 실린더 헤드 사이 공간의 구비조건에 대한 설명으로 틀린 것은?

① 가열되기 쉬운 돌출부를 두지 말아야 한다.
② 연소실 내의 표면적을 최소로 한다.
③ 밸브 면적을 크게 하여 흡·배기작용을 원활하게 한다.
④ 압축행정 시 혼합기 또는 공기에 와류를 일으켜 화염전파에 요하는 시간을 길게 한다.

풀이 화염전파에 도달하는 시간은 짧게 해야 한다.

143 다음 중 방열기의 구비조건에 대한 설명으로 틀린 것은?

① 단위 면적당 발열량이 커야 한다.
② 공기저항이 작아야 한다.
③ 냉각수의 저항이 커야 한다.
④ 가볍고 작으며, 강도가 커야 한다.

풀이 냉각수의 흐름이 원활해야 하고, 저항이 없어야 한다.

144 캠축에서 캠의 구성 중 밸브가 열려서 닫힐 때까지의 거리를 뜻하는 용어는?

① 로브(lobe)   ② 양정(lift)
③ 노즈(nose)   ④ 플랭크(flank)

풀이 캠은 캠축과 일체로 구성되어 있다.
노즈 : 밸브가 완전히 열리는 지점
로브 : 밸브가 열려서 닫힐 때까지의 거리
플랭크 : 로커암이 접촉되는 부분
양정 : 밸브의 작동거리(열림)

139. ④ 140. ③ 141. ③ 142. ④ 143. ③ 144. ①

145 밸브오버랩일 때, 흡기밸브와 배기밸브의 상태는?

① 피스톤이 상사점인 지점에서 흡기밸브와 배기밸브가 열린 상태
② 피스톤이 상사점인 지점에서 흡기밸브와 배기밸브가 닫힌 상태
③ 피스톤이 상사점인 지점에서 흡기밸브가 열린 상태
④ 피스톤이 상사점인 지점에서 배기밸브가 열린 상태

> **풀이** 밸브오버랩
> 흡기밸브가 열리기 시작하면 배기밸브가 완전히 닫히고 있는 중에 열리는 구간을 말하며 흡배기효율이 높아지면서 출력과 고속회전에 유리하며 연료소비율이 증가하며 저속 운전시 역화가 발생한다.

146 다음 중 산소센서(지르코니아)에 대한 설명으로 가장 옳은 것은?

① 흡기관 내에 설치되어 연소가스 내의 산소 농도를 검출한다.
② 이론공연비로 제어하기 위해 설치한다.
③ 분사량을 제어하기 위해 설치하여 연소효율을 향상시킨다.
④ 점화시기를 제어하기 위해 설치한다.

> **풀이** 실린더안에 유입된 공기는 엔진제어 시스템에서 이론공연비와 엔진의 조건에 따른 적절한 양의 연료와 혼합되어 폭발행정에서 연소되는데 공급된 연료량이 부족하거나 많은지를 연소후에 배기가스중에 산소의 존재여부로 판단하기 위하여 산소센서를 사용한다.

147 지르코니아 방식과 티타니아 방식 산소센서의 차이에 대한 설명으로 틀린 것은?

① 지르코니아 센서는 산소 농도 차이에 의해 스스로 전압을 생성하는 반면, 티타니아 센서는 외부에서 공급된 전압으로 저항 변화를 측정해 산소 농도를 판단한다.
② 지르코니아 센서는 일반적으로 300℃ 이상에서 작동하며, 티타니아 센서는 비교적 낮은 온도에서도 반응이 가능하다.
③ 티타니아 센서의 출력전압은 0~5V까지 다양하며, 제조사에 따라 전압 특성이 다르다.
④ 지르코니아 센서는 외부공기 없이도 반응하지만, 티타니아 센서는 반드시 외부 공기가 필요하여 설계가 복잡하다.

> **풀이** 지르코니아 센서가 외부 대기를 필요로 하는 반면, 티타니아 센서는 외부 공기 없이도 작동 가능하여 설계가 더 간단하다.

148 오토바이 냉각장치에서 입구제어방식과 출구제어방식 중 잘못 설명된 것은?

① 출구제어방식은 엔진에서 가열된 냉각수가 수온조절기를 통해 바로 라디에이터로 보내는 구조이다.
② 입구제어방식은 라디에이터 쪽 냉각수의 유입량을 엔진 입구에서 제어하는 방식으로, 빠른 반응성과 온도 안정성이 장점이다.
③ 출구제어방식은 라디에이터가 아닌 히터나 바이패스라인 방향으로 먼저 냉각수가 흐르도록 유도하여 히터 조절 및 급속 워밍업에 유리하다.

정답 145. ① 146. ② 147. ④ 148. ④

④ 입구제어방식은 수온조절기가 엔진 입구가 아닌 출구측에 위치하며, 냉각 흐름의 제어는 라디에이터 입구가 아닌 엔진 입구 직전에서 조절된다.

풀이 입구제어 방식인데 수온조절기가 엔진 출구에 위치한다는 설명은 틀리다.

149 바이크 엔진오일을 점검할 때 방법으로 틀린 것은?

① 엔진을 시동해서 운행 또는 공회전을 이어 기본 온도까지 올린 후 시동을 끄고 15분 정도 대기한 뒤 오일 수치를 확인한다.
② 사이드스탠드에 세워 놓은 상태에서 오일 레벨 게이지 또는 관찰창을 통해 오일량을 측정한다.
③ 오일레벨 게이지를 뽑아 깨끗한 천으로 닦고, 다시 넣은 뒤 나사산이 닿는 바로 전까지 넣고 빼서 양 면 기준 가장 낮은 눈금으로 체크한다.
④ 오일레벨 게이지를 완전히 조이지 않고 나사산 바로 전까지 넣어 측정한다.

풀이 사이드스탠드에 세워 놓은 상태에서 오일레벨 게이지 또는 관찰창을 통해 오일량을 측정하는 것은 잘못된 방법이다.

150 가솔린 엔진의 연소실 체적이 행정체적의 20%일 때 압축비는 얼마인가?

① 6 : 1   ② 7 : 1
③ 8 : 1   ④ 9 : 1

풀이 (20 + 100)/20 = 6

149. ② 150. ①

PART 02

이륜자동차 섀시 및 프레임

Motorcycle Chassis & Frame

01 이륜자동차 구동기구
02 시동장치
03 첨단변속기
04 현가장치
05 조향장치
06 도난방지장치
07 이륜자동차 안전 장비
08 제동장치
09 휠(Wheel) 및 타이어(Tire)
10 바이크 프레임

이륜자동차 구동기구

01 감속과 구동계통의 기본원리

① 엔진에서 발생한 회전력이 그대로 후륜으로 전달되지 않고 1차 감속기구, 변속기, 2차 감속기구라는 3단계를 거치면서 감속되어 운전상황에 맞는 상태로 구동륜에 전달된다.
② 엔진의 회전력을 그대로 후륜으로 전달하여도 300kg의 바이크가 움직이지 않기 때문에 회전수를 낮추어서 보다 강력한 힘을 만들어내는 역할이 감속이다.
③ 감속하는 비율을 감속비라고 하며, 회전수를 절반으로 낮춘다면 감속비가 2가 되고 1/3이라면 감속비는 3이라고 표현한다.
④ 일반적인 바이크의 구동계통은 이 원리를 이용해서 1차 감속기구, 변속기, 2차 감속기구라는 3단계로 감속해서 주행상황에 맞는 토크를 얻게 된다.

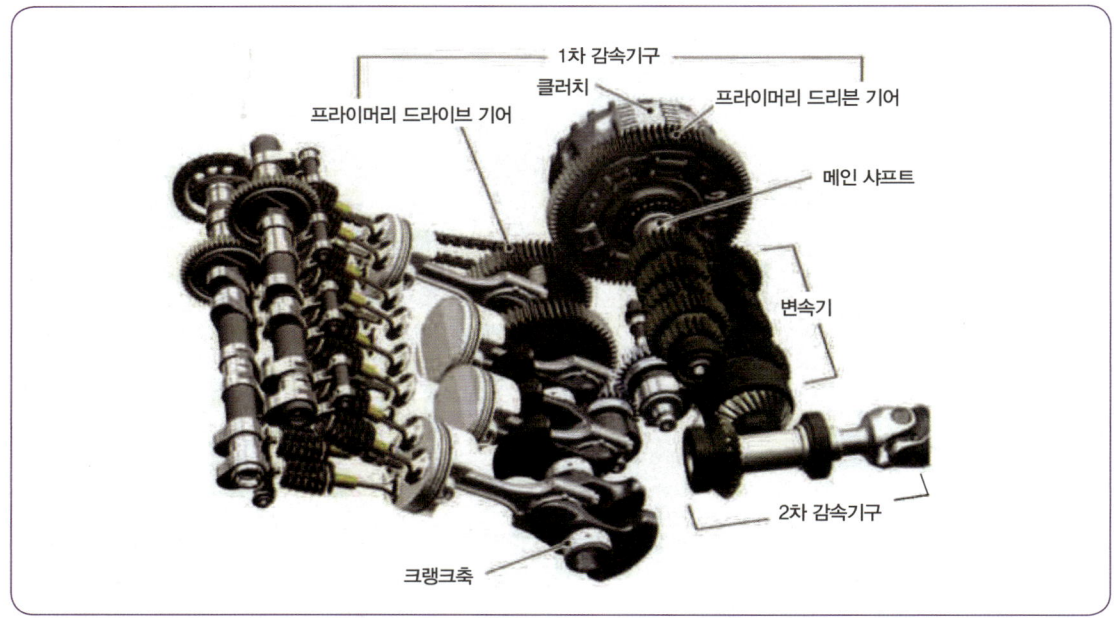

PART 02 이륜자동차 섀시 및 프레임

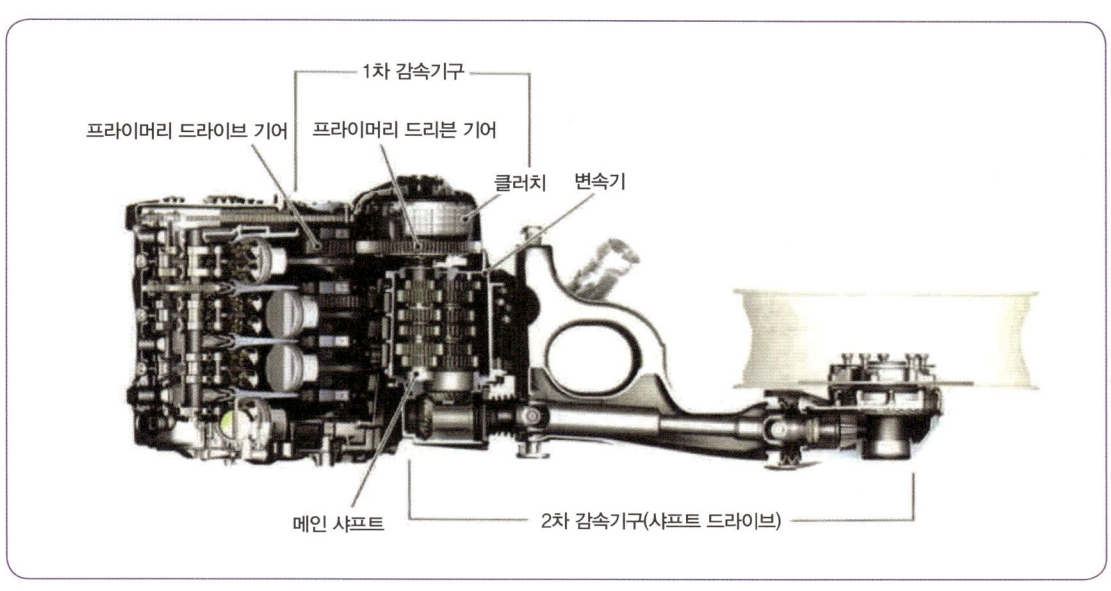

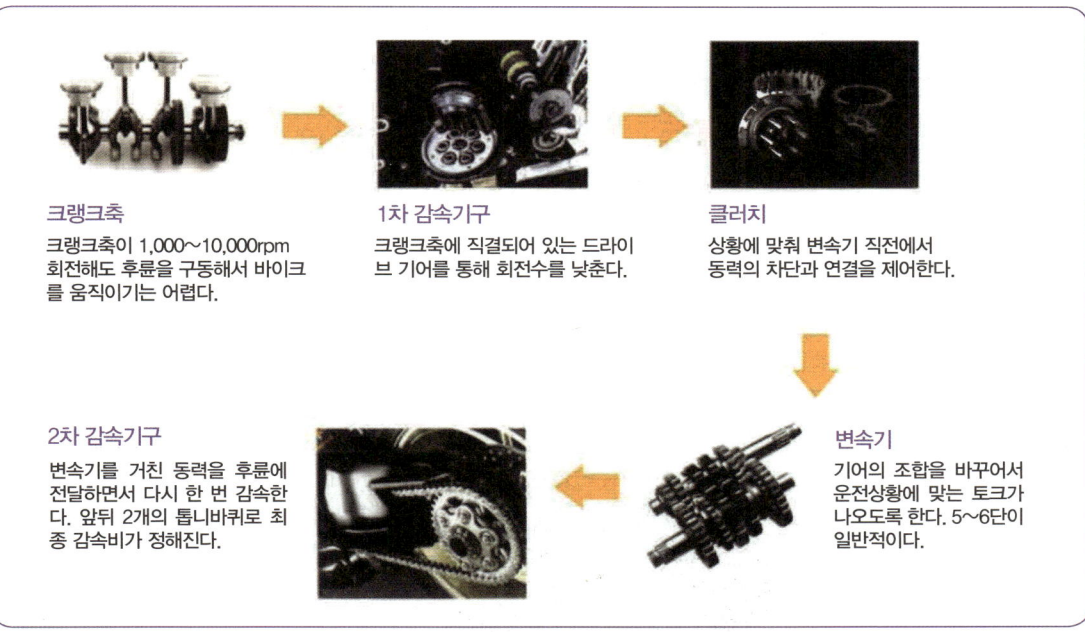

❀ 그림 2-1 동력이 전달되는 순서

CHAPTER 01 • 이륜자동차 구동기구

02 1차 감속기구

엔진에서 발생한 크랭크축의 회전을 처음으로 감속시키는 역할과 클러치에 가해지는 부하를 줄이고 변속기에서 변속할 때에 발생하는 충격을 낮추기 위해 회전수를 대폭적으로 줄여주는 기능을 한다.

① **프라이머리 드라이브 기어** : 크랭크축에 직결되어 있는 기어
② **프라이머리 드리븐 기어** : 클러치 쪽 메인 샤프트에 연결되어 있는 기어, 프라이머리 드리븐 기어는 클러치 하우징과 일체로 되어 있다.

1차 감속기구는 주로 기어식이 일반적이지만, 체인식이나 체인+기어식 등도 있으며, 기어식은 아담하고 고속회전에 유리하지만 기어끼리 접촉하는 소음을 줄이려면 가공비가 많이 들어서 비싸다. 체인식은 소음이 적고 조용하지만 기어식만큼 큰 감속비 설정이 어렵고 고속회전에는 불리하다. 벨트식은 윤활 등이 필요 없는 장점이 있지만 열이 많이 발생해서 대책보완이 필요하다.

1 기어식

엔진이 발생하는 회전력을 전달함과 동시에 감속하는 구동계통이다.
가장 처음으로 회전수를 낮추는 것이 1차 감속기구이며 기어식은 엔진과 클러치, 변속기가 일체식으로 되어 있으며, 엔진오일로 윤활냉각되는 방식이다.

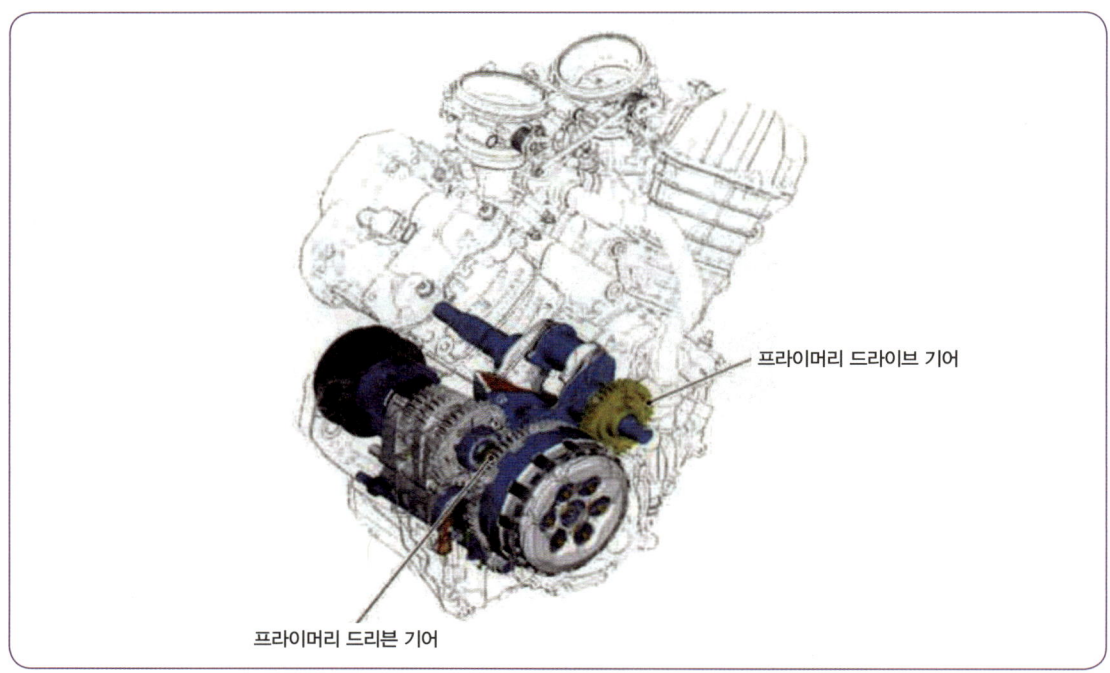

◎ 그림 2-2 기어식

2 체인식

별도의 프라이머리 체인 케이스가 엔진 좌측에 장착되어 있는 체인식이며 내구성이 높은 2중 체인을 사용한다.

스프로킷에는 급격한 토크가 걸리더라도 스프링으로 완충하는 댐퍼 기구도 장착되어 있는데 댐퍼 덕분에 체인이나 변속기에 걸리는 부하가 줄어든다.

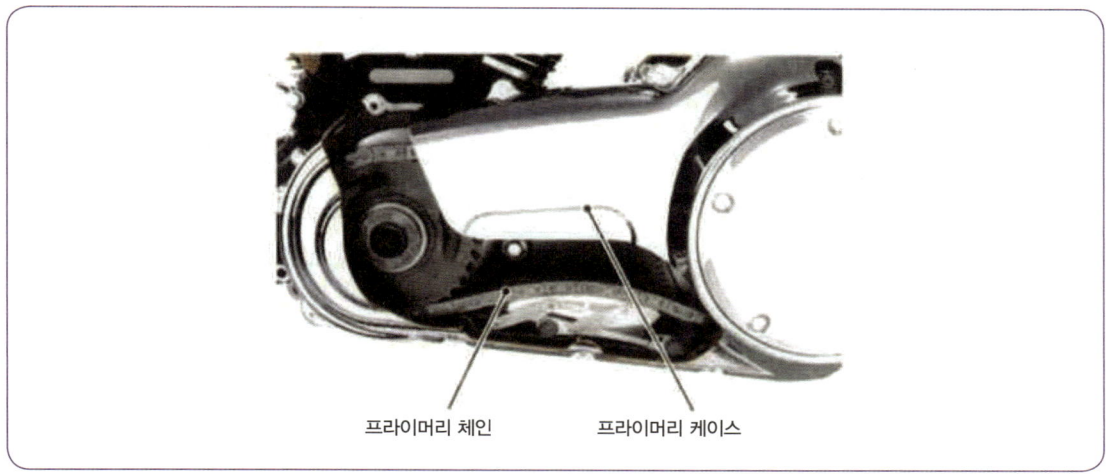

※ 그림 2-3 체인식

03 클러치

엔진과 변속기 사이에 장착되어 발진, 정지, 변속 시 등 엔진의 동력을 변속기에 전달하거나 차단하는 역할을 한다.

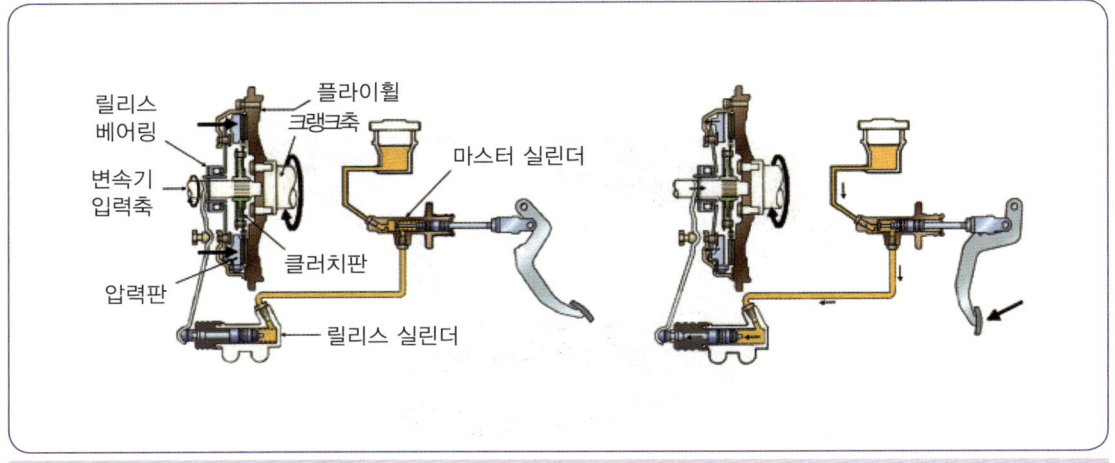

◎ 그림 2-4 자동차 클러치 작동

엔진의 동력을 전달하는 쪽이 프릭션 플레이트, 변속기에서 동력을 받는 쪽이 클러치 플레이트 그리고 이 둘을 밀착시키고 있는 것이 클러치 스프링이며, 평소엔 밀착되어서 동력을 전달하지만, 클러치 레버를 당기면 스프링이 눌려서 플레이트가 벌어지면서 동력이 차단된다.

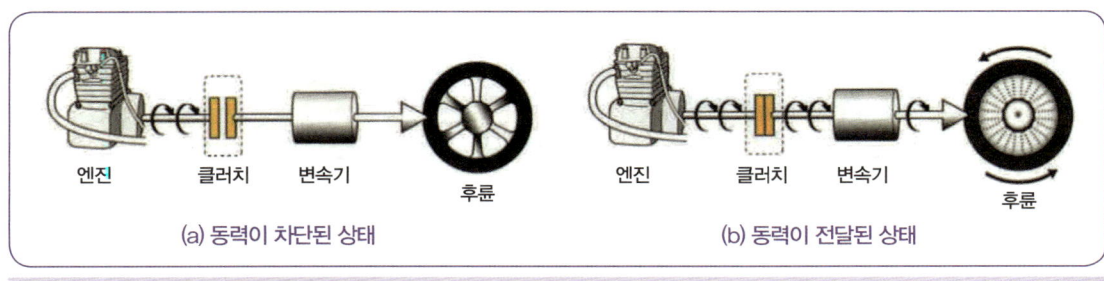

◎ 그림 2-5 바이크 클러치 작동

1 바이크 클러치의 구성

마찰재(코르크 또는 고무 몰딩)로 만들어진 프릭션 플레이트와 금속(동판 또는 알루미늄)으로 만든 클러치 플레이트가 7~10장씩 서로 겹쳐있는 구조이며 프릭션 플레이트와 클러치 하우징(클러치 셸) 클러치 디스크는 클러치 허브가 각각 들어있다.
클러치 하우징은 바깥쪽이 프라이머리 드리븐기어 역할을 겸비하는 경우가 많고 언제나 크랭크축과 함께 회전한다.

1-1 프레셔 플레이트

한 장씩 겹쳐있는 프릭션 플레이트와 클러치 디스크 바깥쪽에 위치하고 있으며, 클러치 스프링의 힘으로 프릭션 플레이트와 클러치 디스크를 밀착시켜서 2장의 플레이트가 밀착함으로써 클러치 하우징과 클러치 보스가 일체로 되어 함께 회전하여 엔진의 동력이 변속기로 전달된다.
엔진의 동력이 차단되는 이유는 클러치 레버를 당기면 클러치 릴리스가 푸시로드를 누르고, 푸시로드가 플레셔 플레이트를 통해 클러치 스프링을 누르면, 2장의 플레이트가 밀착상태에서 해방되어 프릭션 플레이트와 클러치 디스크가 공회전상태가 되면서 동력이 차단된다.

1-2 클러치 하우징(클러치 아우터)과 클러치 보스

클러치 하우징의 바깥쪽은 프라이머리 드리븐 기어 역할을 겸비하는 경우가 많으며, 언제나 크랭크축과 함께 회전한다.

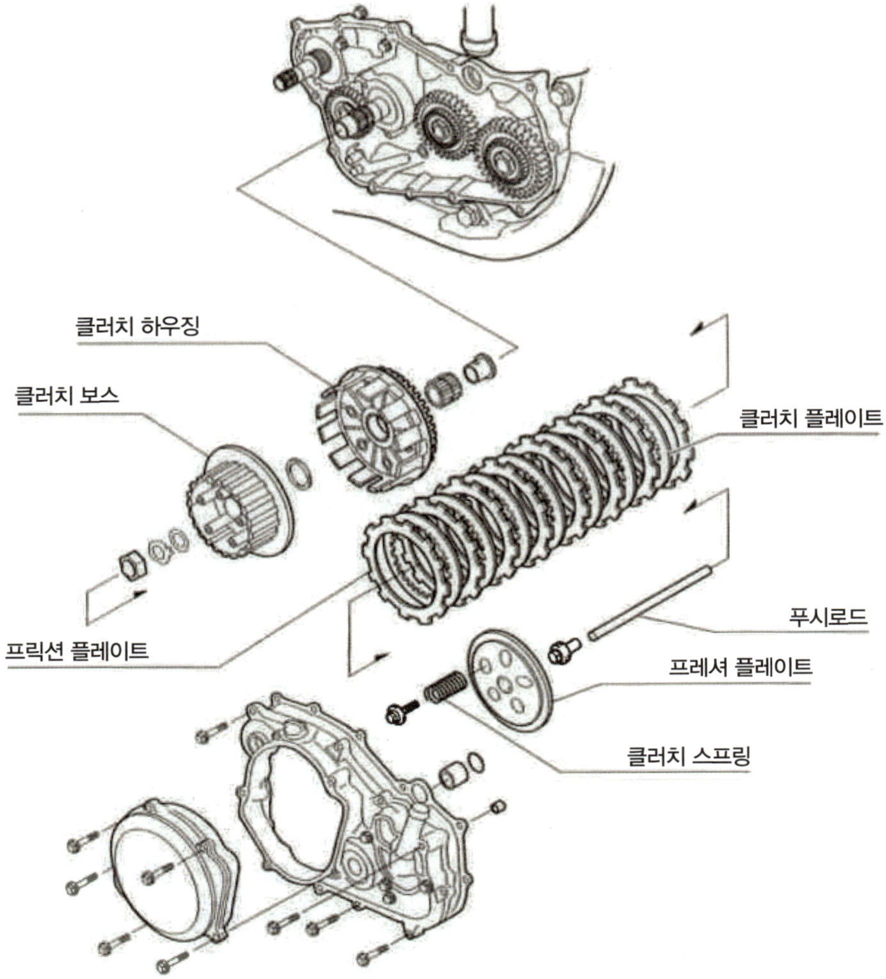

2 클러치의 구조와 작동원리

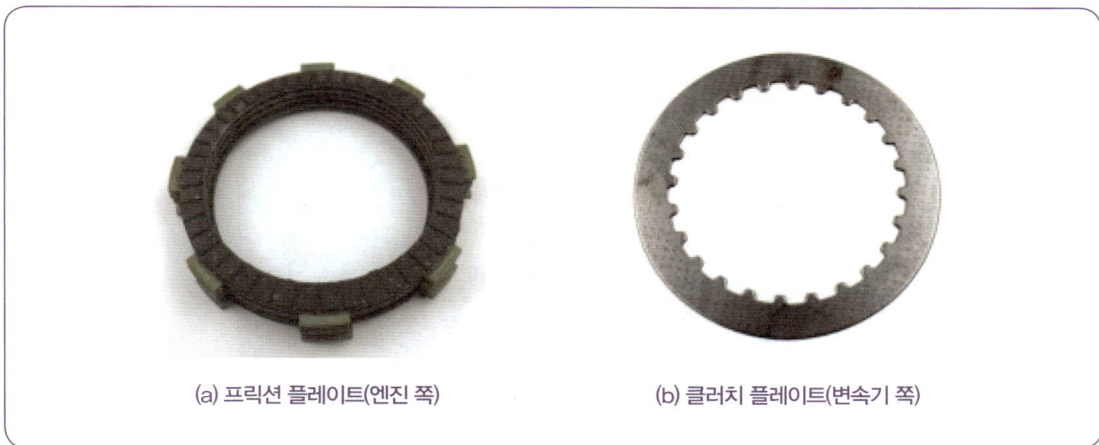

(a) 프릭션 플레이트(엔진 쪽)   (b) 클러치 플레이트(변속기 쪽)

프릭션 플레이트는 엔진 쪽에 연결되어 있어서 변속기 쪽에 연결되어 있는 클러치 플레이트와 밀착함으로써 동력을 전달한다.

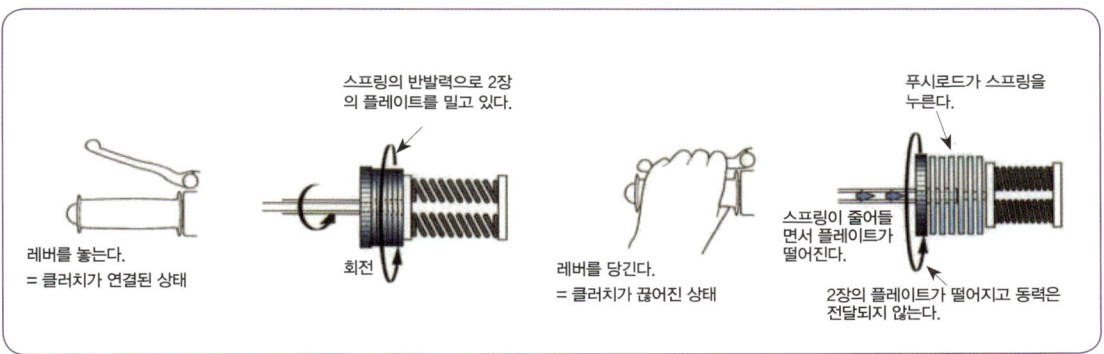

3 클러치의 종류

바이크 엔진에 사용되고 있는 클러치는 다판식과 단판식, 습식과 건식 등이 있으며, 직경이 작은 클러치판으로 습식 다판 클러치가 가장 널리 사용되는데 내구성이 좋으며 소음도 적은편이다.

3-1 습식 다판 클러치

클러치를 별도로 장착해서 전용 오일로 윤활하는 방식도 있지만, 일반적으로 엔진이나 변속기와 일체식으로 되어 있는 경우가 대부분이며, 엔진오일로 함께 냉각한다.

습식 다판 클러치의 플레이트가 오일에 잠겨 있으므로 마모가 적고 조용한 클러치이며, 조작하기 쉽고 우수한 냉각성 등 장점으로 대부분의 바이크가 이 방식을 채택하고 있다.

● 그림 2-6 습식 다판 클러치

3-2 건식 다판 클러치

구조적으로 습식 다판 클러치와 동일하며, 오일에 담겨 있지 않으며 주행풍으로 냉각한다.

주로 레이싱 머신용 클러치에 많이 채택되는 방식이며, 동력 손실을 줄일 수 있는 장점이 있지만 오일에 의한 댐퍼 효과가 없어서 작동감이 신경질적이고 조작하는 데에 섬세함이 필요하다.

건식 다판 클러치는 오일 교반 저항이 없으므로 클러치의 조작감이 명쾌하고 동력 손실도 줄일 수 있는 장점이 있으나 소음이 크고 빈번한 정비가 필요하다.

● 그림 2-7 건식 다판 클러치

건식 단판 클러치는 크랭크축이 차체 진행방향으로 배치된 엔진에서 효과적인 방식으로 클러치 용량을 확보하기 위해서 직경이 큰 디스크가 필요하며 거기에 맞는 공간이 필요하다.

※ 그림 2-8 건식 단판 클러치

3-3 유압식 클러치

클러치를 끊는 방식은 클러치 레버를 손가락의 힘으로 와이어를 사용하는 방식이 주류를 이루는데, 레버의 힘을 유압으로 전달하는 유압클러치는 기계식(와이어식)에 비해 윤활불량이나 조작 하중 변화 등이 없고, 작은 힘으로도 큰 용량의 클러치를 조작할 수 있는 장점이 있다. 구조가 복잡하고 제작단가가 비싸다는 단점이 있다.

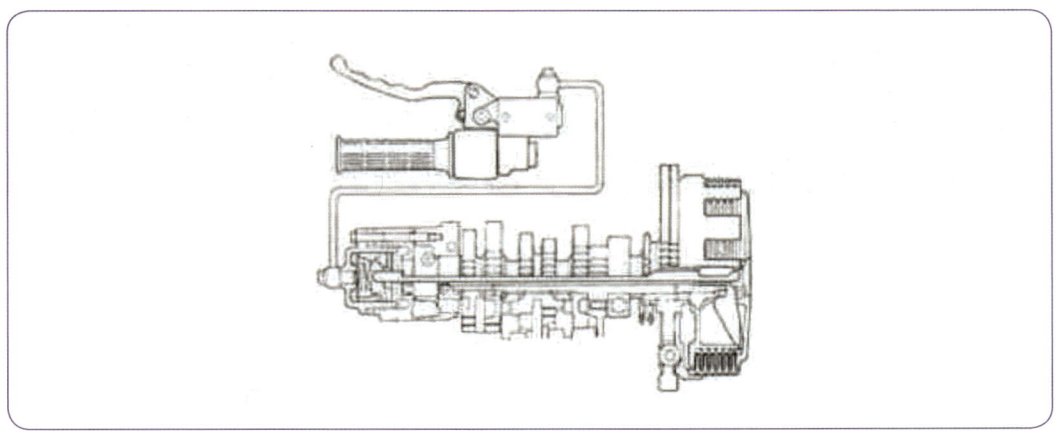

※ 그림 2-9 유압식 다판 클러치

3-4 슬리퍼 클러치

시프트 다운이나 과도한 엔진 브레이크 때문에 후륜이 잠기거나 미끄러지는 경우가 있는데 이때에 자동으로 반클러치 상태를 만들어서 과도한 토크가 걸리지 않도록 미끄러지는 방식이다.

타이어가 엔진을 돌리는 힘(엔진 브레이크)이 일정 수준 이상으로 걸리면 클러치 스프링의 힘이 풀려서 플레이트가 미끄러지도록 되어 있으며, 비오는 날 긴급 회피 시 등에도 차체 안정성을 유지할 수 있는 장점이 주목받고 있다. 이는 모터사이클 레이싱머신에서 주로 사용되는 기술이다.

04 변속기

엔진의 힘을 효율적으로 사용하기 위해서 여러 종류의 변속비가 필요하며, 이런 변속비를 상황에 따라 바꾸는 장치를 변속기가 한다. 바이크가 천천히 주행할 때도 있으며 때론 시속 100km 이상의 고속으로 주행할 수 있는 상태도 있기 때문에 주행여건에 맞게 힘을 쓸 수 있도록 하는 것이 변속기이다.

❖ 그림 2-10 바이크 변속기

1 변속기의 역할

바이크가 정지된 상태에서 출발시키거나 급한 오르막을 오를 때에는 큰 힘이 필요하며, 반대로 평탄한 도로를 일정한 속도로 달릴 때에는 많은 힘이 필요하지 않다.

도로 여건에 맞게 엔진의 회전력을 주행 속도나 상황에 맞춰 여러 개의 기어를 바꾸어 끼우면서 변속비를 바꾸거나 중립상태를 유지하는 역할을 한다.

> **변속비**
> 회전수를 변속하면 토크를 바꿀 수 있으며, 입력축 기어와 출력축 기어의 기어비 비율을 변속비라고 하며, 출력축을 1회전시키는데 입력축이 몇 회전하는가를 나타낸다.

2 변속기의 구조

크랭크축에서 1차 감속기구와 클러치를 거쳐 회전력을 전달받는 메인샤프트, 그리고 후륜으로 전달하는 드라이브 샤프트(카운터 샤프트)가 평행으로 배치되어 있고 여기에 변속비가 다른 몇 조의 기어가 끼워져 있는 구조로 되어 있다.

바이크는 보통 4~6단 변속 단수를 채택하는데 이것은 샤프트에 4~6개의 기어로 구성되어 있다는 뜻이다.

> **상시 맞물림식**
> 이 방식은 2개의 샤프트에 끼워져 있는 1조의 기어가 언제나 맞물려 있으며, 서로 어긋나지 않는 한도 내에서 축 위를 옆으로 이동할 수 있다.
> 중립일 때에는 모든 기어가 나란히 맞물려 있는 상태이며, 언제나 기어가 공회전하므로 동력이 전달되지 않는 상태이다.

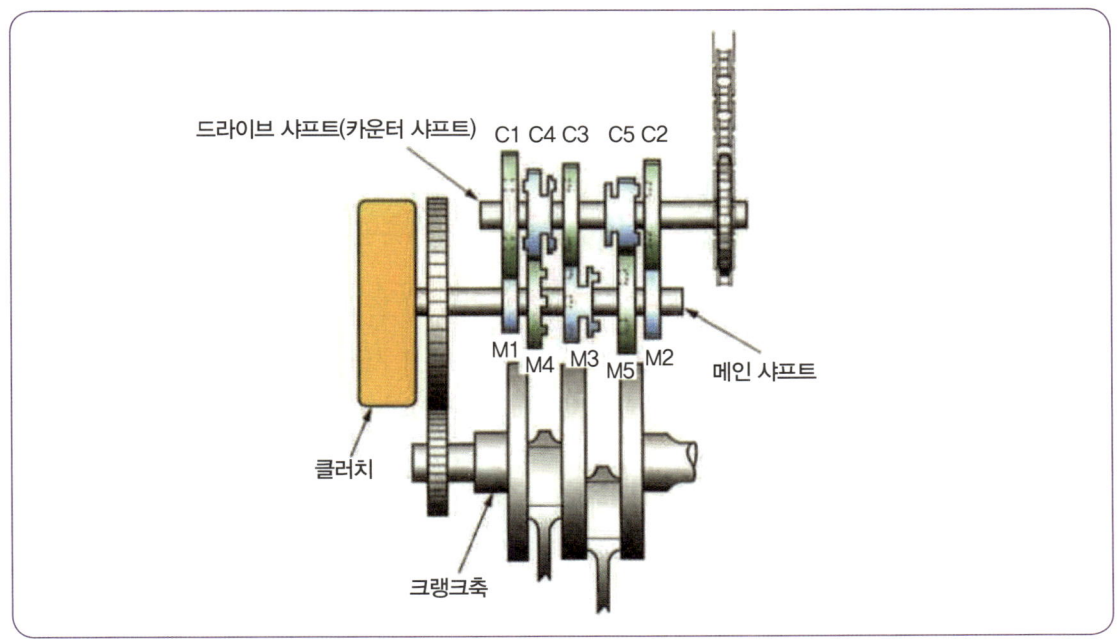

메인샤프트는 M1, M2, M3,…라고 하며, 카운터 샤프트는 C1, C2, C3,…라고 한다. 3단의 경우 C4 기어가 옆으로 이동해서 도그가 C3구멍에 들어가면 메인 샤프트 동력은 메인샤프트 → M3 기어 → C3 기어 → C4 기어 → 카운트 샤프트의 경로로 동력이 전달된다.

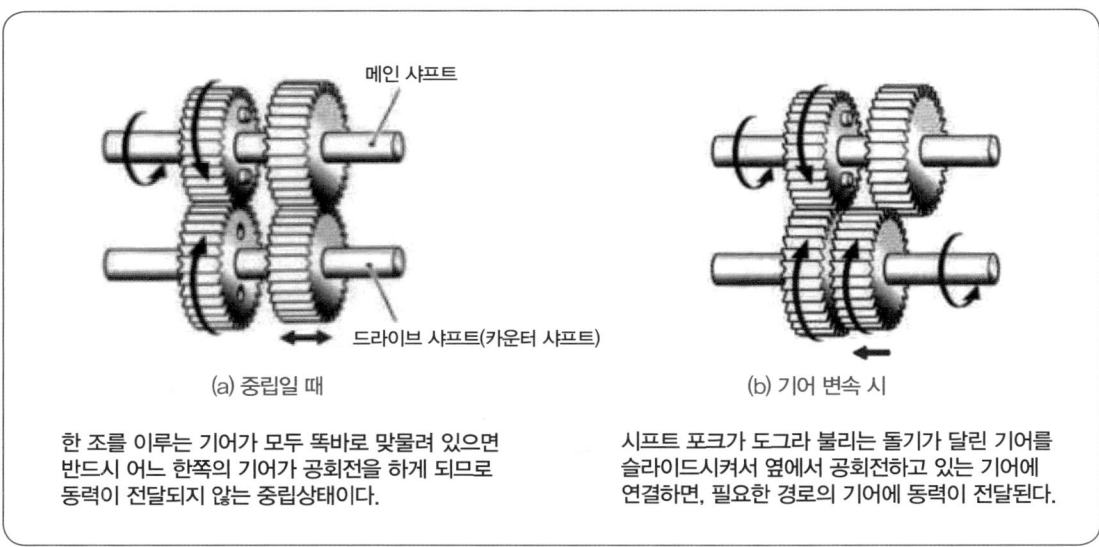

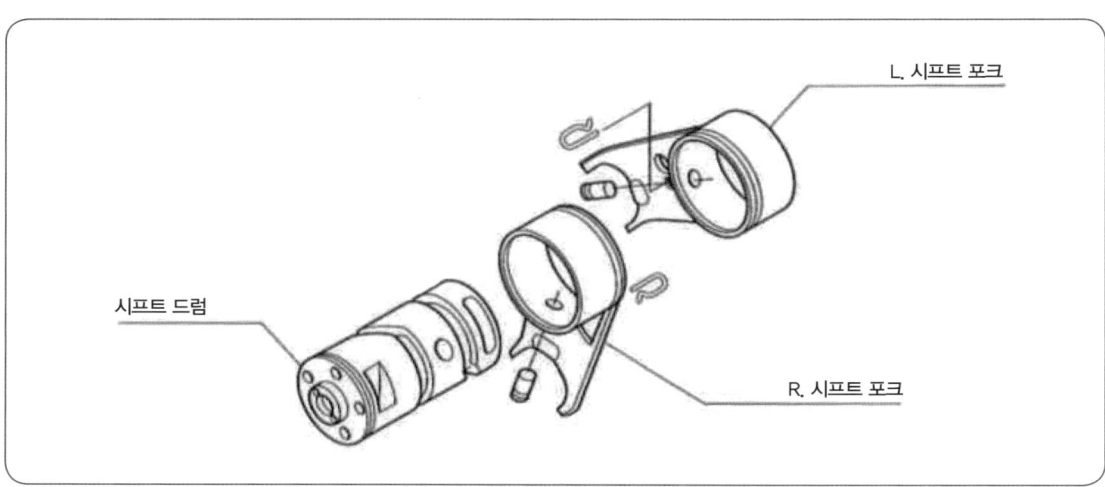

라이더가 시프트 페달을 조작하면 시프트 드럼이 회전하면서 시프트 포크가 이동한다. 시프트 포크는 변속할 때마다 회전하는 시프트 드럼에 파여 있는 홈을 따라 이동한다.

시프트 포크의 다른 끝은 기어 홈에 끼워져 있으므로 시프트 포크가 이동하면 기어도 함께 움직인다.

3 변속기의 조작

3-1 리턴식

출발할 때에는 시프트 페달을 밟아서 1단으로 넣고, 그 후부터는 2단, 3단, 4단으로 페달을 올리는 방식이다. 레이싱 머신은 업다운이 역으로 되어 있는 것도 있으며 크루저는 시소 페달을 장착해서 페달 반대편을 발꿈치로 밟아서 기어를 올리는 모델도 있다. 신발의 발등에 상처가 나지 않는 장점이 있다.

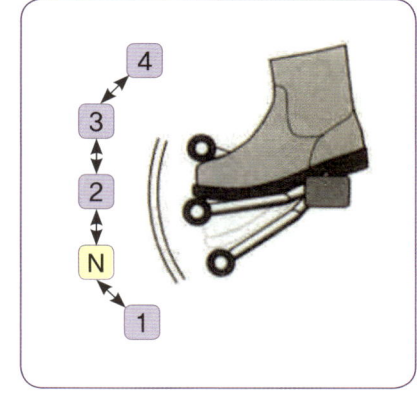

3-2 로터리식

N에서 1단, 2단, 3단, 4단, N으로 엔드리스(endless) 기어 체인지가 가능한 방식이다.
지금은 배기량이 적은 비즈니스 모델만이 채택되고 있다.
시소 페달을 장착하고 있는 경우가 많고 발끝과 발꿈치 두 부분으로 체인지를 할 수 있다.

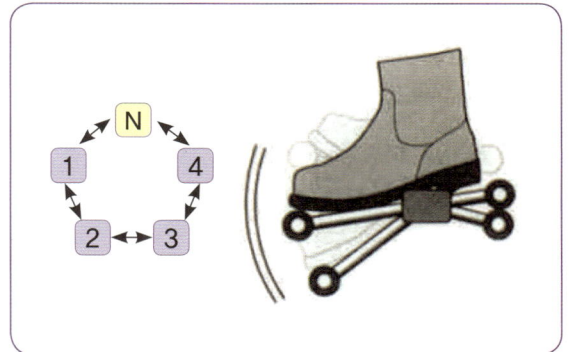

4 일체식 · 별체식 변속기와 윤활유

변속기는 오일로 윤활, 냉각, 세정을 할 필요가 있는데 대부분의 바이크 엔진은 엔진과 일체식으로 되어 있어서 엔진오일을 함께 사용한다.
오일을 가솔린과 함께 연소시키는 2사이클 엔진이나, 일부 배기량이 큰 4사이클 엔진은 변속기 케이스를 별체식으로 마련해서 전용 변속기 오일을 사용하는 방식이다.
할리데이비슨의 빅트윈이라 불리는 모델은 엔진, 프라이머리케이스, 변속기가 각각 완전히 별체로 이루어져 있으며 각각 전용 오일이 들어 있다.

4-1 일체식

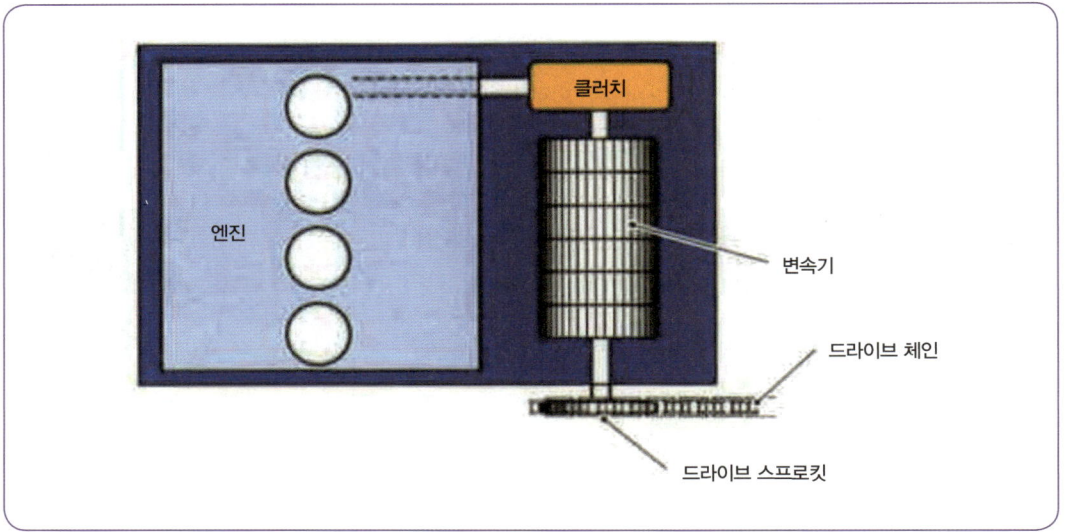

직렬 엔진 등 아담한 사이즈의 크랭크축 케이스를 채택하는 모델은 클러치와 변속기를 별도의 케이스에 수납하지 않고 엔진과 일체식으로 만들어서 가볍고 작다는 특징이 있다.
윤활유는 엔진오일을 함께 사용한다.

4-2 별체식

1) 할리데이비슨 모델 (빅트윈)

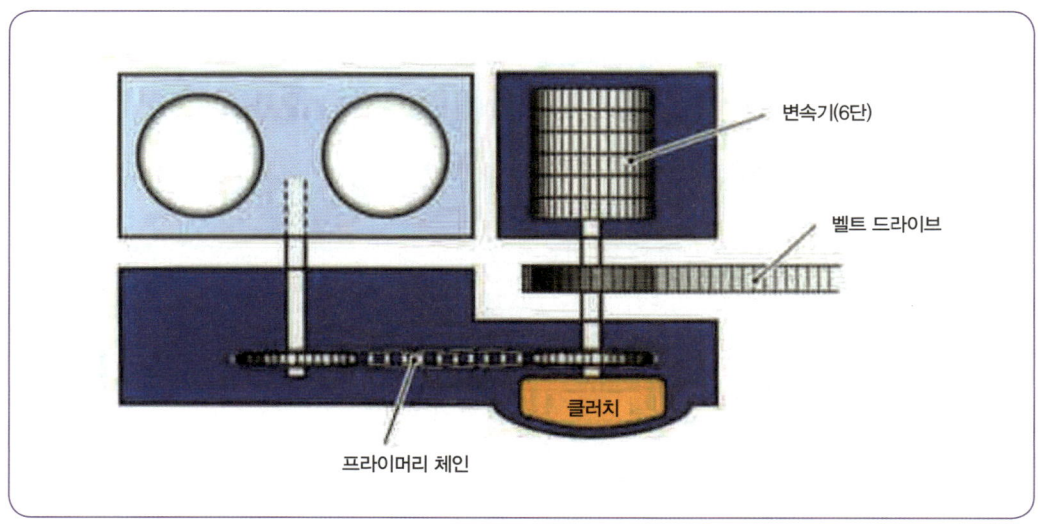

할리데이비슨의 배기량이 큰 엔진인 빅트윈의 경우, 엔진, 프라이머리 체인 케이스, 변속기를 별체식으로 해서 윤활유도 각각 나뉘어 넣는다. 2차 감속기구는 벨트식이다.

2) 할리데이비슨 모델 (스포스터)

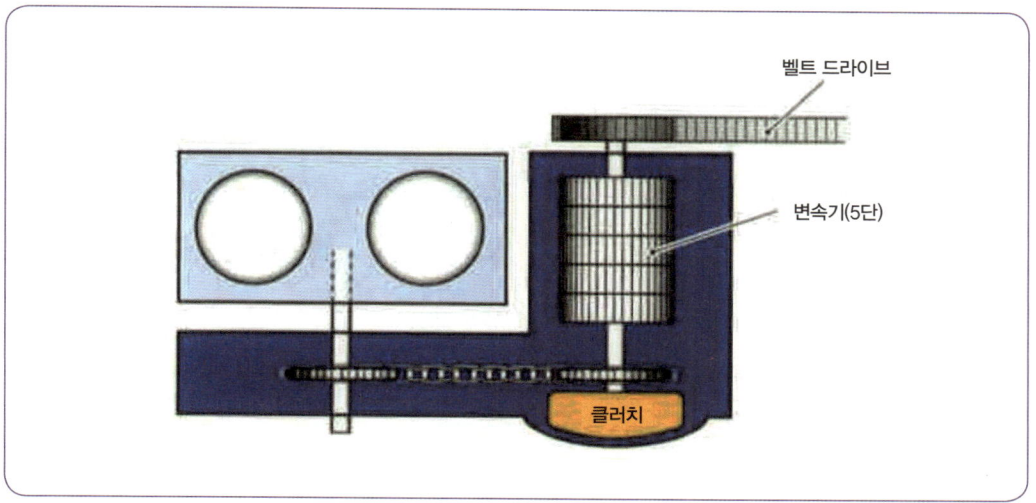

스포스터는 변속기와 프라이머리 체인 케이스가 일체식이며, 프라이머리의 반대편에 2차 감속기구가 있다. 윤활유는 변속기와 프라이머리 체인 케이스가 함께 사용한다.

05 드라이브 라인

변속기를 거친 엔진의 동력을 구동륜인 후륜에 전달함과 동시에 최종적인 감속비가 결정되는 것이 2차 감속기구(최종감속기구)이며, 종류는 체인식, 벨트식, 샤프트 드라이브식 등이 있다.
2차 감속기구 중에서도 가장 일반적인 것이 체인 방식이며, 변속기의 드라이브 샤프트 끝에 장착된 드라이브 스프로킷과 리어휠의 드리븐 스프로킷을 체인으로 연결해서 그 기어비로 최종 감속비를 결정한다.

> **체인방식 특징**
> 구조가 단순하고 가벼우며, 필요에 따라 끊어서 길이를 조절할 수 있고 마찰손실이 적고, 다른 방식에 비해 제작비가 저렴하다는 장점이 있으나, 최종 감속비를 너무 크게 설정하기 어렵다는 것과 체인이 늘어남에 따른 텐션 조절이나 급유 등 정기적인 정비가 필요하다는 단점이 있다.

1 체인 드라이브식의 구성 및 구조

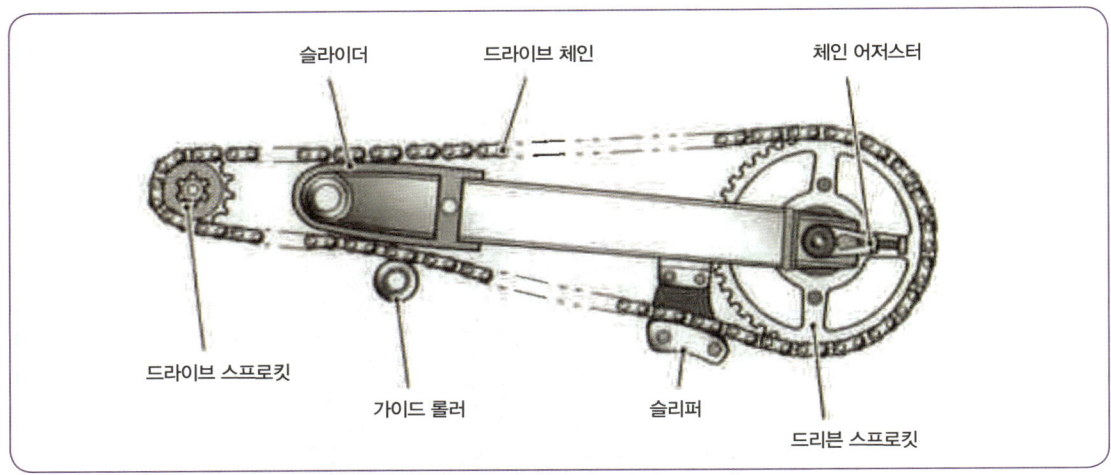

◆ 그림 2-11 체인 드라이브식 구성

① **O링 체인** : 중형 오토바이에 주로 이용되고 있으며, 체인 가운데에 조인트 핀과 부시 사이에 그리스를 채워 넣고 O링으로 새지 않도록 밀봉 처리해 놓아 소음이 적고 수명이 긴 특징이 있으며 관리를 잘 못하는 경우 일반 체인보다 수명이 훨씬 짧아진다. 근래에는 O링 형상 이외에도 X형상으로 만든 X링 체인도 등장해서 내마모성이 더욱 향상되었고 저항 손실도 크게 줄었다.

② **X링 체인** : 조인트 핀의 마모와 늘어짐을 방지하고 드라이브 체인의 내구성을 비약적으로 향상시켰으며, O링을 X형상으로 만들어서 마찰손실을 더욱 크게 줄이고 우수한 내마모성을 동시에 확립시킨 타입이다. X형상 사이에도 그리스를 주입할 수 있어서 스스로 윤활하는 기능이 있으며, 그리스 밀봉을 유지하고 이물질 침입을 방지한다.

◆ 그림 2-12 실 체인(O링 체인)

2 샤프트 드라이브식 구조

변속기에서 발생한 동력을 90도 방향을 바꾸어 리어 타이어의 기어 박스에 전달한다. 스파이럴 베벨 기어에 의해 방향을 직각으로 다시 바꾸고 리어 타이어를 구동하는 방식이다.

기어 박스에는 전용 오일이 내장되어 오일로 윤활되어 내마모성이 우수하며, 체인 드라이브식 보다 소음이 없고, 정비 기간이 길다는 장점과 중량이 무겁다는 단점이 존재한다.

◉ 그림 2-13 자전거 샤프트 드라이브

◉ 그림 2-14 바이크 샤프트 드라이브

3 벨트 드라이브식 구조

체인 드라이브와 동일한 구성이지만 금속 체인 대신에 코그드(벨트 표면에 일정한 간격으로 이빨 모양의 코그가 형성된 V벨트)를 사용하는 것이 벨트 드라이브 방식이다.

벨트 안쪽에 요철이 형성되어 풀리의 톱니바퀴와 맞물리게 되어 있으며, 한가닥 짜리 벨트이기 때문에 금속 플레이트가 연결되어 있는 체인과는 달리 마모가 없고, 소음이나 충격도 매우 작으며, 급유할 필요도 없으므로 정비가 쉽다.

> **체인 드라이브 특징**
>
> 텐션(유격)을 비교적 크게 하여 모터크로스처럼 현가장치 스트로가 큰 경우라도 벗겨지거나 끊어질 걱정은 없지만 벨트 드라이브는 비교적 탄탄하게 텐션이 걸린 상태를 유지해야 하므로 현가장치 사이클에 따른 텐션 변화가 적은 모델에 어울린다고 할 수 있다.

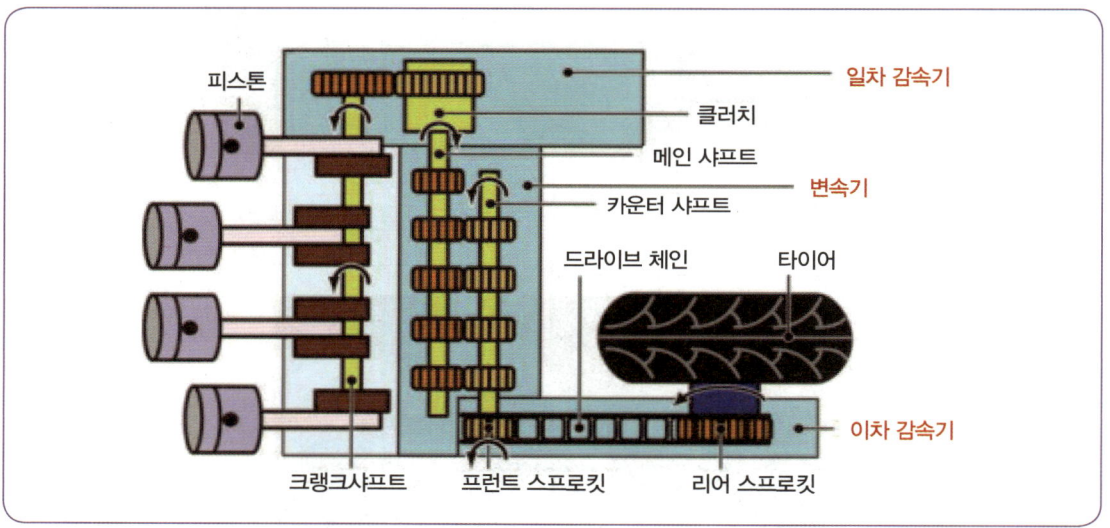

※ 그림 2-15 감속기 (1차/2차)

❂ 그림 2-16 BMW F800ST 스포츠 투어링 바이크

할리데이비슨의 현행모델은 전기종이 벨트 드라이브식을 채택하여 주유할 필요가 없어 타이어 둘레가 깨끗하고 정비시간도 감소되었으며 승차감이 좋고 소음도 적다.
빅트윈 모델은 후륜의 왼쪽, 스포스터는 오른쪽에 벨트 드라이브가 설치되어 있다.

❂ 그림 2-17 할리데이비슨 바이크

06 스쿠터의 클러치와 변속기

1 V 벨트식 무단변속기(CVT: Continuously Variable Transmission)

스쿠터에 적용하는 연속 가변 변속기는 엔진 쪽과 후륜 쪽에 설치된 2개의 풀리와 이것들과 연결하는 드라이브 벨트로 구성되는 V벨트식 무단변속기가 일반적이다. 엔진 쪽 풀리를 드라이브 풀리, 후륜쪽을 드리븐 풀리라고 부르며, 저속에서는 드라이브 풀리의 유효반경을 작게, 고속에서는 크게 함으로써 감속비를 무단계로 자동으로 변경이 가능하다.

풀리는 같은 형상의 2개의 원뿔이 꼭지점끼리 맞보고 있는 형태이며, 원심력에 의하여 거리가 바뀌면서 드라이브 벨트가 걸리는 부분(풀리의 유효 지름)을 자동으로 변화시킨다. 회전수가 높아지면 드라이브 풀리 안쪽 가이드에 내장되어 있는 추(웨이트 롤러)에 원심력이 걸리면서 바깥으로 이동한다.

웨이트 롤러가 바깥으로 이동함에 따라 2개의 원뿔 간격이 좁아지면서 드라이브 벨트가 바깥쪽으로 밀려 나가 벨트가 걸리는 유효 지름이 커지게 된다.

이처럼 전후 풀리의 유효 지름을 변화시킴으로써 감속비를 서서히 작게 하여 매끄러운 무단 변속이 가능해진다.

1-1 V 벨트식 무단변속기의 구조와 작동 원리

1) 저속회전 시

엔진 쪽 드라이브 풀리는 저속 시에는 폭이 넓어져서 드라이브 벨트가 걸리는 부분의 직경이 작다. 후륜에 동력을 전달하는 드리븐 풀리는 그 반대로 폭이 좁아져서 벨트가 걸리는 직경이 크다.

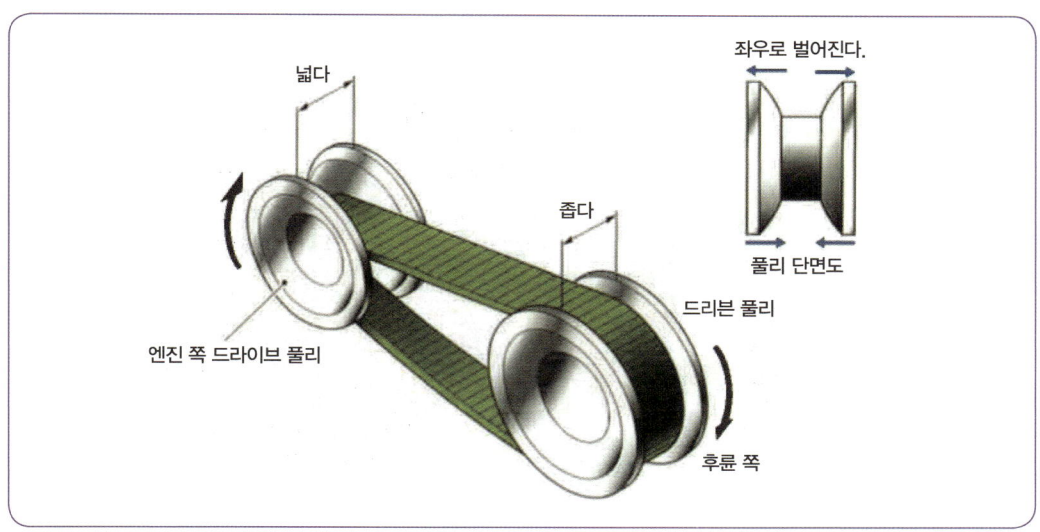

2) 고속회전 시

고속회전이 되면 엔진 쪽 드라이브 풀리의 폭이 좁아져서 드라이브 벨트가 바깥쪽으로 이동한다. 후륜에 동력을 전달하는 드리븐 풀리는 그 반대로 폭이 넓어져서 벨트가 걸리는 직경이 작아진다.

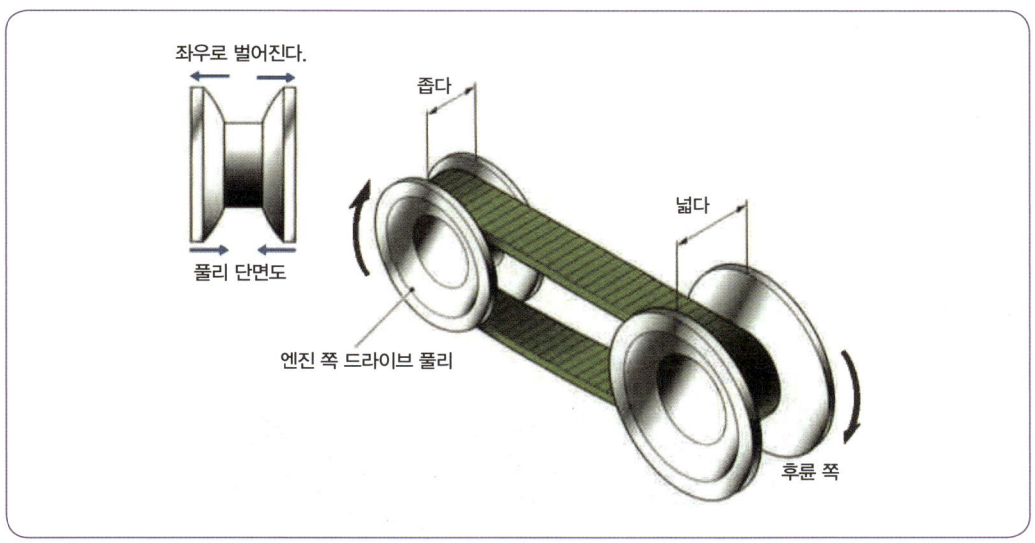

벨트식 무단 변속기(CVT)는 엔진 드라이브 풀리와 후륜쪽 드리븐 풀리를 V벨트로 연결해서 후륜 (리어 현가장치)의 상하운동과 함께 움직이는 리어 암에 내장되어 있다.

2 야마하 Y.C.A.T(Yamaha Compact Automatic Transmission)

야마하는 100~125cc 모페드형 바이크의 자동 무단 변속기인 Y.C.A.T라고 부르는 CVT를 소형화시킨 것으로, 엔진과 후륜 사이에 연결하던 변속벨트를 엔진 안에 장착함으로써 모페드형 차량 외관을 그대로 유지한 채 오토매틱화를 가능하게 한 시스템을 말한다.

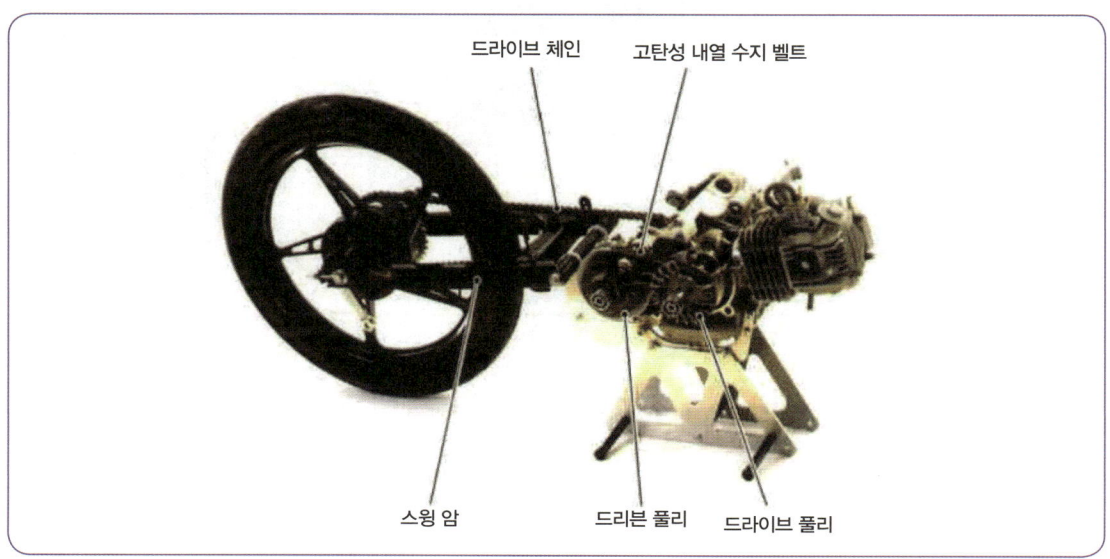

2-1 야마하 Y.C.A.T(Yamaha Compact Automatic Transmission) 개발 배경

2024년 6월 기준 베트남에 등록된 오토바이 전체 대수는 7,577만 대로 동남아 지역의 바이크 수요는 나날이 증가하며, 주력 모델은 100~125cc이며, 이 중에는 CVT 모델의 인기가 날로 높아지고 있다. 기존의 모페드형 바이크는 주행 안정성, 화물 적재성 등 높은 실용성이 지지의 이유이며, 점유율은 약 60%를 차지한다. 온 가족이 한대의 바이크로 운행하고 오토매틱화를 추구하여 모페드형 바이크의 실용성, 주행성을 그대로 유지한 채로 오토매틱의 편리함을 갖춘 차세대 모페드를 위한 시스템으로 개발되었다.

2-2 야마하 Y.C.A.T(Yamaha Compact Automatic Transmission) 성능 안정화를 꾀하는 벨트실 설계

외기를 적극적으로 벨트실에 도입하고 벨트실 내에서 공기가 효율적으로 흐르도록 하여 벨트와 풀리의 냉각성을 촉진하도록 설계되었으며, 별도의 냉각 장치 없이도 효율적으로 냉각성을 확보하였다. 흡·배기 덕트 형상을 개선하여 흡기와 배기에 따른 소음도 최소화시켰다.

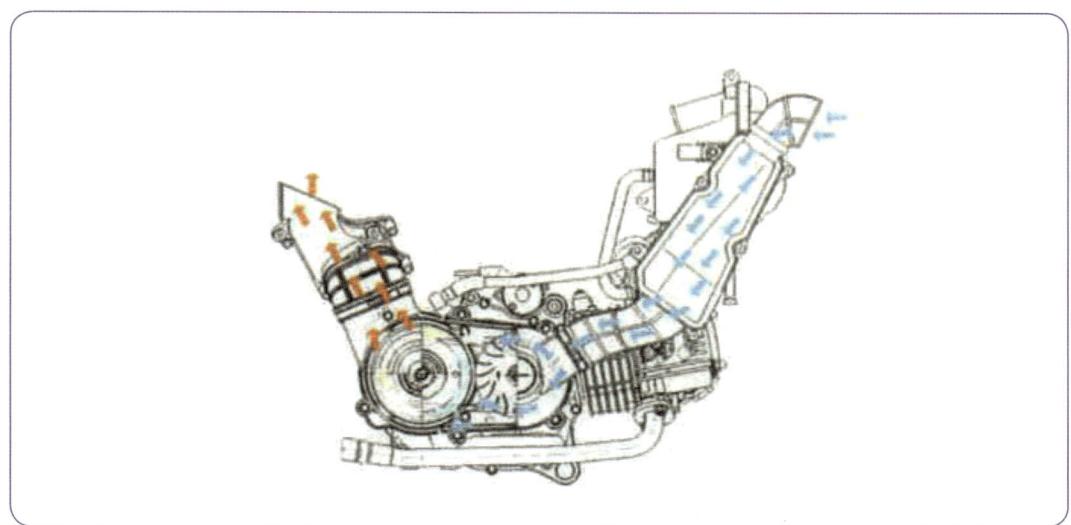

❈ 그림 2-18 벨트실의 에어 순환 계통도

2-3 야마하 LEXAM

① CVT Y.C.A.T 엔진을 장착
② 주행성, 편리성 취급하기 쉬운 신기술에 115cc 스포크 타입
③ 공냉식 4행정 엔진에 의한 뛰어난 응답성과 신뢰성, 약동감 넘치는 디자인
④ 테일&스톱 램프 양쪽 모두 LED 채용

3 스즈키의 연료전지 스쿠터

3-1 버그만 퓨얼 셀 스쿠터(BURGMAN FUEL CELL SCOOTER)

연료전지란 공기중에 무한으로 존재하는 수소를 화학 반응시켜 전기 에너지를 얻고, 이산화탄소가 아닌 물을 배출한다. 콘셉트 모델에는 고체고분자형 연료전지를 시트 아래에 배치하고, 연료가 되는 700기압의 고압 수소 탱크를 플로어 아래에 탑재한 모델이며, 발전한 전기는 시트 아래의 리튬이온 배터리에 저장되고 구동은 교류동기 모터로 이루어지는 시스템이다.

4 자동 원심 클러치의 구조와 작동 원리

① 자동 원심 클러치 기구는 드리븐 풀리(리어 타이어)에 내장되어 리어 휠 허브에 연결되어 있다.
② 드리븐 풀리와 함께 회전하는 클러치 웨이트에는 클러치 슈가 장착되어 있어 엔진의 회전이 낮을 때에는 스프링의 힘으로 고정되어 있지만 엔진의 회전이 상승됨에 따라 클러치 웨이트에 원심력이 발생하여 바깥쪽으로 벌어지려고 한다.
③ 회전이 상승하여 차체를 출발시킬 수 있는 토크가 발생하면 클러치 웨이트가 바깥쪽으로 벌어지려는 힘이 스프링 장력보다 커 클러치 슈가 클러치 아우터 안쪽에 밀착되어 회전력이 전달된다.
④ 엔진 회전수가 내려가면 클러치 웨이트에 작용하는 원심력도 작아지므로 클러치 아우터와 접촉하고 있던 클러치 슈가 스프링의 힘으로 안쪽으로 당겨져 동력이 차단된다.

원심 클러치 3개의 스프링은 원을 그리듯 배치되어 있는 클러치 웨이트를 당기도록 설정되어 있다. 회전이 빨라지면 클러치 웨이트를 바깥쪽으로 벌리려는 방향으로 작용한다.

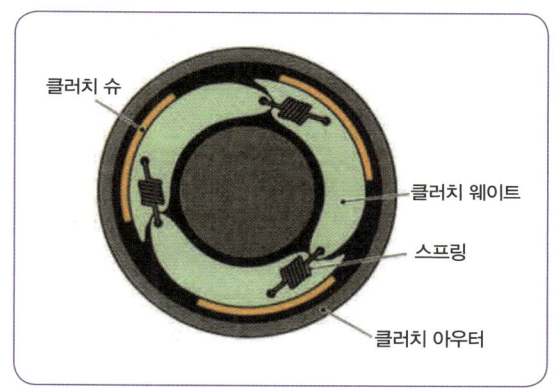

그림 2-19 클러치가 끊어져 있는 상태
(동력이 전달되고 있지 않은 상태)

회전수가 일정 이상이 되면 클러치 웨이트가 벌어지려는 힘이 스프링 장력보다 커져 클러치 슈가 클러치 아우터 안쪽 면에 닿게 되고 이 마찰면을 통해서 회전이 전달된다.

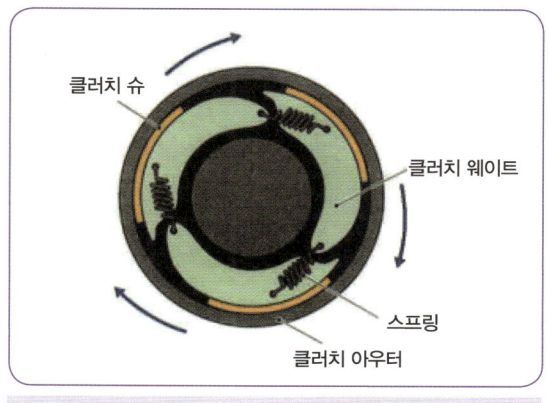

그림 2-20 클러치가 연결되어 있는 상태
(동력이 전달되고 있는 상태)

5 혼다의 오토매틱 기술

1958년 혼다는 오토매틱 시대를 예고하듯 자동 원심 클러치 기구를 채택한 슈퍼 커브를 발표하였는데, 1977년에 등장한 스포츠 바이크 에아라(750cc)는 대형 바이크 최초로 오토매틱 기구인 토크 컨버터를 탑재하였으며, 1980년에 발표한 택트는 무단변속기를 채택하였다.

◎ 그림 2-21 1958년 슈퍼커브

◎ 그림 2-22 1977년 cb750

◎ 그림 2-23 1980년 혼다 택트 제1세대

5-1 CV 매틱

혼다는 2009년 기존 V벨트식 무단 변속기를 보다 아담하게 만든 CV 매틱을 발표하였다. V 벨트식 무단변속기의 자체의 기본구조는 스쿠터와 같지만 풀리의 축 간격을 약 ½로 줄여서 크랭크축 케이스 우측에 배치하였다.

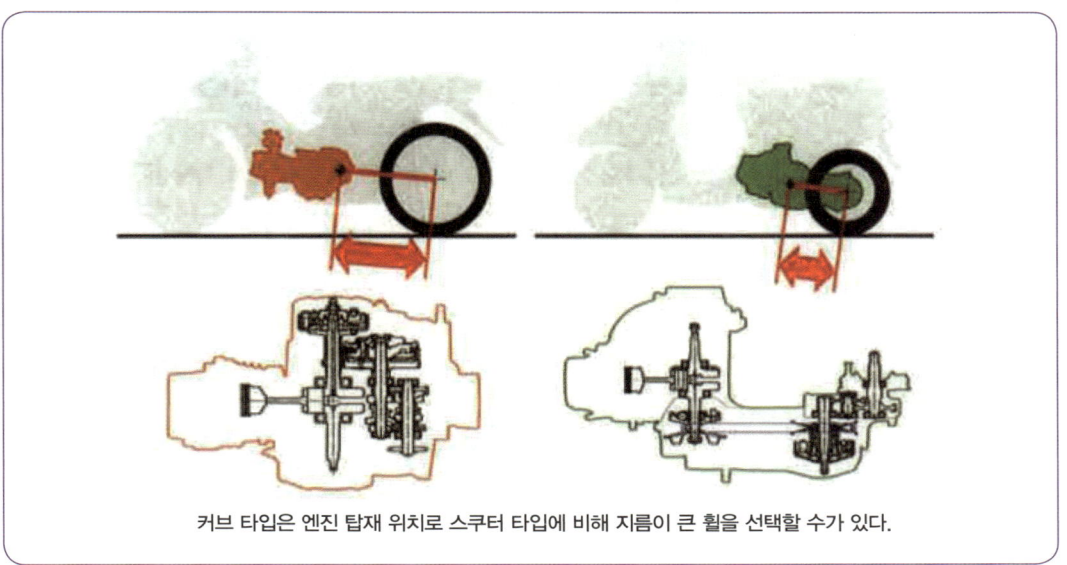

커브 타입은 엔진 탑재 위치로 스쿠터 타입에 비해 지름이 큰 휠을 선택할 수가 있다.

5-2 커브 타입과 스쿠터 타입

1) 커브 타입

일반적인 바이크처럼 엔진에 원심 클러치와 변속기를 장착하고 체인 드라이브식 2차 감속기구를 채택하였다.

커브타입은 스쿠터 타입에 비해 지름이 큰 타이어를 손쉽게 채택할 수 있다는 점으로써 동남아시아 등 신흥국가에서 험로주행에 큰 장점이 있다.

커브타입에 도입된 CV매틱 엔진 V벨트식 무단변속기를 크랭크축 케이스 우측에 설치한다.

2) 스쿠터 타입

스윙 암 유닛에 V벨트식 무단변속기가 들어 있고, 후륜 쪽에 원심 클러치를 갖추고 있다.

◆ 그림 2-24 스쿠터 엔진

5-3 엔진 사이즈 비교

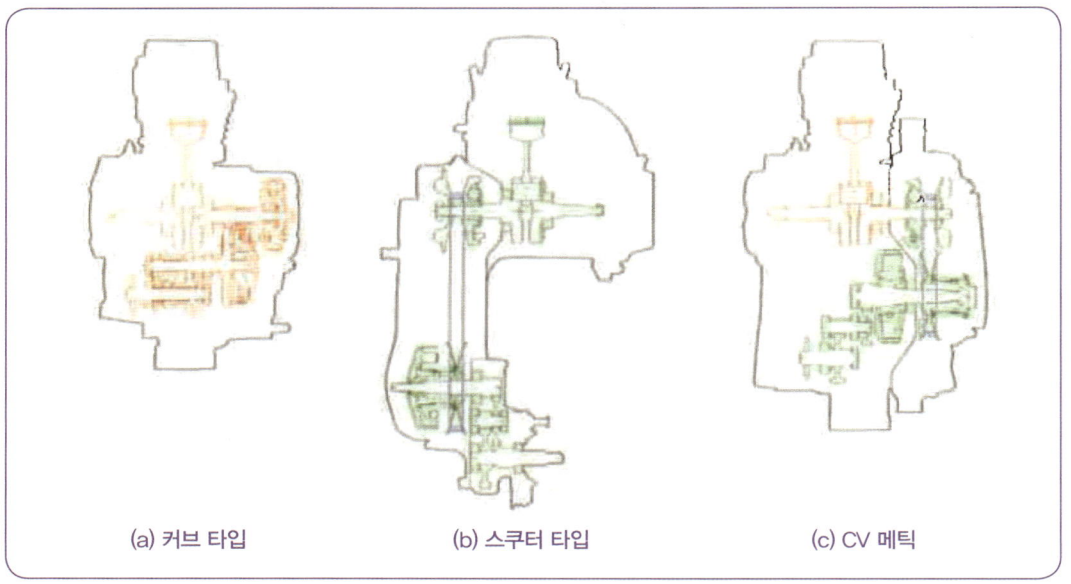

(a) 커브 타입   (b) 스쿠터 타입   (c) CV 메틱

5-4 효과적인 냉각 관리

V벨트식 무단 변속기는 벨트와 풀리의 마찰열, 엔진 유온 등에 의해 변속기실 온도가 매우 높아진다. 축간을 짧게 해서 풀리와 벨트를 엔진 크랭크케이스에 탑재하는 CV 매틱의 경우는 기존의 V벨트식 무단 변속기보다 그 영향이 커서 변속기실 냉각이 더욱 중요하다.

CV 매틱은 냉각 플레이트와 리브 형상 그리고 냉각구조를 개량함으로써 냉각풍을 변속기실 전체에 순환시켜 실내온도를 낮추는 냉각구조를 채택하고 있다.

또한 주행풍에 닿기 편한 실린더 블록 측면에 소형 오일 쿨러를 장착해서 변속기실과 인접하는 오일 챔버의 오일을 적극적으로 냉각함으로써 변속기실 온도 상승을 억제하여 내구성 향상에 크게 기여한다.

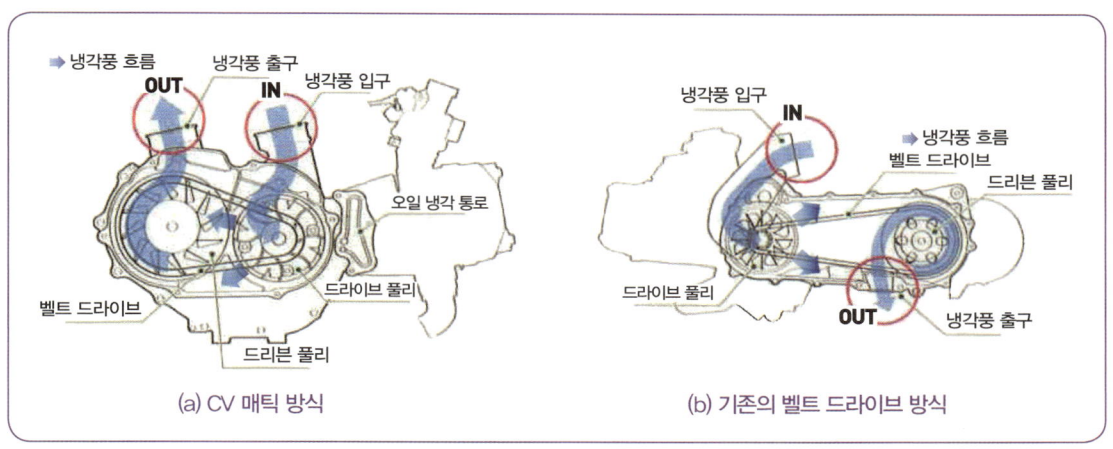

(a) CV 매틱 방식
(b) 기존의 벨트 드라이브 방식

CHAPTER 02 시동장치

01 시동장치의 개요

1 셀프식

직류 모터를 배터리 전기로 회전시켜 크랭크축에 연결되어 있는 기어들을 회전시킴으로써 엔진 시동을 거는 것이 셀프식이다.

시동 모터를 회전시키기 위해서는 큰 전류가 필요하므로 마그네틱 스위치라는 전자석을 사용하는 스위치가 배터리와 시동모터 사이에 설치되어 있다.

스타트 릴레이가 보내온 전류로 시동모터가 돌면 피니언 기어가 크랭크축에 연결되는 일련의 기어와 크랭크축이 회전하게 된다.

엔진이 시동되면 크랭크축 회전이 모터보다 빨라지게 되는데 상시 맞물림 방식에서 감속 기어에 원웨이 클러치(오버런닝 클러치)가 설치되어 있어서 엔진이 모터를 돌리지 못하도록 한다.

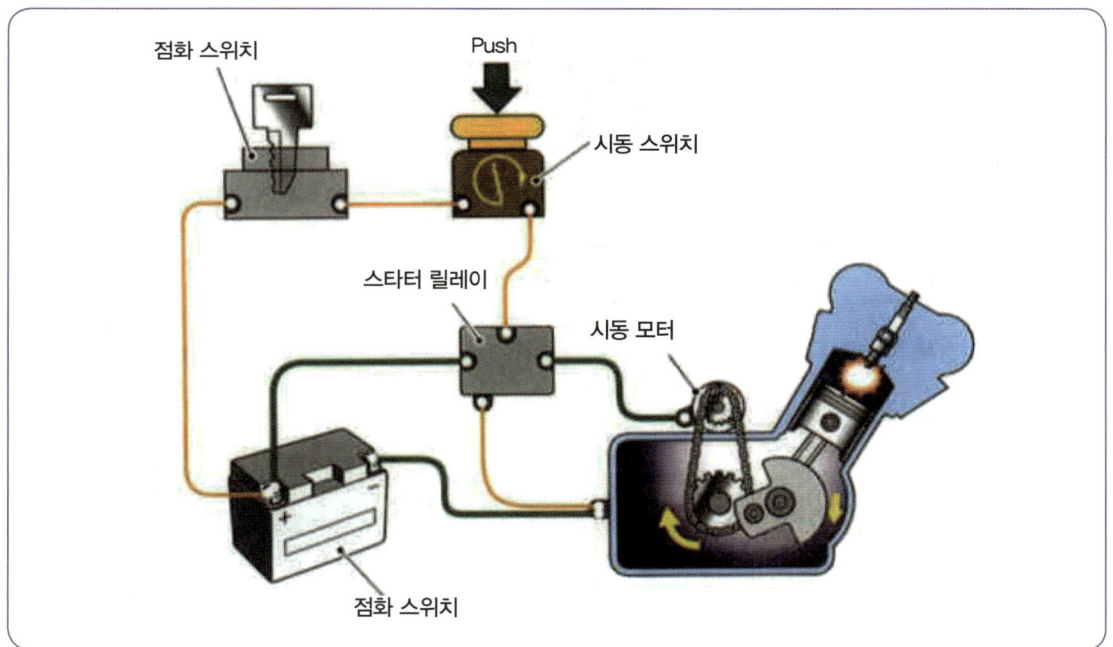

❖ 그림 2-25 셀프식의 작동구조

2 변속기에 설치된 시동장치식

셀프 타입이나 킥식의 시동장치는 크랭크축을 돌리는 구조이나, 변속기에 설치된 시동장치는 공간적인 제약이 있으며, 킥 스타터나 시동모터를 탑재할만한 공간이 엔진 내부에는 없다.

그리고 크랭크축을 돌리려면 큰 힘이 필요하기 때문에 감속된 기어를 돌리면 부하를 줄일 수 있다. 그래서 변속기에 장착하여 직경이 가장 큰 클러치 아우터 드리븐 기어에 시동 기어를 장착하면 작은 힘으로도 크랭크축을 돌릴 수 있다.

리어 타이어를 돌려서 크랭크축을 돌릴 수도 있는 방법이 밀어 걸기 방법으로 변속기의 2단이나 3단에 넣고 클러치를 당긴 채로 바이크를 밀다가 직류 모터를 배터리 전기로 크랭크축에 연결되어 있는 기어들을 회전시킴으로써 엔진 시동을 걸 수 있다. 이는 무거운 바이크라도 내리막길을 이용하면 가능한데 배터리가 방전되었을 때 효과적인 방법이다.

3 킥 스타트식

시동 모터가 등장하기 전 킥 스타트가 일반적인 방법이었는데 시동모터가 등장한 이후에도 2사이클 바이크나 배기량이 적은 스쿠터, 경량화가 중요한 오프로드 바이크 등에 채택되었다. 최근의 모델은 거의 시동 모터를 장착하고 있으며, 킥 스타터도 함께 채택하는 경우도 많다.

4 프라이머리식

라이더가 킥 페달을 밟아 내리면 킥 스타트 드라이브 기어가 돌면서 아이들 기어를 거쳐 프라이머리 드리븐 기어(클러치 아우터)에 회전이 전달된다. 킥 페달의 회전력은 1차 감속기구를 역방향으로 돌려서 크랭크축을 회전시키는 구조이다.

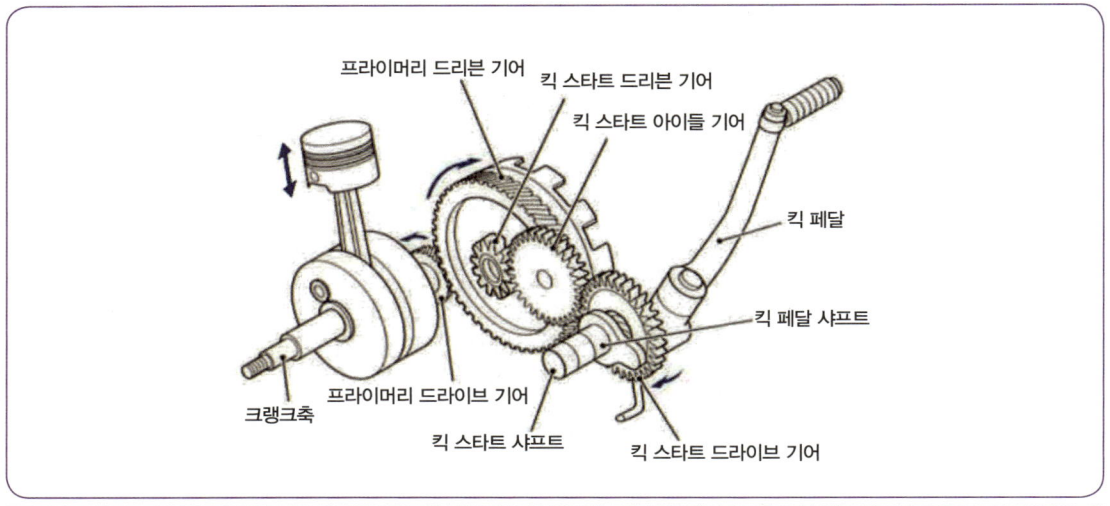

❋ 그림 2-26 프라이머리식 킥 스타터 방식

5 세컨더리식

킥 페달의 회전이 아우터 튜브가 아닌 변속기 드라이브 샤프트 쪽 1단 기어에 전달되어 메인 샤프트 1단 기어를 거쳐 클러치를 통해 1차 감속기구를 회전시킨다. 프라이머리식보다는 부품수가 적다는 장점이 있으며 킥 페달 회전력이 변속기를 거쳐 클러치에 전달되므로 클러치가 연결되어 있지 않으면 회전이 클러치에 전달되지 않는다.

프라이머리식은 중립기어 외에도 클러치 레버를 당기면 엔진시동이 가능하지만 세컨더리식은 기어가 중립에 있어야만 엔진 시동이 가능한 구조이다.

6 디컴프레션 기구

압축비가 큰 엔진은 킥 페달을 밟아 내리기가 매우 힘이 들기 때문에 배기 밸브를 조금 열어서 압축된 혼합기를 일시적으로 빼서 킥 페달을 편하게 하는 것이 디컴프레션 기구이다.

밸브 리프터라 불리는 캠을 캠축 옆에 설치하여 전용 와이어로 이것을 조작한다. 컴프레션 레버를 작동하는 방식은 수동식과 킥 페달과 연동해서 작동하는 자동식이 있다.

CHAPTER 03 첨단변속기

01 HFT(Human Friendly Transmission)

유압기계식 무단 변속기 HFT는 하나의 축에 출발, 동력 전달, 변속 기능까지 지닌 무단 변속기이며, 크기는 매뉴얼 변속기와 거의 같으며, 차체 디자인의 자유도가 높고, 다이렉트한 작동성과 우수한 응답성이 특징이다.

※ 그림 2-27 HFT 변속기

1 HFT(Human Friendly Transmission) 구성

엔진 동력을 유압으로 변환하는 유압 펌프, 유압을 다시 동력으로 변환해서 출력하는 오일펌프, 각각 복수의 피스톤과 디스트리뷰터 밸브, 피스톤을 움직이는 사판, 출력축과 일체화된 실린더가 있다. 변속기에 대한 충격이 전혀 없고 ECU의 설정에 따라 간단하게 출력 특성을 조절할 수 있으며, 클러치 레버가 없고 사전에 설정된 가상의 기어 단수를 라이더가 직접 조정할 수 있는 기능이 있다.

상대적으로 흔치 않은 시스템이었기 때문에 대중화에 어려움이 있었고 오토매틱인데 수동으로 기어를 선택할 수는 있지만 정확하게 단수가 나눠지지 않고 변속을 입력하더라도 즉각적으로 반응을 알 수 없었다.

2 HFT(Human Friendly Transmission) 구조

크랭크축의 회전은 오일 펌프의 외주의 톱니바퀴에 전달되어 유압이 발생되며, 이 유압을 오일모터가 회전운동으로 변환해서 출력축에 전달한다. 오일모터 출력은 전기 모터로 전자제어로 제어하며, 붉은 부분은 오일 펌프, 푸른 부분은 오일 모터를 나타낸다.

오일 모터, 오일펌프는 각각 사판과 피스톤이 설치되어 있으며, 실린더에는 오일 펌프와 오일 모터의 피스톤이 삽입되어 있어서 출력 축과 일체화 구조를 이루고 있다.

펌프 사판은 고정되어 있고 모터 사판은 경사를 자유롭게 바꿀 수 있도록 설계되어 있다.

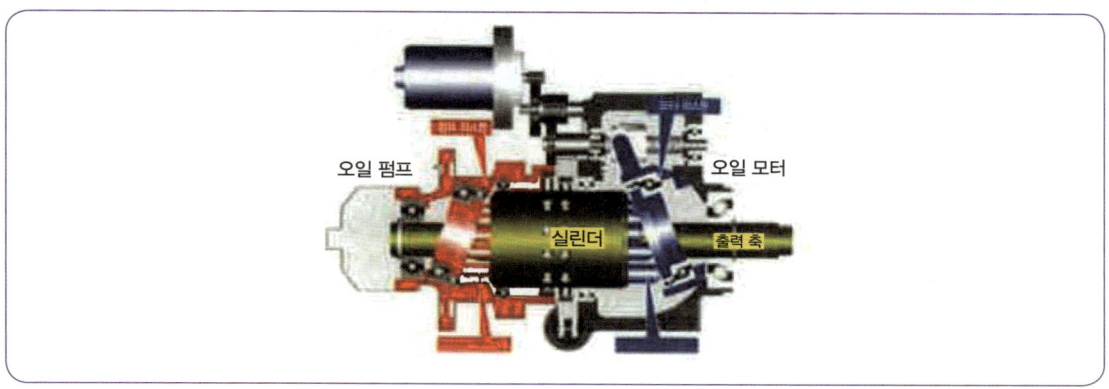

3 HFT(Human Friendly Transmission) 변속

HFT의 변속은 전자제어로 이루어지며, 엔진 회전수와 스로틀 개도 등 다양한 정보를 ECU가 받아서 컨트롤 모터를 작동시킨다. 컨트롤 모터의 회전은 볼 나사로 직진운동으로 변환되어 모터 사판의 기울기를 변화시킨다.

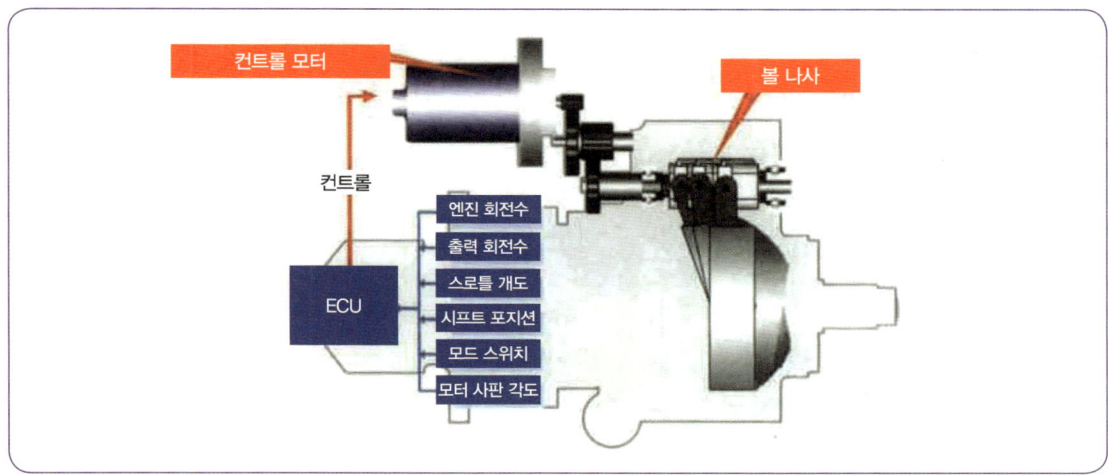

4 HFT(Human Friendly Transmission) 적용 모델

V형 2기통 680cc 엔진을 탑재하는 스포츠 크루저 DN-01은 클러치 조작이 필요 없고 간단한 조작만으로 스포티한 라이딩이 가능하다.

❀ 그림 2-28 HFT가 적용된 혼다 DN-01

02 YCC-S(Yamaha Chip Control Shift)

클러치 레버를 잡을 필요 없이 수동 변속하는 방식으로 클러치는 컴퓨터에서 제어해 주고 변속은 기존 매뉴얼 바이크와 다를 바 없이 수동으로 조작하는 구조이다.

기어 변속은 풋 레버를 업&다운 시프트하여 변속을 하거나 핸들 좌측 스위치 하단에 노출된 스위치를 엄지와 검지로 조작하여 변속하는 방법으로 구분된다.

YCC-S는 너무 높은 회전수에서는 자동으로 또는 라이더에 의한 변속이 허용되지 않으며 1,300rpm 이하에서는 동력 전달이 되지 않는다.

2개의 전동식 액추에이터는 YCC-S 컨트롤러(ECU)에 의해 엔진 회전수, 차속, 스로틀 개도, 기어포지션, 발이나 손으로 조작하는 시프트 스위치 신호의 입력으로 제어된다.

1 YCC-S(Yamaha Chip Control Shift) 구조

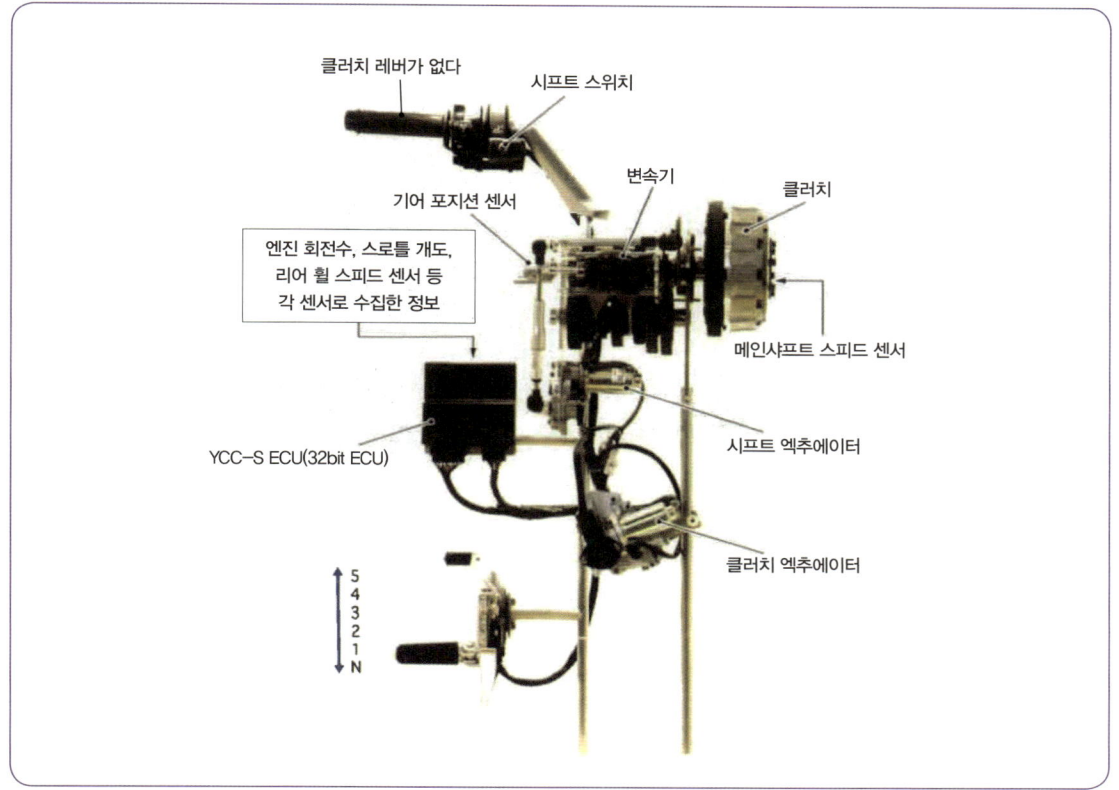

2 YCC-S(Yamaha Chip Control Shift) 운전 조작

① **엔진 시동** : 전후 브레이크를 건 상태에서 엔진 시동 스위치로 시동한다.
② **발진** : 1~5단 중에서 스로틀을 열어 엔진 회전수가 올라가면 컨트롤러가 자동으로 클러치를 연결해서 출발한다.
③ **시프트 업** : 정차 중에는 중립에서 1단으로만 가능하지만 주행 중에는 1~5단까지 시프트 업 할 수 있다.
④ **시프트 다운** : 주행 중에는 1~5단으로 시프트 다운할 수 있으며, 중립에는 정차 중에만 할 수 있다.
⑤ **정차** : 주행 중의 기어 단수에 관계없이 엔진이 멈추지 않도록 자동으로 클러치가 끊어진다. 다만 자동으로는 1단으로 시프트 다운되지는 않으며, 1단이나 중립으로는 라이더가 조작해야 한다.

3 YCC-S(Yamaha Chip Control Shift) 적용 모델

❖ 그림 2-29 야마하 FJR 1300AS

03 듀얼 클러치 변속기(DCT : dual clutch transmission)

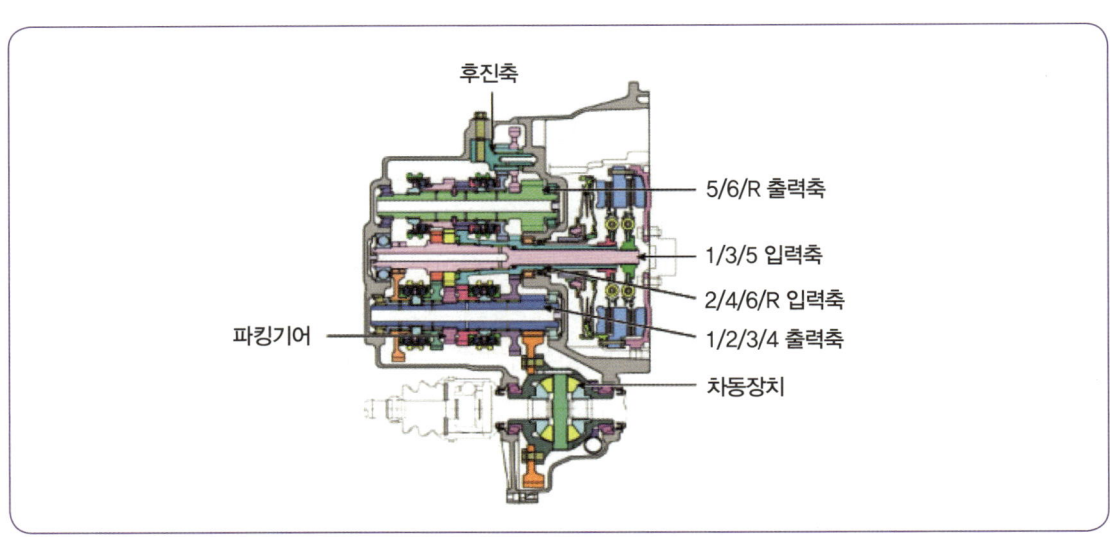

❖ 그림 2-30 듀얼 클러치 변속기

1 듀얼 클러치의 개요

듀얼 클러치는 건식 듀얼 클러치와 습식 듀얼 클러치로 나눌 수 있다. 건식 DCT는 단판 클러치로 클러치가 작동할 때 오일이 개입하지 않는 방식으로 작고 무게가 가볍다. 반면 클러치가 마찰에 노출되기 때문에 열이 많이 발생하고 내구성이 취약하다. 따라서 높은 토크를 내는 기관에 사용하기 어렵고 변속충격이 강하여 승차감이 떨어진다.

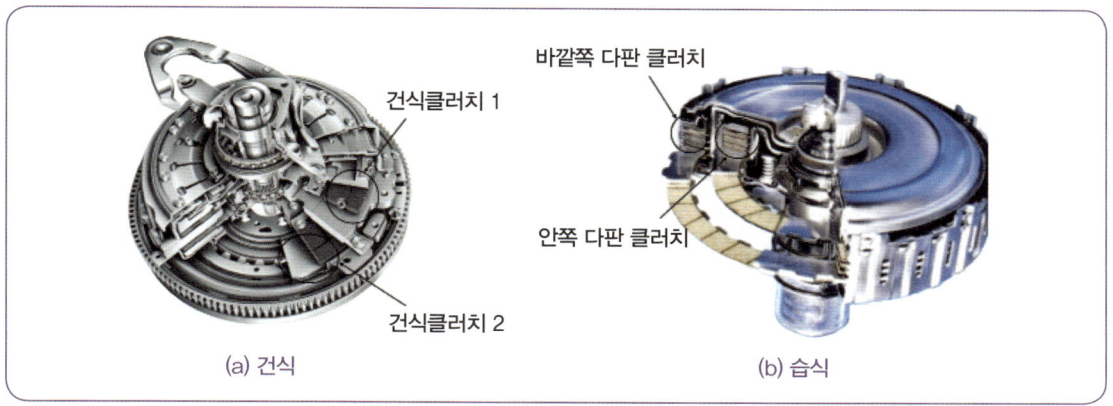

※ 그림 2-31 듀얼 클러치

습식 DCT는 클러치 작동에 있어 오일이 개입하는 방식으로 판이 여러 개인 다판 클러치 방식으로 부드러운 변속이 가능하다. 오일이 마찰면의 윤활제 역할을 하고 쿨러로 가열된 오일을 쿨링하는 방식으로 강한 내구성이 있어 높은 토크의 기관에도 사용할 수 있어 고출력 바이크에 주로 사용된다. 오일이 많이 사용되므로 미션 오일을 자주 교환해 주어야 하고, 오일을 제어할 오일펌프 및 솔레노이드밸브, 쿨러 등의 추가 부품이 들어가기 때문에 연비도 떨어진다.

듀얼 클러치는 변속기 내부에 장착되어 있다. 듀얼 클러치는 홀수 클러치와 짝수 클러치로 구성된다. 홀수 클러치는 홀수단 변속시 기관의 동력을 변속기에 전달 및 차단 역할을 한다. 짝수 클러치는 짝수단 변속시 기관의 동력을 변속기에 전달 및 차단 역할을 한다.

2 DCT의 장·단점

2-1 장점

① 매우 빠르고 부드러운 변속
② 동력손실이 매우 적고 자동변속기 대비 6~10% 이상 연비가 좋다.
③ 일반 자동변속기와 같이 편리하다.

2-2 단점

① 구조상 공간이 협소하여 클러치의 마찰 면을 싱글 클러치만큼 크게 할 수가 없다.
② 허용 토크값이 낮다.
③ 미션이 차지하는 공간과 무게가 크다.

3 듀얼 클러치 변속기의 작동

운전자가 가속페달을 조작하면 컴퓨터가 최적의 변속시점을 판단하여 자동으로 변속된다.

듀얼 클러치 변속기는 클러치가 2개이고, 톱니바퀴가 배열된 회전축이 2개이다. 즉, 듀얼 클러치 변속기는 각 단을 2개의 축으로 구분하여 배열하고(1-3-5, 2-4-6), 2개의 축을 각각 담당하는 클러치를 2개를 둠으로써 다음 변속을 최대한 빠르게 한 변속기이다.

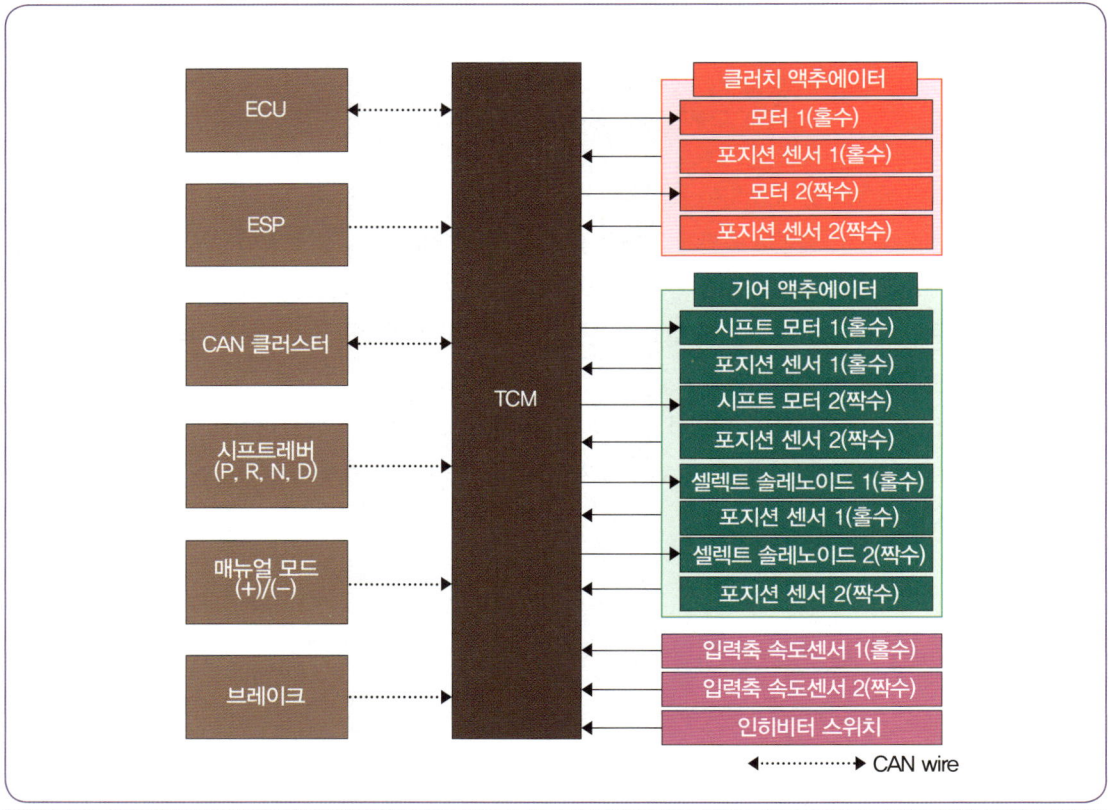

❄ 그림 2-32 듀얼클러치 변속기 시스템 구성도

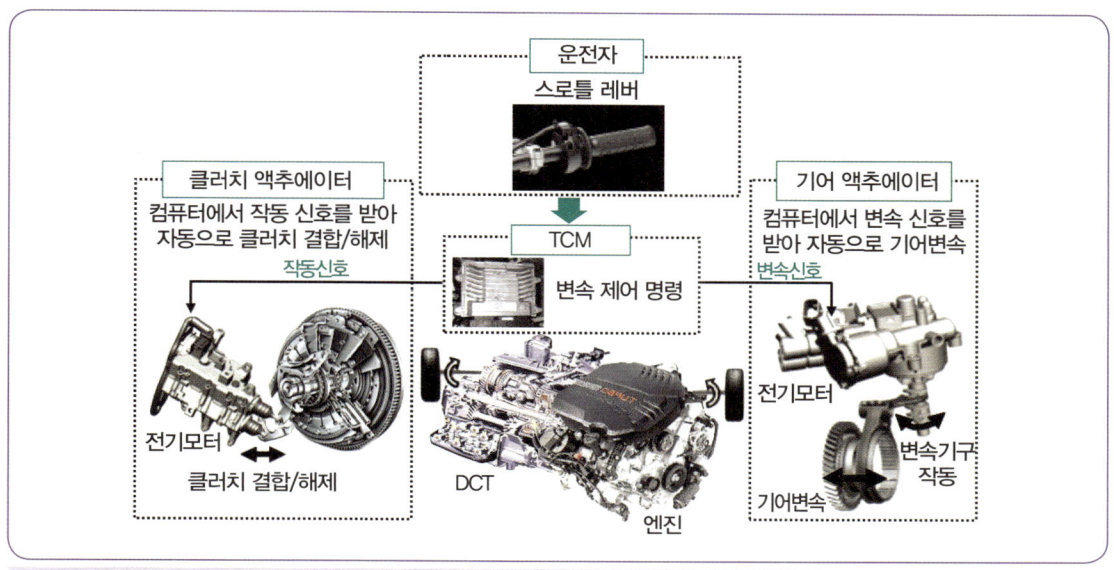

❀ 그림 2-33 듀얼 클러치 변속기 작동원리

하나의 회전축은 1-3-5단을 담당하고 다른 회전축은 2-4-6단을 담당하되, 클러치와 연결된 회전축 선은 하나이지만 안쪽과 바깥쪽으로 구분하여 회전축을 구동한다. 즉, 1-3-5단이 물릴 때는 안쪽 회전축이 회전하고, 2-4-6단이 물릴 때는 바깥쪽 회전축이 회전한다.

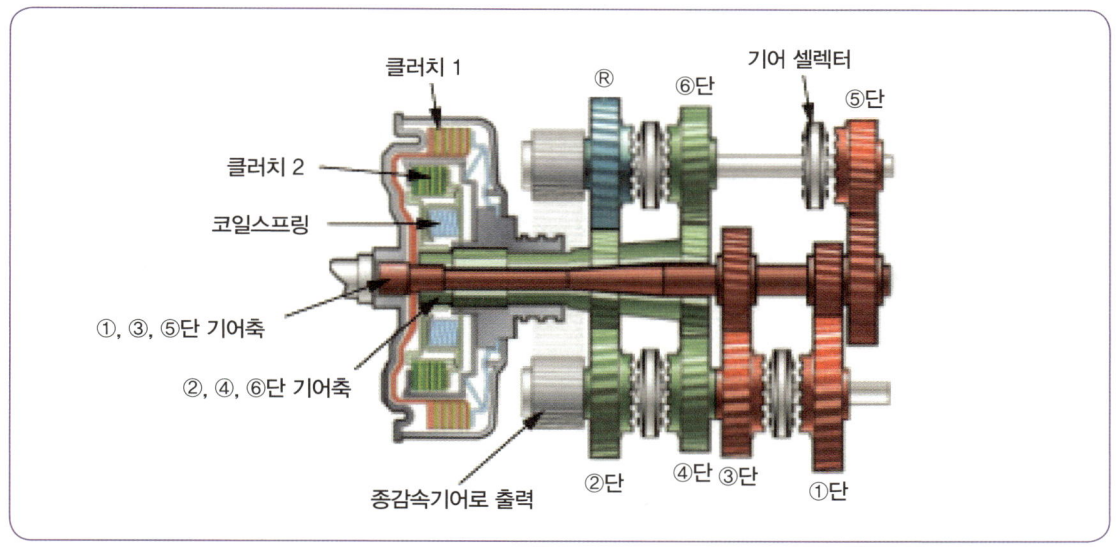

❀ 그림 2-34 DCT의 구조

클러치는 클러치박스 내에 2개의 클러치가 있어서 클러치 1은 1-3-5단 회전축과 물려있고, 클러치 2는 2-4-6단 회전축과 물려있다. 즉, 밀면 1번 클러치가 물리고 당기면 2번 클러치가 물리는 것이다. 기어 셀렉터 포크는 유압 또는 모터를 이용하여 작동한다.

4 주요 구성부품

4-1 클러치 액추에이터 어셈블리

클러치 액추에이터는 트랜스미션 컨트롤 모듈(TCM)로부터 신호를 받아, 클러치를 결합 및 해제하는 역할을 한다.

4-2 기어 액추에이터 어셈블리

기어 액추에이터는 시프트 모터와 셀렉트 솔레노이드로 구성되어 있으며 TCM의 신호를 받아 시프트 모터와 셀렉트 솔레노이드를 제어한다.

4-3 입력축 속도센서 1, 2

입력축 속도센서는 변속기 입력축 회전수를 감지하여 TCM으로 전달하는 입력센서이며, 이 출력센서는 전자제어에 있어 중요한 입력 정보로 피드백 제어, 변속단 설정 제어, 기타 센서 고장 판정기준 등 모든 작동 범위에서 필요한 정보이다.

5 듀얼 클러치 변속기(DCT : Dual Clutch Transmission) 구조도

혼다의 듀얼 클러치 변속기는 이너 샤프트에 홀수단(1,3,5단)을, 아우터 샤프트에 짝수단(2,4,6단)을 배열한 메인 샤프트를 채택하고 있다. 이너 샤프트와 아우터 샤프트는 각각 독립적인 클러치가 설치되어서 두 클러치의 전환으로 신속하고도 충격이 없는 변속이 가능하다. 2개의 클러치가 번갈아 가면서 동력을 전달하니 빠른 기어 체인지가 가능하다.

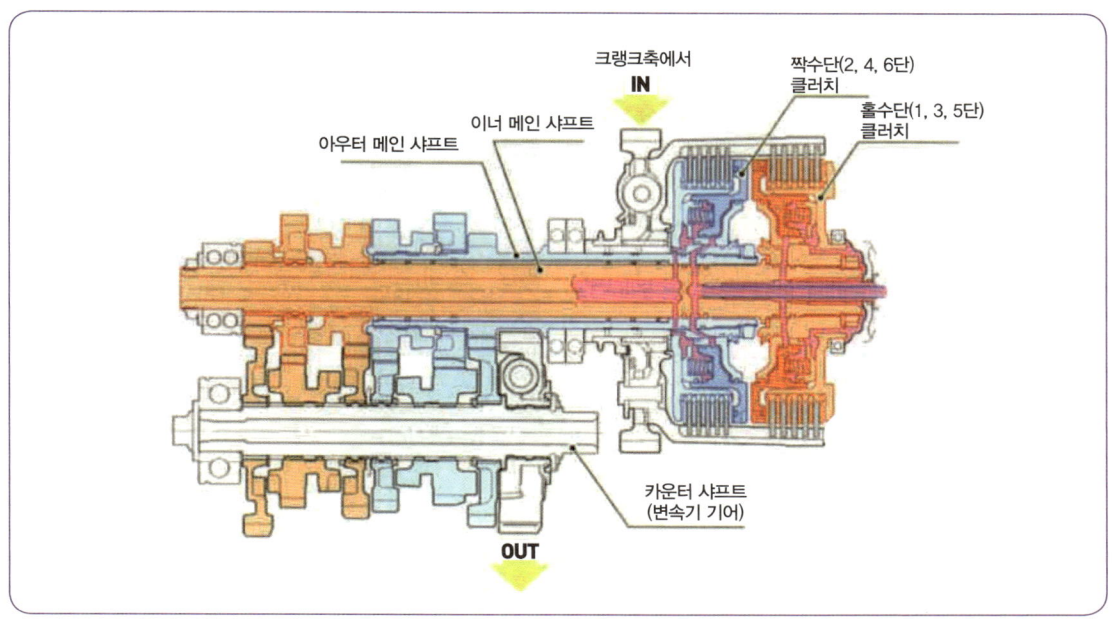

제어용 유압 피스톤 챔버에 리니어 솔레노이드 밸브 1, 2로부터의 유압이 걸리면서 프레셔 플레이트가 이동하고 이에 의해 클러치가 눌리면서 클러치가 연결된다.

독립적으로 제어되는 클러치1(1, 3, 5단)과 클러치2(2, 4, 6단)을 협조 제어함으로써 구동력이 끊이지 않고 변속조작이 순식간에 이루어진다.

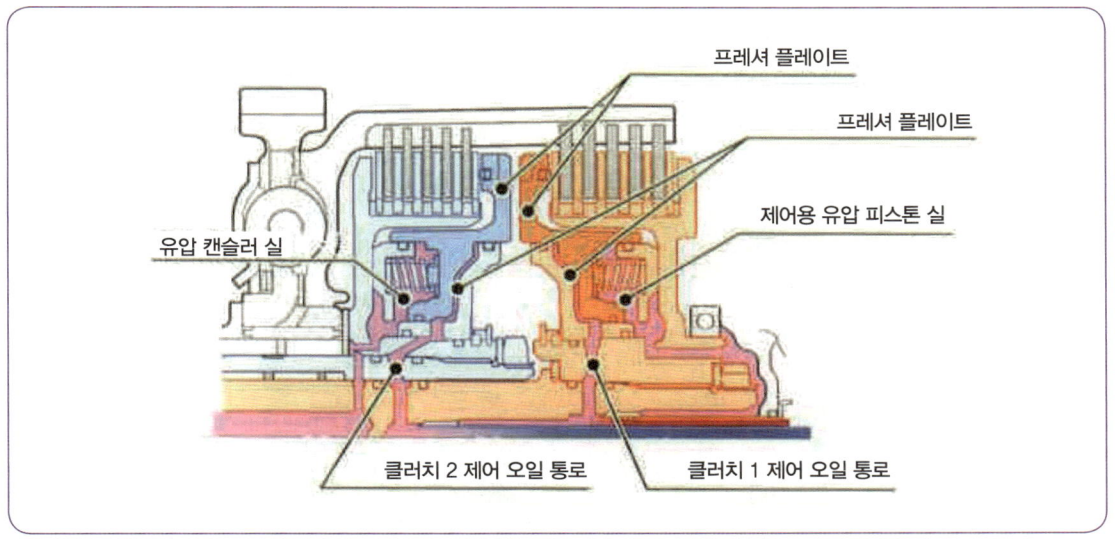

리니어 솔레노이브 밸브 등의 클러치 제어 디바이스와 유압회로를 모두 엔진커버 안에 집약시킴으로써 경량 소형의 구조를 실현하였다. 2개의 제어 디바이스로 각각의 클러치를 독립 제어함으로써 부드러운 발진과 충격 없는 변속이 가능하다.

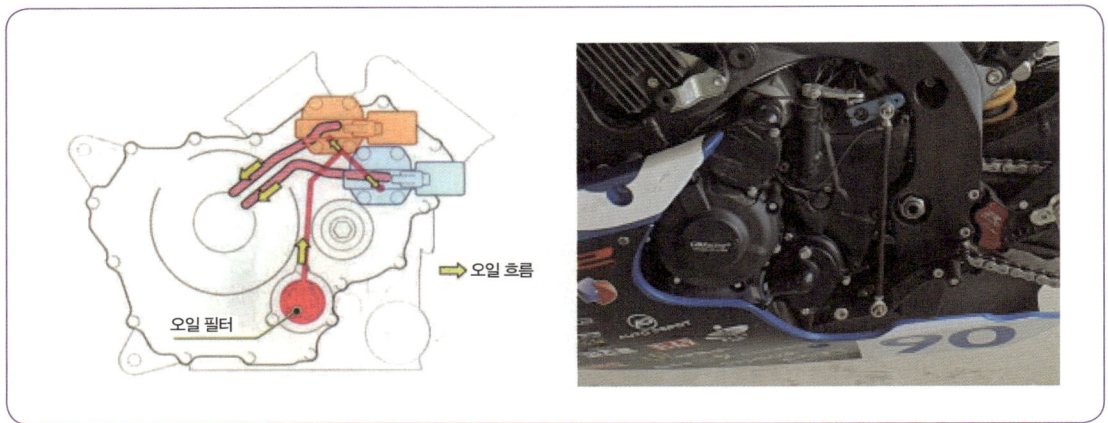

오일 흐름
오일 필터

6 시프트 기구

MT와 마찬가지로 시프트 기구는 시프트 드럼의 회전으로 기어를 작동하며, 시프트 드럼 회전은 모터로 이루어져 최적의 위치로 제어된다.

2개의 클러치 전환은 하나의 시프트 드럼 회전으로 이루어지며, 기본구조를 MT와 동일한 구조로 함으로써 심플, 경량, 소형의 시스템이 가능해졌다.

1단에서 2단으로 변속할 경우 컴퓨터가 변속을 감지하면 2단으로 예비 변속을 실시하고 2단 기어의 짝수단 측 클러치가 대기 상태로 들어간다. 1단 기어 홀수단 측 클러치를 차단함과 동시에 2단 기어의 클러치를 연결함으로써 변속 시 충격이 없는 변속을 실현한다.

핸들 좌측 그립의 시프트 조작은 물론 기존의 바이크처럼 왼발 시프트 조작으로도 변속기 조작이 가능하다.

7 듀얼 클러치 변속기(DCT : Dual Clutch Transmission) 조작

① **AT모드** : 주행상황에 따라 자동적으로 시프트 조작이 이루어지는 모드
② **MT모드** : 스위치로 기어를 시프트 할 수 있는 모드
③ **D모드** : 연비 중시 주행부터 스포츠 주행까지 폭넓은 대응이 가능한 설정
④ **S모드** : 고속회전을 유지하는 스포츠 주행에 특화된 시프트 설정

변속기와 클러치는 주행 중 프로그램된 시프트는 설정에 따라 전자제어로 이루어지며 D(S) 스위치를 조작하면 D모드 또는 S모드를 자유롭게 선택가능하다.
AT모드에서 이 조작을 실시하면 자동적으로 MT모드로 전환되고, 정지하면 자동적으로 1단으로 되돌아간다.

CHAPTER 04 현가장치

공도를 주행하는 자동차의 현가장치는 차축과 차체를 연결하여, 주행할 때 차축이 노면에서 받는 진동이나 충격이 차체에 직접 전달되지 않도록 하여 차체나 화물의 손상을 방지하고 승차 감각을 향상시키는 장치를 말하며, 성능과 특성에 따라 주행 시 차체의 자세가 결정되기 때문에 승차감이나 조종성에도 큰 영향을 미친다.
이륜자동차에서는 쇽업쇼버를 현가장치라고 정의한다.

01 현가장치(suspension system)의 개요

현가장치는 차축과 차체를 연결하여, 주행할 때 차축이 노면에서 받는 진동이나 충격이 차체에 직접 전달되지 않도록 하여 차체나 화물의 손상을 방지하고 승차 감각을 향상시키는 장치이다.
현가장치는 코일스프링, 판스프링, 쇽업쇼버, 토션바 스프링, 에어스프링 등이 있으며, 현재는 마이크로 컴퓨터를 이용한 전자제어 현가장치(ECS)도 실용화되어 사용되고 있다. 현가장치의 구비조건은 다음과 같다.

① 도로 면에서 받는 충격을 완화하기 위해 상·하방향의 연결이 유연하여야 한다.
② 바퀴에 발생하는 구동력, 제동력 및 선회할 때의 원심력 등을 이겨낼 수 있도록 수평 방향의 연결이 튼튼하여야 한다.
③ 가벼워야 한다(스프링 질량의 절반은 스프링 아래질량(unspring mass)으로 취급한다).
④ 설치공간을 적게 차지해야 한다.
⑤ 정비가 쉬워야 한다.
⑥ 적차 또는 공차상태를 막론하고 가능한 차체의 고유진동수가 같도록 해야 한다.
⑦ 적차 또는 공차상태에도 차체의 최저 지상고는 가능한 한 변화가 적어야 한다.

02 현가장치(쇽업쇼버)의 기능과 구조

① 바이크 전후 2개의 타이어가 받는 충격을 흡수하고 차체를 안정시키는 완충장치 역할을 한다.
② 바퀴와 차체를 연결하고 지지하는 현가장치로서의 역할도 담당한다.
③ 타이어와 차체사이에 강력한 코일스프링을 설치하고 그 진동을 흡수하기 위한 쇽업쇼버를 장착한다.
④ 전륜에는 텔레스코픽 포크, 후륜에는 스윙암 피벗을 중심으로 원운동을 하게 된다.

1 스프링

신축방향과 자유롭게 굽히는 성질을 이용하여 텔레스코픽 프런트 포크의 경우 원통파이프에 오일과 함께 구성되어 있으며, 스윙 암 리어 현가장치에는 암으로 바퀴의 움직임을 제어해서 상하운동 또는 원호를 그리도록 일정한 범위 안에서만 움직이도록 설계되었다.

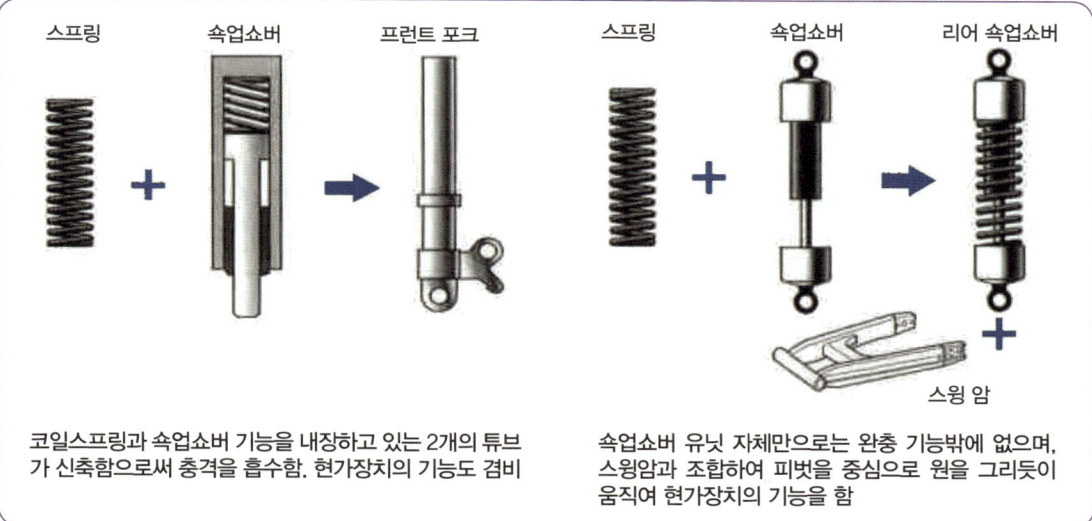

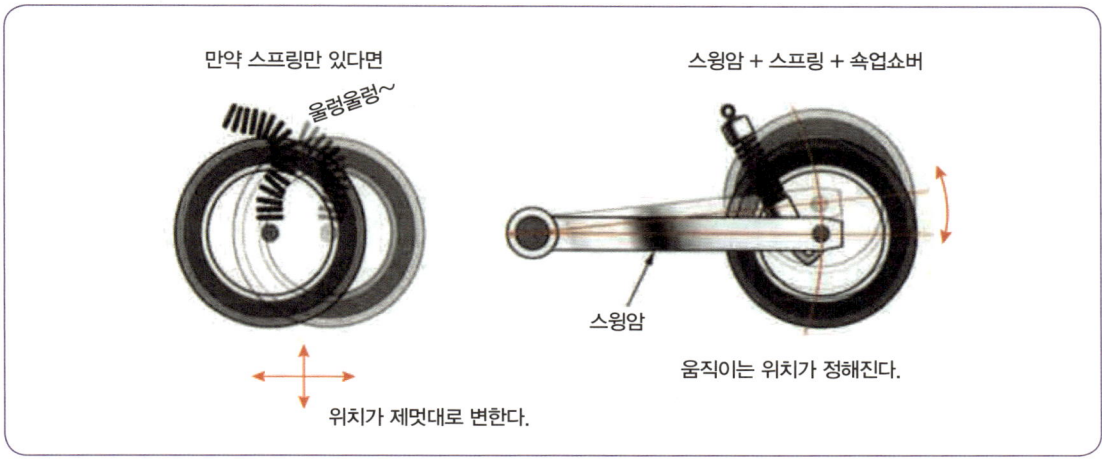

스프링만으로는 바퀴가 움직이는 방향을 제어할 수 없으므로 암으로 움직이는 범위를 제한하여 현가장치로의 기능을 발휘한다.

2 쇽업쇼버(shock absorber)

쇽업쇼버는 도로 면에서 발생하는 스프링의 진동을 흡수하여 승차 감각을 향상시키고 동시에 스프링의 피로를 감소시키기 위해 설치하는 기구이다. 쇽업쇼버는 스프링이 압축될 때에는 급격히 압축되고 늘어날 때는 천천히 작용하여 스프링의 상하 운동에너지를 열에너지로 변환시키는 일을 한다.

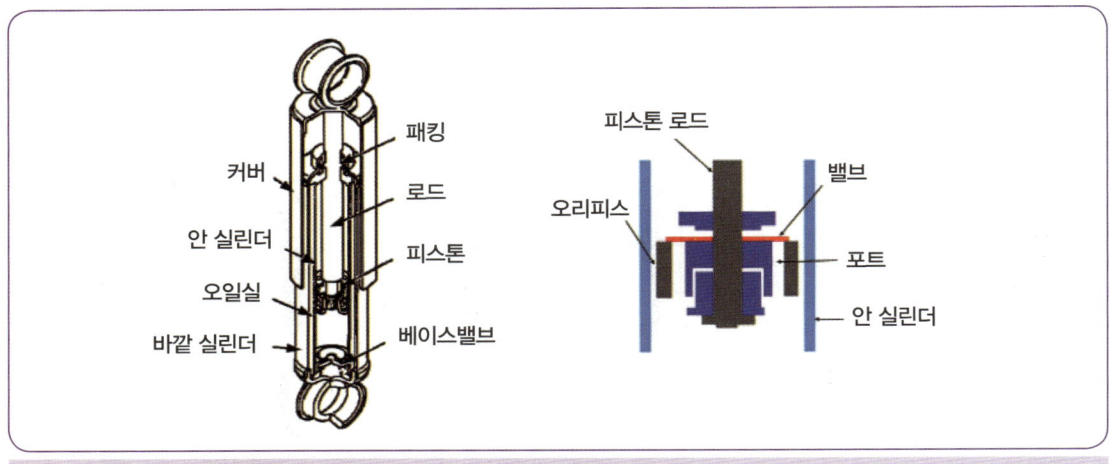

✿ 그림 2-35 쇽업쇼버의 구조

2-1 단동형(mono tube) 쇽업쇼버

이것은 스프링이 늘어날 때에 통과하는 오일의 저항으로 진동을 조절하고, 스프링이 압축될 때에는 오일이 저항 없이 통과하도록 하여 차체에 충격을 주지 않으므로 좋지 못한 곳에서 유리하다.

2-2 복동형(double tube) 쇽업쇼버

이것은 스프링이 늘어날 때와 압축될 때 모두 저항이 발생되는 형식이며, 출발할 때 노스업(nose up)이나 제동할 때 노스다운(nose down)을 방지할 수 있다.

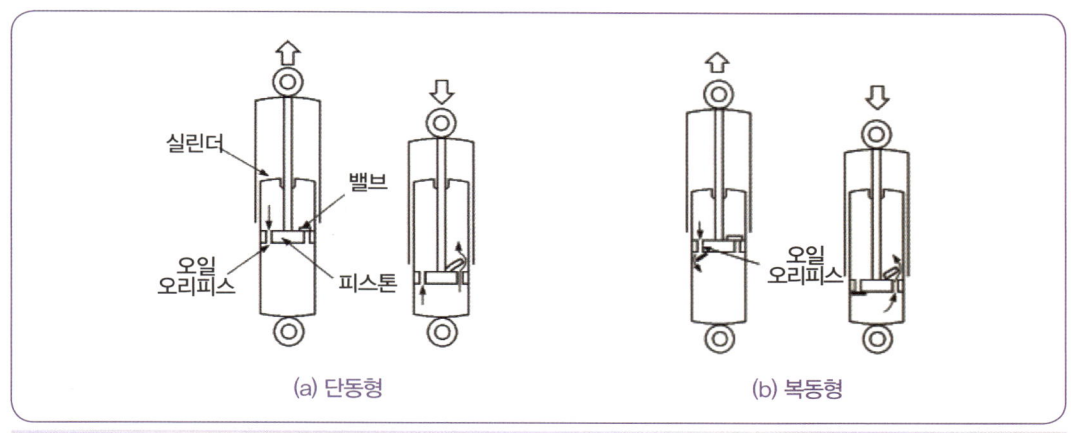

✿ 그림 2-36 단동형과 복동형 쇽업쇼버

3 드가르봉식(가스 봉입) 쇽업쇼버

이 형식은 유압식의 일종이며 프리 피스톤(free piston)을 더 두고 있으며, 프리 피스톤의 위쪽에는 오일이 들어 있고, 아래쪽에는 고압($30kgf/cm^2$)의 질소가스가 봉입되어 내부에 압력이 걸려 있고 1개의 실린더가 있다. 작동은 쇽업쇼버가 압축될 때 오일이 오일실 A(피스톤 아래쪽)의 유압에 의해 피스톤에 설치된 밸브의 바깥둘레가 열려 오일실 B로 들어온다. 이때 밸브를 통과하는 오일의 유동 저항으로 인해 피스톤이 하강함에 따라 프리 피스톤도 가압된다.

쇽업쇼버의 작동이 정지하면 프리 피스톤 아래쪽의 질소가스가 팽창하여 프리 피스톤을 밀어 올려 오일실 A의 오일에 압력을 가한다.

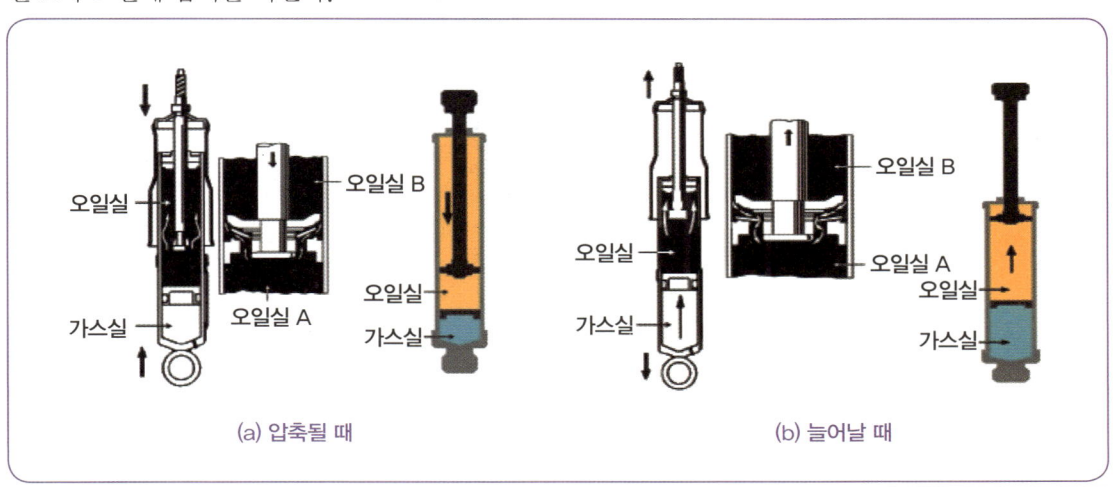

✿ 그림 2-37 드가르봉식 작동

그리고 속업쇼버가 늘어날 때에는 피스톤의 밸브는 바깥둘레를 지점으로 하여 오일실 B에서 A로 이동하지만 오일실 A의 압력이 낮아지므로 프리 피스톤이 상승한다. 또 늘어남이 정지하면 프리 피스톤은 원위치로 복귀한다.

3-1 드가르봉식 속업쇼버의 특징

① 구조가 간단하다.
② 작동할 때 오일에 기포발생이 없어 장시간 작동하여도 감쇠 효과의 감소가 적다.
③ 실린더가 1개이므로 냉각 성능이 크다.
④ 내부에 압력이 걸려 있어 분해하는 것은 위험하다.

3-2 보조 탱크 타입

격렬한 주행조건에도 대처할 수 있는 타입이 드가르봉 타입의 발전형이라고 할 수 있는 보조 탱크 방식이며, 가스실을 별도로 마련함으로써 속업쇼버에서 설정가능한 행정을 크게 확보할 수 있다.

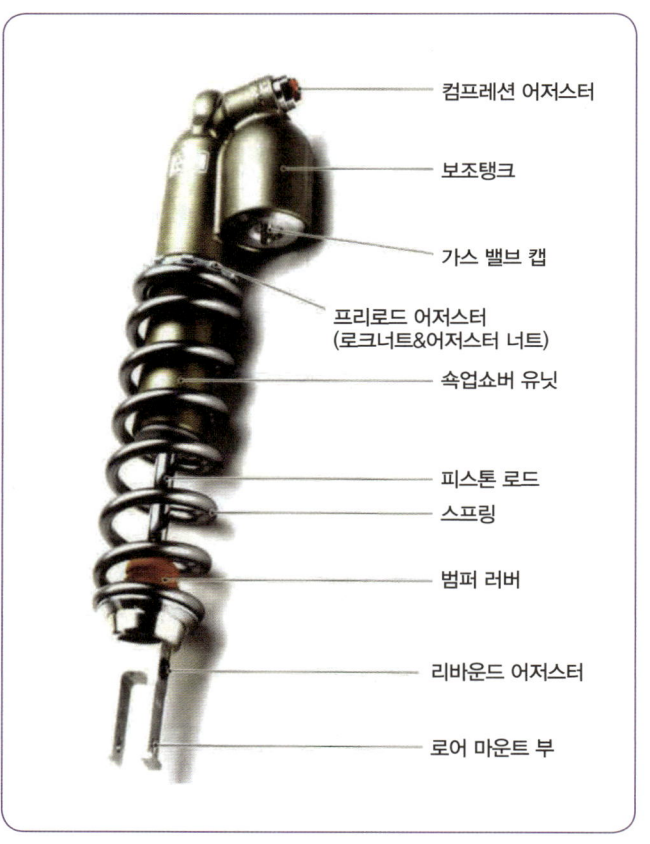

03 앞바퀴 현가장치

1 텔레스코픽 포크(Telescopic fork)

가장 대표적인 이륜차의 전륜 서스펜션 형식으로 자전거에서도 흔히 사용된다.
스프링과 댐퍼로 이루어진 쇽업쇼버가 내장된 포크 튜브가 직접 충격을 흡수하도록 설계되었다.
가벼운 무게와 간단한 구조, 깔끔한 외관으로 오토바이와 자전거 전륜 현가장치까지 사용되었다.

출처 : 나무위키

텔레스코픽 배치방법에 따라 정립식과 도립식으로 나뉜다.

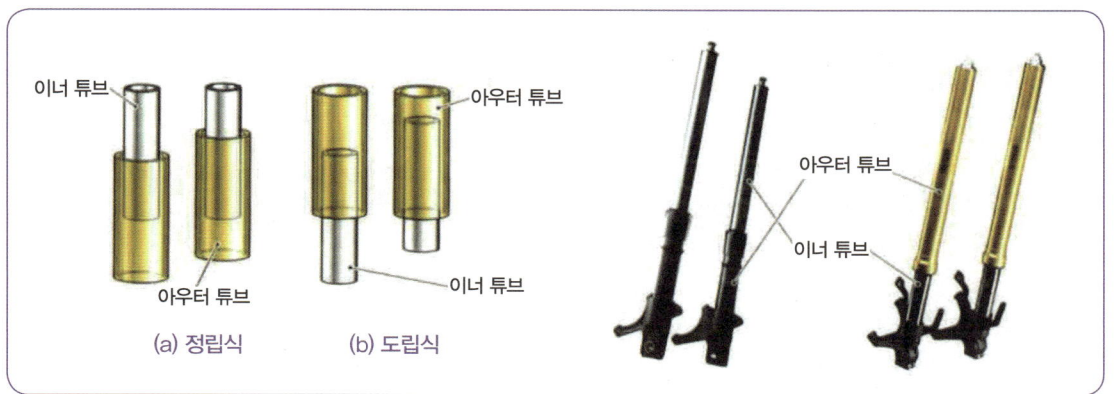

① **이너 튜브** : 표면에는 하드 크롬 도금으로 처리하여 밀봉성과 내마모성이 우수하다.
② **아우터 튜브** : 이너튜브 아래쪽에 설치되어 브레이크 캘리퍼와 펜더 장착 스테이가 부착되며 고강도 알루미늄 합금으로 제작되었다.

1-1 정립식(standard)

① 굵은 아우터 튜브가 아래에 있는 형태로서 크루저 계통이나 클래식 등에 사용된다.
② 탑승자에게 전해지는 충격흡수에 유리하여 승차감이 좋다.
③ 도립식에 비하여 구조가 간단하며, 중량이 가볍다.
④ 무거운 아우터 튜브와 포크오일이 아래쪽에 있기 때문에 도립식에 비하여 반응속도가 느리다.
⑤ 관리가 편하며, 정비가 용이하고 도립식에 비하여 수리비용이 훨씬 저렴하다.
⑥ 이너 튜브가 스티어링 클램프에 연결되어 있어 충돌 시 이너튜브가 휘어지며 차대의 손상을 줄일 수 있다.

1-2 도립식(Inverted)

① 굵은 아우터 튜브가 위에 있는 형태로서 레플리카나 오프로더 계통에 사용된다.
② 차체 강성 확보에 유리하며, 굵은 아우터 튜브가 스템에 연결되고 길게 뻗어 있는 덕분에 핸들을 틀거나 강한 브레이킹에도 높은 강도를 통해 제동력이나 선회력 전달에 유리하다.
③ 정립식에 비하여 포크 전체의 무게는 무겁고 현가하중이 작아져 하부가 가볍다.
④ 포크 오일이 들어있는 아우터 튜브가 상단에 위치하기 때문에 밀폐를 위해 복잡한 구조를 가진다.
⑤ 구조도 복잡하고, 밀폐력도 필요하며 가격이 비싸다.
⑥ 정립식과 달리 서스펜션 전체를 차체에서 떼어내야 오버홀이 가능하다.

✿ 그림 2-38 프론트 포크쪽의 굵은 관이 아래쪽에 설치되어 있는 정립식 타입

✿ 그림 2-39 굵은 아우터 튜브가 위쪽에 설치된 도립식 타입

2 트레일링 링크(Trailing Link)

포크에 연결된 링크에 앞바퀴 축이 올라간 형태로, 앞바퀴 축이 포크보다 뒤에 존재하는 형태로 주로 초창기 바이크에 이용되었다.

3 리딩 링크(Reading Link)

포크에 연결된 링크에 앞바퀴 축이 올라간 형태로, 앞바퀴 축이 포크보다 앞에 존재하는 형태로 초창기 혼다 커브에 적용되었던 타입으로 러시아 IMZ URAL사의 제품에 사용되었다.

4 스프링거(Springer)

포크와 스프링을 평행하게 배치한 리딩 링크의 일종으로 초창기 바이크에 적용된 타입이다.

5 거더(girder)

스프링거 타입과 비슷하지만 직사각형 형태의 링크 끝에 스프링을 연결, 스프링의 압축이 아닌 인장력을 이용한 서스펜션이다. 핸들에 장착된 은색 링크 한쌍이 거더이며 그 사이에 가로대가 질러져 있고 스프링이 연결되어 있고 충격을 받으면 거더가 스프링을 당겨 충격을 흡수한다.

6 프론트 스윙암(Front swing arm)

❋ 그림 2-40 이탈리아 이탈젯 드랙스타180

텔레스코픽 프론트 포크의 제동시 전후방향 휨 문제 및 코너링시 횡방향 비틀림으로 인한 휠 캠버각 변형 문제를 해결하기 위해 고안되었으며, 뒷바퀴에 보편적으로 사용하는 스윙암과 유사하며, 링크 기구를 이용해서 앞바퀴를 조향한다.

충격을 받으면 프레임까지 전달되므로 수리비가 엄청 비싸고, 많은 링크들로 인한 수리비 증가와 타이어 교체를 위해 휠을 탈거할 때도 엄청 힘들다. 고중량에 높은 현가하질량을 가지고 있기 때문에 경주용 바이크에 사용되는 경우는 거의 없다.

7 텔레레버(Telelever)

BMW에서 개발한 방식으로, 장거리 투어로 매칭되는 구조로 서스펜션의 불필요한 진동과 과도한 민감성을 줄여서 핸들댐퍼 기능도 일부 수행할 수 있으며, 정립식 텔레스코픽 포크 + 링크의 구조로 휠의 움직임은 텔레스코픽을 따라 움직이되 충격흡수는 링크에 별도로 장착된 쇽업쇼버가 실행하는 독자적인 기술로 뛰어난 성능을 발휘한다.

8 호삭(Hossack) Suspention

※ 그림 2-41 2018 혼다 골드윙

4륜 자동차 더블 위시본 서스펜션과 비슷하며, 텔레레버에서 텔레스코픽을 없애고 어퍼 링크를 추가한 방식이다. 노면 충격에 의한 진동이 거의 전달되지 않아 승차감이 좋고 접점이 많기에 비틀림 강성이 높다.
승차감의 이점 때문에 주로 투어러에 사용하고, 혼다 골드윙 또한 2018년식부터 이 방식을 적용하였다.

9 빅 피스톤 프런트 포크(Big piston front fork)

◦ 그림 2-42 혼다 CB 1000R

피스톤 직경이 2배로 커진 빅 피스톤 프런트 포크는 포크 내부의 오일 접촉 면적을 약 4배로 늘일 수 있고 행정 초기의 부드러운 작동성과 안정성을 발휘한다. 실린더와 로드로 구성되는 카트리지를 생략하고 기본의 카트리지 내부에 들어있던 피스톤을 이너 튜브 안으로 배치해서 구조를 간소화시켜, 포크 스프링을 포크 하부로 이동시켜서 완전히 오일에 잠기게 함으로써 포크 오일의 캐비테이션을 억제해서 안정적인 감쇠력을 얻게 되었다.

빅 이너 튜브자체를 실린더로 활용한 방식이며 기존의 도립식 방식에 사용했던 실린더를 생략함으로써 구조가 크게 간소화되었고 중량도 가벼워졌다.

이너튜브 43mm의 도립식 포크이면서도 개당 무게가 1kg 가까이 경량화되어 스프링 아래 질량의 절감은 운동성능에 커다란 장점으로 작용한다.

04 뒷바퀴 현가장치

1 플런저(Plunger) 형식

뒷차축에 완충장치가 직접 붙어있는 형태로 충격을 받으면 출력축과 뒷차축 간의 거리가 지속적으로 변하는 단점이 있다.

출처 : 나무위키

● 그림 2-43 플런저 타입

2 스윙암(Single side swingarm) 형식

리어 현가장치의 가장 중요한 역할을 담당하는 스윙암은 현재 거의 대부분의 바이크의 후륜 서스펜션으로 이용되며, 출력축을 스윙암의 회전부에 오게 할 경우, 스윙암이 상하로 운동해도 출력축과 뒷차축 간의 거리가 달라지지 않기 때문에, 뒷바퀴를 구동축으로 사용하는 바이크에 적합하다.

출처 : 나무위키

● 그림 2-44 스윙암 타입

2-1 더블 사이드 스윙암(Double side swingarm)

휠을 지지하는 프레임과 양쪽에서 지지해주는 스윙암이 바퀴 양쪽으로 연결된 형태로 강성 확보에 가장 유리하다.

출처 : 나무위키

✿ 그림 2-45 더블 스윙암 타입

2-2 싱글 사이드 스윙암(Single side swingarm)

스윙암이 바퀴 한쪽에만 연결된 형태로 강성 확보를 위해 두껍게 되어 있다.
한쪽에 스윙암이 없는 만큼 머플러를 더 바퀴쪽에 가깝게 붙여서 설치할 수 있어 무게중심에서도 어느 정도 이득을 볼 수 있다.

출처 : 나무위키

✿ 그림 2-46 싱글 스윙암 타입

2-3 유닛 스윙암(Unit swing arm)

엔진등의 동력기관이 스윙암과 일체화된 스윙암 형식으로 보통 스쿠터는 대부분 이 형태를 유지한다.

엔진이 스윙암과 연결되어 있기 때문에 노면 상태 등의 이유로 진동이 발생하면 관성에 의해 엔진의 실린더에 악영향을 미친다. 피스톤이 큰 경우 실린더에 무리를 준다.

✿ 그림 2-47 버그만650의 유닛 스윙암

3 무한궤도(Caterpillar trank) 형식

독일에서 개발된 반궤도 모터사이클을 말하며 궤도(Ketten)오토바이(Kraftrad)라 불린다. 커텐크라트(Kettenkrad)라고도 한다.

4 쇽업쇼버 형식

4-1 트윈쇽업쇼버

쇽업쇼버가 스윙암 양옆으로 달려있는 형태이며 싱글 스윙암에는 설치되지 않는다.
쇽업쇼버가 2개인 만큼 적재 하중 및 내구성에 유리하고, 스윙암이 양옆으로 돌출된 만큼 분리와 정비도 편리하다. 통상적인 트윈쇽업쇼버는 스윙 암의 움직임에 따라 비례해서 행정을 한다.

4-2 모노쇽업쇼버

① 쇽업쇼바가 스윙암 한쪽, 차체 가운데에 한 개만 달려있는 형태이다.
② 정비성에선 불이익이지만 업쇼버가 하나이기 때문에 균형 및 노면추종성에서 이득을 보며, 스포츠바이크의 형태는 모노쇽업쇼버를 사용한다.
③ 모노쇽업쇼버를 장착한 대부분의 바이크는 스윙암과 리어 쇽업쇼버 유닛을 링크를 사용해서 접속하는 링크식을 사용한다.
④ 후륜측 움직임이 작을 때에는 완충 행정량이 작고, 후륜측 움직임이 커질수록 완충 행정량이 커지는 특성을 얻을 수 있다.

4-3 링크식 쇽업쇼버

① 모노쇽업쇼버에 링크(레버 암) 구조를 추가하여 작동 효율을 높인 방식이다.
② 쇽업쇼버는 수평 또는 다른 각도로 장착되며, 링크 구조가 충격을 간접적으로 전달한다.
③ 모노쇽업쇼버 시스템에 적용되는 방식 중 하나이며 보다 정교한 감쇠력 조절이 가능하다.
④ 링크식 현가장치는 쇽업쇼버 유닛을 비교적 자유로운 위치에 배치할 수 있기 때문에 댐퍼 유닛의 행정에 비해 현가장치의 행정을 크게 확보할 수 있어서 노면 추종성 향상이 쉽게 이루어진다.

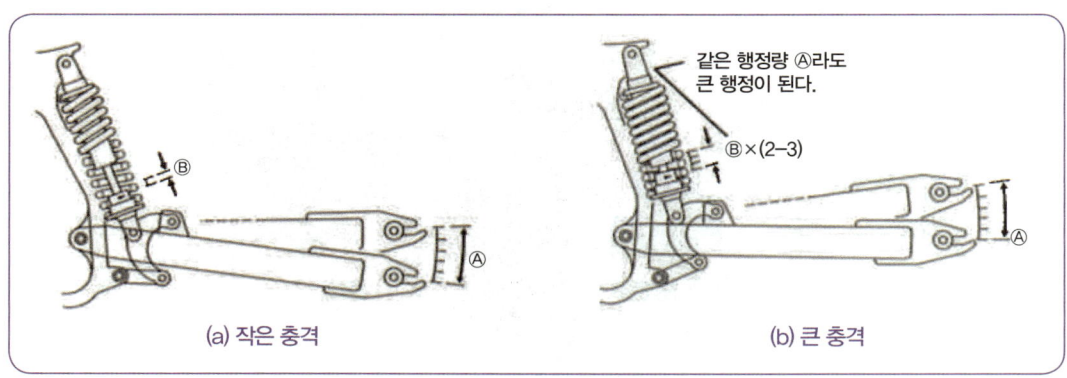

❋ 그림 2-48 링크식 현가장치(쇽업쇼버형식)

CHAPTER 05 조향장치

조향장치는 바이크의 진행방향을 운전자가 의도하는 바에 따라서 임의로 조작할 수 있는 장치이다.

01 조향장치(steering system)의 개요

1 텔레스코픽 프런트 포크

텔레스코픽 프런트 포크는 좌우의 포크파이프가 탑 브릿지와 언더 브래킷으로 고정되어 있으며, 언더 브래킷과 스템 샤프트는 일체식으로 구성되어 있으며, 프레임의 스티어링 헤드 파이프에 스템 샤프트가 관통된다.

조향핸들은 탑 브릿지나 포크 파이프 등에 장착되며, 라이더가 핸들을 꺾으면 스템 샤프트(스티어링 헤드 파이프)를 축으로 프런트 둘레가 회전하듯 조향된다.

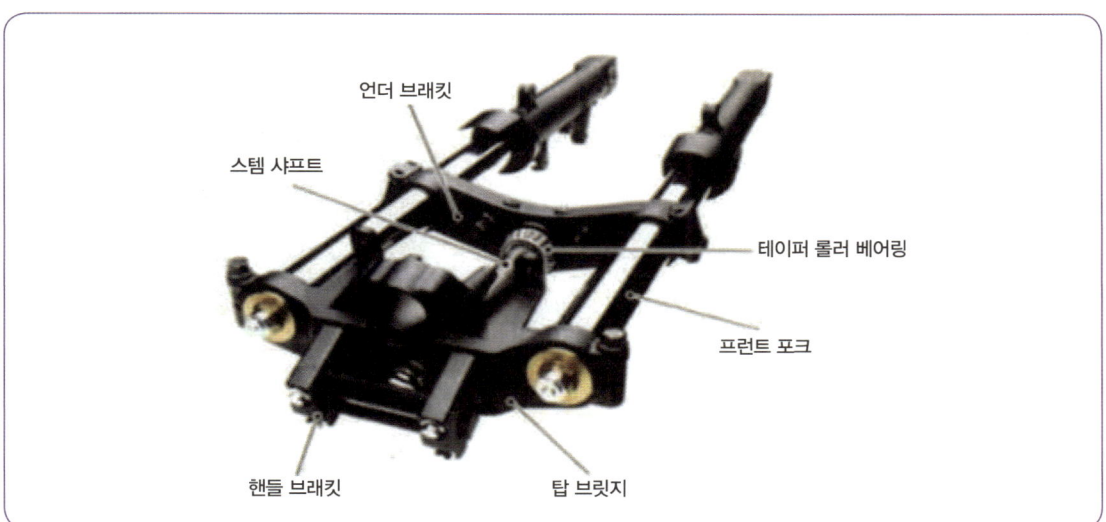

※ 그림 2-49 텔레스코픽 프런트 포크 구성

텔레스코픽 프런트 포크의 역할
① 노면의 충격을 흡수하는 완충기능
② 전, 후륜을 지지하는 현가장치 역할
③ 조향장치의 역할

2 캐스터(Caster)

지면에 프론트 포크가 장착되어 있는 스티어링 헤드가 얼마나 기울어져 있는지를 나타내는 수치로 노면에서 수직에 대한 각도를 캐스터라 한다.

바이크는 직진을 할 경우에도 실제로는 좌우로 균형을 잡으면서 미세하게 지그재그를 되풀이 한다. 캐스터각을 크게 하면 핸들 조향각이 같아도 앞 타이어가 노면상에서의 실 조향각은 줄어든다. 캐스터 각을 크게 하면 직진 안정성이 높아지고, 캐스터 각을 작게 하면 선회성이 향상된다.

직진할 경우 크루저 바이크나 트랙 레이서 등은 30° 이상의 캐스터 각을 이루고 있으며 휠 베이스도 길게 설정되어 있는 경우가 있다. 반대로 스포츠 바이크는 캐스터 각을 25° 이하로 설정해서 선회력을 중시하고 있다.

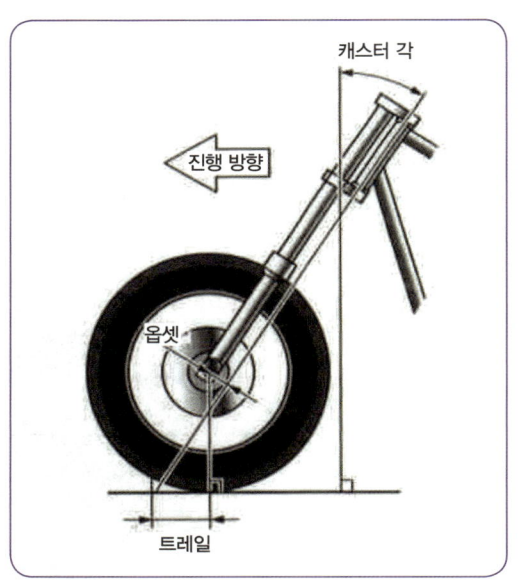

3 트레일(Trail)

프론트 타이어의 접지점과 스티어링 헤드의 연장선상의 점과의 거리를 수치화한 것으로 트레일 값이 크면 클수록 직진 안정성이 좋고 작으면 방향을 바꾸기 쉽다.

4 트레일 브레이킹(Trail Braking)

코너 진입 전 제동을 시작해서 코너에 들어갈 때까지 제동을 유지하면서 차량을 안정시키고, 코너 안쪽으로 진입하면서 브레이크를 서서히 풀어주는 방식을 말한다.

바이크의 전륜 서스펜션은 캐스터각이 자동차보다 큰 특성상, 브레이크를 잡거나 요철을 밟는 등 수축하면 휠 베이스가 상당히 짧아진다.

이를 이용해서 스로틀을 유지하고 전륜 브레이크를 잡은 채로 앞 타이어 무게중심과 그립을 몰아넣고 스티어링 선회력과 하중이동 선회력이 더해져 더 빠른 속도로 코너 진입이 가능하므로 휠베이스를 줄여 민첩하게 코너링을 하는 것을 트레일 브레이킹이라고 한다.

5 매스 집중화(Mass Concentration)

무거운 부품을 산만하게 설치하는 것 보다는 가능한 차체 중심에 가까운 곳에 집중 설치하면 바이크의 운동성능을 높일 수 있다.

차체 중심에서 먼 곳에 무거운 부품이 있는 것보다는 바이크 중심에 무거운 것을 모아두는 편이 라이더 입장에서 롤링, 피칭, 요잉 등의 모든 움직임이 발생하기 쉽고 또한 수습하기 쉽다.

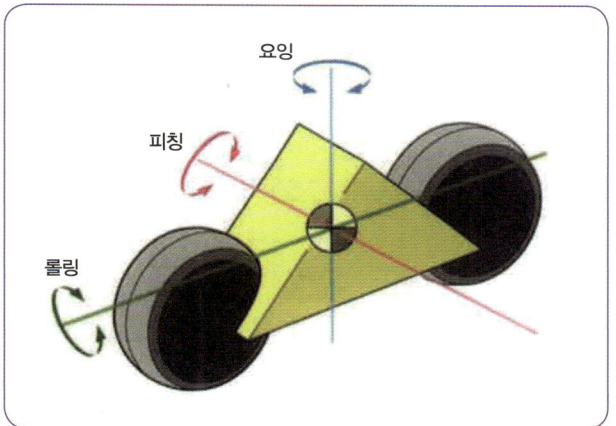

CHAPTER 06 도난방지 장치

01 스마트 카드키 시스템

키에서 발신되는 전파를 통해 키의 위치를 추적하여 바이크 근처에 오면 자동으로 메인 스위치가 풀리고 연료분사 ECU 작동이 가능해지는 시스템을 말한다.

1 승차 시(메인 스위치 풀림)

스마트 카드 키를 휴대하고 바이크에 다가서서 메인 스위치 노브를 누르면 핸들락 모듈 안의 스마트 ECU가 기동해서 스마트 카드키와 상호통신을 실시하여 상호인증이 끝나면 주행 가능상태가 된다.

2 하차 시(메인 스위치 잠김)

메인 스위치를 OFF로 하면 스마트카드 키와 1초 간격으로 교신을 하면서 상호인증이 성립되는 동안에는 메인스위치 노브가 해제상태로 대기하다가 라이더가 차량에서 250cm 이상 떨어지면 메인 스위치 노브를 잠그고 메인 스위치가 잠긴다.

02 이모빌라이저(Immobilizer)

각 키마다 고유의 암호를 부여해 이를 확인하고 시동을 제어하여 외부에서 다른 복제된 키로 운전할 수 없는 장치 열쇠의 손잡이 부분에 트랜스폰더(transponder)라고 부르는 암호화된 칩이 들어 있으며, ECU에서 인증을 해줄 경우에만 시동이 걸리고 점화플러그가 작동하여 운전을 가능하게 해준다.

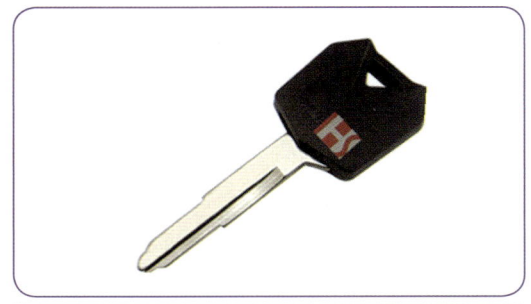

✿ 그림 2-50 가와사키ZZR100 이모빌라이저

CHAPTER 07 이륜자동차 안전 장비

01 에어백(airbag)

바이크는 충돌 시의 라이더 보호가 어렵다는 일반적인 인식이 비롯되었으나 혼다에서 1990년부터 연구에 착수해서 2005년에 생산되는 이륜차용 에어백을 발표하였고, 2006년에는 세계최초로 바이크용 에어백을 탑재한 골드윙 에어백을 판매하였다. 이는 바이크의 정면 충돌로 인하여 라이더가 앞으로 튕겨져 상대편 자동차나 노면에 부딪혀 중상을 방지하는 역할을 한다.

1 MUGEDENKO 히트에어 에어백

1995년 무겐에서 모터사이클 에어백 연구를 시작하여 1998년에 수많은 실험과 테스트를 거쳐 몸에 착용하는 내장형 웨어를 제품화하였다. 라이더가 바이크로 분리되면 포켓에 들어갈 정도의 작은 봄베에 내장된 CO_2가 에어백을 순식간에 부풀려서 인체에 가해지는 충격을 완화하여 경추를 중심으로 척추를 보호한다.

※ 그림 2-51 혼다 골드윙 에어백

※ 그림 2-52 히트에어

02 헬멧

이륜자동차(오토바이) 운행 시 헬멧은 가장 기본적이면서도 중요한 안전장비이다. 헬멧은 사고 발생 시 머리와 얼굴을 보호하여 생명을 지키는 데 핵심적인 역할을 한다.

한 연구에 따르면, 헬멧 착용 시 중증 두부 손상 발생률이 미착용자보다 현저히 낮았다. 예를 들어, 헬멧을 착용한 그룹에서는 중증 두부 손상이 8%였으나, 미착용 그룹에서는 20%에 달했다. 또한, 국내에서는 헬멧 착용이 법적으로 의무화되어 있으며, 이를 위반할 경우 벌금이 부과된다.

1 헬멧의 종류와 특징

헬멧은 보호 범위와 구조에 따라 여러 종류로 나뉘며, 각기 다른 수준의 보호를 제공한다.
① **풀페이스 헬멧** : 머리 전체와 얼굴, 턱까지 완전히 보호하는 헬멧으로, 가장 높은 수준의 안전성을 제공한다.
② **시스템(모듈러) 헬멧** : 풀페이스와 오픈페이스의 장점을 결합한 형태로, 턱 부분을 들어 올릴 수 있어 편리함을 제공한다.
③ **오픈페이스(3/4) 헬멧** : 머리와 귀를 보호하지만 얼굴과 턱은 노출되어 있어 보호 범위가 제한적이다.
④ **하프페이스(반모) 헬멧** : 머리 상단만 보호하며, 얼굴과 턱은 완전히 노출되어 있어 안전성이 가장 낮다. 실제로 하프페이스 헬멧은 사고 시 얼굴 부상 확률이 높아 권장되지 않는다.

2 헬멧 선택 시 고려사항

① **안전 인증 확인** : 국내에서는 KC 인증을 받은 헬멧을 착용해야 하며, 이는 국가에서 정한 안전 기준을 충족했음을 의미한다.
② **적절한 사이즈와 착용감** : 헬멧은 머리에 꼭 맞아야 하며, 너무 느슨하거나 꽉 끼지 않도록 주의해야 한다. 잘 맞는 헬멧은 충격 시 보호 기능을 제대로 발휘한다.
③ **환기 및 편의 기능** : 장거리 주행 시 환기 시스템, 세척 가능한 내피, 간편한 버클 시스템 등 추가 기능이 편안함을 높여준다.
④ **교체 주기** : 헬멧은 일반적으로 5년마다 교체하는 것이 권장되며, 사고나 큰 충격을 받은 경우 즉시 교체해야 한다.

3 헬멧 착용 시 주의사항

① **턱 끈 고정** : 헬멧은 착용 시 턱 끈을 반드시 고정하여야 하며, 그렇지 않으면 사고 시 헬멧이 벗겨질 수 있다.
② **시야 확보** : 헬멧 착용 후 시야에 방해가 없는지 확인하고, 필요 시 고글이나 바이저를 사용하여 눈을 보호해야 한다.

③ **청결 유지** : 헬멧 내부는 정기적으로 세척하여 위생을 유지하고, 내피가 손상되지 않도록 주의해야 한다.

03 라이딩 슈트

에어백 프로텍션 시스템을 레이싱 슈트에 탑재하여 큰 충격이 가해지면 변형되거나 파괴되며 에너지를 흡수한다. 방호 성능만이 아닌, 공기저항을 줄이기 위한 설계까지 적용하기 위해 라이더 등 쪽에 볼록하게 튀어나온 부분을 장착하여 헬멧을 지난 공기가 뒤에서 맴돌지 못하고 바로 빠져나가도록 설계한 부분을 험프라 한다.

슈트의 무게는 4.5kg 정도이고 척추를 비롯하여 어깨, 팔꿈치 그리고 무릎을 보호할 수 있는 보호대가 부착되어 있고 안쪽에 덧대어진 이너라이닝으로 가죽 재질의 외피에 직접 몸이나 내의가 닿아 움직임을 둔하게 만드는 것을 줄이기 위해 보통 천연가죽이나 합성피혁류로 제조된다. 이는 고속에서 슬립이 발생하면 도로 위에서 미끄러짐으로 인한 찰과상이나 열상을 방지하는 목적으로 만들어진다.

04 장갑

오토바이 장갑은 라이딩 시 손을 보호하는 중요한 안전 장비이다. 넘어질 때 손을 짚는 경우가 많아 충격으로부터 손을 보호하고, 장갑 착용 유무에 따라 부상 정도가 크게 달라질 수 있다.

1 오토바이 장갑의 종류

① **가죽 장갑** : 내구성이 뛰어나고 착용감이 좋으며, 충격 흡수 능력이 우수하다. 특히, 레이싱 장갑에는 프로텍터가 추가되어 강력한 보호 기능을 제공한다.
② **방수/방풍 장갑** : 비나 추운 날씨에도 라이딩을 할 수 있도록 방수 및 방풍 기능이 추가된 장갑이다.
③ **메쉬 장갑** : 여름철 시원한 통풍을 위해 메쉬 소재로 제작된 장갑이다.

2 오토바이 장갑 선택 시 고려 사항

① **사이즈** : 너무 크거나 작지 않고 손에 잘 맞는 사이즈를 선택해야 한다. 손가락이 움직이기 편하고, 충돌 시에도 벗겨지지 않아야 한다.
② **프로텍터 유무** : 레이싱이나 격렬한 라이딩을 즐기는 경우, 손등 및 손가락 관절 부위에 프로텍터가 장착된 장갑을 착용하는 것이 좋다.
③ **기능성** : 방수, 방풍, 터치스크린 기능 등 필요한 기능을 고려하여 선택한다.

CHAPTER 08 제동장치

01 제동장치(brake system)의 개요

제동장치는 주행 중인 바이크를 감속 또는 정지시키고, 주차 상태를 유지하기 위하여 사용되는 매우 중요한 장치이다.

제동장치는 마찰력을 이용하여 바이크의 운동에너지를 열에너지로 바꾸어 제동작용을 하며, 다음과 같은 구비 조건을 갖추어야 한다.

① 작동이 확실하고, 제동 효과가 클 것
② 신뢰성과 내구성이 클 것
③ 점검정비가 쉬울 것

02 유압 브레이크

파스칼의 원리 : 밀폐된 용기 안에 공기와 가스같은 유체에 압력을 가하면 동일한 압력이 모든 부분에 전달되는 원리를 말하며, 단면적이 1인 피스톤 A용기에 1만큼의 힘을 가하면, 유체의 다른 모든 방향에도 동일한 압력이 가해진다.

이때 피스톤 B용기의 경우 유체의 압력에 의해서 움직이는데, 파스칼의 원리에 의해 1의 힘을 가한 단면적에 비해 면적이 10배라면 10의 힘을 얻을 수 있다.

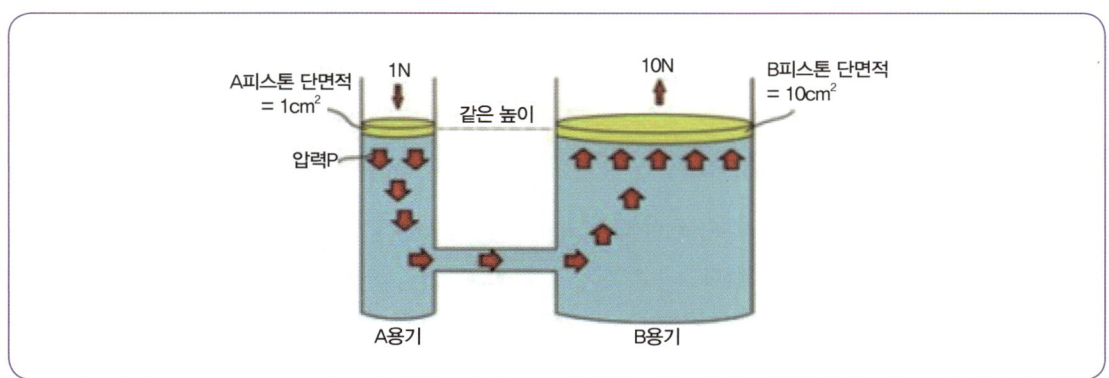

🔅 그림 2-53 파스칼의 원리

1 유압 브레이크의 구조와 그 작용

유압 브레이크는 브레이크 페달을 밟으면 마스터실린더에서 유압이 발생하여 휠 실린더로 압송된다. 이 때 휠 실린더에서는 그 유압으로 피스톤이 좌우로 확장되므로 브레이크 슈가 드럼에 압착되어 제동작동을 한다. 다음에 페달을 놓으면 마스터실린더 내의 유압이 저하하며, 브레이크 슈는 리턴스프링의 장력으로 제자리로 복귀되고 휠 실린더 내의 오일은 마스터실린더 오일탱크로 되돌아가 제동작용이 풀린다.

1-1 브레이크 페달(brake pedal)

브레이크 페달은 조작력을 경감시키기 위해 지렛대 원리를 이용하며, 펜던트형 브레이크 페달과 플로워형 브레이크 페달이 있다.

1-2 마스터 실린더(master cylinder)

1) 마스터 실린더의 구조 및 작용

마스터 실린더는 브레이크 페달을 밟는 것에 의하여 유압을 발생시키는 일을 하며 그 구조는 실린더보디, 오일탱크, 그리고 실린더 내에는 피스톤, 피스톤 컵, 체크밸브, 피스톤 리턴스프링 등이 들어 있다. 마스터실린더의 형식에는 피스톤이 1개인 싱글형과 피스톤이 2개인 탠덤형이 있으며 현재는 탠덤형을 사용하고 있다.

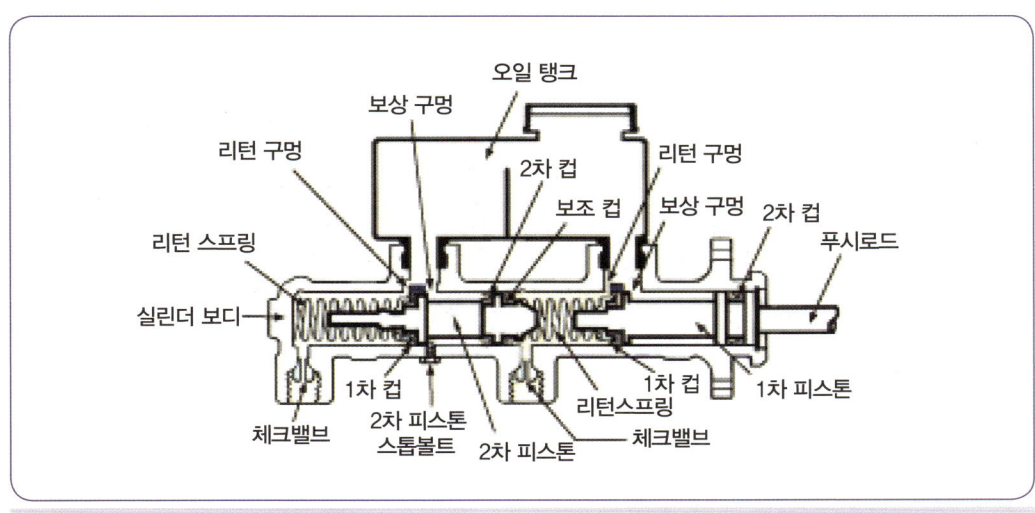

※ 그림 2-54 탠덤 마스터실린더의 구조

2) 탠덤 마스터실린더의 작용

탠덤 마스터실린더는 유압 브레이크에서 안정성을 높이기 위해 앞뒤 바퀴에 대하여 각각 독립적으로 작동하는 2계통의 회로를 두는 형식이다. 실린더 위쪽에 앞뒤 바퀴 제동용 오일탱크 속이 분리되어 있으며 실린더 내에 피스톤이 2개가 들어 있다. 이 경우 푸시로드 쪽의 피스톤이 뒷바퀴용이다. 각각의 피스톤은 리턴 스프링과 스토퍼(stopper)에 의해 그 위치가 결정되며 앞뒤 피스톤에는 리턴스프링이 각각 설치되어 있고, 각각의 피스톤에 대응하는 보상구멍과 리턴구멍 및 체크밸브가 설치되어 있다.

작동은 페달을 밟으면 뒷바퀴 제동용 피스톤이 푸시로드에 의해 리턴 스프링을 압축시키면서 앞바퀴 제동용 피스톤과의 사이에 오일을 압축하여 뒷바퀴를 제동시킨다. 이와 동시에 앞바퀴 제동용 피스톤도 뒷바퀴 제동용 피스톤에 의해 발생한 유압으로 앞바퀴에 유압을 작동시킨다. 그리고 유압회로의 고장이 있을 경우에는 다음과 같이 작용한다.

① 뒷바퀴 유압회로에서 오일누출이 있을 경우에는 뒷바퀴 제동용 피스톤이 "e" 만큼 더 움직인 후 앞바퀴 제동용 피스톤을 작동시킨다.

② 앞바퀴 제동용 회로에 고장이 있을 경우에는 앞바퀴 제동용 피스톤이 "E" 만큼 더 움직인 후 뒷바퀴 제동용 회로에 유압을 작용시킨다.

③ 이 형식에서도 유압회로에 고장이 발생하면 제동력이 감소하여 제동거리가 길어지며 제동이 불안정하게 된다.

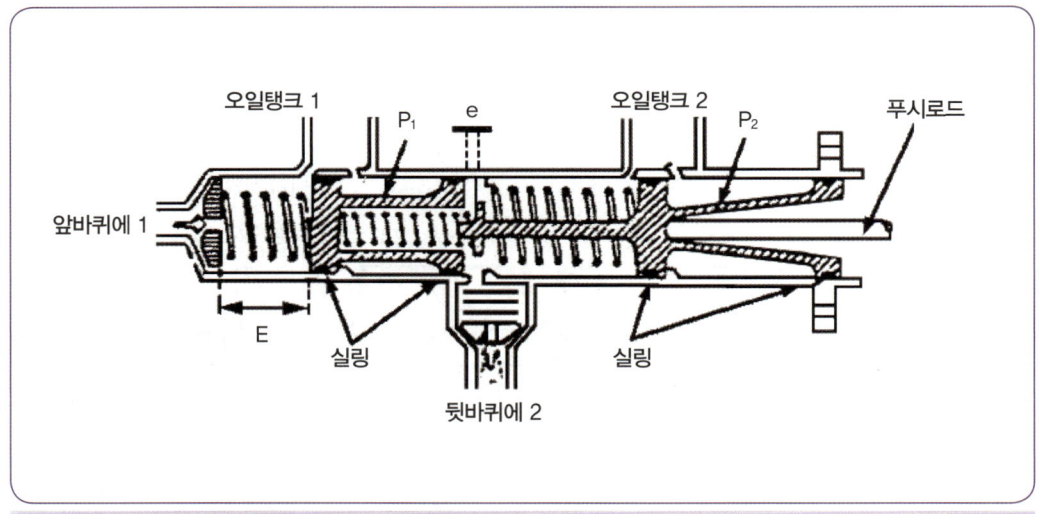

❋ 그림 2-55 탠덤 마스터실린더의 작용

1-3 파이프(pipe)

브레이크 파이프는 강철제 파이프와 플렉시블 호스를 사용한다. 파이프는 진동에 견디도록 클립으로 고정하고 연결부분은 2중 플레어로 하며, 호스는 차축이나 바퀴와 연결하는 부분에서 사용하며 연결부분에는 금속제 피팅이 설치되어 있다.

1-4 휠 실린더(wheel cylinder)

휠 실린더는 마스터 실린더에서 압송된 유압에 의하여 브레이크 슈를 드럼에 압착시키는 일을 하며, 구조는 실린더 보디, 피스톤, 피스톤 컵 그리고 실린더 보디에는 파이프와 연결되는 오일 구멍과 회로 내에 침입한 공기를 제거하기 위한 블리더 스크루가 있고 실린더 내에는 확장 스프링이 들어 있어 피스톤 컵을 항상 밀어서 벌어져 있도록 한다.

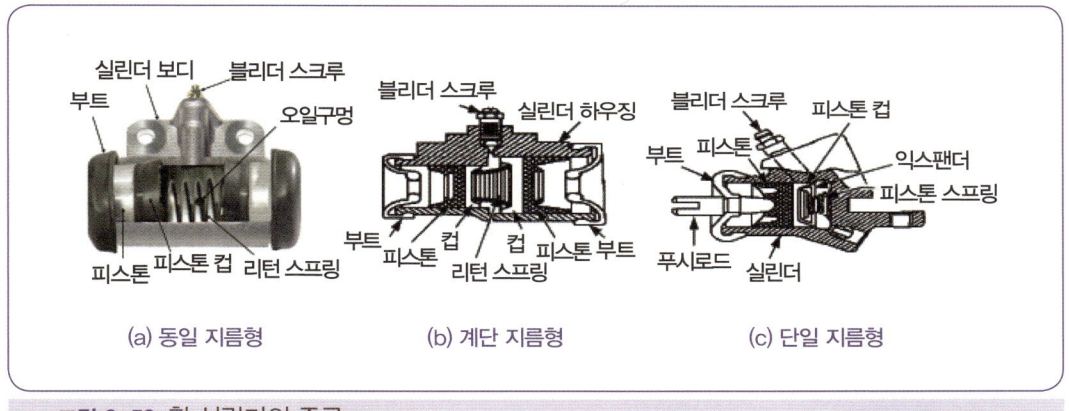

※ 그림 2-56 휠 실린더의 종류

1-5 브레이크 슈(brake shoe)

브레이크 슈는 휠 실린더의 피스톤에 의해 드럼과 접촉하여 제동력을 발생하는 부분이며, 라이닝이 리벳이나 접착제로 부착되어 있다. 그리고 슈에는 리턴스프링을 두어 마스터 실린더 유압이 해제되었을 때 슈가 제자리로 복귀하도록 하며, 홀드다운 스프링(hold down spring)에 의해 슈를 알맞은 위치에 유지시킨다. 라이닝의 종류에는 위븐 라이닝, 몰드 라이닝, 반금속 라이닝, 금속 라이닝 등이 사용되고 있다.

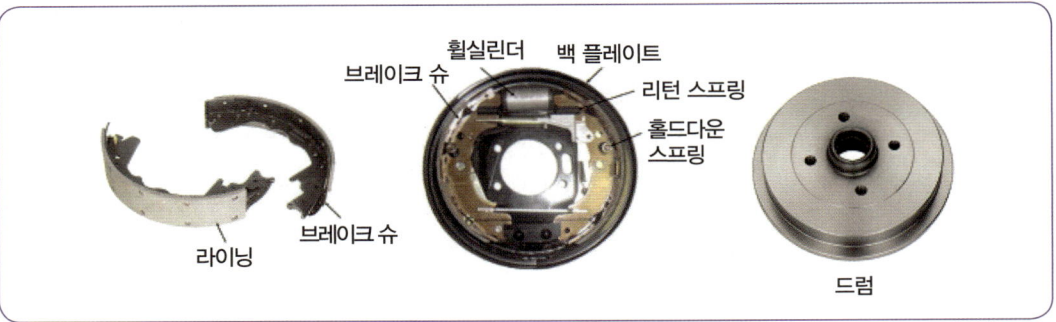

❖ 그림 2-57 브레이크 슈와 백 플레이트 및 드럼

그리고 라이닝은 다음과 같은 구비 조건을 갖추어야 한다.
① 열에 견디는 성질이 크고, 페이드(fade) 현상이 없을 것
② 기계적 강도 및 마멸에 견디는 성질이 클 것
③ 온도의 변화, 물 등에 의한 마찰계수 변화가 적을 것

페이드(fade) 현상이란 브레이크 페달의 조작을 반복하면 드럼과 슈에 마찰열이 축적되어 제동력이 감소하는 현상이다. 원인은 드럼과 슈의 열팽창과 라이닝 마찰계수 저하에 있으며 방지 방법은 다음과 같다.
① 브레이크 드럼의 냉각성능을 크게 하고, 열팽창률이 적은 형상으로 한다.
② 브레이크 드럼은 열팽창률이 적은 재질을 사용한다.
③ 온도 상승에 따른 마찰계수 변화가 적은 라이닝을 사용한다.

1-6 브레이크 드럼(brake drum)

브레이크 드럼은 휠 허브에 볼트로 설치되어 바퀴와 함께 회전하며 슈와의 마찰로 제동을 발생시키는 부분이다. 또 열 방산을 크게 하고 강성을 높이기 위해 원둘레 방향으로 핀(fin)이나 직각방향으로 리브(rib)를 두고 있다. 그리고 제동할 때 발생한 열은 드럼을 통하여 냉각되므로 드럼의 면적은 마찰 면에서 발생한 열 방산 능력에 따라 결정된다.

03 디스크 브레이크(disc brake)

1 디스크 브레이크의 개요

디스크 브레이크는 마스터 실린더에서 발생한 유압을 캘리퍼로 보내어 바퀴와 함께 회전하는 디스크를 양쪽에서 패드(pad, 슈)로 압착시켜 제동을 시킨다. 디스크 브레이크는 디스크가 대기 중에 노출되어 회전하므로 페이드 현상이 작으며 자동 조정 브레이크 형식이다.

그리고 이 형식의 구성은 바퀴와 함께 회전하는 디스크, 디스크와 함께 제동력을 발생시키는 패드, 패드와 피스톤을 지지하며 스핀들이나 판에 고정된 캘리퍼 등으로 구성되어 있다.

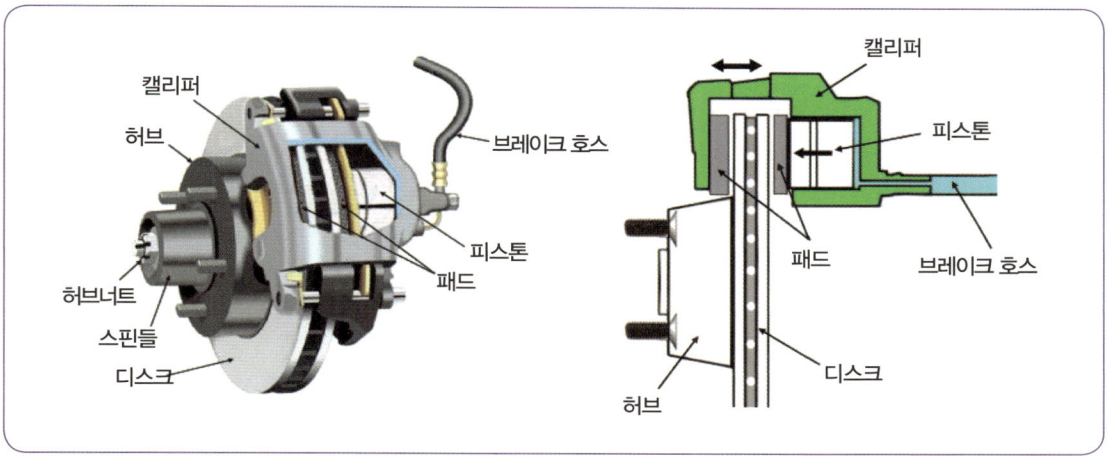

※ 그림 2-58 디스크 브레이크

1-1 디스크 브레이크의 장점

① 디스크가 대기 중에 노출되어 회전하므로 냉각 성능이 커 제동성능이 안정된다.
② 자기작동 작용이 없어 고속에서 반복적으로 사용하여도 제동력 변화가 적다.
③ 부품의 평형이 좋고, 한쪽만 제동되는 일이 없다.
④ 디스크에 물이 묻어도 제동력의 회복이 크다.
⑤ 구조가 간단하고 부품수가 적어 차량의 무게가 경감되며 정비가 쉽다.

1-2 디스크 브레이크의 단점

① 마찰 면적이 적어 패드의 압착력이 커야 한다.
② 자기작동 작용이 없어 페달 조작력이 커야 한다.

③ 패드의 강도가 커야 하며, 패드의 마멸이 크다.
④ 디스크에 이물질이 쉽게 부착된다.

2 디스크 브레이크의 분류

2-1 대향 피스톤형

브레이크 실린더 2개를 두고 디스크를 양쪽에서 패드로 압착시켜 제동을 하는 것이다.

2-2 부동 캘리퍼형

캘리퍼 한쪽에만 1개의 브레이크 실린더를 두고 마스터 실린더에서 유압이 작동하면 피스톤이 패드를 디스크에 압착하고, 이때의 반발력으로 캘리퍼가 이동하여 반대쪽 패드도 디스크를 압착하여 제동을 하는 것이다.

3 디스크 브레이크의 원리

3-1 단동식

유압에 의하여 브레이크 디스크 한쪽에서 피스톤의 누르는 반력을 사용해서 디스크 양쪽을 압착하는 방식을 말한다.

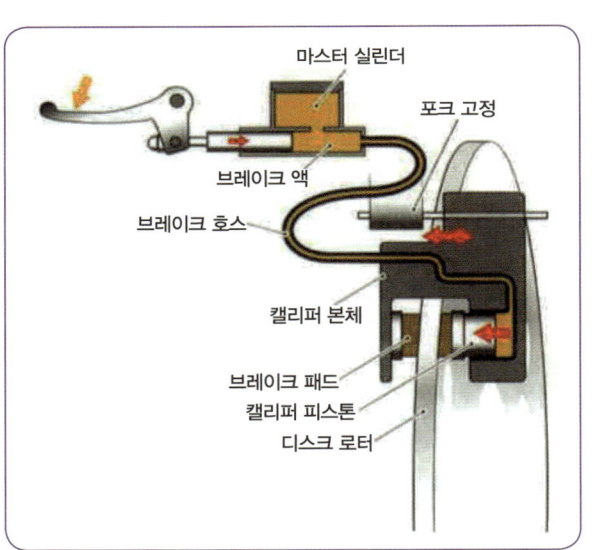

3-2 복동식

유압에 의하여 브레이크 디스크 양쪽에서 피스톤의 누르는 반력을 사용해서 양쪽에 있는 피스톤 각각을 패드에 압착하는 방식을 말한다.

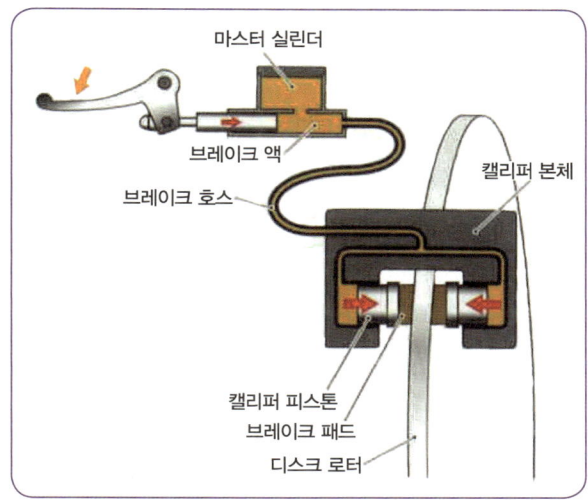

4 브레이크 시스템의 구성품

4-1 디스크

1) 싱글 디스크

    디스크 브레이크가 1장으로 구성된 것을 싱글 디스크라 한다. 싱글 디스크는 더블 디스크에 비하여 가볍고 제작비 단가가 저렴하다.

2) 더블 디스크

    디스크 브레이크가 좌우 1장씩 2장으로 구성되어 있으며, 휠 양쪽에 디스크가 설치되어 강한 제동력이 발생한다.

● 그림 2-59 싱글디스크

● 그림 2-60 더블디스크

3) 플로팅 디스크(로터)

휠 허브에 고정되는 이너 로터와 브레이크 패드가 접촉되는 아우터 로터로 2분할 구성된 것을 플로팅 로터라고 한다. 브레이크 패드와 로터 사이에 어긋남이 발생하기 어렵기 때문에 안정적인 제동력을 얻을 수 있는 장점이 있다.

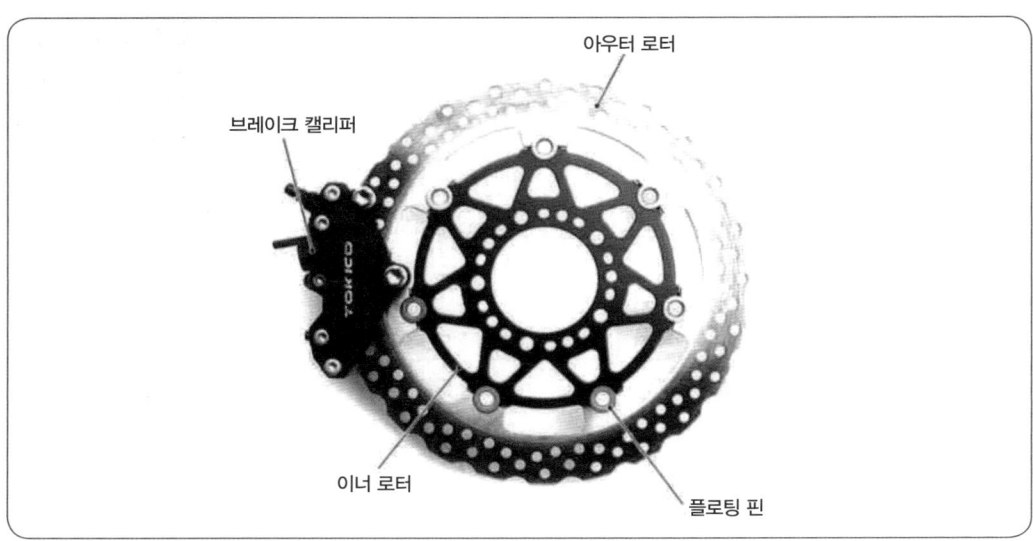

4) 웨이브 디스크

초창기 디스크 로터는 단순한 원판으로 설계되었으나 방열성이나 경량화, 패드 면의 클리닝 효과 등이 밝혀지면서 로터에 구멍이 뚫리는 것이 일반적으로 되었으며, 테두리를 물결모양으로 만든 웨이브 로터가 제작되었다. 디스크 로터에 비하여 가볍고, 물결모양이 패드를 깨끗이 클리닝하고 물기 등을 긁어 배출해주는 효과가 있으며, 꽃잎모양으로 생겨서 페틀(petal) 디스크라고도 한다.

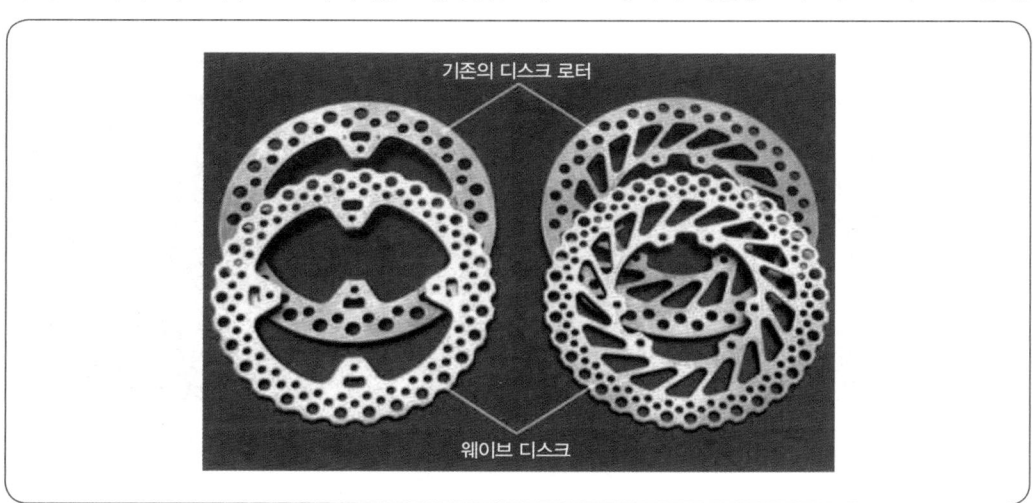

4-2 브레이크 패드

브레이크는 마찰을 이용해서 운동에너지를 열에너지로 바꿈으로써 감속을 하며, 마찰이 발생되는 부분을 브레이크 라이닝 또는 브레이크 패드라고 하며, 베이스 플레이트에 패드를 붙여 놓은 구조로 되어 있다.

> **패드의 구비조건**
> ① 열에 견디는 성질이 크고, 페이드(fade) 현상이 없을 것
> ② 기계적 강도 및 마멸에 견디는 성질이 클 것
> ③ 온도의 변화, 물 등에 의한 마찰계수 변화가 적을 것

4-3 레이디얼 마운트 캘리퍼

일반적인 캘리퍼는 차축과 평행으로 허브 샤프트와 수평을 이루고 있는 엑시얼 마운트 방식이며, 허브 샤프트와 캘리퍼의 고정나사가 수직을 이루는 타입을 레이디얼 마운트 캘리퍼라고 한다. 브레이크 패드가 로터를 잡을 때 강성이 확보되고, 포크와 캘리퍼를 고정하는 나사가 제동시에 디스크와 휠의 회전하는 방향과 같은 방향으로 힘을 받게 되어 버티는 힘이 훨씬 강해진다.

4-4 브레이크 마스터 실린더 레이디얼 펌프

바이크의 브레이크 마스터 실린더는 일반적으로 스러스트 펌프라고 불리며, 핸들을 따라 가로 방향으로 피스톤을 작동시키는데 레이디얼 펌프는 핸들에 대하여 수직으로 피스톤을 누른다. 레버를 당기는 방향과 피스톤이 움직이는 방향이 같기 때문에 작동 저항이 적고 피스톤 이동량에 비하여 많은 브레이크 오일을 공급할 수 있으며, 마스터 실린더의 직경을 크게 할 수 있어 제동력이 향상된다.

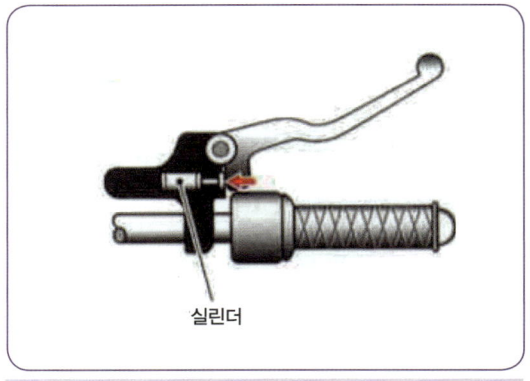

● 그림 2-61 스러스트 펌프

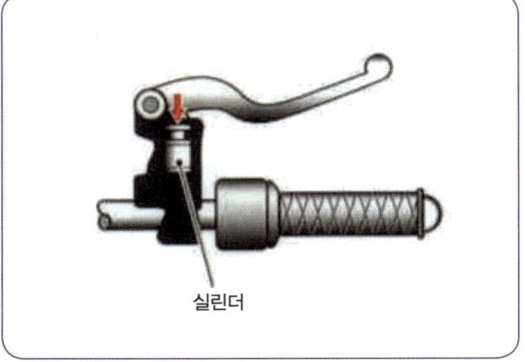

● 그림 2-62 레이디얼 펌프

4-5 브레이크 오일

브레이크 오일은 피마자기름에 알코올 등의 용제를 혼합한 식물성 오일을 사용하였으나, 지금은 합성유로 바꾸었다. 브레이크 오일은 글리콜(폴리글리콜에테르), 실리콘계, 광유계로 크게 구분할 수 있는데 이중에서 폴리글리콜에테르가 많이 사용되고 있다.

> **브레이크 오일의 구비조건**
> ① 점도가 알맞고 점도지수가 클 것
> ② 윤활 성능이 있을 것
> ③ 빙점이 낮고, 비등점이 높을 것
> ④ 화학적 안정성이 클 것
> ⑤ 고무 또는 금속 제품을 부식, 연화, 팽창시키지 않을 것
> ⑥ 침전물 발생이 없을 것

04 배력 브레이크

1 진공 배력방식의 원리

흡기다기관 진공과 대기압력과의 차이를 이용한 것이므로 배력장치에 이상이 발생하여도 일반적인 유압 브레이크로 작동할 수 있도록 하고 있다. 원리는 흡기 다기관에서 발생하는 진공이 50cmHg이며, 대기압력이 76cmHg이므로 이들 사이에는 76cmHg-50cmHg=26cmHg=0.34kgf/cm²이다. 그러므로 대기압력 $1.0332kgf/cm^2 - 0.34kgf/cm^2 = 0.7kgf/cm^2$이 된다. 이 압력 차이가 진공 배력방식 브레이크를 작동시키는 힘이다.

2 직접 조작형 – 마스터 백

브레이크 페달을 밟으면 작동로드가 포핏과 밸브 플런저를 밀어 포핏이 동력 실린더 시트에 밀착되어 진공밸브를 닫으므로 동력실린더(부스터)에 진공도입이 차단된다. 동시에 밸브 플런저는 포핏으로부터 떨어지고 공기밸브가 열려 동력실린더 뒤쪽에 여과기를 거친 공기가 유입되어 동력 피스톤이 마스터 실린더의 푸시로드를 밀어 배력 작용을 한다.

그리고 페달을 놓으면 밸브 플런저가 리턴 스프링의 장력에 의해 제자리로 복귀됨에 따라 공기밸브가 닫히고 진공밸브를 열어 동력실린더 내의 압력이 같아지면 마스터 실린더의 반작용과 다이어프램 리턴 스프링의 장력으로 동력 피스톤이 제자리로 복귀한다. 이 형식의 특징은 다음과 같다.

① 진공밸브와 공기밸브가 푸시로드에 의해 작동하므로 구조가 간단하고 무게가 가볍다.
② 배력장치에 고장이 발생하여도 페달 조작력은 작동로드와 푸시로드를 거쳐 마스터 실린더에 작용하므로 유압 브레이크만으로 작동을 한다.
③ 페달과 마스터 실린더 사이에 배력장치를 설치하므로 설치 위치에 제한을 받는다.

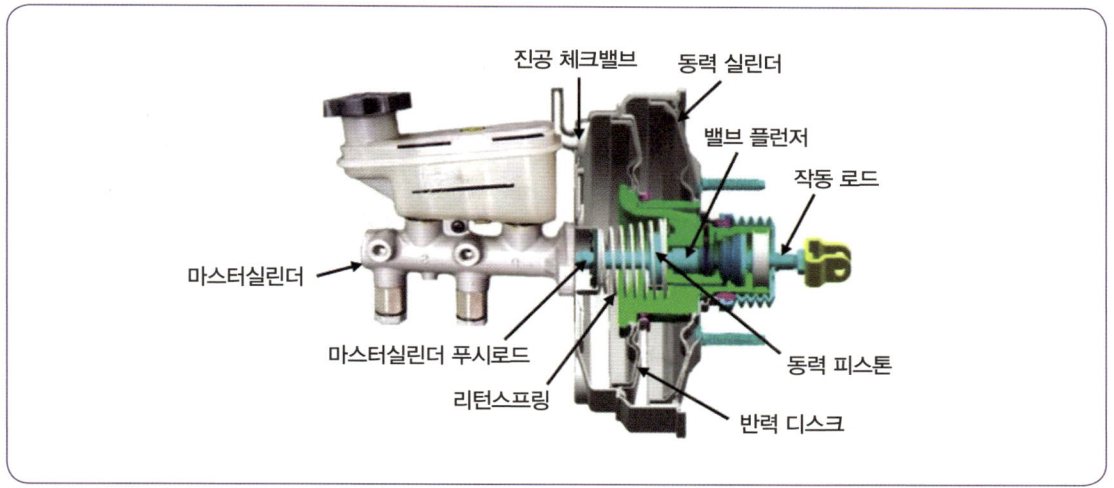

※ 그림 2-63 직접 조작형

05 드럼 브레이크

바퀴와 함께 회전하며 슈와의 마찰로 제동력을 발생시키는 부분으로 중앙에서 회전하는 드럼 안쪽에서 슈와의 마찰로 제동력을 발생시키는 부분이며, 열 방산을 크게 하고 강성을 높이기 위해 원둘레 방향으로 핀(fin)이나 직각방향으로 리브(rib)를 두고 있다.

1 브레이크 드럼의 구비조건

① 가볍고 강도와 강성이 클 것
② 정적·동적 평형이 잡혀 있을 것
③ 냉각이 잘 되어 과열하지 않을 것
④ 마멸에 견디는 성질이 클 것

※ 그림 2-64 야마하 뒤 브레이크 라이닝과 브레이크 슈

2 리딩 트레일링 방식과 투 리딩 방식

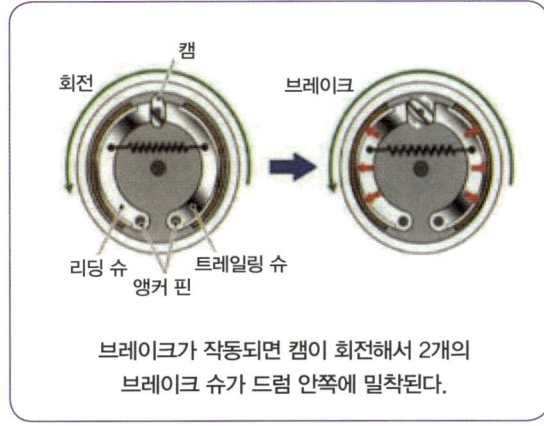

※ 그림 2-65 리딩 트레일링 방식

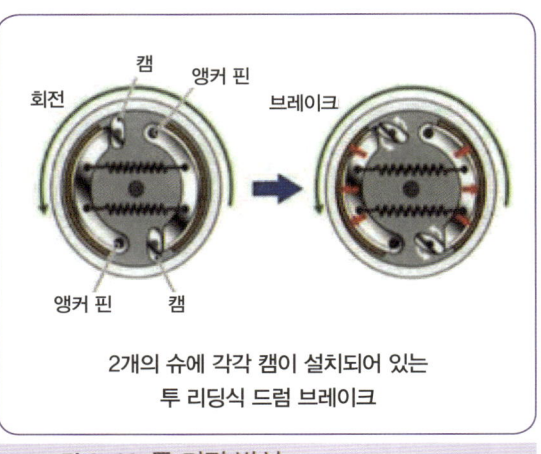

※ 그림 2-66 투 리딩 방식

06 ABS(anti lock brake system)

1 ABS의 필요성

ABS란 주행 중 제동을 할 때 바퀴의 고착을 방지하는 것으로 급제동 또는 노면의 악조건 상태에서 제동을 할 때 바퀴의 고착으로 인하여 차량이 제어 불능상태로 진행되어 조향력 상실은 물론 제동거리 또한 길어지게 된다.

2 전·후륜 연동 브레이크 시스템

스쿠터를 제외한 대부분의 바이크는 오른손으로 핸들의 전륜 브레이크 레버를 조작하고 오른발로 후륜 브레이크 페달을 밟는 것이 제동브레이크 시스템의 원리이다.

프런트 브레이크는 제동력이 강한 더블 디스크나 고성능 캘리퍼가 설치되어 있는 반면에 리어에는 조작성을 중시한 싱글 디스크가 설치되어 있는 등 전후 브레이크의 특성에 맞는 장비가 설치되어 있으며, 라이더는 레버와 페달로 노면 상황이나 주행 상태에 맞도록 입력을 배분하고 컨트롤해야 한다.

얼마나 강하게 감속하느냐에 따라 전·후륜에 걸리는 하중 분포는 변하지만 이상적인 제동력 배분에 가까워지도록 레버와 페달의 조작을 더욱 간편하게 하려는 목적으로 하는 것이 전·후륜 연동 브레이크이다.

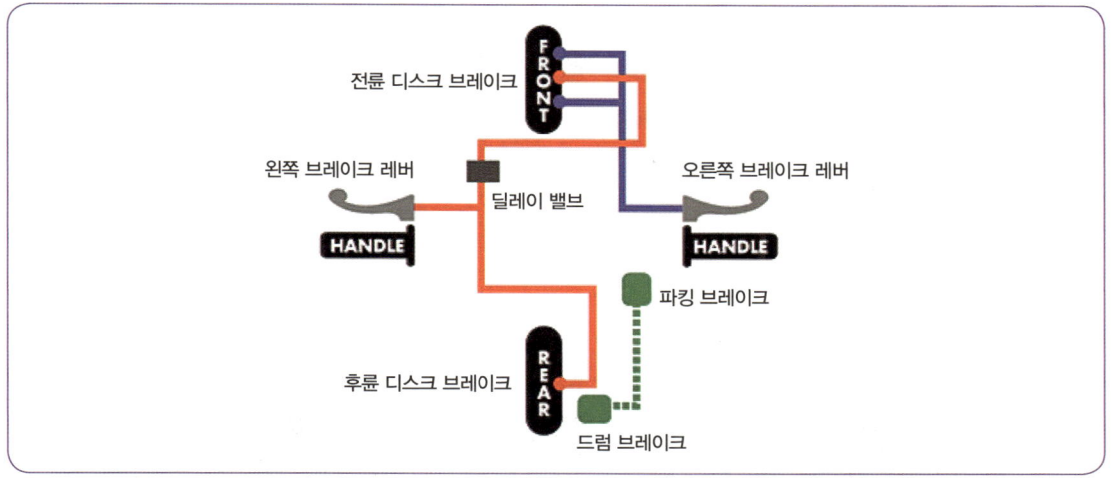

그림 2-67 전·후륜 연동 브레이크 시스템의 개념도

오른쪽 브레이크 레버 조작으로 전륜브레이크가 작동하고, 왼쪽 브레이크 레버 조작으로 프런트와 리어가 동시에 작동하는 연동브레이크 시스템으로 후륜의 드럼 브레이크 작동은 전용 와이어로 조작한다.

3 전자제어 컴바인드 ABS

전자제어 컴바인드 ABS는 차체 중앙의 ECU와 전후 각각의 밸브 유닛, 파워 유닛, 펄서 링(톤휠), 스피드 센서로 구성되어 차량 압력 센서 전후 각각의 마스터 실린더로부터 압력을 감지하면 파워유닛에서 캘리퍼 유압을 증대시켜 제동력을 발생시키며, 전후 브레이크 비율을 ECU에서 제어하여 최적의 제동력을 제공한다.

시속 200km/h를 넘나드는 초고속 주행에서도 노면 환경에 상관없이 단지 브레이크 레버를 당기는 것으로 안정적으로 차체를 감속시킬 수 있다.

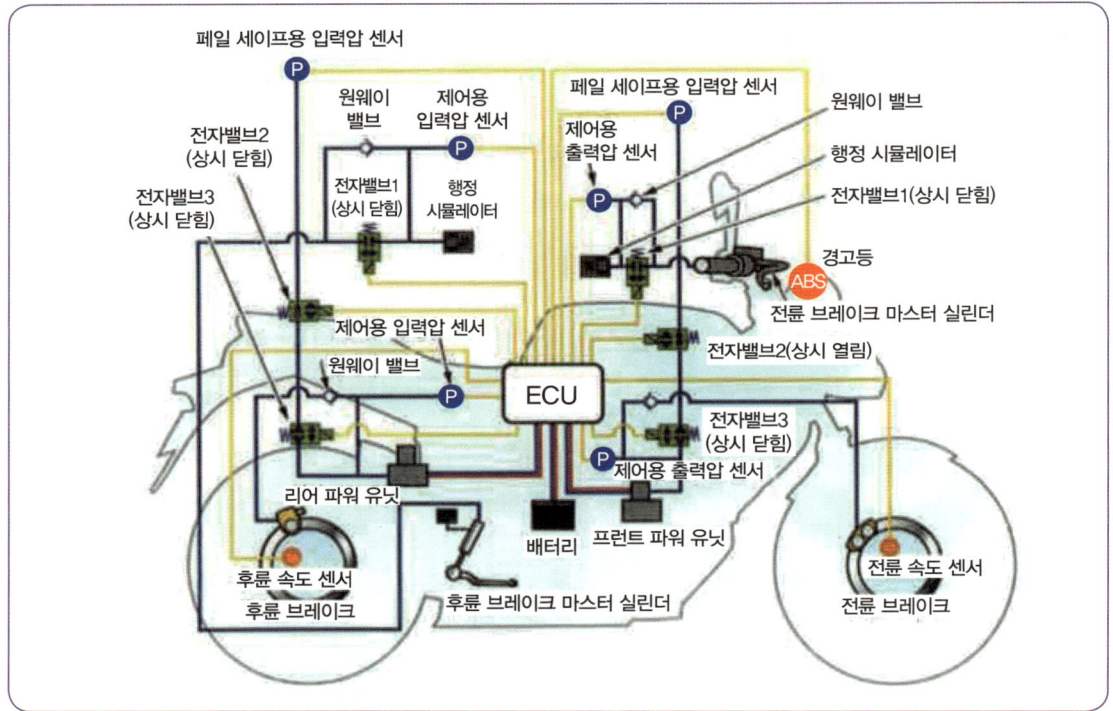

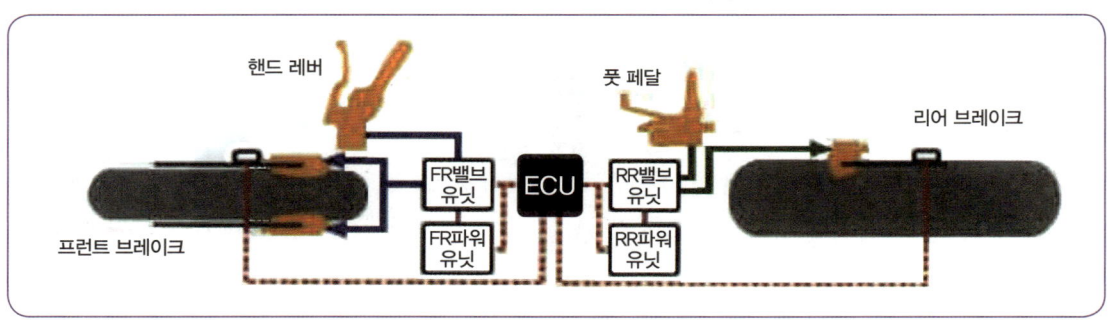

✿ 그림 2-68 전자제어 컴바인드 ABS 작동 상황 회로도

07 TCS(traction control system)

비에 젖은 노면이나 얼어붙은 노면과 같은 미끄러지기 쉬운 노면 위에서 출발하거나 가속할 때, 구동바퀴가 스핀하는 일이 있다.

노면과 타이어 사이의 마찰한계를 넘어서면 안정성을 잃는다. 기관의 출력을 저하시키거나, 타이어에 브레이크를 걸든지 하여, 바퀴와 노면과의 슬립율을 최적인 값으로 유지하는 제어를 해야 한다. 타이어가 스핀하지 않도록 최적의 구동력을 얻는 것이 TCS(구동력 제어장치)이다.

전륜과 후륜의 회전수를 센서로 읽어서 휠의 회전수 차이가 발생하면 ECU가 점화나 연료공급을 제어해서 구동력을 순간적으로 차단해 타이어의 슬립이 사라지면 그립력이 회복된다.

> **TCS의 특징**
> ① 미끄러운 노면에서 발진 및 가속할 때 미세한 가속페달의 조작이 불필요하므로 주행성능을 향상시킨다.
> ② 일반 노면에서 선회 가속할 때 운전자의 의지대로 가속을 보다 안정되게 하여 선회성능을 향상시킨다.
> ③ 선회 가속할 때 조향 핸들의 조작량을 감지하여 가속페달의 조작 빈도를 감소시켜 선회능력을 향상시킨다.
> ④ 미끄러운 노면에서 뒷바퀴 휠 스피드 센서에서 구한 차체 속도와 앞바퀴 휠 스피드 센서로 구한 구동 바퀴의 속도를 검출 비교하여 구동바퀴의 슬립률이 적절하도록 기관의 회전력을 감소시켜 주행 성능을 향상시킨다.
> ⑤ 일반 노면에서 운전자의 의지로 인한 가로방향 가속도가 규정 값을 초과할 경우 TCS의 컴퓨터가 운전자의 의지를 판단하여 기관출력을 제어하므로서 선회 안전성을 향상시킨다.
> ⑥ 운전자의 의지로 TCS를 부착하지 아니한 자동차와 동일한 작동이 가능하므로 스포티브 운전 및 다양한 운전 영역을 제공한다.

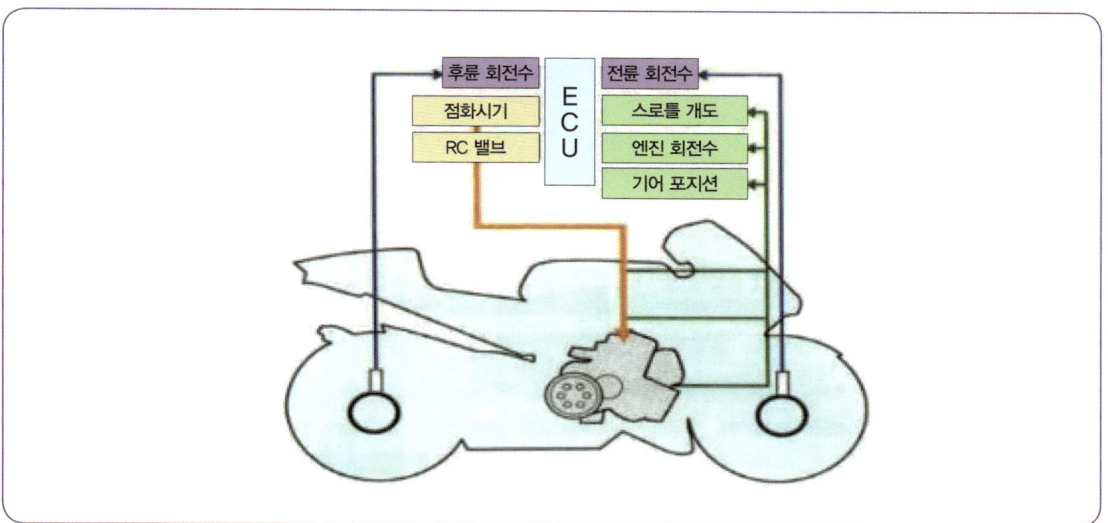

✿ 그림 2-69 트랙션 컨트롤 시스템의 작동원리

CHAPTER 09 휠(Wheel) 및 타이어(Tire)

01 바퀴의 구성

바퀴는 휠(wheel)과 타이어(tire)로 구성되어 있다. 바퀴는 차량의 하중을 지지하고, 제동 및 주행할 때의 회전력, 노면에서의 충격, 선회할 때의 원심력, 차량이 경사졌을 때의 옆방향 작용을 지지한다. 휠은 타이어를 지지하는 림(rim)과 휠을 허브에 지지하는 디스크(disc)로 되어 있으며 타이어는 림 베이스(rim base)에 끼워진다.

❖ 그림 2-70 휠(wheel)과 타이어(tire)

1 휠의 종류

휠의 종류에는 연한 강철판을 프레스 성형한 디스크를 림과 리벳이나 용접으로 접합한 디스크 휠(disc wheel), 림과 허브를 강철 선의 스포크로 연결한 스포크 휠(spoke wheel) 및 방사선 상의 림 지지대를 둔 스파이더 휠(spider wheel)이 있다.

2 타이어(tire)

2-1 타이어의 분류

(1) 타이어는 사용 공기압력에 따라 고압 타이어, 저압 타이어, 초저압 타이어 등이 있다.

(2) 튜브(tube)유무에 따라 튜브 타이어와 튜브리스 타이어가 있다. 튜브 타이어와 튜브리스 타이어의 특징은 다음과 같다.
   ① **튜브 타이어** : 림에 스포크를 장착하기 위한 구멍이 뚫려 있는 스포크 휠은 타이어와 림만으로는 기밀성을 유지할 수 없으므로 림과 타이어 사이에 튜브를 넣어서 공기압을 유지한다.
   ② **튜브리스 타이어** : 튜브가 없어 조금 가벼우며, 못 등이 박혀도 공기 누출이 적고, 펑크수리가 간단하고, 고속주행을 할 때에도 발열이 적다. 림이 변형되어 타이어와의 밀착이 불량하면 공기가 새기 쉽고, 유리조각 등에 의해 손상되면 수리가 어렵다.

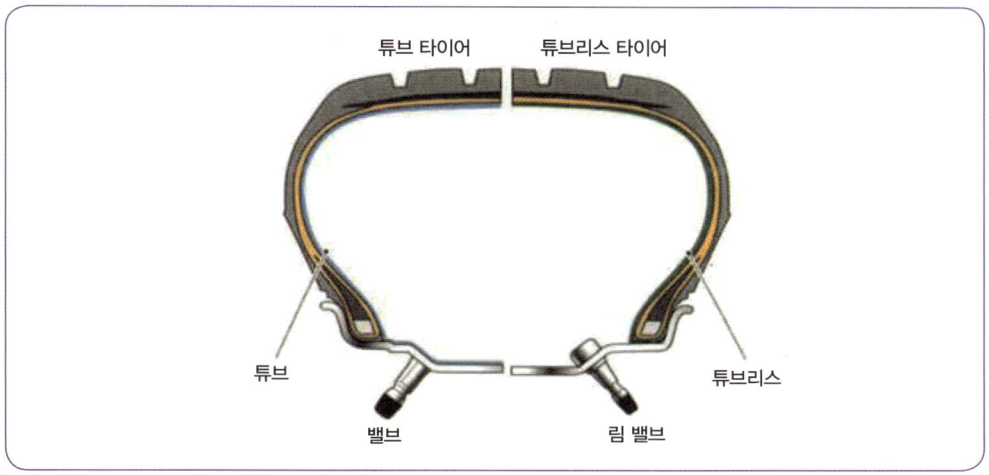

🔩 그림 2-71 튜브 타이어와 튜브리스 타이어의 구조

(3) 형상에 따른 분류에는 바이어스(보통) 타이어, 레이디얼 타이어, 스노 타이어, 편평 타이어 등이 있으며 그 특징은 다음과 같다.
   ① **바이어스 타이어**
   이 타이어는 카커스 코드(carcass cord)를 빗금방향으로 하고, 브레이커(breaker)를 원둘레 방향으로 넣어서 만든 것이다.

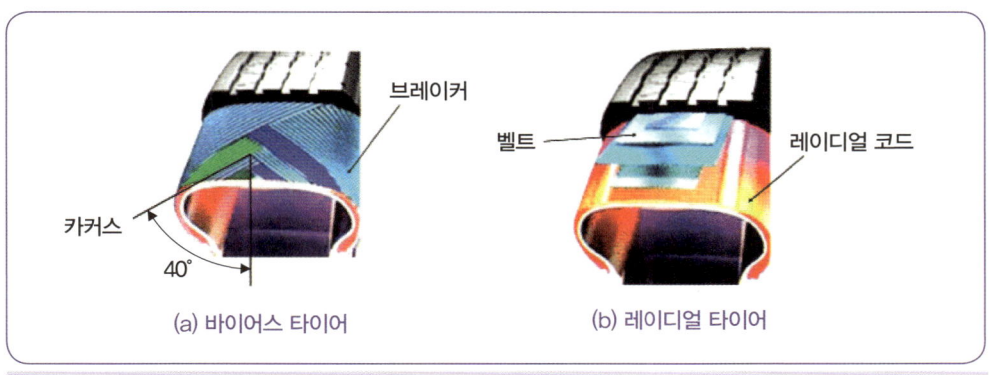

🔩 그림 2-72 바이어스 타이어와 레이디얼 타이어

② 레이디얼(radial) 타이어

이 타이어는 카커스 코드를 단면방향으로 하고, 브레이커를 원둘레 방향으로 넣어서 만든 것이다. 따라서 반지름 방향의 공기압력은 카커스가 받고, 원둘레 방향의 압력은 브레이커가 지지한다.

③ 스노(snow) 타이어

이 타이어는 눈길에서 체인을 감지 않고 주행할 수 있도록 제작한 것이며, 중앙부분의 깊은 리브패턴이 방향성을 주고, 러그 및 블록패턴이 견인력을 확보해준다. 스노타이어를 사용할 때 주의할 사항은 다음과 같다.

㉠ 바퀴가 고정(lock)되면 제동거리가 길어지므로 급제동을 하지 말 것
㉡ 스핀(spin)을 일으키면 견인력이 급격히 감소하므로 출발을 천천히 할 것
㉢ 트레드 부분이 50% 이상 마멸되면 체인을 병용할 것
㉣ 구동바퀴에 걸리는 하중을 크게 할 것

④ 편평 타이어

이 타이어는 타이어 단면의 가로, 세로비율을 적게 한 것이며, 타이어 단면을 편평하게 하면 접지면적이 증가하여 옆방향 강도가 증가한다. 또 제동 출발 및 가속을 할 때 미끄럼 성능과 선회성능이 좋아진다.

타이어 편평 비율은 $\frac{타이어\ 높이}{타이어\ 폭}$ 으로 나타내며, 0.96 → 0.86 → 0.82 순서로 내려갈수록 타이어 폭이 점차 넓어진다.
편평 비율이 0.6일 때 60시리즈(60series)라 하며 이것은 폭이 100일 때 높이가 60인 타이어를 나타낸다. 타이어 사이드 월에 표기된 190-50-ZR17등 타이어에 관한 정보가 숫자와 알파벳으로 작성되어 있다.

190: 타이어 폭(mm), 17: 휠 사이즈(인치), Z: 속도영역, R: 레이디얼 타이어, 50: 편평률(%)

2-2 타이어의 구조

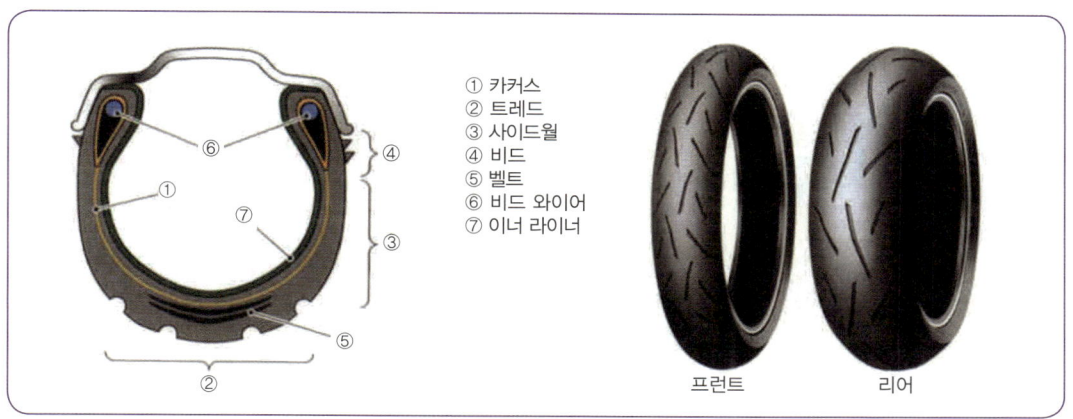

● 그림 2-73 바이크 타이어 구조와 각 부분

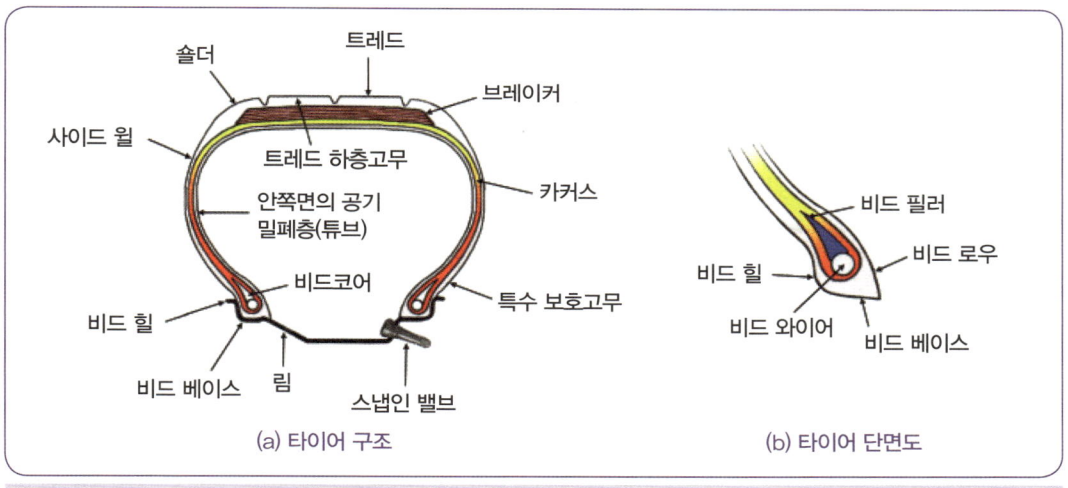

● 그림 2-74 타이어의 구조의 세부명칭

1) **트레드(tread)** : 트레드는 노면과 직접 접촉하는 고무부분이며, 카커스와 브레이커를 보호하는 부분이다. 트레드 패턴의 필요성은 다음과 같다.

   ① 타이어의 사이드슬립이나 전진방향의 미끄럼을 방지한다.
   ② 타이어 내부에서 발생한 열을 방산한다.
   ③ 트레드에서 발생한 절상의 확산을 방지한다.
   ④ 구동력이나 선회성능을 향상시킨다.

2) **브레이커(breaker)** : 브레이커는 트레드와 카커스사이에 있으며, 몇 겹의 코드 층을 내열성의 고무로 싼 구조로 되어 있으며 트레드와 카커스의 분리를 방지하고 노면에서의 완충작용도 한다.

3) **카커스(carcass)** : 카커스는 타이어의 뼈대가 되는 부분이며, 공기압력을 견디어 일정한 체적을 유지하고 하중이나 충격에 따라 변형하여 완충작용을 한다. 카커스를 구성하는 코드 층의 수를 플라이 수(ply rating, PR)라 한다.

4) **비드부분(bead section)** : 비드부분은 타이어가 림과 접촉하는 부분이며, 비드부분이 늘어나는 것을 방지하고 타이어가 림에서 빠지는 것을 방지하기 위해 내부에 몇 줄의 피아노선이 원둘레 방향으로 들어 있다.

5) **사이드 월(Side Wall)** : 트레드에서 비드부까지의 카커스를 보호하기 위한 고무 층이며, 노면과는 직접 접촉하지 않는다. 그러나 하중이나 노면으로부터의 충격에 의하여 계속적인 굴곡운동을 하게 되므로 굴곡성 및 내 피로성이 높은 고무이어야 하며, 규격, 하중, 공기압 등 타이어의 기본 정보가 문자로 각인된 부위이다.

2-3 타이어의 호칭치수

1) 고압 타이어의 호칭치수

> 바깥지름(inch) × 폭(inch) – 플라이 수(ply rating)

2) 저압 타이어의 호칭치수

> 폭(inch) – 안지름(inch) – 플라이 수(ply rating)

3) 레이디얼 타이어
레이디얼 타이어는 가령 165/70 SR 13인 타이어는 폭이 165mm, 편평 비율이 0.7, 안지름이 13inch이며, 허용 최고속도가 180km/h 이내에서 사용되는 타이어란 뜻이다. 여기서 S 또는 H는 허용 최고속도표시 기호이며 R은 레이디얼의 약자이다.

2-4 타이어에서 발생하는 이상현상

1) 스탠딩 웨이브 현상(standing wave)
이 현상은 타이어 접지 면에서의 찌그러짐이 생기는데 이 찌그러짐은 공기압력에 의해 곧 회복이 된다. 이 회복되는 힘은 저속에서는 공기압력에 의해 지배되지만, 고속에서는 트레드가 받는 원심력으로 말미암아 큰 영향을 준다. 또 타이어 내부의 고열로 인해 트레드부분이 원심력을 견디지 못하고 분리되며 파손된다. 스탠딩 웨이브의 방지방법은 타이어 공기압력을 표준보다 15~20% 높여 주거나 강성이 큰 타이어를 사용하면 된다. 타이어의 임계 온도는 120~130℃이다.

2) **하이드로 플래닝(hydro planing, 수막현상)** : 이 현상은 물이 고인 도로를 고속으로 주행할 때 일정 속도 이상이 되면 타이어의 트레드가 노면의 물을 완전히 밀어내지 못하고 타이어는 얇은 수막에 의해 노면으로부터 떨어져 제동력 및 조향력을 상실하는 현상이다. 이를 방지하는 방법은 다음과 같다.

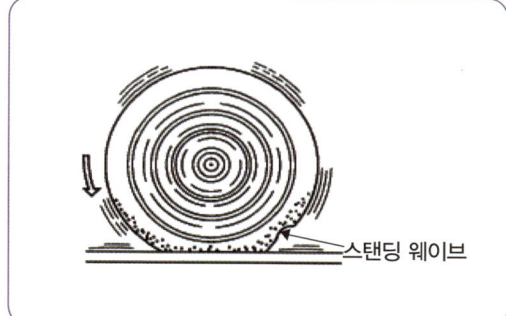

● 그림 2-75 스탠딩 웨이브 현상

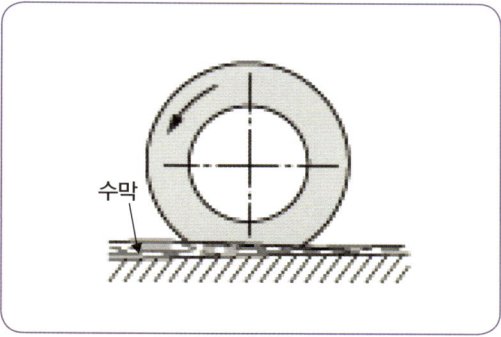

● 그림 2-76 하이드로 플래닝 현상

① 트레드 마멸이 적은 타이어를 사용한다.
② 타이어 공기압력을 높이고, 주행속도를 낮춘다.
③ 리브 패턴의 타이어를 사용한다. 러그 패턴의 경우는 하이드로 플래닝을 일으키기 쉽다.
④ 트레드 패턴을 카프(calf)형으로 세이빙(shaving)가공한 것을 사용한다.

2-5 바퀴평형(wheel balance)

1) **정적평형** : 타이어가 정지된 상태의 평형이며, 정적 불평형에서는 바퀴가 상하로 진동하는 트램핑(tramping, 바퀴의 상하 진동)현상을 일으킨다.

2) **동적평형** : 회전 중심축을 옆에서 보았을 때의 평형, 즉, 회전하고 있는 상태의 평형이다. 동적 불평형이 있으면 바퀴가 좌우로 흔들리는 시미(shimmy, 바퀴의 좌우 진동)현상이 발생한다.

2-6 타이어 제조기간

사이드 월에 표기된 타이어 제조시기가 1210는 2010년 12주에 제조되었음을 나타낸다.

2-7 공기압 단위

① 타이어 공기압 단위는 kgf/cm^2 이다. 미국과 유럽은 PSI, Kpa등을 사용한다.
② PSI는 파운드 퍼인치라고 읽으며 1평방 인치당 파운드의 압력이 얼마나 걸리는가를 나타낸다.

3 TPMS(Tire Pressure Monitoring System)

3-1 TPMS란?

① TPMS는 운행 중 타이어의 공기압을 실시간으로 감지하고, 기준치에서 벗어날 경우 경고를 주는 시스템이다.
② 자동차에서 처음 도입된 TPMS는 이제 이륜 바이크에도 확산 중이며, 일부 고급형 바이크에는 기본 장착되기도 한다.

3-2 타입별 분류

1) 직접식 TPMS(Direct TPMS, DTPMS)

타이어 내부 또는 밸브 스템에 압력 센서를 직접 장착하여, 압력(및 일부 시스템은 온도까지)을 실시간 측정하며, 센서에서 수신 장치로 무선 데이터를 송출하며, 배터리 기반 센서가 일반적이다.

2) 간접식 TPMS(Indirect TPMS, ITPMS)

별도의 센서를 사용하지 않고, ABS나 속도 센서를 활용해 타이어 회전 속도 차이를 분석함으로써 공기압 이상을 감지하며, 저렴하고 간단하지만 정확도는 직접식보다 떨어지는 편이다.

3-3 주요 장점

항목	설명
안전성 향상	공기압 이상 시 빠른 경고를 통해 사고 예방 가능
연료 효율 개선	적정 압력 유지로 구름 저항 감소, 연비 개선
타이어 수명 연장	불균형한 마모를 줄여 타이어 수명을 늘림
편리성 제공	주행 중에도 상태 확인 가능, 수동 점검의 번거로움 해소

3-4 설치 방식 예시

1) 휠 내부 장착형

BMW 등 일부 바이크는 TPMS 센서가 휠 내부에 고정되어 있어 분실 우려는 적지만, 배터리 교체 시 휠 분리가 필요하다.

2) 밸브캡형(외부 장착형)

기존 밸브캡 대신 TPMS 센서를 나사처럼 장착하는 형태로, 설치와 유지가 편리하나 주행 중 분실 가능성에 유의해야 한다.

CHAPTER 10 바이크 프레임

01 프레임(Frame)의 개요

프레임은 바이크의 뼈대로 차체크기와 중량 등 바이크의 특성을 결정짓는 중요한 역할을 하며, 엔진과 현가장치, 전기장치 등을 탑재하거나 장착하기 위한 바이크의 뼈대가 되는 중요한 부품이다. 고속으로 주행 시 프레임의 높은 강성이 필요하나, 너무 강성이 높으면 코너링 특성이 까다로워지고 한계점도 내려가기 때문에 바이크 주행상황을 시뮬레이션하여 각 부분에 어떤 힘이 어느 방향으로 얼마나 변형되는지 컴퓨터로 분석해서 프레임의 형상이나 소재, 각 부의 두께 등을 결정한다.

02 프레임의 종류

1 백본 프레임(Backbone Frame)

출처 : top speed

1-1 정의 및 구조

중앙에 위치한 튜브가 조향축(헤드튜브)에서부터 테일까지 일직선으로 연결되어, 전체 프레임의 중심 구조를 형성한다.

중앙 튜브(백본)에 엔진, 서스펜션, 시트 등 주요 부품이 장착되며, 이때 엔진이 프레임의 구조적 역할을 함께 수행하여 전체 강성을 높이는 데 기여한다.

1-2 장점

① **제작 · 비용 효율성** : 재료와 공정이 단순해 제작이 쉽고 저렴하다.
② **경량화 가능** : 복잡한 크래들 구조보다 부품 수가 적어 무게를 줄일 수 있다.
③ **엔진 분리 · 정비 용이** : 엔진이 크래들 없이 스파인 위에 볼트가 체결돼, 설치 · 분리가 쉽다.

1-3 단점

① **비틀림 강성이 낮음** : 싱글 · 더블 크래들 또는 트윈 스파에 비해 꼬임 저항이 부족하다.
② **강도 한계** : 고출력 · 고회전 엔진을 탑재한 모델에는 구조적 부족함이 있다.
③ **스트레스 멤버 설계 필요** : 엔진을 구조적으로 활용하려면 엔진 및 결합부 정밀도가 중요하다.

1-4 활용 및 사례

① **저배기량 · 대중용 모델 중심** : 혼다 슈퍼 컵, 몽키 등에서 채택한다.
② **중 · 고배기량까지 점진적 확장** : 250cc급 스포츠 바이크들도 가볍고 단순한 구조를 위해 백본 기반 구조를 채택한다.

2 더블 크래들 프레임(Double Cradle Frame)

출처 : top speed

2-1 정의 및 구조

바이크 분야에서 대표적인 프레임으로 단일 크레들 프레임에는 엔진을 지지하는 강철 지지대가 하나만 있는데 더블 크레들 프레임에는 2개의 튜브 엔진을 지지할 수 있는 바닥 부분이 있으며 스티어링 헤드에서 스윙암 피벗까지 메인파이프 하나가 지나며 그 밑으로 1개 혹은 2개의 프레임을 내려 엔진을 받쳐주는 방식으로 스윙암 피벗까지 연결되도록 만든 형식이다.

2-2 장점

① **강도와 강성 향상** : 싱글 크레들 대비 두 튜브로 지지하기 때문에 코너링이나 급제동 시 비틀림 저항이 강하다.
② **비용 대비 성능 효율** : 제작 공정이 단순하고 비용 부담도 적으며, 다양한 엔진 구성에 유연하게 적용 가능하다.

2-3 단점

① **고성능에는 한계** : 최신 고출력·고속 주행에서는 없는 강성이나 가벼운 무게를 제공하는 트윈 스파 또는 트렐리스 프레임에 비해 부족하다.
② **디자인이 다소 구형** : 전통적 구조로 현대적 스타일이나 경량화 설계에는 제한이 있다.

2-4 활용 및 사례

1) 저배기량·대중용 모델 중심

① **혼다 벤리 CB92** : 124cc 2기통, 1959년 출시
② **혼다 슈퍼커브 C100** : 50~100cc 저배기량 인기 통근형 모델
③ **혼다 CT100** : 배달·실용 중심의 단순·경제적, 100cc 경량 모터사이클

2) 중·고배기량까지 점진적 확장

① **혼다 CB600F '호넷'** : 600cc 네이키드 스포츠형
② **혼다 CB750 호넷(Honda CB750 Hornet, 2023년형)** : 755cc 직렬 2기통, 혼다코리아 공식 국내 판매
③ **야마하 XV1900A(1,854cc) 및 카와사키 벌칸 2000(2,053cc)** : 고배기량 크루저 시장 백본 기반 모델

3 싱글 크레들 프레임(Single Cradle Frame)

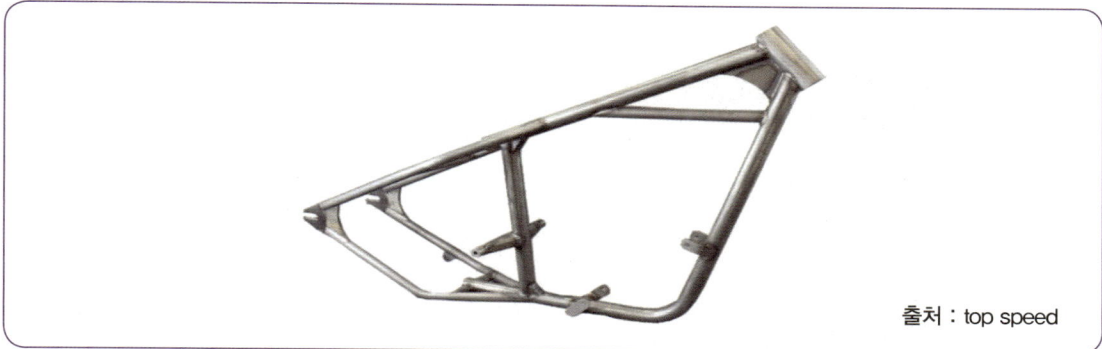

출처 : top speed

3-1 구조 및 정의

싱글 다운튜브(또는 다이아몬드 프레임) 방식으로, 헤드튜브(스티어링 헤드)에서 단일 튜브가 엔진 아래를 지나 테일까지 연결되는 간단한 구조이며, 이 구조에서는 한 개의 튜브(다운튜브)가 자전거 프레임처럼 엔진 아래를 지나면서, 엔진이 프레임의 하부처럼 장착된다. 이때 엔진을 스트레스 멤버(stressed member)로 사용하여 프레임의 일부가 되기도 한다.

3-2 장점

① **제작 및 비용 효율성** : 구조가 단순하여 제작이 쉽고 비용이 저렴하다.
② **경량 설계** : 튜브 수가 적어 전체 중량이 가볍다.
③ **보급형 모델에 적합** : TVS Star City, 혼다 CG125, 로열 엔필드 클래식 350 등 실용성과 경제성을 중시하는 저출력 모델에서 사용된다.

3-3 단점

구조가 단순해서 프레임의 꼬임 강도가 약하기 때문에, 급제동이나 고속 코너링 시 프레임이 쉽게 변형되어 안정성과 조향 정밀도에 제약이 발생한다.
고성능 운행 기준을 만족시키기에는 기본 프레임 구조가 충분치 않아 강도와 비틀림 저항을 높이기 위한 보강이 필요하다.

3-4 적용 분야 및 사례

① **저·저중 출력 도시형 및 통근형 오토바이** : TVS Star City, 혼다 CG125, 로열 엔필드 클래식 350 등
② **엔트리급 모델** : 경제성과 경량 설계가 중요한 실용형 오토바이에서 많이 채택된다.

4 트윈 스파 프레임(Twin Spa Frame)

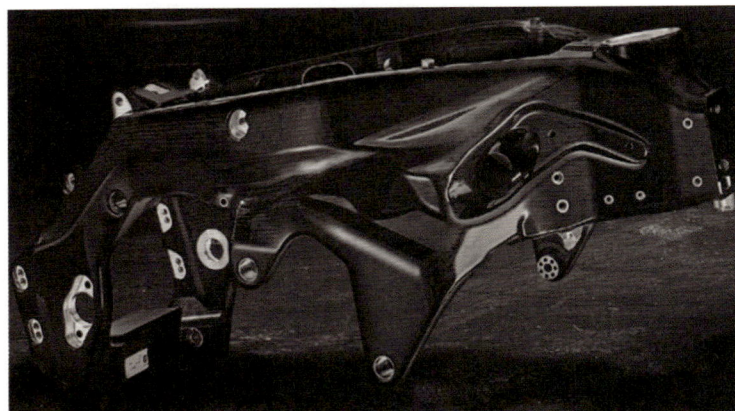

출처 : top speed

4-1 구조 및 특징

트윈 스파 프레임(Twin-Spar Frame)은 두 개의 평행한 금속 빔이 엔진을 감싸듯이 배치되어 조향 헤드와 스윙암 피벗을 직접 연결하며, 이를 통해 프레임의 비틀림 강성을 극대화하고, 고속 주행 및 급제동 시에도 안정적인 조향 성능을 유지하며, 알루미늄이나 마그네슘 합금 등의 경량 소재를 사용하여 전체 중량을 감소시켜 민첩한 주행 성능을 제공한다.

4-2 장점

① **우수한 비틀림 강성** : 두 스파가 엔진을 감싸는 구조로 인해 프레임의 비틀림 강성이 높아져, 급제동이나 고속 코너링 시에도 안정적인 주행이 가능하다.
② **경량화** : 알루미늄 합금 등의 경량 소재 사용으로 전체 중량을 감소시켜, 민첩한 조향과 빠른 가속 성능을 제공한다.
③ **효율적인 하중 분산** : 엔진을 스트레스 멤버로 활용하여 하중을 고르게 분산시켜, 프레임의 내구성과 수명을 증가시킨다.

4-3 단점

① **제작 비용** : 정밀한 제작 공정과 고급 소재 사용으로 인해 생산 비용이 높아질 수 있다.
② **복잡한 수리** : 구조의 복잡성으로 인해 수리 시 전문적인 기술과 장비가 필요할 수 있다.

4-4 적용 사례

스포츠 바이크 : 혼다 CBR1000RR, 야마하 YZF-R1, BMW S1000RR 등 고성능 스포츠 바이크에 적용한다.

모토GP와 같은 고속 레이싱 환경에서 뛰어난 성능을 발휘하여, 많은 팀들이 채택하고 있으며, 두가티는 2011년 발렌시아 테스트에서 새로운 알루미늄 트윈 스파 프레임을 도입하여 엔진 기반 구조의 한계를 극복하고자 했으며, 스즈끼는 GSX-RR 모델에 알루미늄 트윈 스파 프레임을 적용하여 안정적인 주행 성능을 구현하였다.

5 격자 프레임(Grid Frame)

출처 : top speed

5-1 구조 및 특징

격자 프레임(Truss Frame)은 여러 개의 직선 부재들이 삼각형 형태로 배열되어 하중을 분산시키는 구조로, 경량화와 강성을 동시에 확보할 수 있는 이점이 있으며, 이러한 구조는 자전거, 인라인스케이트, 항공기, 건축 구조물 등 다양한 분야에서 활용된다. 격자 프레임은 삼각형 형태의 부재들이 조합되어 하중을 효율적으로 분산시키는 구조로, 경량화와 강성을 동시에 확보할 수 있는 이점으로 인하여 자전거, 인라인 스케이트, 항공기, 건축 구조물 등 다양한 분야에서 활용된다.

5-2 장점

① **경량화** : 격자 구조는 재료를 최소화하면서도 강성을 유지하여 전체 중량을 감소시킨다.

② **강성 확보** : 삼각형 형태의 부재 배열은 비틀림 강성을 높여 급제동이나 고속 주행 시에도 안정적인 성능을 제공한다.

③ **효율적인 하중 분산** : 하중이 각 부재에 고르게 분산되어 구조의 내구성과 수명이 증가한다.

5-3 단점

격자 프레임의 주요 단점은 복잡한 구조로 인해 제작 공정이 정밀하고 노동 집약적이며, 이로 인해 생산 비용이 상승하고 대량 생산에 어려움이 있으며, 또한 수리 시에는 구조의 복잡성으로 인해 손상 부위의 정확한 식별과 수리가 어려워져 유지보수 비용이 증가하고 부품 교체가 필요할 수 있다.

5-4 적용 사례

① **혼다 CBR600RR** : 격자 구조의 알루미늄 프레임을 채택하여 고속 주행 시 뛰어난 안정성과 조향 정밀도를 제공한다.

② **야마하 R6** : 격자 구조의 알루미늄 프레임을 사용하여 고속 주행과 코너링에서의 안정성을 확보하였으며, 레이싱 환경에서도 우수한 성능을 발휘한다.

③ **카와사키 ZX-6R** : 격자 구조의 알루미늄 프레임을 채택하여 고속 주행 시 뛰어난 안정성과 조향 정밀도를 제공한다.

6 모노코크 프레임(Monocoque Frame)

출처 : top speed

6-1 구조적 특징

① **일체형 설계** : 모노코크 프레임은 엔진, 연료탱크, 시트, 테일 섹션 등이 하나의 구조물로 통합되어 있다. 이러한 설계는 부품 간의 연결 부위를 최소화하여 구조적 강성을 높이고, 부품 간의 조인트로 인한 약점을 줄여준다.

② **재료 사용** : 주로 알루미늄, 마그네슘, 탄소섬유 등 경량 고강도 재료가 사용되며, 이는 전체 중량을 감소시키고 주행 성능을 향상시키는 데 기여한다.

③ **스트레스 멤버 기능** : 엔진이 프레임의 일부로 작용하여 스트레스 멤버 역할을 하며, 이는 프레임의 비틀림 강성을 높이고 안정성을 제공한다.

6-2 장점

모노코크 프레임은 일체형 구조로 인해 강성이 높아지고, 재료의 최적화로 중량이 감소하여 고속 주행 시 안정성과 민첩성을 제공하며, 부품 간의 통합으로 인해 공간 활용이 최적화되어 연료탱크와 배터리 등의 배치가 효율적이고, 매끄러운 외형은 공기 저항을 줄여 고속 주행 시 성능 향상에 기여한다.

6-3 단점

모노코크 프레임은 일체형 구조로 인해 제작 공정이 복잡하고 고급 재료를 사용하여 생산 비용이 높아지며, 손상 시 수리가 어려워 전문적인 기술과 장비가 필요하고, 일부 구조는 충격 흡수성이 제한적이어서 오프로드 주행 시 불리할 수 있다.

6-4 적용 사례

① **듀카티 파니갈레 시리즈** : 듀카티의 파니갈레 모델은 모노코크 프레임을 채택하여 엔진을 스트레스 멤버로 활용하고, 고속 주행 시 뛰어난 안정성과 조향 정밀도를 제공한다.

② **카와사키 ZX-12R** : 2000년 출시된 ZX-12R은 알루미늄 모노코크 프레임을 사용하여 고속 주행과 코너링에서의 안정성을 확보하였으며, 레이싱 환경에서도 우수한 성능을 발휘한다.

이륜자동차 섀시 및 프레임 예상문제

001 듀얼 클러치(DCT)장치의 특징으로 맞는 것은?

① 변속기에 설치되어 있는 두 클러치를 동시에 접속하여 토크를 증대시켜 변속이 이루어지는 시스템이다.
② 두 개의 클러치를 서로 교대로 사용하는 구조로 기어 체인지에 소요되는 시간을 기존의 변속장치보다 크게 줄일 수 있다.
③ 두 장의 클러치를 사용하여 본속감을 매우 빠르고 정교하게 조절할 수 있다.
④ 습식클러치 기구와 건식클러치 기구를 동시에 조합하여 각 클러치 기구가 갖는 우수한 특징을 모두 구현할 수 있다.

풀이 2개의 클러치를 사용하여 엔진의 힘을 더욱 효율적으로 전달할 수 있다.

002 이륜자동차의 휠의 점검 내용 중 옳지 않은 것은?

① 휠을 들어 올린 후에 림의 가로 및 세로 방향의 흔들림을 점검한다.
② 스포크 휠의 흔들림은 스포크를 조여서 수정한다.
③ 풀려있는 스포크는 니플랜지를 사용하여 흔들림을 수정한다.
④ 캐스팅 휠의 흔들림이 발생하면 흔들림을 수정한다.

풀이 캐스팅 휠의 흔들림이 발생하면, 휠 베어링과 액슬 샤프트를 점검하고 이상이 있으면 교환해야 한다.

003 다음 중 격자프레임(트렐리스-Trellis)에 대한 설명으로 올바른 것은?

① 튜브를 사용하지 않고 대형 알루미늄 판을 단일 구조로 성형하여 제작된다.
② 서로 짧은 금속 튜브들을 삼각형 격자 구조로 용접하여 만든 프레임이다.
③ 엔진은 프레임에서 완전히 분리되어 스트레스 멤버로 활용되지 않는다.
④ 대량생산에 적합하며, 고정밀 자동화 설비가 꼭 필요하다.

풀이 서로 짧은 금속 튜브들을 삼각형 격자 구조로 용접하여 만든 프레임이다.

004 클러치레버의 유격 점검내용으로 잘못된 것은?

① 유격이 많으면 클러치의 미끄럼 등이 발생한다.
② 클러치의 유격은 레버 끝단부에서 점검한다.
③ 주조정은 엔진쪽에서 실시하며, 로크너트를 풀고 어저스트 너트를 돌려 유격을 조정한다.
④ 유격조정 후에는 어저스트 너트를 고정하고, 로크너트를 단단히 조여 준다.

풀이 클러치 레버의 유격이 많을 때 발생하는 문제는 기어 변속이 부드럽게 되지 않고 중립 기어로 변속할 때 어려움을 겪을 수 있다.

정답 01. ② 02. ② 03. ② 04. ①

005 튜브리스 타이어에 관한 설명으로 가장 거리가 먼 것은?

① 림 프로텍터를 사용하여 림을 보호한다.
② 타이어 교환시에는 반드시 림 밸브를 교환한다.
③ 튜브리스 타이어 코드 표기는 트레드에 표기되어 있다.
④ 이륜자동차용 타이어레버를 사용하여 작업한다.

풀이 타이어 코드 표기는 사이드 월에 표기된다.

006 총질량 150kg의 오토바이가 5m/s로 가속할 경우 가속력은 어느 정도가 적절한가?

① $0.033m/s^2$
② $0.05m/s^2$
③ $0.08m/s^2$
④ $0.9m/s^2$

풀이 가속력은 속도를 질량으로 나눈 값으로 $5/150 = 0.033m/s^2$

007 다음은 오토바이 동력전달장치에서 벨트방식 특징이 아닌 것은?

① 소음감소
② 벨트의 유연성
③ 동력 손실이 발생하지 않는다.
④ 한계 토크가 발생하여 고출력 엔진에는 적합하지 않다.

풀이 벨트 방식은 체인 방식에 비하여 동력 손실이 약간 더 크게 발생한다.

008 중형 오토바이에 일반적으로 가장 많이 사용하는 방식은?

① 체인 방식
② 벨트 방식
③ 샤프트 방식
④ 기어 방식

풀이 체인방식은 가장 일반적으로 사용되는 방식으로 강력한 토크 전달이 가능하며, 내구성이 높고, 유지보수가 비교적 간편하다. 단점으로는 소음이 크고, 정기적인 윤활이 필요하다.

009 오토바이 종류 중 스쿠터에 주로 적용되는 프레임은?

① 다이아몬드 프레임
② 백본 프레임
③ 스틸 트러스트 프레임
④ 철제 프레임

풀이 백본 프레임(Backbone Frame)은 스쿠터와 저배기량 오토바이에서 주로 사용되는 프레임 구조이다.

010 오토바이 타이어 휠에 무게의 불균형이 있으면 바퀴가 돌아가면서 원심력에 의해 회전축이 흔들리게 되는데 이 때 해야 할 조치는 무엇인가?

① 타이어 교환
② 휠 밸런싱
③ 휠 교환
④ 프레임 교환

풀이 정적 밸런싱으로 수직 축의 균형을 맞추어 주며, 동적 밸런싱으로 휠의 가장자리에 무게를 배치하여 수평과 수직 축의 균형을 맞추어 준다.

05. ③ 06. ① 07. ③ 08. ① 09. ② 10. ②

011 다음은 오토바이 휠에 대한 설명으로 틀린 것은?

① 휠은 가벼울수록 운동성이 좋다.
② 휠은 강성은 중요하지만 탄성은 고려할 필요가 없다.
③ 주로 알루미늄 스포크 휠을 주로 사용한다.
④ 고급형 휠은 단조형 알루미늄 스포크 휠을 주로 사용한다.

풀이 휠의 강성은 매우 중요하지만, 탄성도 고려해야 한다.

012 오토바이 휠의 품질을 평가하는 항목이 아닌 것은?

① 공기역학적 성능
② 강도와 내구성
③ 재질
④ 생산년도

풀이 강도와 내구성, 무게, 재질, 디자인, 브레이크 성능, 타이어 호환성, 공기역학적 성능등을 고려하여 품질을 평가한다.

013 트윈 스파 프레임(Perimeter/Twin-spar frame)의 특징으로 옳은 것은?

① 헤드튜브에서 스윙암 피벗까지 두 개의 빔을 최단 경로로 연결하여 비틀림 강성을 높인다.
② 배트형(격자형) 튜브망으로 구성되어 있으며, 용접 없이 조립된다.
③ 프레임이 엔진을 완전히 둘러싸는 '크래들(cradle)' 구조이다.
④ 대부분 수직 스틸 튜브로만 이루어져 있어 경량화에는 불리하다.

풀이 헤드튜브에서 스윙암 피벗까지 두 개의 빔을 최단 경로로 연결하여 비틀림 강성을 높인다.

014 다음은 헬멧의 종류에 대해 설명한 것이다. 분류 성격이 다른 것은?

① 풀 페이스 헬멧
② 오픈 페이스 헬멧
③ 하프 헬멧
④ 플립오프 헬멧

풀이 하프 헬멧은 머리의 윗부분만 보호하는 형태

015 오토바이 운전자가 헬멧을 선택할 때 가장 먼저 고려해야 할 점은?

① 안정성
② 적절한 핏
③ 소재와 무게
④ 시야

풀이 오토바이 헬멧을 선택할 때 가장 먼저 고려해야 할 기준은 안정성이다.

016 차종에 따라 헬멧 선택을 달리 해야 하는데 차종을 기준으로 가장 먼저 고려해야 할 점은?

① 용도와 라이딩 스타일
② 오토바이와의 디자인
③ 오토바이 운행지역
④ 헬멧의 두께

풀이 오토바이 차종을 선택할 때 가장 먼저 선택해야 할 기준은 용도와 라이딩 스타일이다.

정답 11. ② 12. ④ 13. ① 14. ③ 15. ① 16. ①

017 다음은 하이그립 타이어의 특징을 설명한 것이다. 틀린 것은?

① 고성능 컴파운드　② 온도 민감성
③ 트레드 디자인　④ 소음이 발생하지 않음

> 풀이 고성능 타이어는 일반 타이어보다 소음이 더 발생한다.

018 가벼운 오토바이에 적합한 타이어의 특징이 아닌 것은?

① 광폭이 좁은 타이어
② 연비가 좋은 타이어
③ 핸들링이 좋은 타이어
④ 공기압이 높은 타이어

> 풀이 가벼운 오토바이는 타이어 공기압을 적절히 유지하는 것이 중요하다.

019 다음 중 '스포크 휠(spoke wheel)'과 '얼로이 휠(Alloy wheel)'의 차이에 대한 설명으로 가장 적절한 것은?

① 얼로이 휠은 단조 또는 주조된 알루미늄 블록에서 제작되어 튜브 타이어 장착이 제한적이며 고속 안정성이 뛰어나다.
② 스포크 휠은 충격을 흡수하기 위해 일부러 제작 시 금속 유연성을 약화시켜 노면 충격에 약하다.
③ 얼로이 휠은 제작이 간단하며, 충격을 받으면 찌그러져도 부분 수리가 가능해 유지 보수가 유리하다.
④ 스포크 휠은 유연성과 내구성이 뛰어나 오프로드나 울퉁불퉁한 노면에서 주행 안정성이 높다.

> 풀이 스포크 휠은 유연성과 내구성이 뛰어나 오프로드나 울퉁불퉁한 노면에서 주행 안정성이 높다.

020 다음 중 오토바이 구조변경에 필요한 서류가 아닌 것은?

① 차량 등록증 사본
② 구조변경 비용 견적서
③ 부품 인증서
④ 구조변경 작업을 진행한 정비소에서 발급한 내역서

> 풀이 구조변경에 필요한 서류는 ①, ③, ④ 이외에 튜닝 전후 외관 사면도 및 도면, 구조변경 신청서 등이다.

021 오토바이 종류가 아닌 것은?

① 투어러 바이크　② RC카
③ 네이키드 바이크　④ 레플리카 바이크

> 풀이 RC카란 무선 조종으로 움직이는 자동차를 말한다.

022 오토바이 안전장비가 아닌 것은?

① 부츠　② 안경
③ 장갑　④ 바지

> 풀이 오토바이 안전장비는 헬멧, 재킷, 장갑, 부츠, 바지 등이다.

023 스쿠터의 특징에 대한 설명으로 틀린 것은?

① 편리한 주행이 가능하다.
② 컴팩트한 디자인으로 만들어졌다.
③ 배기가스와 소음이 발생한다.
④ 연비의 효율성이 좋다.

17. ④　18. ④　19. ④　20. ②　21. ②　22. ②　23. ③

> 풀이 전동 스쿠터는 배출가스가 없고 소음이 적어 환경 친화적이다.

> 풀이 클러치 단속기구의 종류는 기계식, 유압식, 전자식, 원심력클러치가 있다.

024 다음 각 스쿠터에 사용되고 있는 변속기에 대한 설명으로 맞는 것은?

① 대배기량 형 스쿠터에는 HFT 방식의 미션을 주로 사용한다.
② 스쿠터에는 CVT 변속기를 사용한다.
③ 환경문제로 스쿠터는 2000년대 이후에는 거의 생산되지 않고 있다.
④ 뛰어난 연비를 위해 2행정 엔진을 주로 사용한다.

> 풀이 대배기량 스쿠터는 CVT 변속기를 사용하며 환경 친화적이며 현재는 4행정 엔진을 주로 사용한다.

027 이륜자동차의 후륜 댐퍼유닛에 대한 설명 중 옳지 않은 것은?

① 스프링은 차량을 지지하며 댐퍼의 단점을 상호 보완한다.
② 스프링과 댐퍼가 함께 작동하여 차량의 조종성을 높인다.
③ 댐퍼는 자기복원성으로 진동과 충격을 흡수한다.
④ 댐퍼유닛은 댐퍼와 스프링의 조합으로 구성되었다.

> 풀이 댐퍼는 자기복원성이 없어서 손상이나 마모가 발생하면 스스로 복귀할 수 있는 능력이 없다.

025 이륜자동차 현가장치의 역할이 아닌 것은?

① 승차감을 향상시킨다.
② 주행 안정성을 높인다.
③ 주행 중 속도를 높인다.
④ 차량의 조종성을 향상시킨다.

> 풀이 주행 중 속도를 높이는 방법은 현가장치의 역할과 전혀 무관하다.

028 이륜자동차 프레임의 기능에 대한 설명으로 틀린 것은?

① 엔진, 서스펜션, 휠 등 다양한 부품을 연결하고 지지한다.
② 프레임은 차량의 기계부품과 본체를 지지하며, 정적 및 동적 하중을 처리한다.
③ 제동력을 증대시키고 작동을 원활하게 한다.
④ 주행 중 발생하는 충격을 흡수하여 차량의 안정성을 유지한다.

> 풀이 프레임과 제동력과는 전혀 무관하다.

026 이륜자동차 클러치 단속기구의 종류가 아닌 것은?

① 스파이럴 베벨기어   ② 와이어 방식
③ 전자식 클러치   ④ 원심력 클러치

정답 24.② 25.③ 26.① 27.③ 28.③

PART 02 이륜자동차 섀시 및 프레임

029 이륜자동차의 베어링 분해 조립 시 유의사항이 아닌 것은?

① 베어링을 조립할 때에는 축과 하우징의 동심도를 유지하여 정확하게 정렬해야 한다.
② 베어링의 분해 시 임펙트 렌치 사용을 금지하고, 유압프레스를 사용한다.
③ 국부 가열 시 최대 온도와 상관없이 분해하면 된다.
④ 베어링 레이스가 한도 이상으로 고속회전하면 베어링을 손상시키므로 압축공기로 정비 시 유의한다.

풀이 국부 가열 시 최대온도 120℃를 초과하지 않도록 주의해야 한다.

030 바이크 정비작업 현장에서 정비작업 후 수공구를 정리 보관할 때 틀린 설명은 무엇인가?

① 전용 보관함을 사용하여 필요할 때 쉽게 찾도록 한다.
② 수공구의 위치를 라벨링하여 정리된 상태를 유지한다.
③ 정기적으로 수공구의 상태를 점검하고, 필요 시 교체해야 한다.
④ 공구는 정비작업 현장에서 작업하기 편한 위치에 보관한다.

풀이 공구는 전용공구함에 보관해야 한다.

031 다음 중 오토바이 프레임에 속하는 것이 아닌 것은?

① 다이아몬드 프레임
② 스템스루 프레임
③ 트윈스파 프레임
④ 트렐리스 프레임

풀이 다이아몬드 프레임은 자전거에서 가장 일반적으로 사용되는 프레임으로 2개의 삼각형 구조로 이루어져 있다.

032 나사의 풀림 방지 방법이 아닌 것은?

① 록너트(2개의 너트)를 사용하여 서로 반대 방향으로 조여 풀림을 방지한다.
② 스프링 와셔를 사용한다.
③ 앙카볼트를 사용하여 단단히 고정한다.
④ 락 와이어를 사용한다.

풀이 앙카볼트는 다양한 건설 및 설치 작업에서 사용하는 중요한 체결 부품이다.

033 이륜자동차 현가장치의 종류가 아닌 것은?

① 텔레스코픽 포크
② 업사이드-다운포크
③ 리드 리딩 포크
④ 트레일링 링크

풀이 트레일링 링크는 주로 자동차의 후륜 서스펜션에 사용되는 구조로 이륜자동차의 현가장치에는 일반적으로 사용되지 않는다.

29. ③ 30. ④ 31. ① 32. ③ 33. ④

034 이륜자동차의 앞바퀴의 흔들림이 나타나면 생기는 증상이 아닌 것은?

① 핸들바 진동
② 주행 불안정
③ 진행 방향성 향상
④ 소음 발생과 타이어 마모

풀이 앞바퀴의 흔들림이 나타나면 주행이 불안정하며, 진행 방향성도 불안정하다.

035 질소 가압식 오일 댐퍼에서 오일의 공간과 질소가스 공간 경계에 프리피스톤을 설치한 형식을 무엇이라고 하는가?

① 모노튜브 댐퍼(데카본 댐퍼)
② 에멀션 댐퍼
③ 스윙암 댐퍼
④ 리저브 댐퍼

풀이 데카본은 자동차 서스펜션 시스템에서 사용하는 용어로 고성능 모노튜브 댐퍼를 의미한다.

036 리어 쿠션 스프링에서 피치의 변화가 없는 타입으로 가장 적당한 것은?

① 부등피치 타입
② 등피치 타입
③ 조합 타입
④ 에어 어져스트 타입

풀이 스프링 피치가 일정하게 유지되는 구조를 가진 타입을 등피치 타입이라고 한다.

037 알루미늄 합금이 사용되며, 강성과 내구성이 뛰어나며 액체 금속을 틀에 부어 원하는 형태로 만드는 주조 방식은 무엇인가?

① 크롬 휠   ② 콤스타 휠
③ 컴캐스트 휠   ④ 캐스트 휠

풀이 캐스트 휠은 일반 승용차와 이륜자동차에 널리 사용된다.

038 이륜자동차에 사용되고 있는 핸들의 종류가 아닌 것은?

① 업 핸들   ② 플랫 핸들
③ 틸트 스티어링 휠 ④ 클립온 핸들

풀이 틸트 스티어링 휠은 핸들의 각도를 조정할 수 있어 운전자의 편안함을 극대화하는 역할을 한다.

039 구조가 아주 간단하지만 강도, 강성을 프레임 하나에 의존하여 소배기량 차에 사용되고 있는 프레임은?

① 크레들 프레임   ② 다이아몬드 프레임
③ 언더본 프레임   ④ 백본 프레임

풀이 백본 프레임은 자동차와 오토바이에서 사용되는 프레임 구조 중 하나로, 중앙에 등뼈처럼 굵은 중공 단면의 프레임을 가지고 있다.

정답 34. ③ 35. ① 36. ② 37. ④ 38. ③ 39. ④

040 브레이크액이 갖추어야 할 특성 중 틀린 것은?

① 빙점이 높아 겨울철에도 브레이크 시스템이 원활하게 작동할 수 있어야 한다.
② 높은 비등점을 가져야 한다.
③ 브레이크 내부의 금속 부품을 부식으로부터 보호해야 한다.
④ 빙점이 낮고 인화점이 높을 것

풀이 낮은 응고점으로 브레이크액이 얼지 않아야 한다.

041 유니트 스윙식 리어 서스펜션(Unit Swing Rear Suspension)을 적용하고 있는 이륜차 타입은?

① 스쿠터 타입   ② 비즈니스 타입
③ 바이크 타입   ④ AVT 타입

풀이 스쿠터에 주로 사용되는 대표적인 적용모델로 혼다 PCX에 적용한다.

042 핸들의 회전이 무거울 때 그 원인이 아닌 것은?

① 타이어 공기압이 높다.
② 타이어 마모
③ 베어링 어져스트 너트의 조임이 지나치다.
④ 스티어링 헤드 베어링의 손상

풀이 핸들이 회전할 때 무거운 느낌이 들면, 타이어의 공기압이 부족한 경우이다.

043 다음 중 종류가 다른 서스펜션은?

① 보텀링크식   ② 트레일링 링크식
③ 리딩 링크식   ④ 텔레스코픽식

풀이 텔레스코픽식 서스펜션은 주로 지게차와 건설기계에 사용된다.

044 다운튜브에 엔진을 감싸는 형식의 고강도와 강성을 지닌 프레임은?

① 더블 크레들 프레임
② 다이아몬드 프레임
③ 언더본 프레임
④ 백본 프레임

풀이 더블 크레들 프레임은 2개의 튜브가 엔진을 감싸는 구조로 되어 있어 높은 강성과 내구성을 제공한다.

045 디스크브레이크와 비교해 드럼브레이크의 특성으로 맞는 것은?

① 페이드 현상이 잘 일어나지 않는다.
② 구조가 복잡하다.
③ 브레이크 오일의 베이퍼록 현상이 크다.
④ 자기작동 효과가 작다.

풀이 드럼 내부가 밀폐되어 열이 잘 빠져 나가지 않아, 고열 상태에서 브레이크 오일이 기화하여 베이퍼록(vapor lock) 현상이 발생하기 쉽다.

046 수동변속기의 설명 중 옳지 않은 것은?

① 기어포크움직임은 시프트드럼의 트랙으로 설정된다.
② 유성기어는 기어샤프트와 항상 같이 회전한다.
③ 도그기어의 움직임으로 단수가 결정된다.
④ 카운터샤프트기어는 동력전달장치와 연결되어 있다.

정답 40. ① 41. ① 42. ① 43. ④ 44. ① 45. ③ 46. ④

풀이 카운터샤프트 기어는 메인 샤프트와 연결되어 있다.

풀이 링 체인은 벨트식에 비하여 소음이 크고 중량이 무겁다.

047 클러치의 필요성으로 틀린 것은?

① 엔진 시동 시 무부하 상태 유지
② 기어 변속시 엔진의 동력을 일시적으로 차단하기 위해
③ 클러치를 사용하여 관성운전을 위하여
④ 후진을 위해서

풀이 차량의 후진을 위해서 변속기가 필요하다.

048 일반적인 5단 변속기를 가진 오토바이가 2단에서 1단으로 기어를 변속하였을 때 속도가 같다면 RPM은 어떻게 변하는가?

① 증가한다.
② 감소한다.
③ 변함없다.
④ 증가하였다가 점차 감속한다.

풀이 속도가 같은 상태에서 저속으로 기어 변속시 회전수는 상승한다.

049 다음 중 링 체인의 설명으로 옳지 않은 것은?

① 주기적인 유지보수가 필요하다.
② 플레이트 안쪽에 고무링이 있어 윤활력이 오래 지속된다.
③ 링체인은 높은 내구성이 있어 장거리 주행에 적합하다.
④ 소음이 적고 무게가 가볍다.

050 디스크방식의 유압장치의 설명 중 옳은 것은?

① 캘리퍼의 피스톤이 전진하면서 브레이크 패드를 디스크에 압축한다.
② 피스톤은 마스터실린더의 유압으로 전진했다가 마스터실린더의 유압이 해제하면 고착된다.
③ 캘리퍼의 피스톤 개수와 제동압력은 반비례한다.
④ 캘리퍼의 피스톤의 진행방향은 항상 일편적이다.

풀이 브레이크 캘리퍼는 피스톤이 전진하면서 마찰재를 디스크에 압착시켜 바퀴를 압축한다.

051 ABS의 구성요소가 아닌 것은?

① 휠 스피드 센서   ② 전자제어 유닛
③ 하이드로닉 유닛   ④ 스로틀 포지션 센서

풀이 스로틀 포지션 센서는 흡입되는 공기의 양을 조절하는 센서이다.

052 유압식 브레이크 마스터 실린더에서 작용하는 힘이 120kgf이고 피스톤 면적이 3cm²일 때 마스터실린더 내에 발생되는 유압은?

① $50 kgf/cm^2$ ② $40 kgf/cm^2$
③ $30 kgf/cm^2$ ④ $25 kgf/cm^2$

풀이 유압 = 120/3 = $40 kgf/cm^2$

정답   47. ④   48. ①   49. ④   50. ①   51. ④   52. ②

053 타이어의 공기압에 대한 설명으로 틀린 것은?

① 공기압이 높으면 일반 포장도로에서 미끄러지기 쉽다.
② 앞뒤 공기압에 편차가 발생하면 브레이크 작동시 위험을 초래한다.
③ 공기압이 낮으면 트레드 양단의 마모가 많다.
④ 공기압이 높으면 상대적으로 서스펜션의 개입이 많아진다.

풀이 타이어 공기압이 낮으면 미끄러지기 쉽다.

054 도립식 서스펜션의 장점이 아닌 것은?

① 노면 추종성 향상   ② 강성이 증가
③ 내구성 저하   ④ 반응속도 향상

풀이 높은 내구성을 제공하여 장기간 사용이 가능하다.

055 단동식 서스펜션의 장점으로 옳은 것은?

① 복동식보다 냉각효율이 떨어진다.
② 실린더의 충격이 가해졌을 때에 내구성이 좋다.
③ 가스실이 내부에 격리되어 있어 에어레이션(Aeration)현상이 생기지 않는다.
④ 상대적으로 구조가 복잡하여 제작방식이 어렵다.

풀이 공기나 가스가 유체에 혼입되는 현상을 에어레이션이라고 하는데 격리되어 있으면 이러한 혼입이 일어나지 않아 안정적인 작동을 한다.

056 오토바이의 서스펜션 중 리저버타입 쇽업쇼버 서스펜션의 특징이 아닌 것은?

① 오일량이 보다 많아 냉각성능이 우수하다.
② 별도의 가스챔버가 있어 서스펜션이 압축될 때 저항력이 점진적으로 증가하는 특성이 있어 승차감이 좋다.
③ 리저버 탱크의 방식에는 밸브, 다이어프램 방식이 있다.
④ 내부에 완충스프링이 장착되어 있어 조절이 가능하다.

풀이 일반적인 리저버 타입 쇼크는 오일·가스식 감쇠장치이며 "내부 완충 스프링"은 포함되어 있지 않다. 조절은 감쇠 밸브나 가스압으로 가능하지만, 스프링 자체가 내부에 따로 존재하진 않는다.

057 프론트 서스펜션의 프리로드를 줄이면 어떠한 현상이 나타나는가?

① 프리로드를 줄일수록 차체는 낮아져 고속주행에 도움을 준다.
② 프리로드를 줄일수록 차체는 높아져 리바운드 성능이 증대된다.
③ 예압이 늘어나 최종부하량이 늘어난다.
④ 예압이 줄어들어 최종부하량이 늘어난다.

풀이 프리로드를 줄이면 서스펜션이 더 부드럽게 작동하여 승차감이 편해지고 압축상태의 더 높은 하중을 견딜 수 있게 되며, 최종 부하량이 증가한다.

정답 53. ① 54. ③ 55. ③ 56. ④ 57. ③

058 제어장치 중 ABS의 설명으로 옳은 것은?

① 브레이크를 더 강하게 또는 자주 사용하여 차량의 안정성을 높인다.
② 일부 제동거리가 늘어난다.
③ 조정성을 강제적으로 낮추어 제동력을 강화시킨다.
④ 제동장치의 제동압력을 순간 증가시킨다.

> 풀이 ABS를 사용하여 차량의 속도를 줄이거나 멈추게 하는 효과가 좋다.

059 오토바이가 제동중 제동장치의 마찰열로 인해 유압오일이 기화되는 현상을 무엇이라 하는가?

① 페이드 현상 ② 베이퍼록 현상
③ 자기배력 작용 ④ 관성 작용

> 풀이 과도한 브레이크 사용 시 브레이크 유체가 과열되어 유압이 제대로 전달되지 않아 브레이크가 작동하지 않는 현상을 베이퍼록 현상이라 한다.

060 브레이크 정비 시 주의사항이 아닌 것은?

① 라이닝의 교환은 반드시 세트(조)로 한다.
② 패드를 지지하는 록 핀에는 그리스를 도포한다.
③ 마스터 실린더의 분해조립은 되도록 장갑을 장착하지 않은 상태에서 한다.
④ 캘리퍼 고정 볼트를 조일 때에는 항상 규정토크로 조인다.

> 풀이 마스터 실린더의 분해조립은 브레이크액과 접촉되기 때문에 손에 직접 닿아서는 안된다.

061 타이어의 130/70-13 63S라고 표기되어 있을 때 S는 무엇을 의미하는가?

① 편평 타이어
② 타이어의 전폭
③ 허용 최고 속도
④ 스틸 레이디얼 타이어

> 풀이 S는 해당 타이어가 최대 180km/h의 속도로 주행할 수 있음을 나타낸다.

062 튜브가 없는 타이어(tubeless tire)에 대한 설명으로 틀린 것은?

① 튜브 조립이 없어 작업성이 좋다.
② 튜브대신 타이어 안쪽 내벽에 고무막이 있다.
③ 날카로운 금속에 찔리면 공기가 급격히 유출된다.
④ 타이어 속의 공기가 림과 직접 접촉하여 열 발산이 잘된다.

> 풀이 타이어 내부에 실란트(Sealant)를 넣어 작은 펑크가 생겨도 자동으로 막아준다.

063 ABS 컨트롤 유닛(제어모듈)에 대한 설명으로 틀린 것은?

① 휠의 감속 가속을 계산한다.
② 각 바퀴의 속도를 비교, 분석한다.
③ 미끄러짐 비율을 계산하여 ABS 작동 여부를 결정한다.
④ 컨트롤 유닛이 작동하지 않으면 브레이크가 전혀 작동하지 않는다.

정답 58. ① 59. ② 60. ③ 61. ③ 62. ③ 63. ④

풀이 컨트롤 유닛이 작동하지 않아도 브레이크는 작동한다.

064 모터사이클이 고속 주행할 때 발생하는 저항 중 전면 투영면적과 관계있는 저항은?

① 구름저항 ② 구배저항
③ 공기저항 ④ 마찰저항

풀이 모터사이클이 고속 주행할 때 발생하는 저항 중 전면 투영면적과 관계있는 저항은 공기 저항이다.

065 무단변속기(CVT)에 대한 설명으로 틀린 것은?

① 연비를 향상시킬 수 있다.
② 가속 성능을 향상시킬 수 있다.
③ 동력 성능이 우수하나, 변속 충격이 크다.
④ 변속 중 동력전달이 중단되지 않는다.

풀이 무단 변속기는 변속 충격이 거의 없다는 특징이 있다.

066 모터사이클 전륜측 쇽업쇼버 내의 스프링의 피치가 점점 작아지는 이유는?

① 쇽업쇼버의 포크튜브 내 체적당 더욱 많은 스프링을 장착하기 위해
② 프로그레시브 압축특성을 증가시키기 위해
③ 쇽업쇼버의 확장시간을 일률적으로 맞추기 위해
④ 쇽업쇼버의 중량을 낮추기 위해

풀이 프로그레시브 스프링은 압축될수록 더 강한 저항을 제공하여 작은 충격을 효과적으로 흡수하고, 큰 충격에도 안정적으로 대응할 수 있으며, 이를 통해 승차감을 향상시키고, 다양한 도로 조건에서 안정적인 주행을 가능하게 한다.

067 브레이크액의 구비조건이 아닌 것은?

① 압축성이 클 것
② 비등점이 높을 것
③ 온도에 의한 점도 변화가 적을 것
④ 고온에서 안정성이 높을 것

풀이 브레이크 액은 압축성이 낮아야 한다. 즉, 비압축성이어야 한다.

068 레이디얼 타이어의 특징에 대한 설명으로 틀린 것은?

① 하중에 의한 트레드 변형이 큰 편이다.
② 타이어단면의 편평률을 크게 할 수 있다.
③ 로드 홀딩이 우수하며 스탠딩웨이브가 잘 일어나지 않는다.
④ 선회 시에 트레드 변형이 적어 접지 면적이 감소되는 경향이 적다.

풀이 레이디얼 타이어의 트레드는 하중에 따라 변형이 발생하지만, 일반적으로 변형이 크지 않은 편이다.

64. ③ 65. ③ 66. ② 67. ① 68. ①

069 조향장치에 관한 설명으로 틀린 것은?

① 방향 전환을 원활하게 한다.
② 스티어링 샤프트와 프론트 서스펜션의 위치변경으로 주행에 영향을 줄 수 없다.
③ 조향 핸들의 회전과 바퀴의 선회 차이가 크지 않아야 한다.
④ 탑브릿지를 고정하는 스템 넛트의 조임 토크는 안정성을 위해 최대한 높은 토크로 체결한다.

풀이 스티어링 샤프트와 프론트 서스펜션의 위치 변경은 주행에 영향을 줄 수 있다.

070 스프링정수가 5kgf/mm인 코일 스프링을 5cm 압축하는데 필요한 힘(kgf)은?

① 250 ② 25
③ 2500 ④ 2.5

풀이 스프링정수가 5kgf/mm인 코일 스프링을 5cm (50mm) 압축하는데 필요한 힘은 250kgf이다.

071 ABS 브레이크 시스템에서 페일 세이프 상태가 되면 나타나는 현상은?

① 모듈레이터 모터가 작동된다.
② 모듈레이터 솔레노이드 밸브로 전원을 공급한다.
③ ABS 기능이 작동되지 않아서 주차브레이크가 자동으로 작동된다.
④ ABS 기능이 작동되지 않아도 일반적인 브레이크는 작동된다.

풀이 ABS 브레이크가 고장이 발생하더라도 일반 브레이크는 작동된다.

072 무단변속기의 특징으로 틀린 것은?

① 가속성능을 향상시킬 수 있다.
② 연료 소비율을 향상시킬 수 있다.
③ 변속에 의한 충격을 감소시킬 수 있다.
④ 일반 자동변속기 대비 연비가 저하된다.

풀이 무단변속기(CVT)는 일반 자동변속기 대비 연비가 향상된다.

073 전자제어 현가장치에서 안티 스쿼트 제어의 주요 입력 신호는?

① 차고센서, G센서
② 조향 장치댐퍼, 차속센서
③ 스로틀포지션센서, 차속센서
④ 브레이크 스위치, G센서

풀이 전자제어 현가장치에서 안티 스쿼트 제어의 주요 입력 신호는 차속 정보와 스로틀 밸브의 개도량 정보이며, 이 신호들을 기반으로 전, 후륜 댐퍼의 감쇠력을 제어하여 차량의 스쿼트 현상을 방지하고, 타이어의 접지력을 확보한다.

074 바이크의 바퀴가 정적 불평형일 때 일어나는 현상은?

① 시미현상 ② 롤링현상
③ 트램핑 현상 ④ 스탠딩 웨이브 현상

정답 69. ② 70. ① 71. ④ 72. ④ 73. ③ 74. ③

풀이 타이어에서 트램핑(Tramping)은 타이어가 회전할 때 발생하는 불규칙한 진동을 의미한다.

075 일반적인 브레이크 드럼의 재료로 사용되는 것은?

① 연강 ② 청동
③ 주철 ④ 켈밋 합금

풀이 브레이크 드럼의 일반적인 재료는 주철이다.

076 타이어의 유효반경이 36cm이고 타이어가 500rpm의 속도로 회전하고 있을 때 이륜차의 속도(m/s)는 약 얼마인가?

① 12.85m/s ② 14.85m/s
③ 18.85m/s ④ 28.85m/s

풀이 타이어의 둘레 계산
둘레 = 2π × 반경둘레 = 2p × 반경
반경이 36cm인 경우
둘레 = 2π × 0.36m ≈ 2.26m
둘레 = 2p × 0.36m ≈ 2.26m
속도 계산 : 타이어가 1분에 500회 회전하는 경우,
1분 동안 이동한 거리 : 속도 = 둘레 × RPM
= 2.26m × 500 ≈ 1130m/min
이를 초당 속도로 변환하면
속도 = 1130m/min
    = 1130m/60s ≈ 18.85m/s

077 변속 후 기관의 rpm을 높여 가속할 때 단속이 풀리는 경우가 아닌 것은?

① 클러치 드라이브 플레이트의 마모율이 높다.
② 도그기어의 체결핀이 마모되었다.
③ 메인샤프트 플레닛기어의 양극단의 피치점이 마모되었다.
④ 시프트 드럼의 트랙이 마모되어 있다.

풀이 메인샤프트 플레닛기어의 피치점 마모는 단속과 직접적인 관련이 없다.

078 ABS에서 펌프로부터 토출된 고압의 오일을 일시적으로 저장하고 맥동을 완화시켜주는 구성 부품은?

① 어큐뮬레이터 ② 솔레이노이드밸브
③ 모듈레이터   ④ 프로포셔닝 밸브

풀이 어큐뮬레이터는 고압의 브레이크 오일을 저장하여 유압의 맥동을 완화시키는 역할을 한다.

079 전자제어 제동장치(ABS)의 구성요소가 아닌 것은?

① 휠 스피드 센서 ② 차체 중량 센서
③ 하이드로닉 유닛 ④ 어큐뮬레이터

풀이 ABS 시스템은 일반적으로 다음과 같은 구성요소를 포함한다.
① 휠 스피드 센서 : 각 바퀴의 회전 속도를 감지
② 하이드로닉 유닛 : 브레이크 유압을 조절하여 제동력을 관리
③ 어큐뮬레이터 : 고압의 브레이크 오일을 저장하고 맥동을 완화
차체 중량 센서는 ABS 시스템의 구성요소가 아니다.

75. ③ 76. ③ 77. ③ 78. ① 79. ②

080 휠스피드 센서 파형 점검 시 가장 유용한 장비는?

① 회전계　② 멀티테스터기
③ 오실로스코프　④ 전류계

풀이 오실로스코프는 센서의 출력 신호를 시각적으로 확인할 수 있어 파형의 변화를 정확하게 측정하고 분석할 수 있다.

081 수동변속기에서 클러치의 필요성이 아닌 것은?

① 기관을 무부하 상태로 하기 위해서
② 변속기의 기어 바꿈을 원활하게 하기 위해서
③ 관성 운전을 하기 위해서
④ 회전 토크를 증가시키기 위해서

풀이 클러치는 회전 토크를 증가시키기 위한 장치가 아니라, 엔진과 변속기 사이의 연결을 끊거나 연결하여 기어 변속을 원활하게 하고 엔진을 무부하 상태로 만들기 위해 사용된다.

082 현가장치에서 승차감을 위주로 고려할 때의 방법으로 설명이 틀린 것은?

① 스프링 아래 질량은 가벼울수록 좋다.
② 스프링 상수는 낮을수록 좋다.
③ 스프링 위 질량은 클수록 좋다.
④ 스프링 아래 질량은 클수록 좋다.

풀이 스프링 아래 질량이 클수록 승차감이 떨어질 수 있다.

083 수동미션의 작동방식을 맞게 설명한 것은?

① 클러치의 동력 차단 시 메인샤프트와 드라이브샤프트는 항상 회전운동을 하고 있다.
② 메인샤프트의 플래닛 기어는 메인샤프트와 별개로 움직인다.
③ 시프트포크가 도그기어를 움직여 플래닛 기어에 장착되면 카운터샤프트가 회전한다.
④ 오토바이의 미션은 상시치합식이므로 각각의 기어는 서로 떨어져 구동된다.

풀이 오토바이의 미션은 상시치합식이므로 각각의 기어는 항상 맞물려 있다. 클러치의 동력 차단 시 메인샤프트와 드라이브샤프트는 회전운동을 하지 않으며, 메인샤프트의 플래닛 기어는 메인샤프트와 함께 움직인다.

084 다음 중 링 체인의 설명으로 옳은 것은?

① 플레이트 안쪽에 고무링이 있어 윤활력이 오래 지속된다.
② 유지보수가 필요 없어 다양한 오토바이에 적용된다.
③ 조정이 불가능하여 체인이 늘어난다면 교체하여야 한다.
④ 대부분 폴리우레탄으로 제조되어 소음이 적고 가격이 저렴하다.

풀이 링 체인도 유지보수가 필요하다. 링 체인은 조정이 가능하며, 주로 금속으로 제조된다.

정답　80. ③　81. ④　82. ④　83. ③　84. ①

PART 02 이륜자동차 섀시 및 프레임

085 구동륜 제어장치(TCS)에 대한 설명으로 틀린 것은?

① 차체높이 제어를 위한 성능 유지
② 눈길, 빙판길에서 미끄러짐 방지
③ 커브길 선회시 주행 안정성 유지
④ 노면과 차륜간의 마찰 상태에 따라 엔진 출력제어

풀이 TCS는 주로 차량의 바퀴가 헛돌지 않도록 도와주는 장치로, 차체 높이 제어와는 관련이 없다.

086 이륜차의 최고속도를 증대시킬 수 있는 방법으로 옳은 것은?

① 총 감속비를 작게 한다.
② 총 감속비를 크게 한다.
③ 구동바퀴의 유효반경을 작게 한다.
④ 구동바퀴의 접지면적을 크게 한다.

풀이 총 감속비를 작게 하면 엔진의 회전수가 더 직접적으로 바퀴에 전달되어 최고속도가 증가한다.

087 다음 중 오토바이 서스펜션 시스템에서 스프링 상수가 높을수록 어떤 변화가 발생하는가?

① 주행 안정성이 증가한다.
② 주행 편안함이 증가한다.
③ 서스펜션의 압축과 탄력이 증가한다.
④ 서스펜션의 압축과 탄력이 감소한다.

풀이 스프링 상수가 높을수록 서스펜션의 압축과 탄력에 다음과 같은 변화가 발생한다.
① 압축 감소 : 스프링 상수가 높으면 동일한 힘을 가했을 때 스프링의 변형(압축)이 적어진다. 즉, 서스펜션이 덜 압축된다.
② 탄력 감소 : 스프링 상수가 높으면 스프링이 더 단단해져서 탄성이 감소하는데 이것은 서스펜션의 외부 충격을 흡수하는 능력이 줄어들게 된다.

088 이륜차 서스펜션 설치 중 레이크에 관한 설명으로 틀린 것은?

① 레이크는 전륜 서스펜션각도가 지표면의 수직선에 대한 기울어짐의 각도이다.
② 레이크 각이 커지면 직진주행안전성이 커지나 조향능력이 떨어질 수 있다.
③ 레이크 각이 작아지면 고속에서 직진주행 안전성이 떨어진다.
④ 레이크 각이 커지면 이륜차의 축간거리는 짧아지게 된다.

풀이 레이크(Rake)는 이륜차와 자전거의 캐스터 각을 의미한다. 캐스터 각은 전륜 서스펜션의 기울어짐 각도로, 지표면의 수직선에 대한 기울어짐을 측정한다. 레이크 각이 커지면 이륜차의 축간거리가 길어지게 된다.

089 다음 중 오토바이 프레임에 속하는 것이 아닌 것은?

① 다이아몬드 프레임(크레들 프레임)
② 바디 온 프레임
③ 트윈스파 프레임
④ 격자프레임(트렐리스 프레임)

85. ① 86. ① 87. ④ 88. ④ 89. ②

풀이 바디 온 프레임은 차체와 프레임이 별도로 제작되어 조립되는 방식으로 주로 오프로드, 트럭, SUV에 사용된다.

090 다음 중 이륜자동차 코너링 자세 중 가장 기본적인 자세로 차체와 같은 각도로 운전자의 몸을 안쪽으로 기울이는 방법을 무엇이라 하는가?

① 린 위드(lean with)
② 린 아웃(lean out)
③ 린 인(lean in)
④ 린 브레이크(lean brake)

풀이 린 아웃
이륜자동차의 운전자가 내측으로 코너링 시 똑같은 자세로 차체와 같은 각도로 몸을 안쪽으로 기울이는 방법(린 위드)

091 다음 중 이륜자동차 코너링 주행 시 비포장도로에서 사용하는 자세는 어떤 자세인가?

① 린 위드(lean with)
② 린 인(lean in)
③ 린 아웃(lean out)
④ 린 브레이크(lean brake)

풀이 린 아웃은 이륜자동차 내측으로 기울어진 각도보다 운전자의 상체를 더 세우는 자세로, 시야 확보에 유리하며 비포장도로와 같이 노면 상태가 불안정한 곳에서 안정적인 주행을 가능하게 한 자세이다.

092 다음 중 사륜자동차와 비교하였을 때 이륜자동차의 특성이 아닌 것은?

① 우수한 충격 흡수력
② 순간적인 가속도
③ 뛰어난 기동성
④ 주차하기가 쉬움

풀이 이륜자동차 운전자는 충돌 시 외부에 노출되어 있어 큰 사고로 이어져 충격 흡수력이 제로에 가깝다.

093 이륜자동차가 커브 길에서 급제동 시 원심력에 의하여 발생하는 현상은?

① 충격력　② 미끄러짐
③ 관성력　④ 마찰력

풀이 커브 주행 시 급제동하면 바이크에 원심력이 작용하여 미끄러지며 심하면 전복사고로 이어진다.

094 이륜자동차 타이어 공기압이 과다하게 주입 시 발생하는 현상으로 틀린 내용은?

① 트레드 중앙부 마모가 심하다.
② 노면과의 접지면이 좁아진다.
③ 미끄러지기 쉽다.
④ 주행 시 핸들이 무겁다.

풀이 타이어 공기압이 일반적으로 부족하면 조향핸들이 무겁고 연료의 낭비가 심하다.

095 이륜자동차 브레이크 점검방법에 대한 설명으로 틀린 내용은?

① 브레이크 레버 유격은 이륜자동차를 가볍게 움직이면서 레버를 당겨서 점검하고 필요할 때 조정해야 한다.
② 브레이크 패드와 디스크 원판은 수시로 점검하고 디스크의 마모로 인한 소음이 발생하면 즉시 교체해야 한다.
③ 브레이크 호스의 누유부분이 발생하는가 수시로 점검해야 한다.
④ 브레이크오일은 정비 매뉴얼에 제시한 주행거리와 상관없이 교체하지 않고 보충하면 된다.

풀이 브레이크오일은 소모품이기 때문에 브레이크 오일이 노후되면 성능이 제대로 전달되지 않아 교환을 주기적으로 해주어야 한다.

096 이륜자동차에 사용되는 브레이크의 종류가 아닌 것은?

① 배기 브레이크   ② 드럼 브레이크
③ 엔진 브레이크   ④ 디스크 브레이크

풀이 배기 브레이크는 대형차에 사용하는 브레이크이며, 이륜자동차에는 사용되지 않는다.

097 드럼 브레이크에 비해 디스크 브레이크가 가지는 특징에 대한 설명으로 가장 옳지 않은 것은?

① 냉각성능이 좋기 때문에 제동성능을 안정적으로 낼 수 있다.
② 구조가 간단하고 부품 수가 적어서 정비가 쉽다.
③ 마찰면적이 적어 상대적으로 큰 패드 압착력을 필요로 한다.
④ 자기작동작용이 있기 때문에 고속에서 반복적으로 사용해도 제동력의 변화가 적다.

풀이 디스크 브레이크는 자기작동이 없어 페달의 조작력이 커야 하며 고속에서 반복적으로 사용해도 제동력의 변화가 적다.

098 브레이크 시스템에서 베이퍼 록(vapor lock) 현상이 발생하는 원인으로 가장 옳지 않은 것은?

① 긴 내리막길에서 과도하게 풋 브레이크를 사용할 때
② 브레이크 오일 변질에 의한 비등점의 저하 및 불량한 오일을 사용할 때
③ 마스터 실린더, 브레이크 슈 리턴 스프링의 손상으로 전압이 저하되었을 때
④ 브레이크 드럼과 라이닝 사이 간격이 넓어 과냉될 때

풀이 **베이퍼 록 현상**
긴 내리막길에서 브레이크를 과도하게 사용하면 바퀴내부의 드럼과 라이닝의 마찰열 때문에 휠실린더나 브레이크 파이프 속의 오일이 기화되고, 브레이크 회로 내에 공기가 유입된 것처럼 기포가 형성되어 브레이크를 밟아도 스펀지를 밟듯이 푹푹 꺼지며, 브레이크가 작동되지 않는 현상을 말한다.

95. ④ 96. ① 97. ④ 98. ④

099 유압브레이크 마스터실린더에 작용하는 힘이 100N, 배력장치가 3개, 마스터실린더의 면적이 휠실린더의 면적보다 2배 클 때, 이때 발생하는 힘은 얼마인가?

① 150N   ② 200N
③ 300N   ④ 600N

풀이 100N × 3 = 300N
휠실린더의 면적이 2배가 크다고 했으므로
300N × 2 = 600N

100 열에 의해 액체가 증발하여 어떤 부분이 폐쇄되어 기능이 상실되는 현상은?

① 베이퍼록   ② 페일 세이프
③ 서징   ④ 노킹

풀이 베이퍼록 현상
브레이크액에 기포가 발생하여 브레이크가 제대로 작동하지 않는 현상

101 자동변속기에 사용되고 있는 오일(ATF)의 기능이 아닌 것은?

① 충격을 흡수한다.
② 동력을 발생시킨다.
③ 작동 유압을 전달한다.
④ 윤활 및 냉각작용을 한다.

풀이 자동변속기에 사용되는 오일(ATF)의 주요 기능은 윤활, 작동 유압 전달, 냉각 및 충격 흡수이다.

102 디스크 브레이크의 특징에 대한 설명으로 틀린 것은?

① 마찰면적이 적어 패드의 압착력이 커야 한다.
② 반복적으로 사용하여도 제동력의 변화가 적다.
③ 디스크가 대기 중에 노출되어 냉각 성능이 좋다.
④ 자기 작동 작용으로 인해 페달 조작력이 작아도 제동 효과가 좋다.

풀이 디스크 브레이크는 자기 작동 작용(self-energizing effect)이 없기 때문에 페달 조작력이 작아도 제동 효과가 좋다는 설명은 틀리다.

103 바이크 ABS에서 제어모듈(ECU)의 신호를 받아 밸브와 모터가 작동되면서 유압의 증가, 감소, 유지 등을 제어하는 것은?

① 마스터 실린더   ② 딜리버리 밸브
③ 프로포셔닝 밸브 ④ 하이드롤릭 유닛

풀이 바이크 ABS에서 제어모듈(ECU)의 신호를 받아 밸브와 모터가 작동되면서 유압의 증가, 감소, 유지 등을 제어하는 장치는 하이드롤릭 유닛이다.

104 ABS 시스템의 구성품이 아닌 것은?

① 차고 센서   ② 휠 스피드 센서
③ 하이드롤릭 유닛 ④ ABS 컨트롤 유닛

풀이 ABS 시스템의 구성품으로는 휠 스피드 센서, 하이드롤릭 유닛, ABS 컨트롤 유닛이 포함되지만, 차고 센서는 포함되지 않는다.

정답 99. ④ 100. ① 101. ② 102. ④ 103. ④ 104. ①

105 제동장치에서 발생되는 베이퍼 록 현상을 방지하기 위한 방법이 아닌 것은?

① 벤틸레이티드 디스크를 적용한다.
② 브레이크 회로 내에 잔압을 유지한다.
③ 라이닝의 마찰표면에 윤활제를 도포한다.
④ 비등점이 높은 브레이크 오일을 사용한다.

풀이 브레이크 라이닝의 마찰표면에 윤활제를 도포하면 제동력이 크게 저하되어 매우 위험하다.

106 자동변속기에서 변속시점을 결정하는 가장 중요한 요소는?

① 매뉴얼 밸브와 차속
② 엔진 스로틀밸브 개도와 차속
③ 변속 모드 스위치와 변속시간
④ 엔진 스로틀밸브 개도와 변속시간

풀이 자동변속기에서 변속시점을 결정하는 가장 중요한 요소는 엔진 스로틀밸브의 개도와 차량의 속도이다.

107 ABS와 TCS(Traction Control System)에 대한 설명으로 틀린 것은?

① TCS는 구동륜이 슬립하는 현상을 방지한다.
② ABS는 주행 중 제동 시 타이어의 록(Lock)을 방지한다.
③ ABS는 제동 시 조향 안정성 확보를 위한 시스템이다.
④ TCS는 급제동 시 제동력 제어를 통해 차량 스핀 현상을 방지한다.

풀이 TCS(Traction Control System)는 주로 구동륜이 헛도는 것을 방지하는 시스템으로, 급제동 시 제동력 제어를 통해 차량 스핀 현상을 방지하는 역할은 하지 않는다.

108 바이크가 주행 시 발생하는 저항 중 타이어 접지부의 변형에 의한 저항은?

① 구름저항   ② 공기저항
③ 등판저항   ④ 가속저항

풀이 구름저항은 타이어 접지부의 탄성변형에 의해 발생하는 저항이다.

109 TCS(Traction Control System) 장치의 추적 제어에 대한 설명으로 틀린 것은?

① 가속페달의 조작빈도를 감소시켜 선회능력을 향상시킨다.
② 선회 가속 시 안정성을 확보하여 주행성능을 향상시킨다.
③ 조향각속도센서 및 휠스피드센서의 출력값으로부터 데이터를 수집한다.
④ 바이크속도와 휠스피드센서의 출력값으로부터 구동바퀴의 미끄럼 비율을 판단한다.

풀이 TCS(Traction Control System)는 구동바퀴의 미끄럼을 방지하여 주행 안정성을 확보하는 시스템으로 가속페달의 조작빈도를 감소시켜 선회능력을 향상시키는 역할은 하지 않는다.

105. ③ 106. ② 107. ④ 108. ① 109. ①

110 전자제어 제동장치에서 제동안전장치가 아닌 것은?

① BAS(Brake Assist System)
② ABS(Anti lock Brake System)
③ TCS(Traction Control System)
④ EBD(Electronic Brake force Distribution)

풀이 TCS는 주행 중 구동바퀴의 미끄럼을 방지하는 시스템으로, 제동안전장치로 분류되지 않는다.

111 ABS 장치의 고장진단 시 경고등의 점등에 관한 설명 중 틀린 것은?

① 점화스위치 ON 시 점등되어야 한다.
② ABS 컴퓨터 고장발생 시에는 소등된다.
③ ABS 컴퓨터 커넥터 분리 시 점등되어야 한다.
④ 정상 시 ABS 경고등은 엔진 시동 후 일정 시간 점등되었다가 소등된다.

풀이 고장 발생 시 ABS 경고등은 점등된다.

112 유압 브레이크 회로 내의 잔압을 두는 목적과 관계가 없는 것은?

① 베이퍼록 방지
② 페이드현상 방지
③ 브레이크 작동 지연 방지
④ 휠실린더 오일 누유 방지

풀이 유압 브레이크 회로 내의 잔압을 두는 목적은 베이퍼록 방지, 브레이크 작동 지연 방지, 휠실린더 오일 누유 방지와 관련이 있다.

113 주행 중 조향핸들이 한쪽으로 쏠리는 원인으로 틀린 것은?

① 조향기어 백래시 불량
② 앞바퀴 얼라이먼트 불량
③ 타이어 공기압력 불균일
④ 앞 차축 한쪽의 현가스프링 파손

풀이 조향기어 백래시 불량은 핸들이 떨리거나 유격이 생기는 원인이 될 수 있지만, 주행 중 조향핸들이 한쪽으로 쏠리는 직접적인 원인은 아니다.

114 브레이크 액의 구비조건이 아닌 것은?

① 압축성일 것
② 비등점이 높을 것
③ 온도에 의한 변화가 적을 것
④ 고온에서의 안정성이 높을 것

풀이 브레이크 액은 압축성이 없어야 한다.

115 선회 주행 시 앞바퀴에서 발생하는 코너링 포스가 뒷바퀴보다 크게 되면 나타나는 현상은?

① 토크 스티어링 현상
② 언더 스티어링 현상
③ 오버 스티어링 현상
④ 리버스 스티어링 현상

풀이 선회 주행 시 앞바퀴에서 발생하는 코너링 포스가 뒷바퀴보다 크게 되면 차량이 과도하게 회전하여 오버 스티어링 현상이 발생한다.

정답 110. ③ 111. ② 112. ② 113. ① 114. ① 115. ③

116 전자제어 제동장치(ABS)의 유압제어 모드에서 주행 중 급제동 시 고착된 바퀴의 유압제어는?

① 감압제어
② 정압제어
③ 분압제어
④ 증압제어

> 풀이 ABS(Anti-Hock Braking System)는 급제동 시 바퀴가 잠기는 것을 방지하기 위해 유압을 감압하여 바퀴가 다시 회전할 수 있도록 한다.

117 전자제어 제동 장치(ABS)에서 하이드로릭 유닛의 내부 구성부품으로 틀린 것은?

① 어큐뮬레이터
② 인렛 미터링 밸브
③ 상시 열림 솔레노이드 밸브
④ 휠 스피드센서

> 풀이 ABS 하이드로릭 유닛의 내부 구성부품에는 어큐뮬레이터, 인렛 미터링 밸브, 상시 닫힘 솔레노이드 밸브 등이 포함되지만, 상시 열림 솔레노이드 밸브는 포함되지 않는다.

118 브레이크 페달을 강하게 밟을 때 후륜이 먼저 록(lock) 되지 않도록 하기 위하여 유압이 일정 압력으로 상승하면 그 이상 후륜 측에 유압이 가해지지 않도록 제한하는 장치는?

① 프로포셔닝 밸브
② 압력 체크 밸브
③ 이너셔 밸브
④ EGR 밸브

> 풀이 프로포셔닝 밸브는 브레이크 페달을 강하게 밟을 때 후륜이 먼저 잠기는 것을 방지하기 위해 유압을 일정 압력 이상으로 상승하지 않도록 제한하는 역할을 한다.

119 바이크의 바퀴가 동적 불균형 상태일 경우 발생할 수 있는 현상은?

① 시미
② 요잉
③ 트램핑
④ 스탠딩 웨이브

> 풀이 바이크 바퀴가 동적 불균형 상태일 경우, 바퀴가 좌우로 흔들리는 진동 현상이 발생하며 이를 시미(shimmy)라고 한다.

120 디스크식 브레이크에 대한 설명으로 틀린 것은?

① 한쪽만 브레이크 되는 경우가 적다.
② 페이드 현상이 발생하지 않는다.
③ 구조가 간단하고 정비하기가 쉽다.
④ 반복 사용하면 제동력의 변화가 커 제동성능이 불안정하다.

> 풀이 반복 사용하여도 제동력의 변화가 없고 제동성능이 안정적이다.

121 전자제어 브레이크 장치에 대한 설명 중 적당치 않은 것은?

① 컨트롤 유닛은 휠의 감속과 가속을 계산한다.
② 컨트롤 유닛은 바이크 각 바퀴의 속도를 비교 분석한다.
③ 컨트롤 유닛이 작동하지 않으면 브레이크가 작동되지 않는다.
④ 컨트롤 유닛은 미끄럼 비를 계산하여 ABS 작동 여부를 결정한다.

> 풀이 전자제어 브레이크에서 컨트롤 유닛이 작동하지 않으면 일반 브레이크로 작동된다.

116. ① 117. ③ 118. ① 119. ① 120. ④ 121. ③

122 브레이크 액 취급시 주의사항이 아닌 것은?

① 지정된 브레이크 액을 사용하고 성분이 다른 오일과 혼합하여 사용해도 괜찮다.
② 기관의 오일이나 광물성 오일을 절대로 주입하지 않도록 한다.
③ 브레이크 액의 용기는 필요에 따라서 보충해야 하기 때문에 보관해야 한다.
④ 브레이크 액이 도장면에 떨어지면 도장면을 침식하기 때문에 취급 시 주의해야 한다.

풀이 브레이크액은 다른 오일과 혼합하여 사용하면 안 된다.

123 브레이크 라이닝의 표면이 과열되어 마찰계수가 저하하면서 브레이크 효과가 나빠지는 현상을 무엇이라고 하는가?

① 페이드현상　② 베이퍼록현상
③ 스탠딩웨이브현상　④ 수막현상

풀이 주행 중 계속적인 브레이크 사용으로 드럼과 슈 또는 디스크와 패드에 마찰열이 축적되어 드럼이나 라이닝이 경화됨에 따라 제동력이 감소되는 현상을 페이드 현상이라 한다.

124 브레이크 오일이 비등하여 송유 압력의 전달 작용이 불가능하게 되는 현상은?

① 페이드 현상　② 사이클링 현상
③ 베이퍼록 현상　④ 브레이크록 현상

풀이 베이퍼록 현상
브레이크액에 기포가 발생하여 브레이크가 제대로 작동하지 못하는 현상을 말한다.

125 브레이크 파이프에 베이퍼록 현상이 일어나면 어떻게 되는가?

① 브레이크 페달의 유격이 커진다.
② 오일이 누설된다.
③ 브레이크 오일이 응고된다.
④ 브레이크 장치에는 지장이 없다.

풀이 베이퍼록 현상이 발생하면 브레이크 페달의 유격이 커진다.

126 브레이크 장치의 파이프는 주로 무엇으로 만들어졌는가?

① 강　② 플라스틱
③ 주철　④ 구리

풀이 브레이크 파이프는 강철제 파이프와 플렉시블 호스를 사용한다.

127 다음 중 퀵시프터(Quickshifter)에 대한 설명으로 틀린 것은?

① 퀵 시프터는 클러치를 사용하지 않고 기어를 빠르게 변속하게 해준다.
② 퀵 시프터는 기어 변속 시 순간적으로 점화(Ignition)나 연료(Fuel)를 차단한다.
③ 퀵 시프터는 항상 업시프트만 지원하고, 다운시프트는 지원하지 않는다.
④ 바이디렉셔널 퀵 시프터는 업시프트와 다운시프트를 모두 자동으로 지원한다.

정답　122. ①　123. ①　124. ③　125. ①　126. ①　127. ③

풀이 일부 퀵시프터는 업시프트만 지원하는 단방향(모노-디렉셔널, mono-directional) 방식이지만, 현대에는 양방향(바이디렉셔널, bi-directional) 퀵시프터가 일반적이며, 업시프트와 다운시프트 모두 지원한다.

128 브레이크 드럼이 갖추어야 할 조건이 아닌 것은?

① 방열이 잘 되고 가벼울 것
② 충분한 강성이 있을 것
③ 충분한 점성을 가질 것
④ 정적 · 동적 균형이 잡혀 있을 것

풀이 점성은 기름의 끈적거리는 성질을 표현한 것으로 브레이크 드럼이 갖추어야 할 조건과는 전혀 무관하다.

129 브레이크 계통의 고무 제품은 무엇으로 세척하는가?

① 알코올   ② 휘발유
③ 경유   ④ 솔벤트

풀이 브레이크 계통의 고무 제품은 반드시 알코올로 세척해야 한다.

130 유압식 브레이크의 장점으로 옳지 않은 것은?

① 베이퍼록 현상이 쉽게 일어나지 않는다.
② 마찰손실이 적다.
③ 제동력이 모든 바퀴에 균일하게 전달한다.
④ 조작력이 작아도 된다.

풀이 유압식 브레이크는 베이퍼록 현상이 쉽게 일어난다.

131 캘리퍼 점검으로 옳지 않은 것은?

① 캘리퍼의 마모, 손상, 균열 및 먼지를 점검한다.
② 피스톤의 먼지, 손상, 균열 및 내측면 마모를 점검한다.
③ 패드 스프링 및 부트의 손상을 점검한다.
④ 슬리브 및 핀의 마모와 먼지를 점검한다.

풀이 캘리퍼의 점검 중 피스톤의 먼지, 손상, 균열 및 내측면 마모의 점검은 포함되지 않는다.

132 타이어의 구조에서 직접 노면과 접촉되어 마모에 견디고 견인력을 좋게 하는 것으로 맞는 것은?

① 트레드(tread)   ② 브레이커(breaker)
③ 카커스(carcass)   ④ 비드(bead)

풀이 트레드는 내마멸성의 고무로 형성이 되어 마모에 견디고 적은 슬립으로 견인력을 증대시키는 역할을 한다.

133 타이어에 보기와 같이 표시되어 있다. 이 타이어의 높이는 얼마인가?

〈보기〉
195/60 SR 14

① 195mm   ② 117mm
③ 84mm   ④ 60mm

풀이 타이어 높이 = 타이어 폭 × 편평비
= 195mm × 0.6 = 117mm

128. ③ 129. ① 130. ① 131. ② 132. ① 133. ②

134 구동바퀴의 구동력을 크게 하기 위한 방법으로 옳은 것은?

① 토크를 크게 하고 타이어의 반지름을 크게 한다.
② 토크를 크게 하고 타이어의 반지름을 작게 한다.
③ 토크를 작게 하고 타이어의 반지름을 크게 한다.
④ 토크를 작게 하고 타이어의 반지름을 작게 한다.

> 풀이 구동력은 어떤 속도로 기계를 움직이거나 바이크 등을 주행시킬 때 그 운동 저항을 이기기 위한 힘을 말하며 차량의 구동에 이용되는 마찰로서 다음 식으로 표시된다.
> **바이크의 구동력** = (기관회전력) × (전달효율) × (총감속비) ÷ (타이어반지름)

135 선회 시 조향각이 커지는 것은?

① 언더스티어
② 오버스티어
③ 뉴트럴스티어
④ 리버스스티어

> 풀이 일정한 반지름과 속도로 선회하다가 갑자기 가속하였을 때 후륜에 발생되는 코너링 포스가 커지면 바깥쪽 전륜이나 후륜이 안쪽 전륜보다 모멘트가 커지기 때문에, 조향각을 일정하게 하여도 선회반지름이 커지는 현상을 말한다.

136 이륜차가 빗길을 고속으로 주행할 때 노면과의 그립이 떨어지고, 구동력 및 제동력이 저하되는 현상을 무엇이라 하는가?

① 스노잉 현상
② 하이드로플레이닝 현상
③ 피드백 현상
④ 스탠딩웨이브 현상

> 풀이 고속으로 빗길을 달리면 타이어와 노면 사이의 빗물 때문에 타이어가 노면에 접촉하지 않고 위로 뜬 상태가 되는데 이러한 현상을 하이드로플레이닝이라고 한다.

137 주행 중 방향성과 복원성을 부여하는 휠 얼라인먼트 요소 중 하나로 그림에서 설명하고 있는 것은?

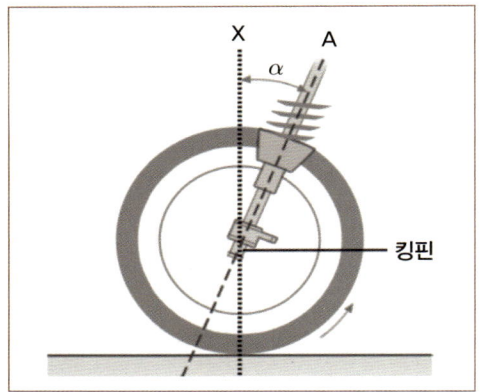

① 토인
② 토아웃
③ 캐스터
④ 캠버

> 풀이 이륜차를 측면에서 보았을 때, 킹핀의 중심선이 노면에 수직인 직선에 대하여 어느 한 쪽으로 기울어져 있는 상태를 말하고, 그 각도를 캐스터라 한다.

138 유압 브레이크의 마스터 실린더 단면적이 4cm²이고, 실린더 내 푸시로드에 작용하는 힘이 80kgf 라면, 단면적이 3cm²인 휠 실린더의 피스톤에서 발생하는 유압은 몇 kgf/cm²인가?

① 40kgf/cm²
② 60kgf/cm²
③ 80kgf/cm²
④ 120kgf/cm²

풀이 3/4 × 80 = 60kgf/cm²

139 이륜차의 조향장치에서 스티어링 헤드의 주요 역할과 기능에 대한 설명으로 맞는 것은?

① 타이어의 마모를 균일하게 분포시킨다.
② 연료 공급을 조절하여 엔진 출력을 관리한다.
③ 브레이크 시스템의 압력을 조절한다.
④ 핸들바와 포크를 연결하여 조향을 가능하게 한다.

풀이 스티어링 헤드는 프레임의 헤드 튜브(head tube) 부분에 해당하며, 여기서 핸들바(또는 상·하 트리플 클램프)와 프론트 포크(forks)를 연결하는 핵심 구조이다. 이 연결 덕분에 라이더가 핸들을 조작하면 포크가 회전하면서 앞바퀴의 방향을 바꿀 수 있다.

140 6속 더블 클러치 변속기(DCT)의 주요 구성부품이 아닌 것은?

① 토크 컨버터
② 더블 클러치
③ 기어 액추에이터
④ 클러치 액추에이터

풀이 DCT
2개의 클러치에 의한 클러치 조작과 기어변속을 전자제어장치에 의해 자동으로 제어하여 자동변속기처럼 변속이 가능하면서도 수동변속기의 주행성능을 가능하게 한다.
• 구성품 : 더블 클러치, 클러치 액추에이터, 기어 액추에이터

138. ② 139. ④ 140. ①

이륜자동차정비기능사

PART 03

이륜자동차 전기안전장치

Electrical Safety Device

01 전기 기초이론
02 반도체
03 충전장치
04 축전지
05 점화장치
06 등화장치
07 전기오토바이

CHAPTER 01 전기 기초이론

01 전기의 성질

모든 물질은 기계적으로 더 이상 쪼갤 수 없는 최소 단위인 분자 그리고 이들 분자들은 다시 화학적으로 더 이상 쪼갤 수 없는 원자(原子 : atom, 10^{-10}m)들로 구성되어 있다.

원자의 구조는 양(+)전하를 띠고 있는 원자핵과 음(-)전하를 지니는 전자로 구성되어 있으며 일반적으로 중성인 상태에서는 물질내부의 양(+)전하와 음(-)전하의 양이 같기 때문에 서로 잡아당기는 성질을 지니고 있어 전기적 특성을 나타내지 않는다. 이를 중성상태라고 한다. 이들 사이에 평형이 이루어지지 않으면 전기적인 성질을 나타낸다.

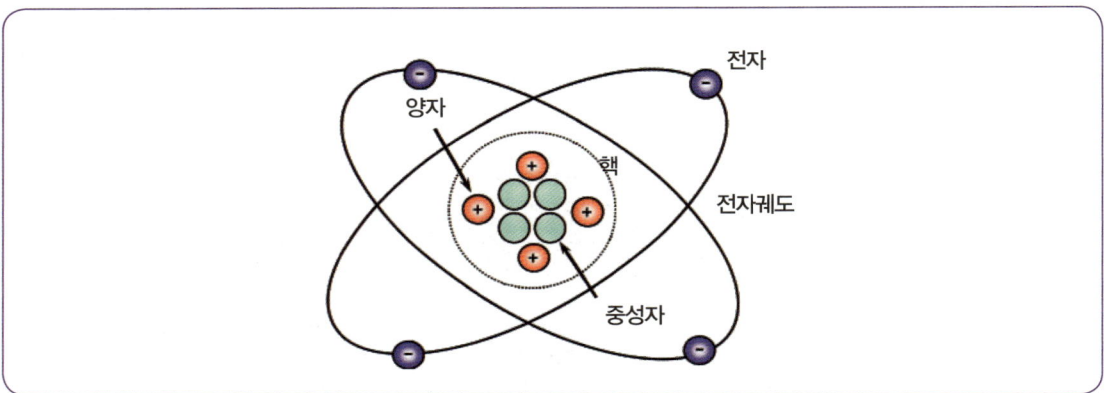

❈ 그림 3-1 원자의 구조

① **양자**(proton) : 최소량의 (+)전기를 가지고 있으며, 질량은 전자의 약 1,840배이고, 중성자와 함께 핵을 구성한다.
② **중성자**(neutron) : 질량은 양자와 거의 같으나, 전기적으로는 중성이며, 양자와 함께 핵을 구성한다.
③ **전자**(electron) : 최소량의 (-)전기를 가지고 있으며, 원자핵의 주위를 원형 또는, 타원형 궤도를 따라 빛의 1/10 정도의 속도로 운동한다.

일반적으로 원자궤도의 가장 바깥쪽 궤도에 있는 전자를 가전자라고 하며, 가전자의 수를 전자가라 하여 물질의 특성을 나타낸다. 바깥쪽 궤도의 전자는 원자핵으로부터 인력이 약하게 작용하므로 쉽게 궤도를 이탈하여 자유롭게 돌아다닐 수 있다. 이렇게 궤도를 이탈하는 전자를 자유전자라고 하며 물질의 전기적 성질을 결정하게 된다.

원자들은 최외각 궤도에 있던 전자가 이탈하게 되면 전자가 빠져나간 자리는 정공(hole)이 되고 근처를 이동하는 다른 자유전자를 끌어당겨 채우게 되며 이러한 현상을 보고 전기의 흐름이라 한다.

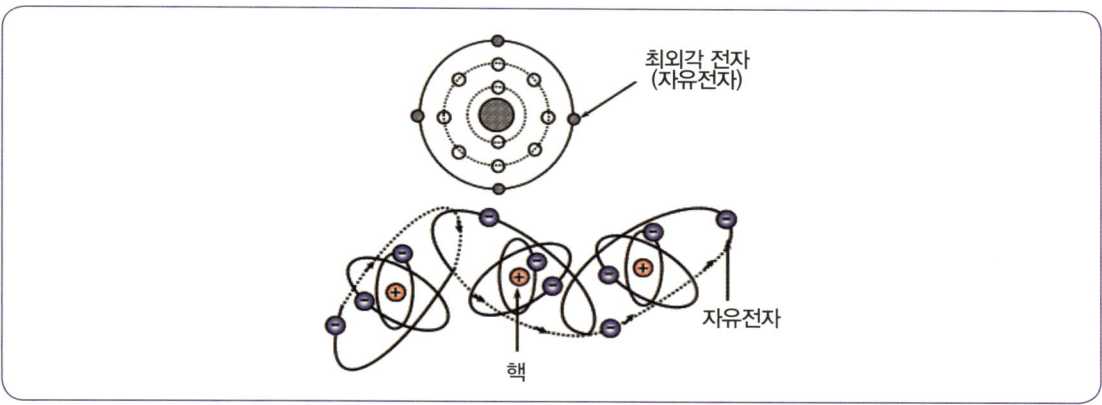

❀ 그림 3-2 자유전자의 이동

02 전기의 핵심요소

 전자와 전류

전자는 작은 입자 중에서 음(−)전하를 지니는 질량이 매우 작은 입자로 모든 물질의 구성요소로 정지 질량은 9.107×10^{-28}g이고, 전하는 1.6021×10^{-19}C이며, 전류란 (+)대전체와 (−)대전체 사이를 도체로 연결하면 (+)쪽에서는 도체 내의 전자를 흡인하고, (−)쪽에서는 전자가 반발 당하여 도체 내부로 들어가므로 도체 내에 있는 전자는 (−)쪽에서 (+)쪽으로 이동한다. 이때 전자는 중화되며 전자의 이동을 전류라 한다.

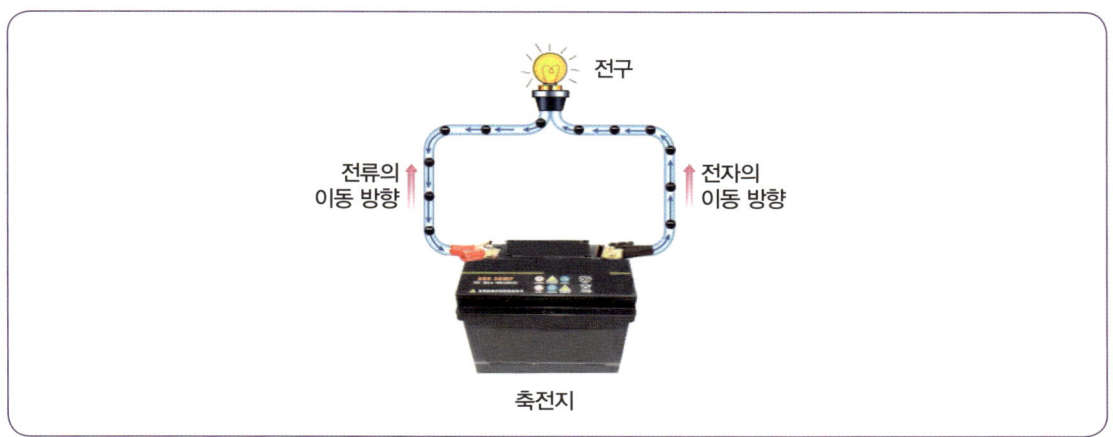

❀ 그림 3-3 전자와 전류의 이동

전류의 측정 단위는 암페어(A : ampere)이며 1A는 도체 단면의 임의의 한 점을 매초 1쿨롱(C : coulomb)의 전하가 이동하고 있을 때의 전류의 크기를 말한다. 전류는 발열작용, 화학작용, 자기작용 등 3대 작용을 한다.

2 전압(전위차)

전압이란 전류가 흐를 수 있도록 하는 전기적인 압력을 말하며, 측정단위는 볼트(V : voltage)이다. 전압차이가 클수록 큰 전류가 흐르며, 1V란 1옴(Ω)의 도체에 1A의 전류를 흐르게 할 수 있는 전기적인 압력을 말한다.

3 저항

저항이란 물질 속을 전류가 흐르기 쉬운가, 또는 어려운가를 표시하는 것이며, 측정 단위는 옴(ohm : Ω)이다. 저항은 자유전자의 수, 원자핵의 구조, 물질의 형상, 온도에 따라서 변화한다. 1옴(Ω)이란 1A의 전류를 흐르게 할 때 1V의 전압을 필요로 하는 도체의 저항으로 표시한다. 저항에는 다음과 같은 것들이 있다.

3-1 물질의 고유저항(비저항)

이 저항은 물체 자체가 지니고 있는 고유한 전기저항이며 길이 1m, 단면적 $1m^2$인 도체 두 면사이의 저항 값을 비교한 것을 그 물체의 고유저항 또는 비저항이라 한다. 측정 단위는 옴 미터(Ω · m), 옴 센티미터(Ω · cm)이나 실용상의 단위로는 마이크로 옴 센티미터(μΩ · cm)를 사용하고 있다.

❋ 표 3-1 도체의 고유저항

금속 명칭	고유저항(μΩ · cm) 20℃	금속 명칭	고유저항(μΩ · cm) 20℃
은	1.62	니켈	6.90
구리	1.69	철	10.0
금	2.40	강	20.6
알루미늄	2.62	주철	57~114
황동	5.70	니켈-크롬	100~110

3-2 도체의 형상에 의한 저항

도체의 저항은 그 길이에 비례하고, 단면적에 반비례한다. 즉, 도체 속을 전자가 이동할 때 전류가 흐르는 방향과 수직이 되는 방향의 단면적이 커지면 저항이 작아지고, 전류가 흐르는 거리가 길어지면 그만큼 원자사이를 뚫고 나가야 하므로 저항이 증가한다.

3-3 절연저항

이 저항은 절연체를 사이에 두고 전압을 가하면 절연체의 절연 정도에 따라 매우 작은 양이기는 하지만 전류가 누출되는데 이때의 저항을 절연저항이라 부르며, 이때 흐르는 전류를 누설 전류라 한다. 절연저항의 단위는 메가 옴(MΩ)이다.

3-4 온도와 저항과의 관계

일반적으로 금속은 온도상승에 따라 저항이 증가하지만 탄소, 반도체, 절연체 등은 감소한다. 금속에서 온도가 1℃ 상승하였을 때 저항 값이 어느 정도 크게 되었는가의 비율을 그 저항의 온도계수라 한다.

3-5 접촉저항

접촉저항이란 도체를 연결할 때 헐겁게 연결하거나 녹이나 페인트 등을 떼어 내지 않고 전선을 연결하면 그 접촉면사이에 저항이 발생하여 열이 생기고 전류의 흐름을 방해하는 현상이다.

03 전기의 기본 법칙

1 옴의 법칙(ohm's law)

전압에 의하여 전류가 흐르며, 저항은 전류의 흐름을 방해하므로 전류, 전압 및 저항 사이에는 밀접한 관계가 있다. 즉, 도체에 흐르는 전류(I)는 전압(E)에 정비례하고, 그 도체의 저항(R)에는 반비례한다. 이와 같은 관계는 옴의 법칙이라 부른다.

$$I = \frac{E}{R}, \quad E = IR, \quad R = \frac{E}{I}$$

I : 전류(A), E : 전압(V), R : 저항(Ω)

2 저항의 접속방법

2-1 직렬 접속방법

이 접속방법은 몇 개의 저항을 한 줄로 연결하는 것이며, 다음과 같은 특징이 있다.
① 어느 저항에서나 똑같은 전류가 흐른다.

② 전압이 나누어져 저항 속을 흐른다.
③ 각 저항에 가해지는 전압의 합은 전원 전압의 합과 같다.
④ 합성저항(전체 저항)은 다음과 같이 나타낸다.

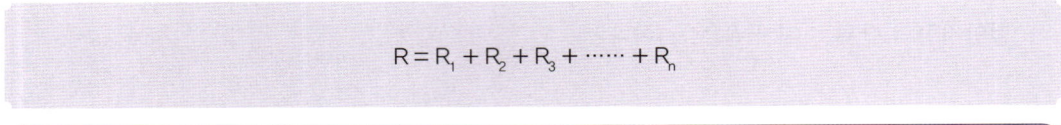

$$R = R_1 + R_2 + R_3 + \cdots + R_n$$

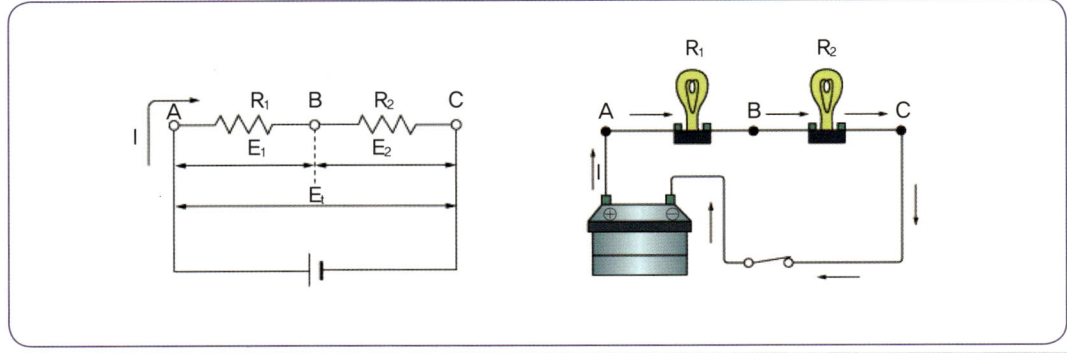

※ 그림 3-4 저항의 직렬 접속방법

2-2 병렬 접속방법

이 접속방법은 모든 저항을 두 단자에 공통으로 연결하는 것이며, 작은 저항을 얻고자 할 때 사용하는 것으로 다음과 같은 특징이 있다.
① 어느 저항에서나 동일한 전압이 흐른다.
② 병렬접속 합성저항은 각각의 저항의 역수의 합 분의 1이다.
③ 저항이 감소하는 것은 전류가 나누어져 저항 속을 흐르기 때문이다.
④ 전원에서의 전류는 각 전장부품을 흐르는 전류의 합이 되므로 병렬 접속하는 전장부품이 많을 경우에는 용량이 큰 전원을 사용하여야 한다.
⑤ 합성저항(전체 저항)은 다음과 같이 나타낸다.

$$R = \cfrac{1}{\cfrac{1}{R_1} + \cfrac{1}{R_2} + \cfrac{1}{R_3} + \cdots + \cfrac{1}{R_n}}$$

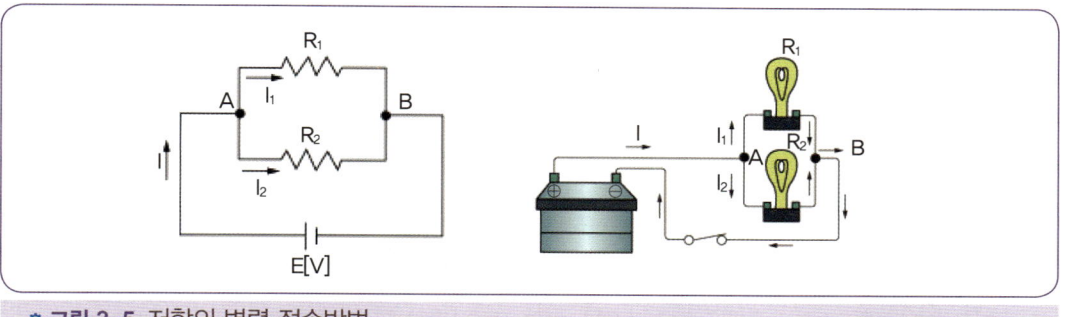

✿ **그림 3-5** 저항의 병렬 접속방법

3 키르히호프의 법칙(kirchhoff's law)

3-1 키르히호프의 제1법칙

이 법칙은 전류의 법칙으로 회로 내의 "어떤 한 점에 들어온 전류의 총합과 나간 전류의 총합은 같다"는 법칙이다.

$$(I_1 + I_3 + I_4) - (I_2 + I_5) = 0 \qquad \therefore \Sigma I = 0$$

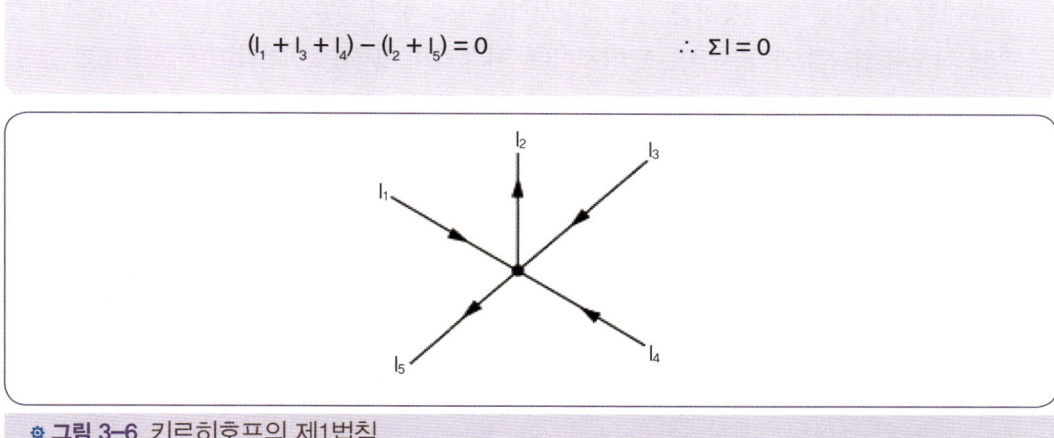

✿ **그림 3-6** 키르히호프의 제1법칙

3-2 키르히호프의 제2법칙

이 법칙은 전압의 법칙으로 "임의의 폐회로에 있어서 기전력의 총합과 저항에 의한 전압 강하의 총합은 같다." 따라서 키르히호프의 제2법칙은 에너지 보존법칙으로 임의의 한 폐회로에서 소비된 전압강하의 총합과 기전력의 총합은 같다. 즉 전압강하의 총합은 기전력의 총합이다.

$$V_T - (V_1 + V_2 + V_3) = 0 \qquad \therefore \Sigma V = 0$$

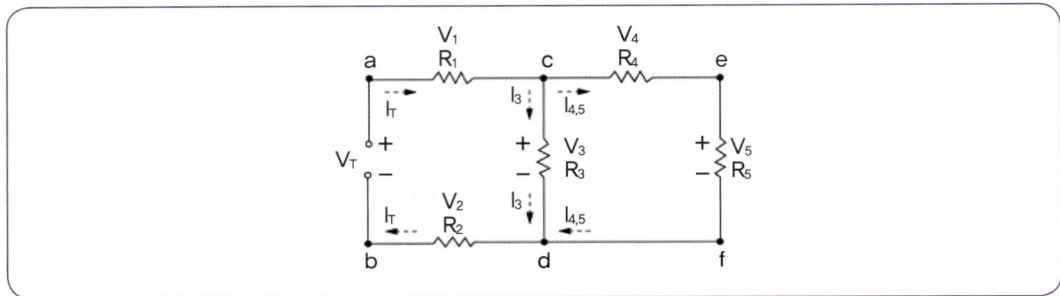

● 그림 3-7 키르히호프의 제2법칙

4 전력과 전력량

4-1 전력

전력이란 전기가 단위시간 동안에 한 일의 양이며 전등, 전동기 등에 전압을 가하여 전류를 흐르게 하면 기계적 에너지를 발생시켜 여러 가지 일을 할 수 있도록 하는 것을 말한다. 즉, 전류가 흘러 전동기를 회전시킬 때 전동기를 직접 회전시키는 일을 하며 일은 전류(I)가 하지만 전류가 흐르며 일을 하도록 압력을 가하는 것은 전압(E)이다. 이와 같이 전력(P)은 전압(E)과 전류(I)를 곱한 것에 비례하고 전력의 측정단위는 와트(W)나 킬로와트(kW)를 사용한다.

$$P = EI, \quad P = I^2R, \quad P = \frac{E^2}{R}$$

4-2 전력량

전력량이란 전류가 어떤 시간 동안에 한 일의 총량을 말한다. 따라서 전력(P)을 t초 동안에 사용하였을 때 전력량 W는 P×t로 표시된다. I(A)의 전류가 R(Ω)의 저항 속을 t초 동안 흐를 경우에는 W=I^2Rt로 표시한다. 그리고 전력량의 측정단위로는 WS 또는 kW/h이다.

4-3 퓨즈(fuse)

퓨즈는 단락(short)으로 인하여 전선이 타거나 과대전류가 부하로 흐르지 않도록 하는 안전장치이며, 퓨즈의 접촉이 불량하면 전류의 흐름이 저하되고 끊어진다. 퓨즈는 회로에 직렬로 연결되며, 재료는 납+주석+창연+카드뮴의 합금이다.

CHAPTER 02 반도체

게르마늄(Ge)이나 실리콘(Si) 등은 도체와 절연체의 중간인 고유저항을 지니고 있으므로 반도체라 부르며 반도체는 온도에 의한 저항 값의 변화가 금속과는 반대이다. 게르마늄이나 실리콘의 결정은 상온에서도 몇 개의 자유전자가 있으며 이것에 열이나 빛 등의 에너지를 가하면 원자의 구속을 이기고 튀어나오는 전자 수가 증가한다. 따라서 온도가 상승하면 고유저항이 감소하는 반도체의 성질을 나타낸다. 반도체에는 진성 반도체와 불순물 반도체가 있다.

※ 표 3-2 각 물질의 고유저항

도체	반도체	절연체
10^{-8} 10^{-6} 10^{-4} 10^{-2}	1 10^{2} 10^{4} 10^{6}	10^{8} 10^{10} 10^{12} $\Omega \cdot m$
은·구리·백금 / 니크롬·탄소	게르마늄 / 실리콘 / 셀렌	베이클라이트 / 다이아몬드

01 진성 반도체(intrinsic semiconductor)

진성 반도체란 불순물을 첨가하지 않은 순수한 반도체로(실리콘 결정의 순도는 99.9999999999%) 도체의 결정에 불순물이 없거나, 있더라도 매우 적고 게르마늄이나 실리콘은 결정이 같은 수의 전자와 홀(hole, 정공(+)전기가 남아 있는 빈자리)이 있는 반도체이며 절연체에 가까워 원자핵에 결합되어 있는 전자가 움직일 수 없기 때문에 외부에 전압을 걸어도 전류는 흐르지 않는다.

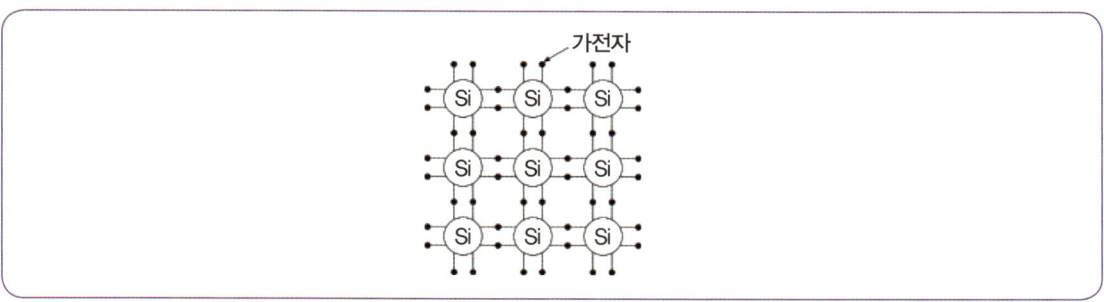

※ 그림 3-8 진성 반도체 실리콘의 공유결합

02 불순물 반도체(impurity semiconductor)

진성 반도체에 미량의 불순물을 혼입하여 만든 반도체로 전압이나 온도에 대하여 민감한 반도체 성질을 얻는 것을 불순물 반도체라고 한다. 이 불순물 반도체에는 P형과 N형이 있다.

1 P(positive)형 반도체

자유전자보다 정공을 증가시킨 반도체이다. 진성반도체에 정공을 증가시키기 위해 불순물인 3가 원소(알루미늄(Al), 붕소(B), 갈륨(Ga), 인듐(In))를 첨가한다. 규소의 가전자는 4개이고 갈륨은 3개이므로 공유결합하기 위해서는 가전자 1개가 부족하다. 이때 전자가 부족한 곳이 정공이 되고, 전체의 캐리어(carrier)는 자유전자보다 정(positive)의 전기를 갖는 정공 쪽이 많아지게 되고 positive의 머리문자를 따서 P형 반도체라 한다.

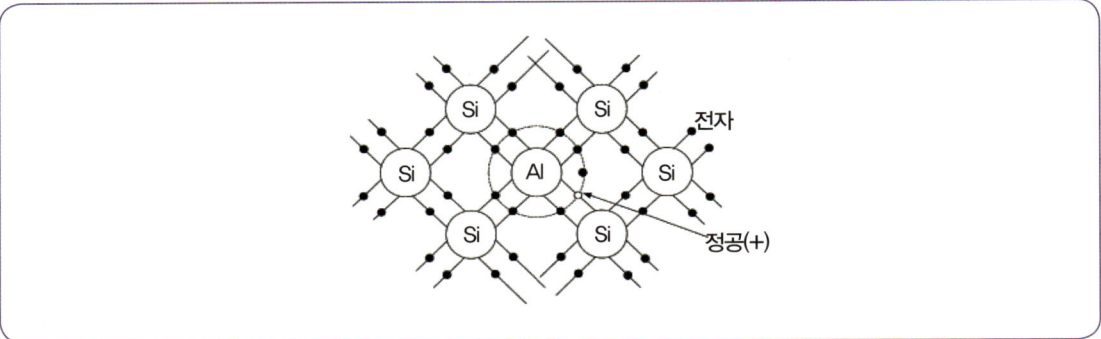

● 그림 3-9 P형 반도체

2 N(negative)형 반도체

실리콘에 5가의 원소인 비소(As), 안티몬(Sb), 인(P) 등의 원소를 조금 섞으면 5가의 원자가 실리콘 원자 1개를 밀어내고 그 자리에 들어가 실리콘 원자와 공유결합을 한다. 이때 5가의 원자에서는 전자 1개가 남게 되며 이 경우 전기의 캐리어(carrier : 운반자)가 전자이므로 (-)라는 의미에서 N형 반도체라 한다. 전자를 만들어 주는 불순물 원자를 도너라 부른다.

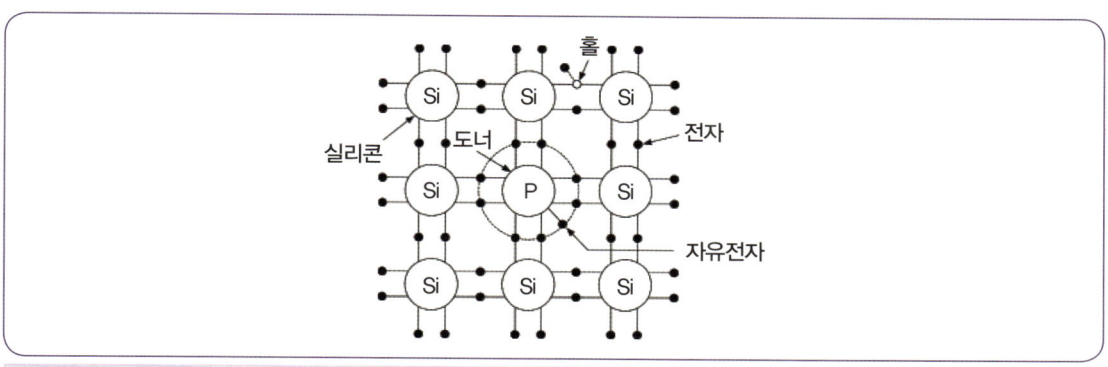

◎ 그림 3-10 N형 반도체

03 다이오드(diode)

한쪽 방향으로만 전류가 흐르기 쉬운 성질을 이용한 정류용이나 검파용의 것을 말하며, 다이오드는 P형 반도체와 N형 반도체를 마주 대고 접합한 것이며, P형 부분에는 애노드(A), N형 부분에는 캐소드(K)의 전극이 양 끝에 설치되어 있고, P형 부분과 N형 부분이 접하고 있는 면을 접합면이라 한다. 접합면 부근은 캐리어가 결핍한 층이 발생되는데 이것을 공핍층이라 한다.

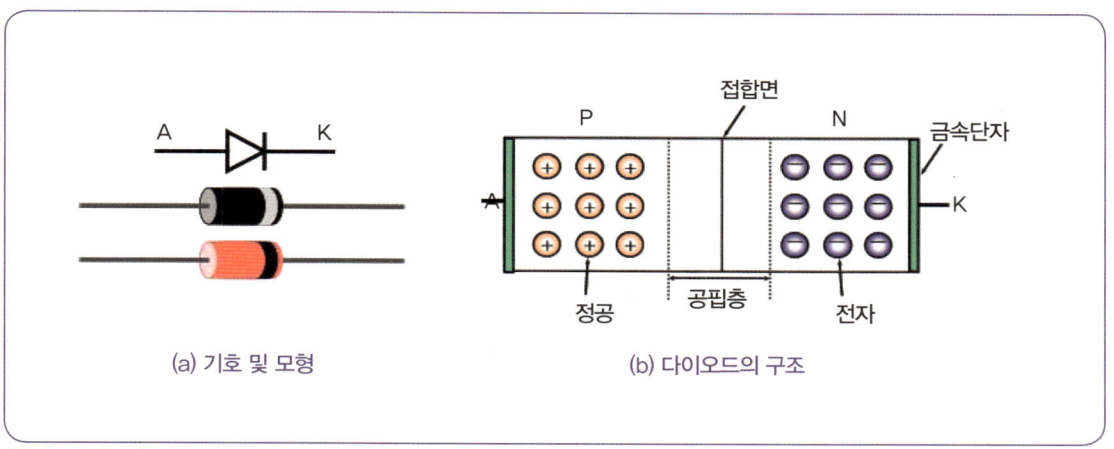

◎ 그림 3-11 다이오드

1 다이오드의 정류작용

1-1 PN접합에 순방향 전압을 가한 경우

전원을 P형에는 (+)을, N형에는 (−)을 접속하면 P형의 홀은 (+)극에 반발하여 N형으로 유입되고, N형의 전자는 (−)극에 반발하여 P형 속으로 유입된다. 이에 따라 다이오드에는 전류가 흐르며 이러한 상태를 순방향 흐름이라 한다.

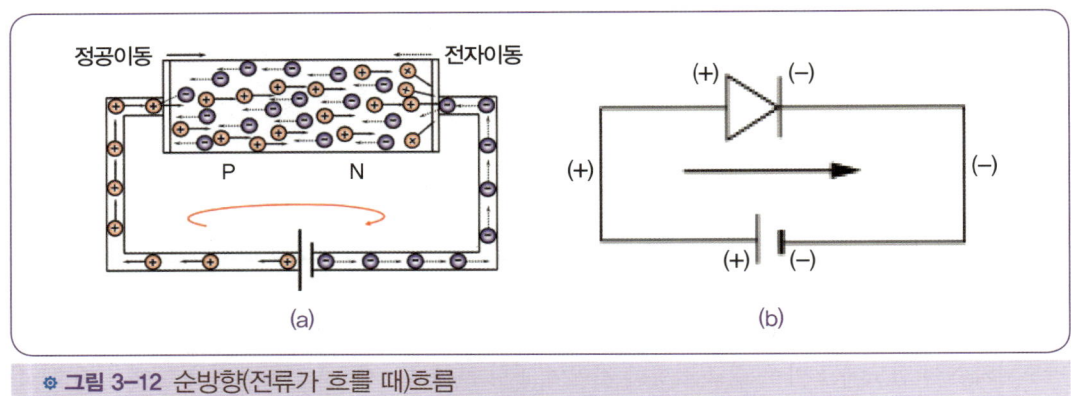

❖ 그림 3–12 순방향(전류가 흐를 때)흐름

1-2 PN접합에 역방향 전압을 가한 경우

P형 부분에 음(−)전압, N형 부분에 양(+)전압을 가하면 P형 부분의 정공은 음극에, N형 부분의 전자는 양극에 끌려가며, 전위 장벽은 높아지고 공핍층의 폭도 더욱 넓어진다. 따라서 캐리어의 이동이 되지 않으므로 전류는 흐르지 않는다.

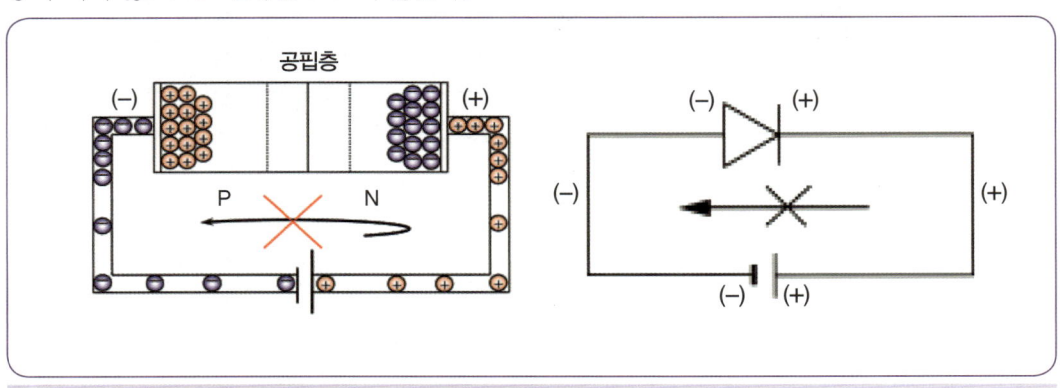

❖ 그림 3–13 역방향(전류가 흐르지 않을 때)흐름

2 제너 다이오드(zanier diode)

제너 다이오드는 실리콘 다이오드의 일종이며, 어떤 전압 하에서도 역방향으로 전류가 통할 수 있도록 제작한 것이다. 즉, 역방향으로 가해지는 전압이 어떤 값에 도달하면 순방향 흐름과 같이 급격히 전류를 흐르게 한다. 이때의 전압을 제너전압(브레이크 다운 전압 : brake down voltage)이라 부른다. 또 역방향 전압이 점차 감소하여 제너 전압 이하가 되면 역방향 전류가 흐르지 못한다. 이 제너전압은 온도 및 사용에 의한 변화가 적으며, 자동차용 교류발전기의 전압조정기 전압 검출이나 일정 전압회로 등에서 사용하고 있다.

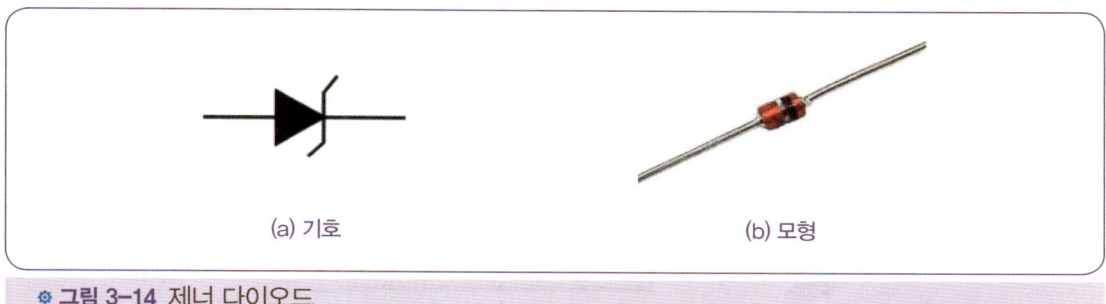

❋ 그림 3-14 제너 다이오드

3 발광 다이오드(LED : light emission diode)

발광 다이오드는 순방향으로 전류를 흐르게 하면 빛이 발생되는 것이며, 가시광선으로부터 적외선까지 다양한 빛을 발생한다. 빛을 발생할 때에는 순방향 흐름으로 10mA 정도의 전류가 필요하며, PN형 접합면에 순방향 전압을 가하여 전류를 흐르게 하면 캐리어(carrier)가 지니고 있는 에너지 일부가 빛으로 변화하여 외부로 방사된다.

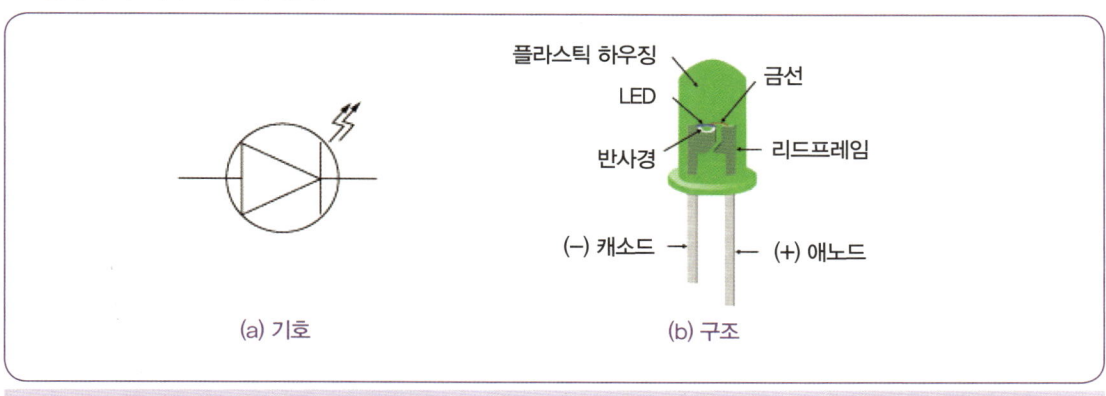

❋ 그림 3-15 발광 다이오드

용도는 각종 파일럿램프, 배전기의 크랭크 각 센서와 상사점(TDC)센서, 차고센서, 조향핸들 각속도 센서 등에서 사용한다.

4 포토다이오드(photo diode)

포토다이오드에 역방향 전압을 가하고, PN접합부에 빛을 비추면 접합부에 있는 전자는 빛에너지에 의해 가속 공유결합으로부터 이탈하여 자유전자가 되고 그 자리에 같은 수의 정공이 발생한다. 빛의 양에 의해 자유전자, 정공이 활성화된다. 용도는 배전기 내의 크랭크 각 센서와 상사점(TDC) 센서에서 사용한다.

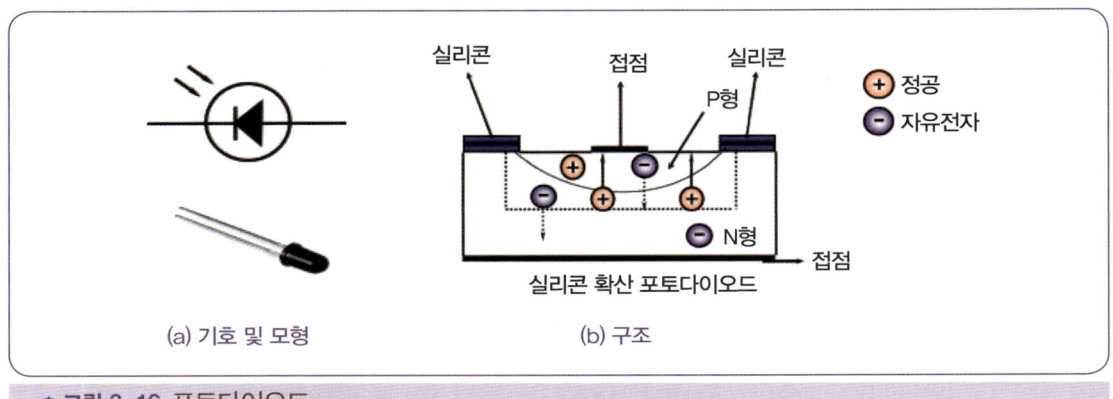

❋ 그림 3-16 포토다이오드

04 트랜지스터(transistor)

트랜지스터는 PN형 다이오드의 N형 쪽에 P형을 덧붙인 PNP형과, P형 쪽에 N형을 덧붙인 NPN형이 있으며, 3개의 단자부분에는 인출선이 붙어 있다.

❋ 그림 3-17 트랜지스터의 모형

중앙부분을 베이스(B, base: 제어부분), 양쪽의 P형 또는 N형을 각각 이미터(E: emitter) 및 컬렉터(C: collector)라고 한다. PNP형은 이미터에서 베이스로 전류가 흐르고, NPN형은 베이스에서 이미터로 전류가 흐른다.

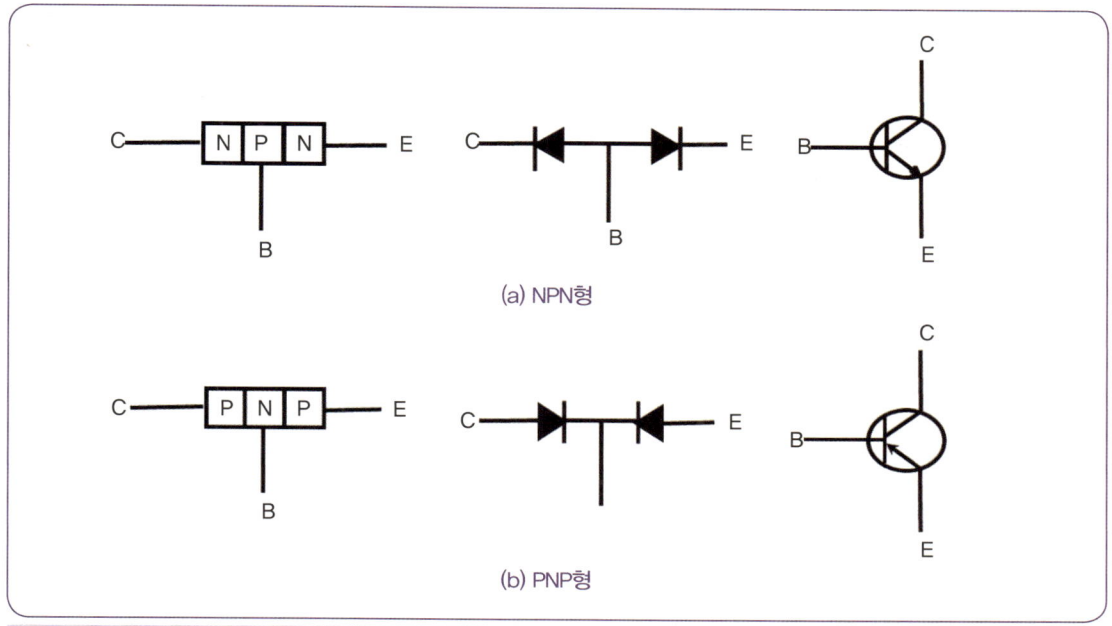

● 그림 3-18 트랜지스터의 구조 및 기호

1 트랜지스터에 전류가 흐를 때

베이스와 이미터사이에 순방향 전압 V_1을 가하고 있으므로 전위장벽은 낮아지며, 이미터의 N형의 부분은 불순물의 농도가 짙으므로 전자가 다수 발생하고 베이스의 P형 부분은 두께가 얇아 불순물 농도도 저하하고 있으므로 정공은 매우 적다. 이미터의 전자는 전위장벽을 지나 확산하면서 베이스로 향하고 1% 정도가 베이스의 정공과 결합하여 소멸한 베이스의 소수의 정공은 전지의 (+)극이 계속 보급되므로 이것이 소수의 베이스 전류 I_B가 된다.

베이스의 정공과 결합되지 않은 이미터로부터의 99% 정도의 전자는 컬렉터 쪽의 전압 V_2에 의해 컬렉터 쪽으로 이동한다. 이것이 컬렉터 전류 I_C가 된다. 이미터의 전자는 전지의 (−)극에서 계속 보급되므로 이것이 이미터 전류 I_E가 되며, 이미터 전류 I_E의 대부분은 컬렉터 전류 I_C가 되고 베이스 전류 I_B로 되는 것은 매우 적다.

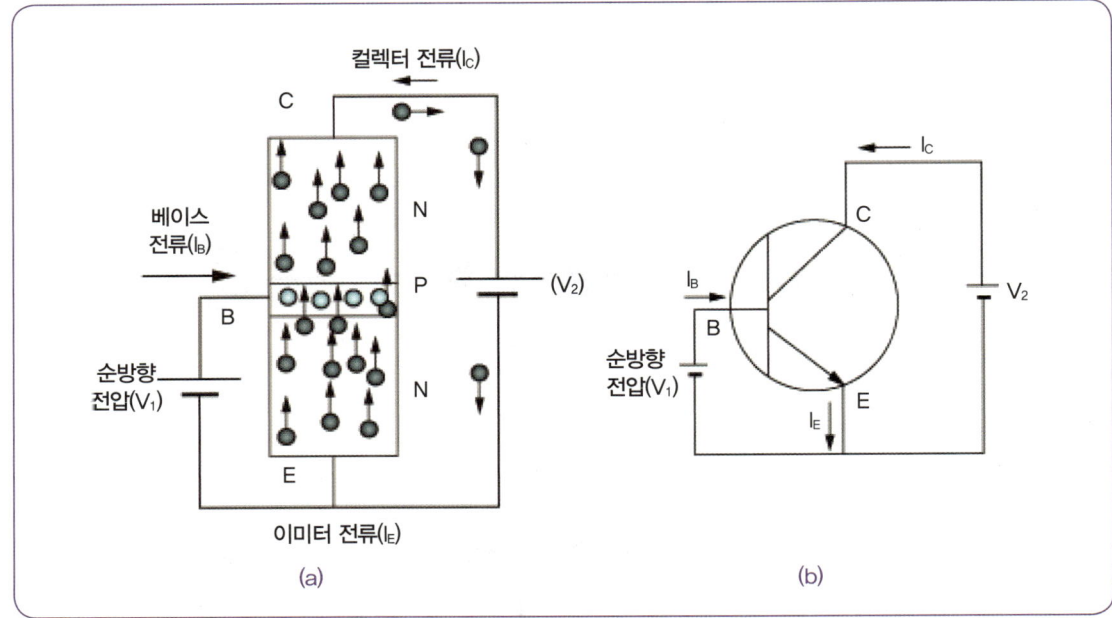

● 그림 3-19 베이스 전류가 흐를 때(트랜지스터에 전압을 가하는 방법)

2 트랜지스터에 전류가 흐르지 않을 때

베이스와 이미터사이에는 전압이 가해지지 않으므로 베이스 전류가 흐르지 않을 때이며, 컬렉터와 베이스에만 역방향 전압이 가해져 있는 경우 컬렉터와 베이스의 접합면 부근은 장벽이 높아 컬렉터 베이스 사이에 전류는 흐르지 않는다.

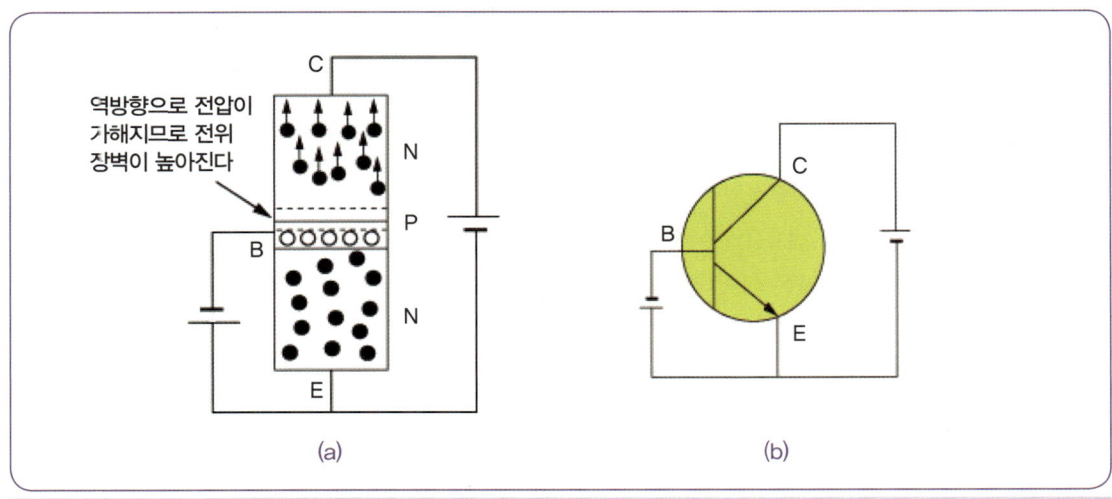

● 그림 3-20 베이스 전류가 흐르지 않을 때

3 트랜지스터의 작용

트랜지스터의 대표적인 작용으로는 스위칭작용, 증폭작용 및 발진작용 등이 있다.

3-1 스위칭작용

트랜지스터의 컬렉터전류 I_C와 이미터전류 I_E사이를 도통상태로 하려면 베이스전류 I_B를 흐르게 하면 된다. 반대로 베이스전류 I_B를 단속하면 컬렉터전류 I_C와 이미터전류 I_E를 단속할 수 있다. 이것을 트랜지스터의 스위칭 작용이라 하며 릴레이와 같이 작은 전류로 큰 전류를 제어하며 릴레이는 1초에 100~200회 정도 스위치 작동을 할 수 있지만 트랜지스터는 1초에 1,000회 정도 스위칭 작용을 할 수 있고 릴레이와 같이 접점의 마모나 채터링이 없어 동작이 안정된다.

3-2 증폭작용

트랜지스터는 베이스전류 I_B를 약간 변화시키는 것으로 컬렉터전류 I_C를 크게 바꿀 수 있으며, 베이스전류 I_B와 컬렉터전류 I_C의 합은 이미터전류 I_E가 되고, 컬렉터전류 I_C와 베이스전류 I_B의 비율을 직류증폭률이라 하며, h_{FE}로 나타낸다. $I_E = I_B + I_C$, $h_{FE} = \dfrac{I_C}{I_B}$로 h_{FE}의 값은 일반적으로 10~10,000이다.

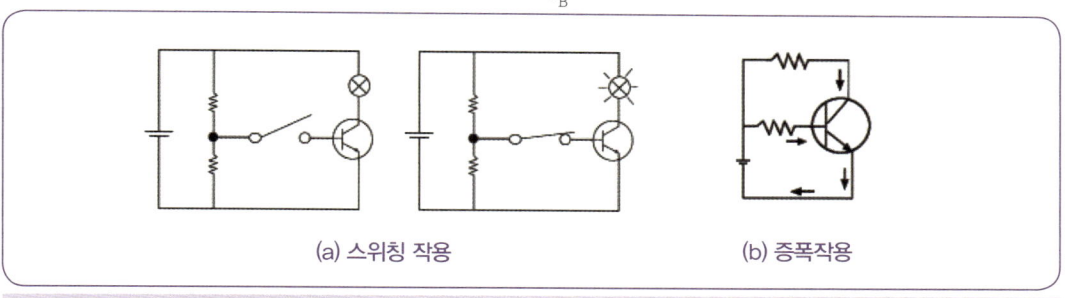

(a) 스위칭 작용　　(b) 증폭작용

✿ 그림 3-21 트랜지스터 작용

3-3 발진작용

진동 전류가 일단 흐르기 시작하면 그것을 지속시키도록 작용하는 회로를 말한다.

4 포토트랜지스터(photo transistor)

이것은 PN접합부에 빛을 쪼이면 빛 에너지에 의해 발생한 전자와 홀이 외부로 흐른다. 입사광선에 의해 전자와 홀이 발생하면 역전류가 증가하고, 입사광선에 대응하는 출력전류가 얻어지는데 이를 광전류라 한다. 빛이 베이스 전류 대용으로 사용되므로 전극이 없고 빛을 받아서 컬렉터 전류를 제어한다.

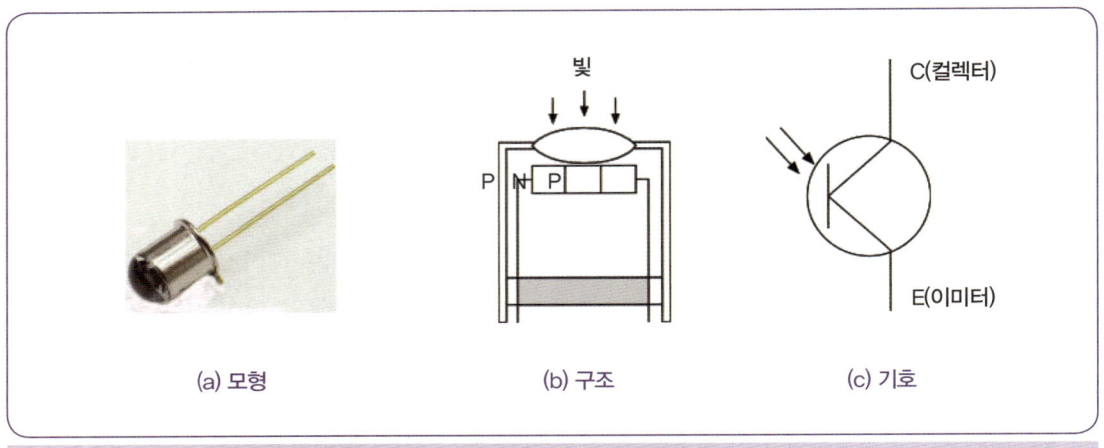

* 그림 3-22 포토트랜지스터의 구조 및 기호

05 사이리스터(thyrister)

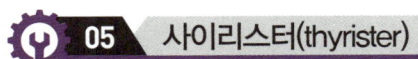

이것은 SCR(silicon control rectifier)이라고도 하며 PNPN 또는 NPNP 접합으로 되어 있으며 스위칭 작용을 한다. 사이리스터는 일반적으로 단방향 3단자를 사용한다. (+)쪽을 애노드(anode), (-)쪽을 캐소드(cathode), 제어단자를 게이트(gate)라 부른다. 애노드에서 캐소드로의 전류가 순방향 흐름이며, 캐소드에서 애노드로 전류가 흐르는 방향을 역 방향 흐름이라 한다.

순방향 흐름은 전류가 흐르지 못하는 상태이며, 이 상태에서 게이트에 (+)를, 캐소드에는 (-)를 연결하면 애노드와 캐소드가 순간적으로 통전되어 스위치와 같은 작용을 하며, 이후에는 게이트 전류를 제거하여도 계속 통전상태가 되며 애노드의 전압을 차단하여야만 전류 흐름이 해제된다.

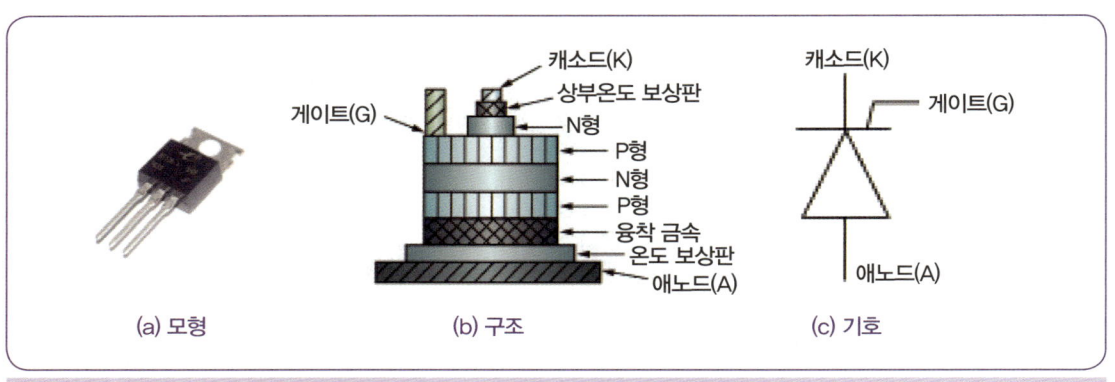

* 그림 3-23 사이리스터

06 IC(집적회로 : integrated circuit)

IC는 한 개의 기판에 여러 개의 트랜지스터와 저항 등의 회로소자를 결합하여 고체화시킨 전기회로이다. IC는 반도체의 급속한 발달에 따라 초소형, 신뢰성능, 내 진동 성능, 내구성능, 경제성 등이 우수하고 대량 생산에 알맞으나 큰 저항이나 축전기를 얻기가 어렵고, 회로의 선택 설계의 자유가 어렵다. IC에는 반도체 IC, 다이어프램 IC 그리고 이 2가지를 병용한 혼성 IC 등이 있다.

07 컴퓨터의 논리회로

1 OR회로(논리합 회로)

입력 A, B 중 최소한 어느 한쪽의 입력이 1이면, 출력이 1이 되는 회로이다.

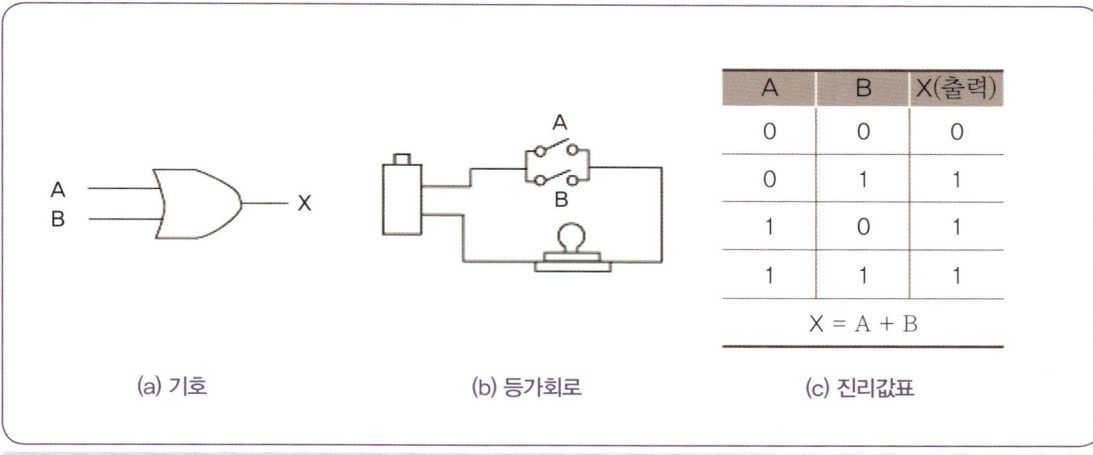

❖ 그림 3-24 OR회로

2 AND회로(논리적 회로)

여러 개의 입력정보가 있을 경우 모든 입력이 1일 때에만 출력에 1을 출력하고 그 이외는 0을 출력하는 회로이다.

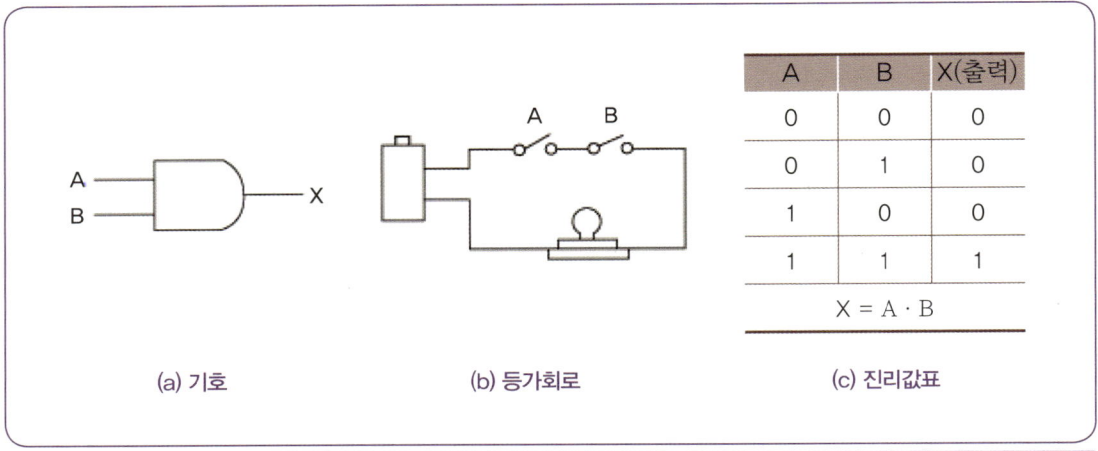

❖ 그림 3-25 AND회로

3 NOT회로(부정회로)

입·출력신호가 서로 정반대일 경우 즉, 입력이 1일 때 출력은 0, 입력이 0일 때 출력은 1이 되는 회로이다.

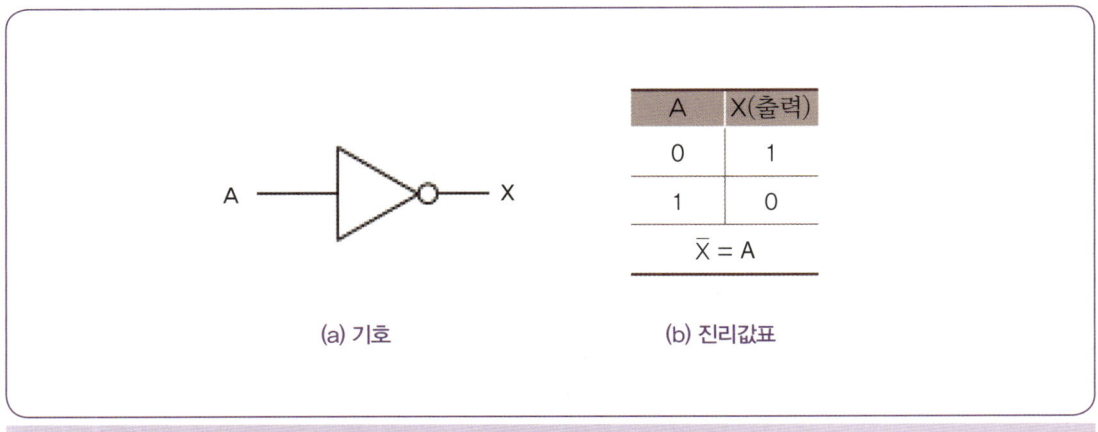

❖ 그림 3-26 NOT회로

4 NOR회로(부정 논리합회로)

모든 입력단자(端子)에 "0"이 입력되었을 때에만 출력단자에 "1"을 출력하는 회로이다.

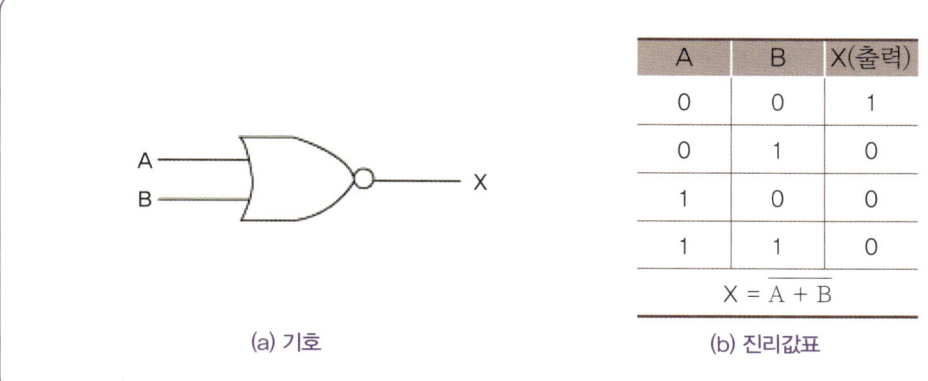

그림 3-27 NOR회로

5 NAND회로(부정 논리적 회로)

2개 이상의 입력단자와 1개의 출력단자가 있어 적어도 1개의 입력단자에 입력 "1"이 가해졌을 때 출력단자에 "1"이 나타나고 또한 어느 쪽의 입력단자도 "0"일 때에는 출력단자에 "1"이, 역으로 어느 쪽의 입력단자도 "1"일 때에는 출력단자에 "0"이 나타나도록 한 회로이다.

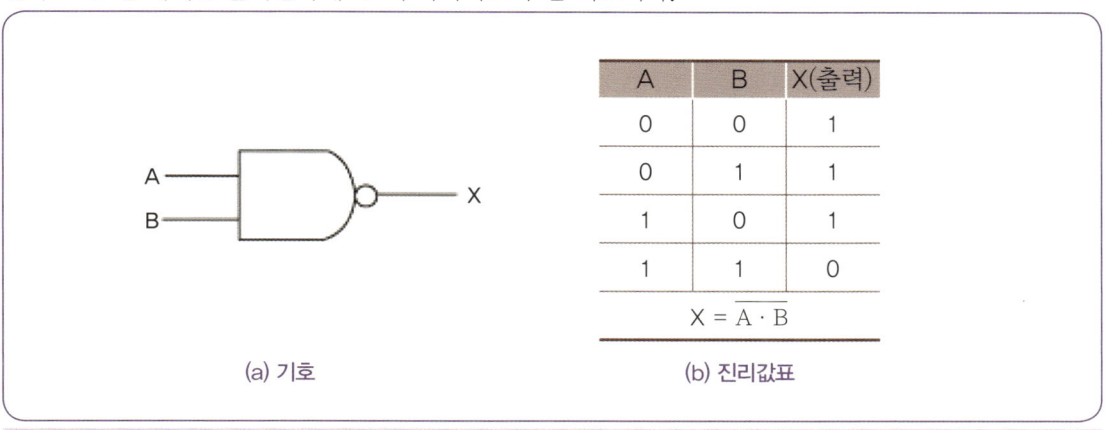

그림 3-28 NAND회로

08 반도체의 성질과 장·단점

1 반도체의 성질

① 다른 금속이나 반도체와 접속하면 정류작용(다이오드), 증폭작용 및 스위칭 작용(트랜지스터)을 한다.
② 빛을 받으면 고유저항이 감소한다(포토다이오드 및 포토트랜지스터).
③ 열을 받으면(온도가 상승하면) 전기저항 값이 변화하는 지백(zee back)효과를 나타낸다(서미스터).
④ 압력을 받으면 전기가 발생하는 피에조(piezo)효과를 나타낸다(압전소자).
⑤ 자기(磁氣)를 받으면 통전성이 변화하는 홀(hall)효과를 나타낸다.
⑥ 전류가 흐르면 열을 흡수하는 펠티어(peltier)효과를 나타낸다.

2 반도체의 장점 및 단점

2-1 반도체의 장점

① 매우 소형이고, 가볍다.
② 내부 전력 손실이 매우 적다.
③ 예열시간을 필요로 하지 않고 곧 작동한다.
④ 기계적으로 강하고, 수명이 길다.

2-2 반도체의 단점

① 온도가 상승하면 그 특성이 매우 나빠진다(게르마늄은 85℃, 실리콘은 150℃ 이상되면 파손되기 쉽다).
② 역내압이 매우 낮다.
③ 정격 값 이상되면 파괴되기 쉽다.

CHAPTER 03 충전장치

01 발전 충전 계통

① 바이크에는 다양한 전기장치가 있으며 소비되는 전력은 엔진 회전력으로 AC 제너레이터라고 불리는 교류발전기로 만들어지며, 이것을 배터리에 저장하면서 소비하는 과정을 반복한다.
② 엔진의 회전과 전자석을 이용해서 교류 전기를 발생시키면 레귤레이터로 전압을 제어하고 교류 전기를 직류 12V로 변환해서 배터리에 공급한다.
③ 일반적으로 주행 중인 바이크가 사용하는 전기는 엔진이 회전하고 있으면 발전기의 발전량으로 가능하다.

02 충전원리

1 AC 제너레이터

크랭크축의 회전과 전자석을 이용해서 교류 전기를 발생시키는 AC 제너레이터 스테이터 코일과 안쪽에서 자석을 장착한 플라이 휠을 세트로 해서 회전시키면 전자 유도에 의해서 전기가 발생한다.

2 AC 제너레이터 발전에서 충전

AC 제너레이터의 플라이 휠은 크랭크 축 끝이나 엔진 뒤쪽에 설치되어 엔진이 고속으로 회전할수록 고압이 되는데 배터리 전압은 12V이므로 전압과 전류를 일정하게 유지하는 정압기와 교류전류를 직류로 변환하는 정류기를 일체화시킨 정압정류기로 전압을 제어해서 배터리로 공급한다.

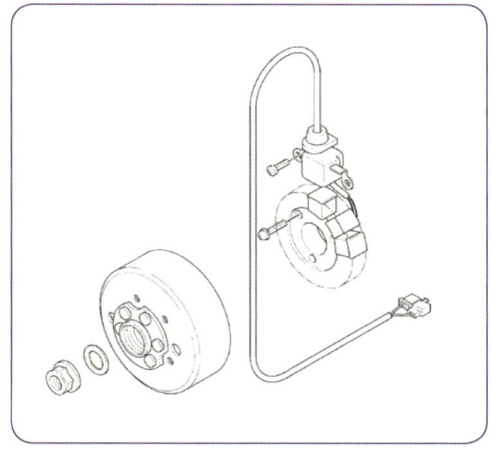

그림 3-29 AC 제너레이터

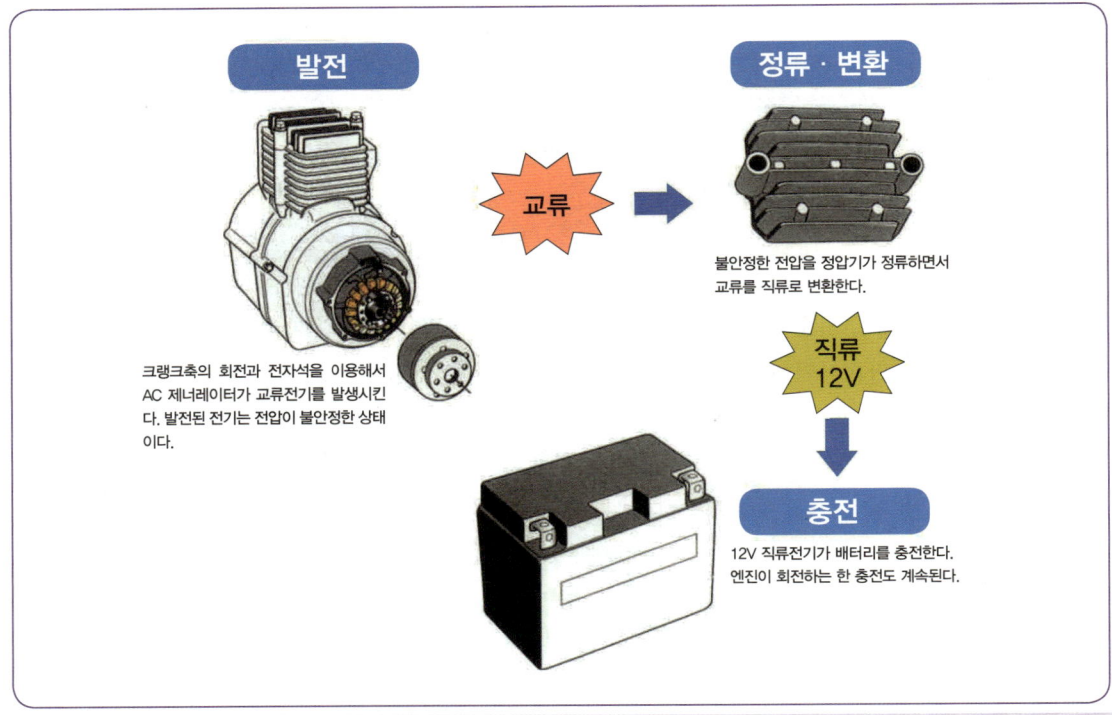

● 그림 3-30 AC 제너레이터 발전에서 충전

3 스테이터 코일

플라이 휠 안쪽에는 N극과 S극이 교대로 배치되어 크랭크축에 장착된 스테이터 코일 둘레를 고속으로 회전한다. 여기에 전기를 공급하면 N극과 S극이 전자석이 되어 전자 코일 둘레를 고속으로 회전하면서 전력이 발생하는데 이 전압은 교류이며, 엔진이 고속 회전이 될수록 전압도 상승한다.

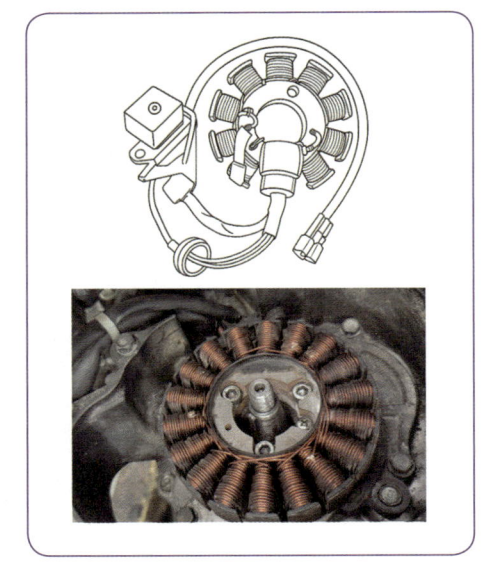

CHAPTER 04 축전지

01 축전지의 개요

축전지는 전극의 작용물질과 전해액이 가지는 화학적 에너지를 전기적 에너지로 변환시키는 역할(방전, 放電)을 하며, 반대로 전기적 에너지를 공급하면 다시 화학적 에너지로 변환(충전, 充電)된다. 이와 같이 충전과 방전이 반복되는 전지를 2차 전지라고 한다. 1차 전지는 충전과 방전이 반복되지 않는다. 내연기관 바이크가 운행 중에는 충전장치가 자동차의 각종 전기장치의 부하에 전기를 공급하지만 시동시 또는 기관 정지시에는 충전장치가 작동되지 않기 때문에 축전지가 전원으로서 전기적 에너지를 공급하고 주행 중일 때에는 발전기의 출력과 부하와의 부조화를 조정하는 역할을 하는 2차 전지이다. 2차 전지는 내연기관의 모든 전기장치의 부하의 전원으로 전기적 에너지를 공급하며, 전기자동차용 배터리는 각형 또는 원형 배터리 셀(cell)이 만들어지고 셀 여러 개를 모아 모듈(module)을 이루고, 모듈은 다시 여러 개를 모아 하나의 팩(pack)을 만들어 팩 상태로 고전압 배터리가 들어가게 된다.

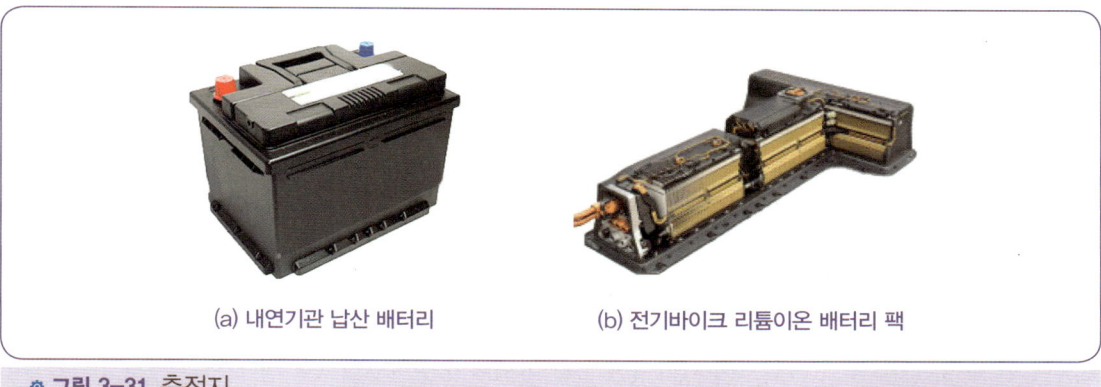

(a) 내연기관 납산 배터리   (b) 전기바이크 리튬이온 배터리 팩

❄ 그림 3-31 축전지

1 내연기관 축전지의 구비조건

① 소형·경량이고 수명이 길어야 한다.
② 심한 진동에 견딜 수 있어야 하며, 다루기가 쉬워야 한다.
③ 전기 부하의 증가에 따라 용량이 크고, 가격이 저렴해야 한다.
④ 고온 내구성이 있어야 한다.

2 내연기관 축전지의 기능

① 시동장치의 전기적 부하를 부담한다.
② 발전기가 고장날 때 주행을 확보하기 위한 전원으로 작동한다.
③ 주행상태에 따른 발전기의 출력과 부하와의 불균형을 조정한다.

3 배터리의 역할

엔진이 일정 이상의 회전으로 작동 시 점화장치, 등화장치, 연료장치 등을 작동시킬 전력을 AC 제너레이터가 공급해 준다. 시동 시에는 시동모터나 엔진이 정지해 있을 때의 전기장치는 배터리의 전기가 필요하다. 배터리는 충전을 해서 반복 사용할 수 있는 전지이며, 전압은 자동차와 마찬가지로 12V가 주류이나 일부 오래된 바이크나 배기량이 적은 모델은 6V를 사용한다.

① **밀폐형** : 내부에서 발생한 가스를 화학반응으로 다시 전해액으로 흡수하도록 구성되어 있으며, 전해액을 보충할 필요가 없다.
② **개방형** : 화학반응에 의해 발생한 산소가스와 수소가스를 외부로 배출하도록 되어 있어 전해액을 주기적으로 보충해야할 필요가 있다.

02 납산축전지의 구조와 작용

1 납산축전지의 구조

12V 축전지의 경우에는 케이스 속에 6개의 셀(cell)이 있고, 이 셀 속에 양극판, 음극판 및 전해액이 들어 있으며 이들이 화학적 반응을 하여 셀 마다 약 2.1V의 기전력을 발생시킨다. 그리고 양극판이 음극판보다 더 활성적이므로 양극판과의 화학적 평형을 고려하여 음극판을 1장 더 둔다.

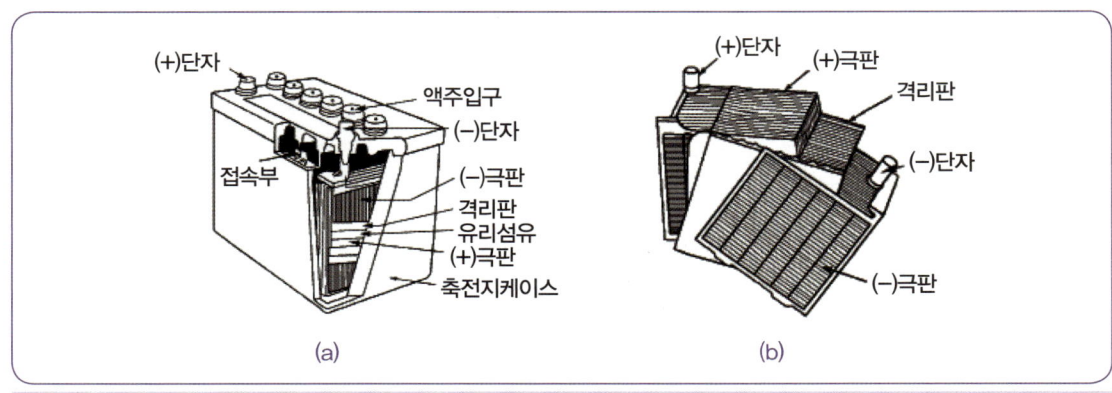

※ 그림 3-32 납산축전지의 구조

1-1 납산축전지의 극판

극판에는 양극판과 음극판이 있으며 격자(格子 : grid)에 납 분말이나 산화납을 묽은 황산으로 반죽하여 충전하고 건조 및 화학적 조성 등의 공정을 거쳐 양극판은 과산화납으로 음극판은 해면상 납으로 한 것이다.

격자는 과산화납이나 해면상납의 탈락을 방지하고 외부와 작용물질과의 전기전도 작용을 하며, 재질은 납과 안티몬의 합금을 사용하였으나 MF축전지에서는 납과 칼슘합금을 사용한다. 과산화납은 암갈색이며, 다공성으로 전해액의 확산 침투가 쉽다.

1-2 납산축전지의 격리판

격리판은 양극판과 음극판사이에 끼워져 양쪽 극판의 단락을 방지하는 일을 하며, 양쪽 극판이 단락되면 축전지 내에 저장되어 있던 전기적 에너지가 소멸된다. 격리판은 플라스틱(합성수지)을 주로 사용한다.

> **격리판의 구비조건**
> ① 비 전도성일 것
> ② 구멍이 많아서 전해액의 확산이 잘 될 것
> ③ 기계적 강도가 있고, 전해액에 부식되지 않을 것
> ④ 극판에 좋지 못한 물질을 내 뿜지 않을 것

1-3 납산축전지의 극판군

극판군은 몇 장의 극판을 조립하여 접속 편에 용접하여 1개의 단자(terminal post)와 일체가 되도록 한 것이다. 이와 같이 하여 만든 극판 군을 1셀(cell)이라 하며, 완전 충전되었을 때 약 2.1V의 기전력을 발생한다. 따라서 12V 축전지의 경우에는 6개의 셀이 직렬로 연결되어 있다. 그리고 극판의 장수를 늘리면 축전지 용량이 증가하여 이용전류가 많아진다.

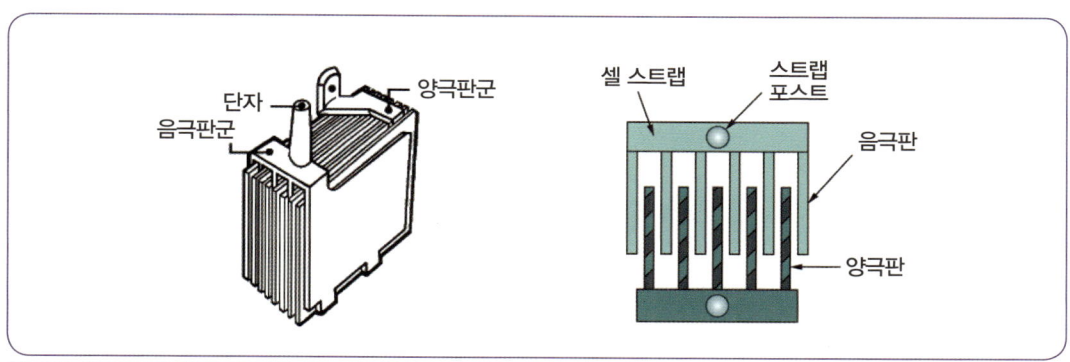

● 그림 3-33 극판군의 구조

1-4 납산축전지의 케이스(case)

케이스는 플라스틱으로 제작하며, 12V 축전지의 것은 6칸으로 나누어져 있다. 각 셀의 밑 부분에는 극판의 작용물질의 탈락이나 침전물 축적에 의한 단락을 방지하기 위한 엘리먼트 레스트(element rest)가 마련되어 있다. 축전지의 커버와 케이스의 청소는 탄산소다(탄산나트륨)와 물 또는 암모니아수로 한다.

1-5 축전지 커버(cover)

커버는 플라스틱으로 제작하며, 커버와 케이스는 접착제로 접착하여 기밀을 유지한다. 또 커버의 가운데에는 전해액이나 증류수를 주입하기 위한 벤트플러그(vent plug)가 있으며 이 플러그의 중앙이나 옆에는 작은 구멍이 있어 축전지 내부에서 발생한 산소와 수소가스를 방출한다. 그러나 MF 축전지에서는 벤트 플러그를 사용하지 않는다.

1-6 납산축전지의 단자(terminal post)

단자는 납합금이며, 외부회로와 확실하게 접속되도록 하기 위해 테이퍼(taper)되어 있다. 양극단자는 양극판이 과산화납이므로 쉽게 산화가 발생되어 부식되기 쉽다. 만약 부식되었을 경우에는 깨끗이 세척한 후 그리스(grease)를 얇게 발라 준다. 그리고 양극과 음극단자에는 문자, 색깔 및 크기 등으로 표시하여 잘못 접속되는 것을 방지하고 있다.

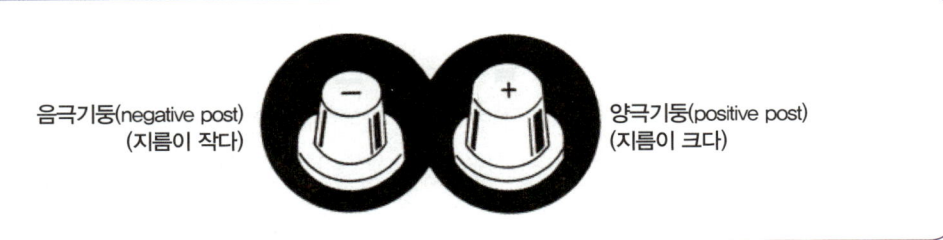

※ 그림 3-34 단자와 접지단자

1-7 납산축전지의 전해액(electrolyte)

전해액은 순도가 높은 묽은황산(H_2SO_4)을 사용한다. 전해액은 극판과 접촉하여 충전을 할 때에는 전류를 저장하고, 방전될 때에는 전류를 발생시켜 주며, 셀 내부에서 전류를 전도하는 작용도 한다. 전해액의 비중은 20℃에서 완전 충전되었을 때 1.280이며 이를 표준 비중이라 한다.

전해액이 표준 비중일 때 황산의 도전성이 가장 높다. 또 완전 방전되었을 경우에는 비중이 1.050 정도이다. 그리고 전해액은 온도가 상승하면 비중이 작아지고, 온도가 낮아지면 비중은 커진다. 전해액 비중은 온도 1℃ 변화에 대하여 0.0007이 변화한다.

$$S_{20} = St + 0.0007 \times (t-20)$$

S_{20} : 표준 온도 20℃로 환산한 비중
St : t℃에서 실제 측정한 비중
t : 측정할 때의 전해액 온도

1) 전해액 비중과 충전상태

전해액의 비중은 방전량에 비례하여 저하된다. 그리고 축전지를 방전 상태로 오랫동안 방치해 두면 극판이 영구 황산납이 되거나 여러 가지 고장을 유발하여 축전지의 기능을 상실한다. 따라서 비중이 1.200(20℃) 정도 되면 보충충전을 실시하여야 하며, 한 번 사용하였던 축전지를 사용하지 않고 보관 중일 경우에는 15일(MF축전지의 경우는 약 1개월)에 1번씩 보충충전을 하여야 한다. 전해액의 비중을 측정하여 축전지 충전여부를 판단할 수 있으며(방전되면 전해액의 묽은 황산이 물로 변화하여 비중이 낮아진다) 비중계로 측정한다.

1Ah의 방전량에 대해 전해액 중의 황산(H_2SO_4)은 3.660g 소비되며, 0.67g의 물이 생성된다. 또 같은 1Ah의 충전량에 대해서도 0.67g의 물이 소비되고 3.660g의 황산이 생성된다. 1.280(20℃)의 묽은 황산 1ℓ에 약 35%의 황산과 65%의 물(증류수)이 포함되어 있으며 묽은 황산 속에 포함되어 있는 황산의 양(중량, %)과 비중과의 관계를 알면 충·방전에 따르는 비중의 변화를 계산으로 구할 수 있다.

❖ 표 3-3 전해액 비중과 잔존(殘存) 용량

전해액 비중		잔존용량(%)
A	B	
1.280	1.260	100
1.230	1.210	75
1.180	1.160	50
1.130	1.110	25
1.080	1.060	0

A : 완전히 충전되었을 때의 비중이 1.280(20℃)의 축전지인 경우
B : 완전히 충전되었을 때의 비중이 1.260(20℃)의 축전지인 경우

2) 극판의 영구 황산납(유화, 설페이션)

축전지의 방전상태가 일정 한도 이상 오랫동안 진행되어 극판이 결정화되는 현상을 말하며 그 원인은 다음과 같다.

① 전해액의 비중이 너무 높거나 낮다.

② 전해액이 부족하여 극판이 노출되었다.
③ 불충분한 충전이 되었다.
④ 축전지를 방전된 상태로 장기간 방치하였다.

3) 전해액 만드는 방법 및 순서

① 용기는 반드시 절연체인 것을 준비한다.
② 물(증류수)을 황산에 부어서 혼합하도록 한다. 이때 혼합비율은 물 60%와 황산(1.400) 40% 정도로 한다.
③ 조금씩 혼합하도록 하며, 유리 막대 등으로 천천히 저어서 냉각시킨다.
④ 전해액의 온도가 20℃에서 1.280 되게 비중을 조정하면서 작업을 마친다.

2 납산축전지의 화학작용

$$\underset{\text{과산화납}}{\text{PbO}_2} + \underset{\text{묽은황산}}{2\text{H}_2\text{SO}_4} + \underset{\text{해면상납}}{\text{Pb}} \underset{\text{충전}}{\overset{\text{방전}}{\rightleftarrows}} \underset{\text{황산납}}{\text{PbSO}_4} + \underset{\text{물}}{2\text{H}_2\text{O}} + \underset{\text{황산납}}{\text{PbSO}_4}$$

양극판 + 전해액 + 음극판 ⇌ 양극판 + 전해액 + 음극판

2-1 방전 중의 화학작용

축전지를 방전시키면 내부에서 화학적 변화를 일으켜 전해액 중의 황산이 양극판과 음극판에 작용한다. 방전이 진행됨에 따라 극판과 황산이 화합하여 양극판의 과산화납과 음극판의 해면상납 모두 황산납이 된다. 한편, 전해액인 묽은 황산 속의 수소는 양극판 내의 산소와 화합하여 물을 만든다. 따라서 전해액의 비중은 방전이 진행됨에 따라 점차 낮아진다.

2-2 충전 중의 화학작용

방전된 축전지에 발전기나 충전기를 접속하여 축전지로 전류가 흐르도록 하면 극판과 전해액이 화학 변화를 일으켜 극판의 표면에 붙어 있던 황산납이 분해되어 전해액 중으로 방출된다. 이에 따라 양극판은 다시 과산화납으로, 음극판은 해면상납으로 환원된다. 또 전해액은 극판에서 황산이 나오므로 그 비중은 점차 증가하고, 전압도 상승한다.

충전이 완료되면 그 이후의 충전전류는 전해액 중의 물을 전기 분해하여 양극판에서는 산소를, 음극 판에서는 수소를 발생시킨다.

03 납산축전지의 여러 가지 특성

1 축전지의 기전력

축전지 셀당 기전력은 2.1V이며, 이것은 전해액의 비중, 온도, 방전 정도에 따라서 조금씩 다르다. 기전력은 전해액 온도저하에 따라 낮아지며, 이것은 전해액의 온도가 낮아지면 축전지 내부의 화학반응이 늦어지고, 전해액의 고유저항이 증가하기 때문이다. 또 전해액의 비중이 낮거나 방전량이 많은 경우에도 조금씩 기전력이 낮아진다.

2 방전 종지 전압(방전 끝 전압)

축전지는 어느 정도 방전되면 그 후의 전압강하가 매우 급격한데 이 급격히 떨어지는 전압 이후로 방전시키면 축전지에 재생불능의 악영향을 줄 수 있는데 이 급강하점 이하로 방전시키지 않기 위하여 이 한계를 정하여 둘 필요가 있다. 이 한계를 방전종지 전압이라 한다. 20시간율 방전의 경우 방전종지 전압은 셀 당 1.75V이다.

3 축전지 용량

축전지 용량이란 완전 충전된 축전지를 일정한 전류로 연속 방전하여 방전 중의 단자 전압이 규정의 방전 종지전압이 될 때까지 방전시킬 수 있는 용량이다. 축전지 용량의 단위는 암페어시 용량(AH : ampere hour rate)으로 표시하며 이것은 일정 방전전류(A)×방전 종지전압까지의 연속 방전시간(H)이다. 그리고 축전지 용량의 크기를 결정하는 요소에는 극판의 크기(또는 면적), 극판의 수, 전해액의 양 등이 있다.

3-1 온도와 용량의 관계

축전지의 용량은 전해액의 온도에 따라서 크게 변화한다. 즉, 일정의 방전율, 방전 종지 전압 하에서 방전을 하여도 온도가 높으면 용량이 증대되고, 온도가 낮으면 용량도 감소한다.

3-2 축전지 연결에 따른 용량과 전압의 변화

1) 직렬연결의 경우

축전지의 직렬연결이란 같은 전압, 같은 용량의 축전지 2개 이상을 (+)단자와 다른 축전지의 (-)단자에 서로 연결하는 방식이며, 전압은 연결한 개수만큼 증가되지만 용량은 1개일 때와 같다.

2) 병렬연결의 경우

축전지의 병렬연결이란 같은 전압, 같은 용량의 축전지 2개 이상을 (+)단자를 다른 축전지의 (+)단자에, (-)단자는 (-)단자에 접속하는 방식이며, 용량은 연결한 개수만큼 증가하지만 전압은 1개일 때와 같다.

04 축전지의 자기방전

충전된 축전지를 사용하지 않고 방치해 두면 조금씩 자연 방전하여 용량이 감소되는 현상을 자기방전(자연방전)이라 한다.

1 자기방전의 원인

① 음극판의 작용물질(해면상납)이 황산과의 화학작용으로 황산납이 되면서 자기방전되며 이때 수소가스를 발생시킨다. - 구조상 부득이한 경우이다.
② 불순물이 유입되어 국부 전지가 형성되어 방전된다.
③ 탈락한 극판의 작용물질이 축전지 내부의 밑이나 옆에 퇴적되거나 격리 판이 파손되어 양쪽 극판이 단락되어 방전된다.
④ 축전지 커버 위에 부착된 전해액이나 먼지 등에 의한 누전으로 방전된다.

2 자기 방전량

자기 방전량은 축전지 용량에 대한 백분율(%)로 표시하며, 24시간 동안 실제 용량의 0.3~1.5%이다. 자기 방전량은 전해액의 온도가 높고, 비중 및 용량이 클수록 크다. 온도와 자기 방전량과의 관계는 다음 표와 같다.

온도(°C)	자기 방전량(1일당 %)
30	1.0
20	0.5
5	0.25

05 납산축전지 충전

1 초충전

초충전이란 새 것의 미충전 축전지를 제조한 후 처음으로 사용할 때 전해액을 넣고 최초로 하는 충전이며, 현재는 축전지에 전해액을 넣고 곧바로 사용할 수 있는 축전지가 개발되어 사용되고 있다.
초충전의 목적은 음극판의 해면상납이 공기 중의 산소나 탄산가스와 반응하여 일부가 산화납이나 탄화납이 된다. 이것을 다시 해면상납으로 환원하여 음극판을 활성화시키는 것이다.

2 보충전

보충전이란 자기방전에 의하거나 또는 사용 중에 충전량이 부족할 경우 소비된 용량을 보충하기 위하여 실시하는 충전이다. 보충전의 종류는 다음과 같다.

2-1 정전류 충전

충전의 시작에서 끝까지 전류를 일정하게 하고, 충전을 실시하는 방법이며 충전할 때 전류는 다음과 같이 결정한다.
① **표준 충전전류** : 축전지 용량의 10%
② **최대 충전전류** : 축전지 용량의 20%
③ **최소 충전전류** : 축전지 용량의 5%

2-2 정전압 충전

충전의 전체 기간을 일정한 전압으로 충전하는 방법이며, 충전특성은 다음과 같다.
① 가스발생이 거의 없으며 충전능률이 우수하나 충전 초기에 큰 전류가 흘러 축전지 수명을 단축시키는 단점이 있으나 충전이 진행됨에 따라 전류가 감소한다.
② 충전을 완료한 후 정전류 충전으로 전해액 비중을 조정하여야 한다.

2-3 단별 전류충전

정전류 충전방법의 일종이며, 충전 중의 전류를 단계적으로 감소시키는 방법이다. 충전 특성은 충전효율이 높고 온도상승이 완만하다.

2-4 급속충전

이것은 급속충전기를 사용하여 시간적 여유가 없을 때 하는 충전이며, 충전전류는 축전지 용량의 50% 정도로 한다. 충전특성은 짧은 시간 내에 매우 큰 전류로 충전을 실시하므로 축전지 수명을 단축시키는 요인이 된다. 따라서 긴급한 경우 이외에는 사용하지 않는 것이 바람직하다.

3 축전지를 충전할 때 주의사항

① 충전하는 장소는 반드시 환기장치를 하여야 한다.
② 축전지는 방전상태로 두지 말고 즉시 충전한다.
③ 충전 중 전해액의 온도를 45℃ 이상으로 상승시키지 않는다.
④ 충전 중인 축전지 근처에서 불꽃을 가까이해서는 안 된다(수소가스가 폭발성 가스이다).
⑤ 축전지를 과다 충전시켜서는 안 된다(양극판 격자의 산화가 촉진된다).
⑥ 축전지를 2개 이상 동시에 충전할 때에는 반드시 직렬 접속하여야 한다.
⑦ 축전지와 충전기를 서로 역 접속해서는 안 된다.
⑧ 암모니아수 및 탄산소다 등의 중화제를 준비해 둔다.
⑨ 축전지를 바이크에서 떼어내지 않고 급속충전을 할 경우에는 반드시 축전지의 (-)케이블을 분리하여야 한다(전자부품 및 AC발전기 다이오드를 보호하기 위함이다).
⑩ 각 셀의 벤트 플러그를 열어 놓는다.

06 MF축전지(maintenance free battery) – 밀폐형 배터리

MF축전지는 자기방전이나 화학반응을 할 때 발생하는 가스로 인한 전해액 감소를 방지하고, 축전지 점검·정비를 줄이기 위해 개발된 것이며 다음과 같은 특징이 있다.
① 증류수를 점검하거나 보충하지 않아도 된다.
② 자기방전 비율이 매우 적다.
③ 장기간 보관이 가능하다.

MF축전지 격자의 재질은 안티몬 함량이 적은 납–저 안티몬 합금이나 납–칼슘 합금이다. 격자의 제작은 철망 모양의 격자를 펀칭(punching)방식 등 기계적인 가공법을 채택하여 품질과 생산성을 높이고 있다. 또 전해액의 증류수를 보충하지 않아도 되는 방법으로는 전기 분해할 때 발생하는 산소와 수소가스를 촉매반응을 이용하여 다시 증류수로 환원시키는 역할을 촉매마개가 한다.

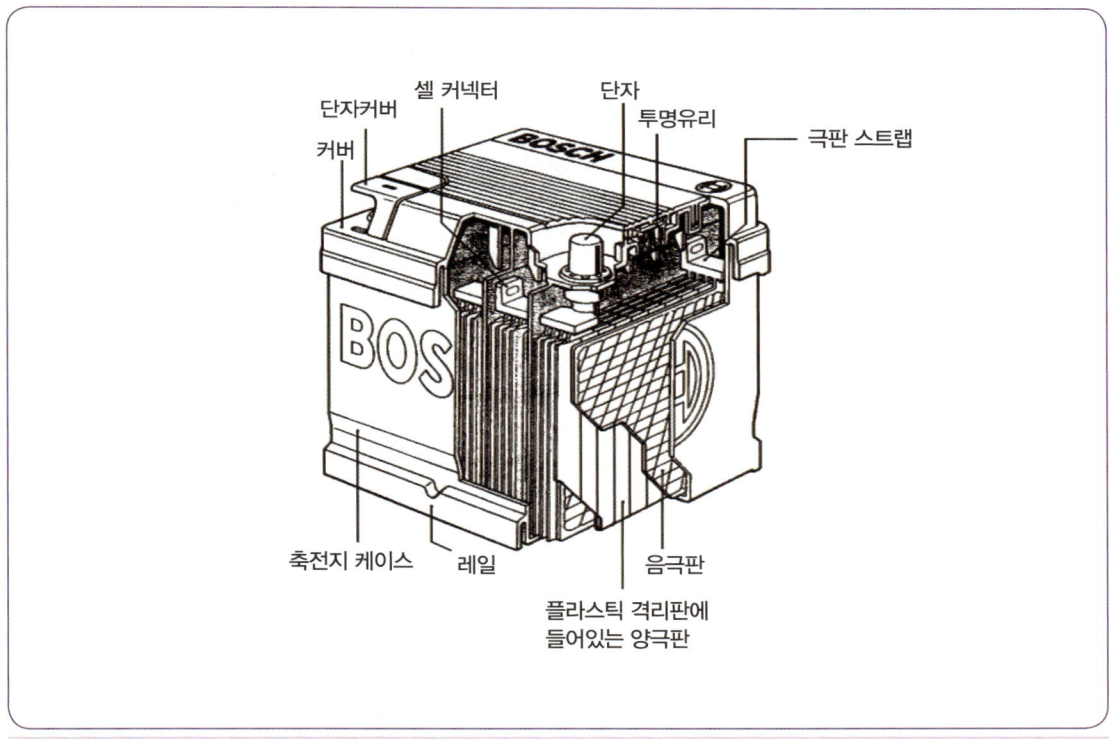

그림 3–35 MF축전지의 구조

CHAPTER 05 점화장치

01 점화장치의 개요

점화장치는 연소실에 설치된 점화플러그를 통하여 전기불꽃을 발생시켜서 혼합가스를 적정 시기에 연소시키는 장치이다. 기관의 고성능화와 배출가스의 규제와 함께 반도체 산업의 급속한 발달로 초기의 단속기 접점방식 점화장치에서 최근에는 전자 점화방식으로 발전하였다.

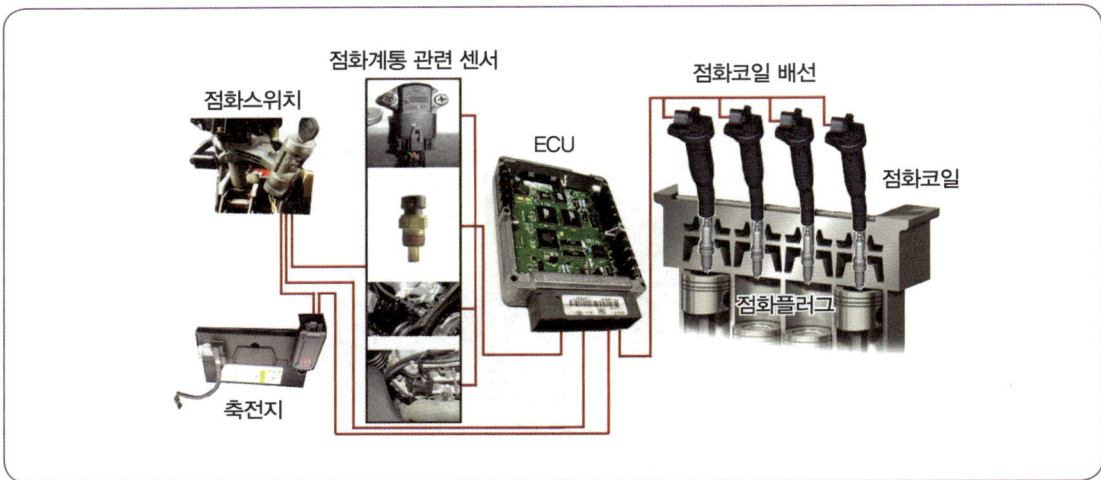

◎ 그림 3-36 전자 점화장치의 구조

단속기 접점방식 점화장치는 배전기 내의 원심추로 구성된 원심 진각장치와 흡기다기관 내의 부압을 이용한 진공 진각장치에 의해 점화시기가 제어되는 반면 전자 점화장치는 컴퓨터에 의해 1차코일 전류의 통전개시 및 점화시기를 제어하기 때문에 최적의 제어를 통해 성능과 연료소비율 향상 및 배기가스 제어에 훨씬 유리하다.

> **점화장치의 요구조건**
> ① 발생전압이 높고 여유전압이 클 것
> ② 점화시기 제어가 정확할 것
> ③ 불꽃 에너지가 높을 것
> ④ 잡음 및 전파방해가 적을 것
> ⑤ 절연성이 우수할 것

02 고압 발생원리

1 자기유도 작용(self induction action)

자기유도 작용이란 [아래 그림(a)]에 나타낸 바와 같이 스위치를 달아 철심에 감은 코일에 전류를 공급하면 철심에 자력선이 형성되는 순간 [아래 그림(b)]에 나타낸 바와 같이 코일에는 철심에 자력선이 형성되는 것을 방해하는 방향으로 전류가 흘러 전압이 유기된다. 즉, 스위치를 달으면(ON으로 하면) 전류가 흐르는 방향과 반대방향으로 유도 기전력이 유기된다.

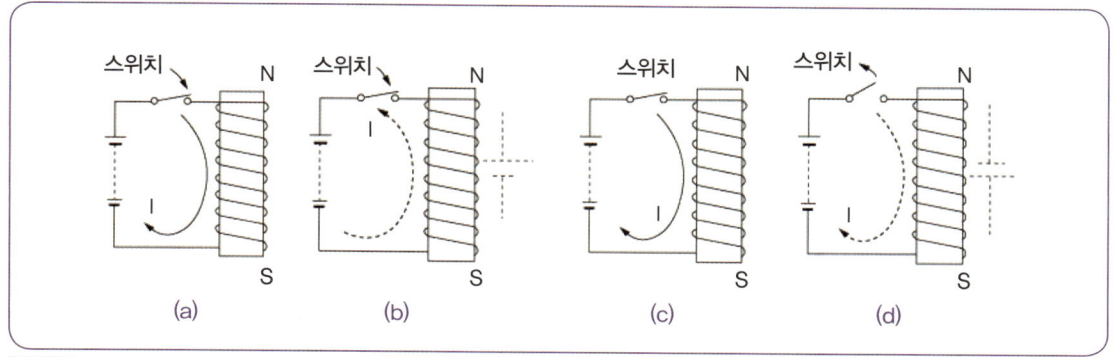

● 그림 3-37 자기유도 작용

또 코일의 자기유도 작용은 [위 그림(c)]에 나타낸 바와 같이 전류가 흐르는 상태에서 [위 그림(d)]에 나타낸 바와 같이 스위치를 신속하게 열면(OFF시키면) 소멸하는 자력선을 지속시키려는 방향으로 전류를 흐르게 하여 전압이 코일에 유기된다.

이와 같이 코일에 흐르는 전류를 단속(ON/OFF)하면 코일의 자력선이 증가 또는 감소될 때 그 변화를 방해하는 방향으로 전류를 흐르게 하여 전압이 유기된다. 즉, 코일 자신에 흐르는 전류를 변화시키면 코일과 교차하는 자력선도 변화되기 때문에 코일에는 그 변화를 방해하는 방향으로 기전력이 발생되는데, 이 현상을 자기유도작용이라 한다.

2 상호유도 작용(mutual induction action)

상호유도 작용이란 철심에 2개의 코일을 감고 A코일에 교류를 공급하면 B코일에는 2개 코일의 권선비율에 비례하는 전압이 유도되는 현상을 말한다. 즉 [아래 그림]과 같이 1차 코일과 2차 코일의 2개의 코일을 동일 철심에 감고 1차 코일에 흐르는 전류를 변화시키면 철심에 의해 공통화된 자력의 영향으로 2차 코일에도 기전력이 발생한다. 여기서 직류일 때는 스위치를 개폐하면 전구에 불이 들어오며 교류는 통전하면 곧바로 전구가 켜진다.

이에 따라 2개의 코일 중에서 한 쪽에 흐르는 전류의 크기나 방향을 변화시키면 철심에 형성되는 자력선의 방향도 변화되기 때문에 다른 코일에는 전압이 유기된다. 이와 같이 하나의 전기회로에 자력선의 변화가 생기면 그 변화를 방해하려고 다른 전기회로에 기전력이 발생되는 현상을 코일의 상호유도 작용이라 한다.

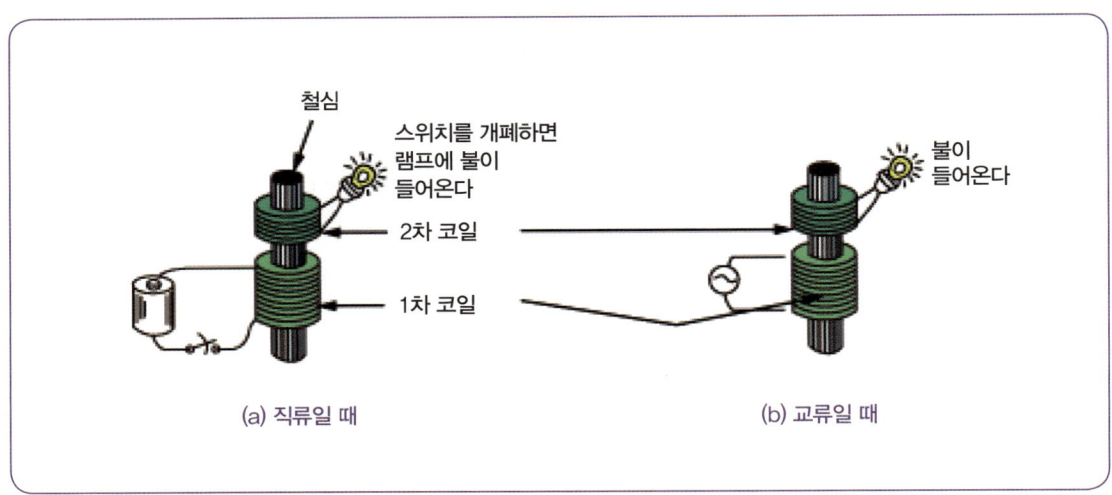

※ 그림 3-38 직류와 교류의 상호유도 작용

그리고, 점화코일에서 높은 전압을 얻도록 유도하는 공식은 다음과 같다.

$$E_2 = \frac{N_2}{N_1} \times E_1$$

E_2 : 2차 코일의 유도 전압
E_1 : 1차 코일의 유도 전압
N_1 : 1차 코일의 권수
N_2 : 2차 코일의 권수

03 컴퓨터 제어방식의 점화장치

1 컴퓨터 제어방식 점화장치의 개요

이 방식은 기관의 작동상태(회전속도·부하 및 온도 등)를 각종 센서로 검출하여 컴퓨터(ECU)에 입력시키면 컴퓨터는 점화시기를 연산하여 1차 전류의 차단신호를 파워 트랜지스터로 보내어 점화코일의 2차 코일에서 높은 전압을 유기하는 방식이다. 그리고 예전의 배전기에 설치되었던 원심 및 진공 진각장치를 없애고 컴퓨터가 점화시기를 제어하며, 점화코일도 폐자로형(몰드형)을 사용한다. 종류에는 HEI와 DLI(또는 DIS)가 있다.

> **장점**
> ① 저속·고속 운전영역에서 매우 안정된 점화불꽃을 얻을 수 있다.
> ② 노킹이 발생할 때 점화시기를 자동으로 늦추어 노킹발생을 억제한다.
> ③ 기관의 작동상태를 각종 센서로 검출하여 최적의 점화시기로 제어한다.
> ④ 높은 출력의 점화코일을 사용하므로 완벽한 연소가 가능하다.

2 HEI(high energy ignition : 고강력 점화방식)의 구조와 작동

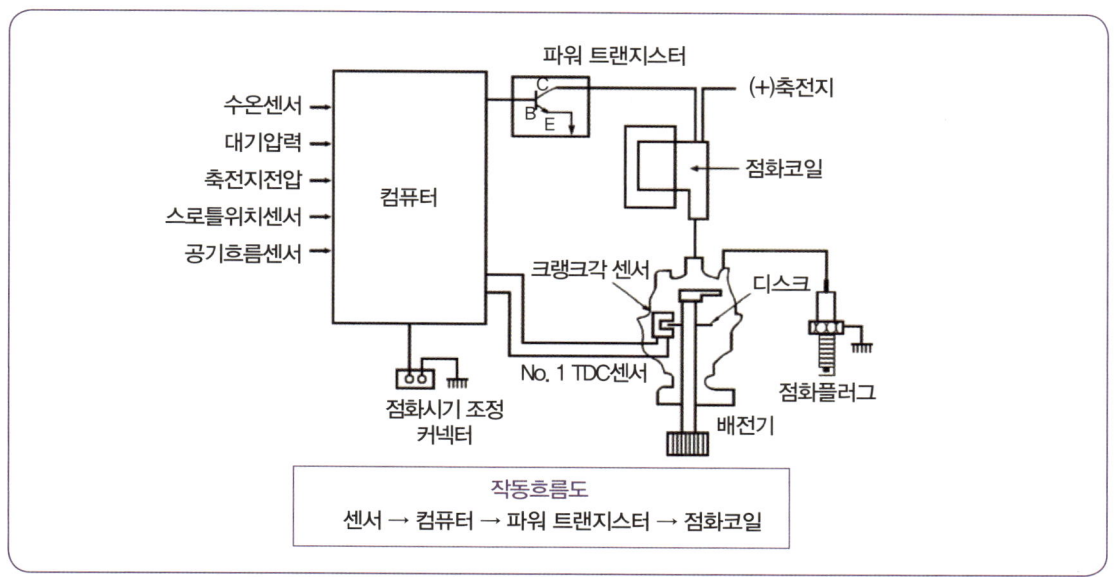

❖ 그림 3-39 HEI의 구성도

2-1 파워 트랜지스터(power TR)

파워 트랜지스터는 컴퓨터로부터 제어신호를 받아 점화코일에 흐르는 1차 전류를 단속하는 역할을 하며, 구조는 컴퓨터에 의해 제어되는 베이스(base), 점화코일 1차 코일의 (−)단자와 연결되는 컬렉터(collector), 그리고 접지되는 이미터(emitter)로 구성된 NPN형이다. 파워 트랜지스터의 작용은 다음과 같다.

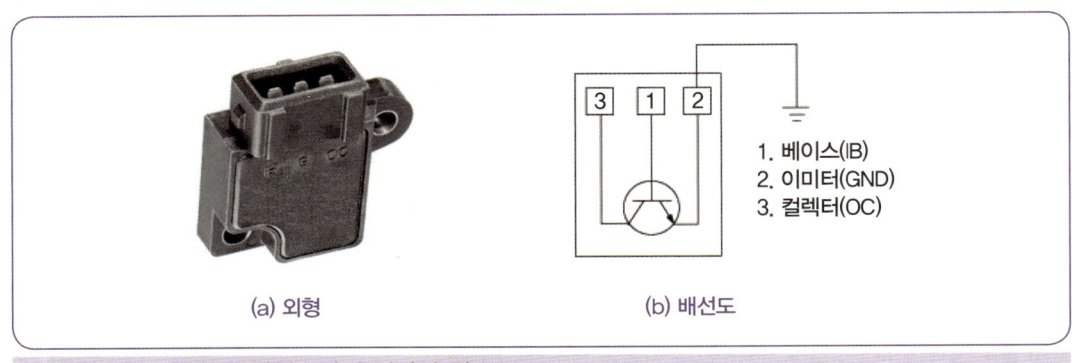

● 그림 3-40 파워 트랜지스터의 외관과 회로도

점화스위치를 ON으로 하면 축전지 전압이 점화 1차 코일에 흐른다. 크랭크 각 센서의 점화신호가 컴퓨터에서 파워 트랜지스터를 통하여 단선과 접지를 반복한다. 그리고 점화시기는 컴퓨터가 연산하며, 파워 트랜지스터 베이스의 전류흐름이 차단되면 점화 1차 전류가 차단되며, 이 작동으로 점화코일의 2차 코일에 높은 전압이 유기되며, 이 높은 전압은 배전기 로터에 의해 점화플러그로 보내진다.

2-2 점화코일(ignition coil)

폐자로형 점화코일은 4각 철심의 안쪽에 1차 코일을 감고 바깥쪽에 2차 코일을 감아 개자로형과는 반대로 되어 있다. 이것은 자속의 경로가 대기로 개방되어 있는 개자로형과는 달리 4각의 철심으로 자로(磁路)를 만들었기 때문에 철심만을 통해 돌아오도록 소형화된 것이 특징이며, 자속이 공기 중으로 통할 때보다 약 1만 배 정도 자속이 잘 통하는 성질이 있어 자속의 손실이 거의 없기 때문에 높은 2차 전압을 발생시킬 수가 있다. 개자로형 점화코일에서는 보통 20,000~25,000V의 고전압을 얻는데 비하여 폐자로형 점화코일에서는 30,000V 이상의 고전압을 얻을 수 있는 장점이 있다.

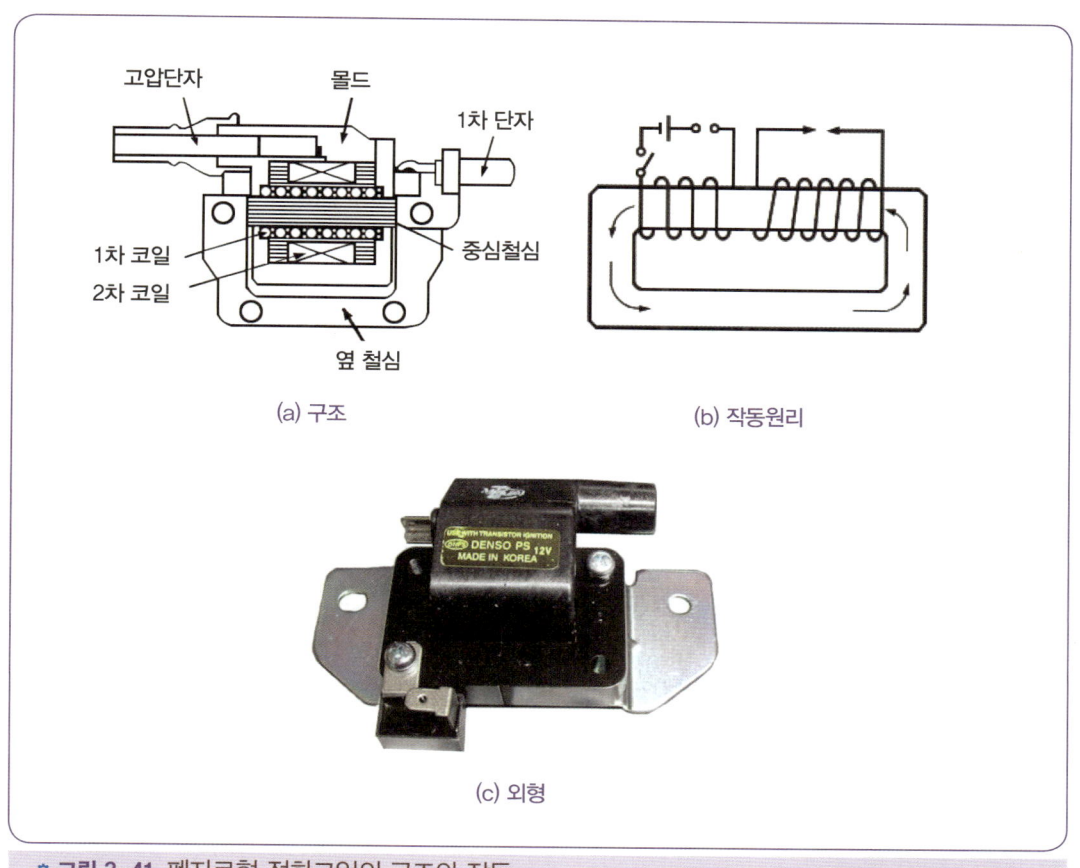

※ 그림 3-41 폐자로형 점화코일의 구조와 작동

2-3 점화장치 회전 센서 방식

1) 옵티칼 방식(optical type)

옵티칼 방식은 크랭크 각 센서, 상사점 센서, 배전기축과 함께 회전하는 디스크, 점화코일에서 유도된 높은 전압을 점화순서에 따라 배분하는 로터(rotor) 등으로 구성되어 있다. 또 유닛 어셈블리에는 4실린더 기관용은 디스크를 설치한 2종류의 슬릿(slit)을 검출하기 위한 발광다이오드와 포토다이오드가 2개씩 들어 있으며, 펄스신호로 컴퓨터에 입력시킨다. 크랭크 각 센서와 제1번 실린더 상사점 센서는 디스크와 유닛 어셈블리로 구성되어 있으며, 디스크에는 금속제 원판으로 주위에는 90° 간격으로 4개의 빛 통과용 크랭크 각 센서용 슬릿이 있고, 안쪽에는 1개의 제1번 실린더 상사점 센서용 슬릿이 있다.

6실린더 기관용의 상사점 센서는 제1, 3, 5번 실린더의 상사점을 검출하여 펄스신호로 컴퓨터로 입력하여 컴퓨터에서 이 신호를 기준으로 연료 분사순서를 결정하도록 한다. 디스크는 2가지 형식이 있는데, 그 하나는 디스크 바깥둘레에 1° 검출용 슬릿 360개와 안쪽에는 120° 검출용 슬릿이 6개 설치되는 방식과, 또 다른 하나는 디스크 바깥둘레에 크랭크 각 센서용 슬릿 6개와 안쪽에 상사점 센서용 슬릿이 4개 있는 방식이 있다.

2) 인덕션 방식(induction type)

인덕션 방식은 톤 휠(ton wheel)과 영구자석을 이용하는 것이다. 이 방식은 제1번 실린더 상사점 센서 및 크랭크 각 센서의 톤 휠을 크랭크축 풀리 뒤에 설치하고 크랭크축이 회전하면 기관 회전속도 및 제1번 실린더 상사점의 위치를 검출하여 컴퓨터로 입력시키면 컴퓨터는 제1번 실린더에 대한 기초신호를 식별하여 연료 분사순서를 결정한다.

제1번 실린더 및 크랭크 각 센서의 구조는 영구자석 주위에 코일을 감아 톤 휠이 회전하면 에어 갭(air gap)의 변화에 따라서 유도된 펄스신호를 컴퓨터로 입력시키면 제1번 실린더 상사점과 기관의 회전속도를 검출한다.

3) 홀센서 방식(hall sensor type)

홀센서는 홀 소자인 게르마늄(Ge), 칼륨(K), 비소(As) 등을 사용하여 얇은 판 모양으로 만든 반도체 소자로 홀 효과를 이용한 스위치로서 펄스 발생기로 이용된다. 이 센서의 장점은 인덕티브 센서와는 다르게 신호전압의 크기가 기관의 회전속도와 관계없이 일정하기 때문에 아주 낮은 회전속도도 감지할 수 있다. 또, 전압파형이 디지털 타입이므로 ECU에서 별도의 신호처리(AC-DC 컨버팅)를 할 필요가 없다.

2-4 고압케이블(high tension cable)

고압케이블은 점화코일의 2차 단자와 점화플러그를 연결하는 절연전선이다. 고압케이블의 한 쪽 끝은 황동제의 태그(tag)를 통하여 점화플러그 단자에 끼워지고 다른 한 쪽은 점화코일의 점화플러그 단자에 끼워진 후 수분이 들어가지 못하도록 고무제의 캡이 씌워져 있다. 구조는 중심부분의 도체를 고무로 절연하고 다시 그 표면을 비닐 등으로 보호하고 있다.

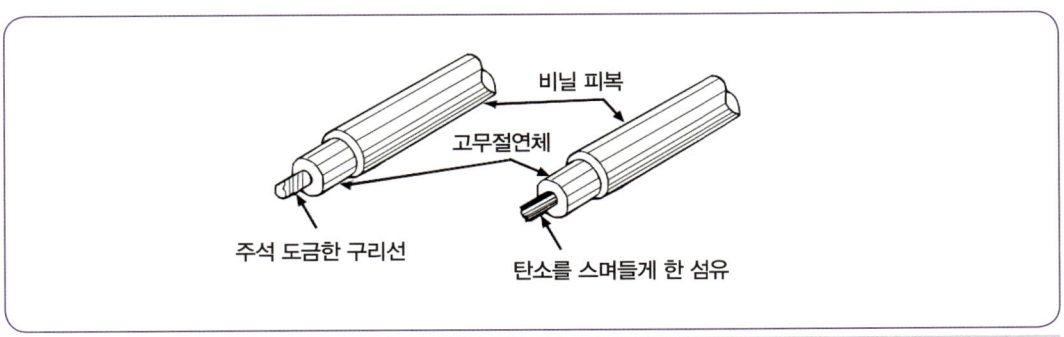

※ 그림 3-42 고압케이블의 종류

고압케이블 종류에 따라 중심도체에는 구리선을 몇 가닥 합친 것과 섬유에 탄소를 침투시켜 균일한 저항을 둔 TVRS(television radio suppress ion)케이블이 있으며 이 TVRS케이블은 점화회로에서의 고주파 발생에 따른 잡음을 방지하기 위해 케이블 전체에 약 10kΩ 정도의 저항을 두고 있다.

2-5 점화플러그(spark plug)

1) 점화플러그의 개요

점화플러그(spark plug)는 실린더헤드에 설치되어 있으며, 실린더 내의 압축된 혼합가스에 고압 전기로 불꽃을 일으키는 역할을 한다. 이때 불꽃에너지(높은 전압)는 점화코일에서 발생하여 고압케이블(high tension cable)을 통해 각 실린더의 점화플러그에 공급된다.

점화플러그는 구조가 간단하지만 가혹한 조건에서 사용되기 때문에 기관성능에 직접 영향을 준다. 점화플러그는 하우징(housing), 절연체(insulator), 전극(electrode)의 3가지 주요부분으로 구성되어 있다.

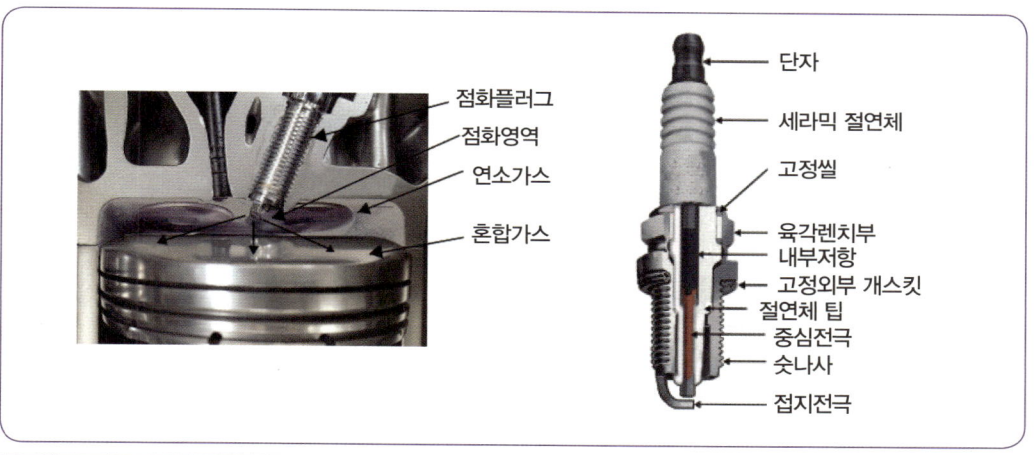

● 그림 3-43 점화플러그의 설치상태 및 구조

(1) 하우징(housing)

점화플러그의 외곽을 구성하며, 절연체의 지지 및 실린더헤드에 설치되는 부분을 하우징이라 한다. 상단은 점화플러그 렌치(wrench)를 사용할 수 있도록 나사산이 있으며, 맨 끝 부분에는 접지전극이 용접되어 있다.

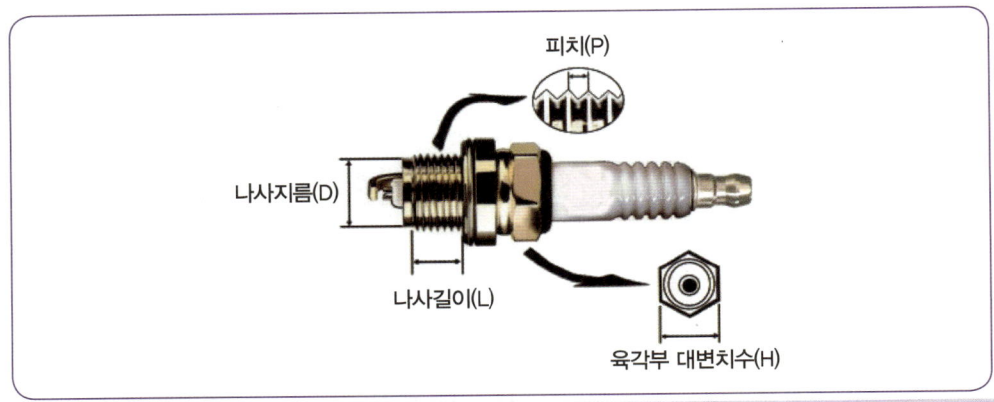

※ 그림 3-44 점화플러그 설치부분의 규격

점화플러그는 높은 온도에 의한 접지전극의 산화가 쉬워 이에 견딜 수 있도록 니켈-크롬합금을 주로 사용한다.

(2) 절연체(insulator)

절연체는 높은 온도에서도 높은 절연저항을 유지해야 하고 열전도성, 기계적 강도 등이 커야 한다. 따라서 현재는 세라믹(ceramic)을 주로 사용한다.

(3) 전극(electrode)

전극은 중심전극과 접지전극으로 되어 있으며, 접지전극은 금속 셸(shell)에 부착되어 있다. 접지전극의 수는 점화플러그의 구조에 따라 1개 또는 다수이다. 이 두 전극사이에 0.7~1.1mm 정도의 간극을 두고 불꽃을 일으킨다. 중심전극은 고온의 연소가스에 노출되기 때문에 재질로는 열전도성이 우수한 니켈-망간합금, 철-크롬합금, 백금 등을 사용함으로서, 플러그의 열가를 변경시키지 않고도 절연체 팁(tip)을 실질적으로 연장하는 것이 가능하다. 이렇게 함으로서 스파크플러그의 작동영역이 보다 낮은 열부하 영역으로 확대되며, 플러그의 오손 가능성 및 실화 또한 감소하게 된다.

중심전극은 대부분 원통형으로 절연체 팁(tip)으로부터 노출되어 있으나 형식에 따라서는 절연체 팁(tip)에 거의 매입된 것도 있다.

2) 점화플러그 열값에 따른 분류

점화플러그는 열값에 따라 열형, 표준형, 냉형으로 구분한다.

(1) 열형 플러그(hot type plug)

절연체의 노스(nose) 면적이 넓어 더 많은 열을 흡수하므로 열 분산이 낮다.

(2) 표준형 플러그(standard type plug)

절연체 노스(nose) 면적이 열형보다 작아 열 흡수가 더 낮으며, 열 분산은 더 높다.

(3) 냉형 플러그(cold type plug)

절연체 노스(nose) 면적이 작아 열을 거의 흡수하지 못하며, 짧은 열전도 통로를 통한 열 분산성이 우수하다.

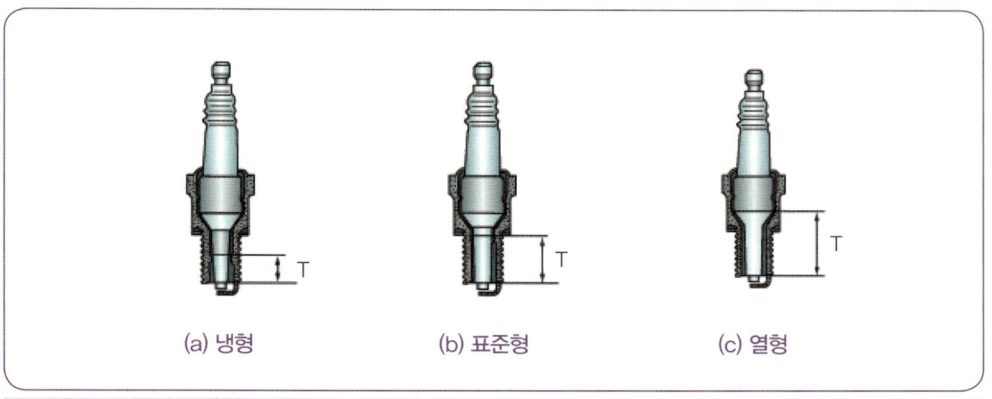

● 그림 3-45 점화플러그의 열값에 따른 분류

3) 점화플러그의 구비조건

① 전기 절연성이 좋을 것
② 내열성이 클 것
③ 열전도율이 클 것
④ 기계적인 강도가 클 것
⑤ 기밀유지가 잘 될 것
⑥ 내구성이 좋을 것
⑦ 내 오손성이 클 것
⑧ 불꽃 방전성이 좋을 것
⑨ 착화성이 좋을 것

4) 자기 청정온도(self cleaning temperature)

점화플러그의 전극부분 자체의 온도에 의해 카본 등에 의한 오손을 청소하는 작용을 자기청정 작용이라 하고, 그 청정작용이 완전히 이루어지는 온도를 자기청정 온도라 한다. 자기청정 온도는 500℃부터 시작하여 950℃ 이하의 범위까지가 해당한다.

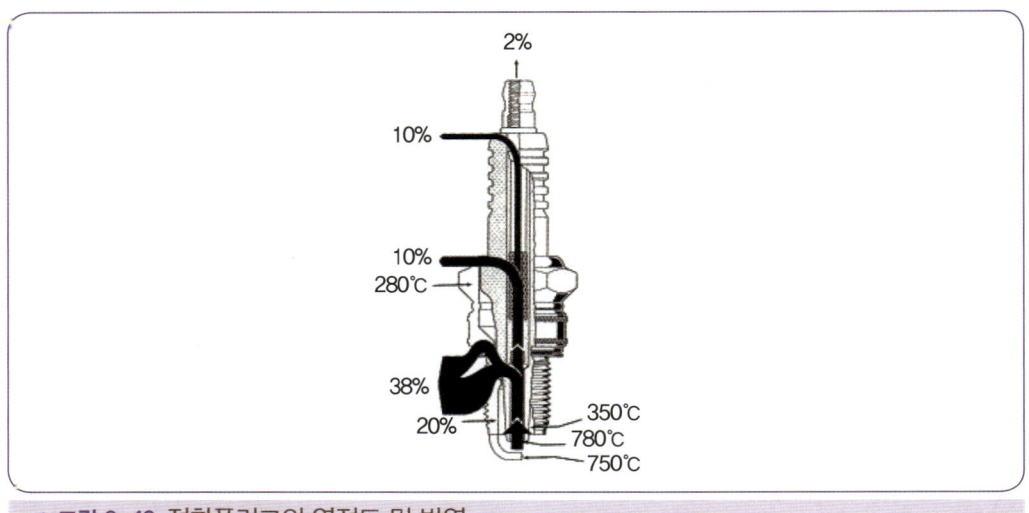

※ 그림 3-46 점화플러그의 열전도 및 방열

5) 저항 점화플러그(resistor spark plug)

가솔린기관의 점화장치에서는 고압전기에 의한 불꽃발생으로 매우 많은 전파 잡음이 발생한다. 고압전기에 의한 불꽃은 단위시간 당 전류변화량이 매우 크고 전파의 발생량도 비례하여 증가한다. 이러한 전기불꽃에 의한 잡음전파는 다양한 주파수를 포함하고 있어 바이크의 AM·FM 라디오, TV, 무전기, 네비게이션(navigation) 등에 악영향을 준다.

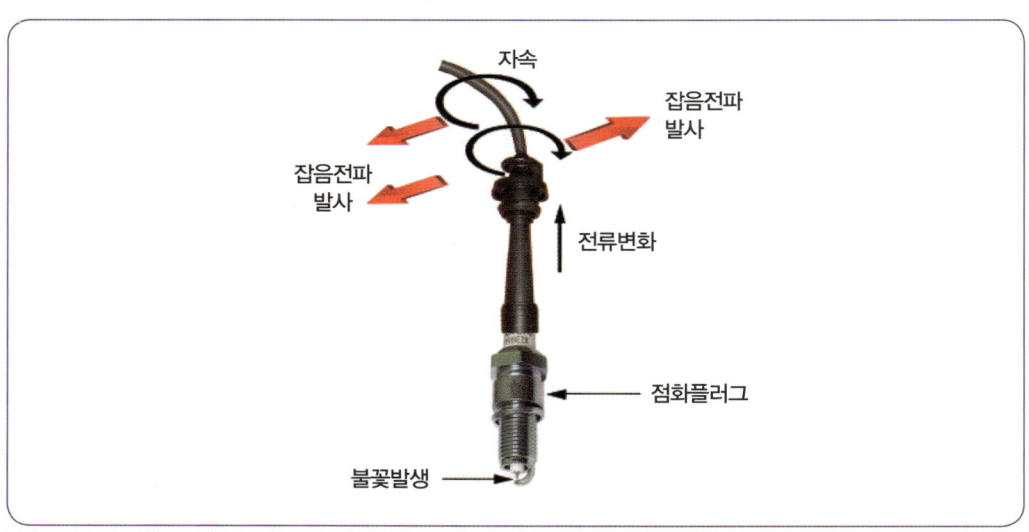

※ 그림 3-47 고압케이블의 잡음 전파 발사

이러한 잡음 전파를 방지하기 위한 방법으로 고압케이블의 재료를 실리콘을 사용하거나 저항을 넣은 저항 고압케이블을 사용하여 잡음 전파방지 등의 방지기로 사용되기도 하며, 점화플러그의 내부에 저항(10,000Ω)을 넣은 저항 점화플러그(resistor spark plug)를 사용하기도 한다.

6) 점화플러그의 형식

점화플러그의 형식은 BP5ES—11, PFR5A—11, BRE527Y—11 등으로 표시하며 형식에 따른 세부 내용은 아래 표와 같다.

❈ 표 3-4 점화플러그 형식

B	P	5	E	S	—11
〈나사지름〉	〈구조/특징〉	〈열가〉	〈나사길이〉	〈구조/특징〉	〈구조/특징〉
A —— 18mm B —— 14mm C —— 12mm D —— 10mm E —— 18mm BC —— 14mm	P 절연체 (돌출타입) R 저항타입 U Semi—연면 (연면 방전타입)	2 열형 4 5 ⋮ 6 7 8 ⋮ 9 10 11 12 13 냉형	E 19.0mm H 12.7mm	S 표준타입 Y V-파워플러그 V V 플러그 VX VX 플러그 K 외측 2극전극 M 2극 로타리용 전극 Q 4극 로타리용 전극 B CVCC 기관용 J 2극 사방전극 C 사방전극	9 —— 0.9mm 10 —— 1.0mm 11 —— 1.1mm 13 —— 1.3mm —L— 중간열가 —N— 외측전극

P	F	R	5	A	—11
〈플러그 종류〉	〈나사지름〉	〈저항형식〉	〈열가〉	〈추가기호〉	〈플러그간극〉

P:백금 플러그
Z:돌출형 플러그
	육각대변치수
	F : Ø14×19mm
	  육각대변 16.0mm
	G : Ø14×19mm
	  육각대변 20.6mm
	J : Ø12×19mm
	  육각대변 18.0mm
	F : Ø10×12.7mm
	  육각대변 16.0mm
		R : 저항타입	5 열형
			6 ⋮
			7 냉형
				A, B, C ⋯	—11 : 1.1mm

B	R	E	5	2	7	Y	—11
〈나사지름〉	〈저항형식〉	〈나사길이〉	〈열가〉	〈절연체 돌출지수〉 (2:2.5M)	〈발화위치〉 (7:7.0mm) (9:9.5mm)	〈중심전극〉 (선단 V홈)	〈플러그간극〉 (11:1.1mm)

7) 점화플러그의 구조

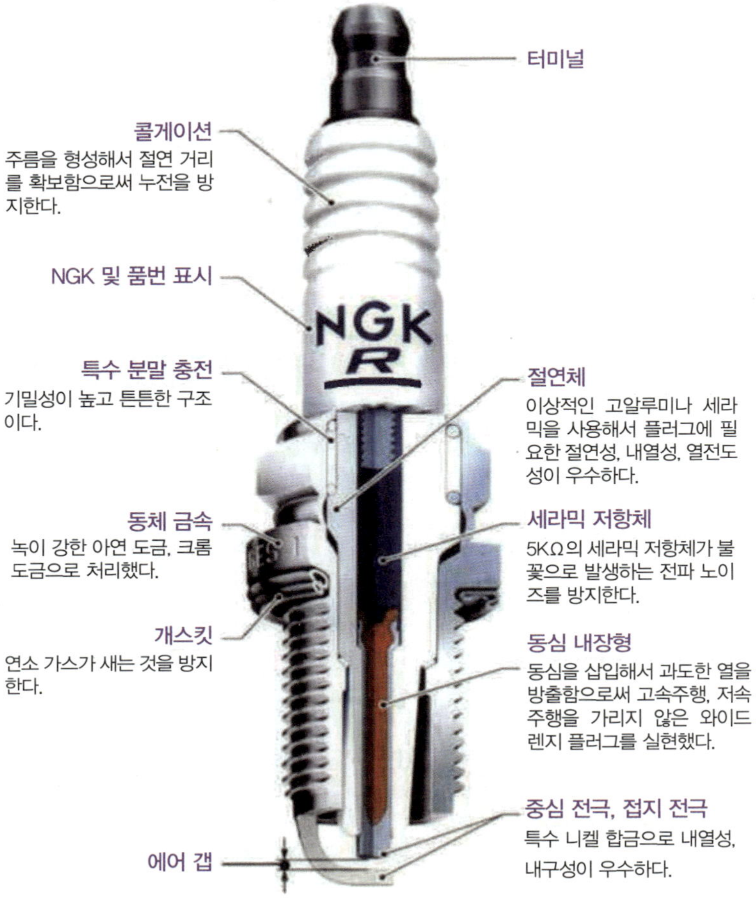

터미널

콜게이션
주름을 형성해서 절연 거리를 확보함으로써 누전을 방지한다.

NGK 및 품번 표시

특수 분말 충전
기밀성이 높고 튼튼한 구조이다.

절연체
이상적인 고알루미나 세라믹을 사용해서 플러그에 필요한 절연성, 내열성, 열전도성이 우수하다.

동체 금속
녹이 강한 아연 도금, 크롬 도금으로 처리했다.

세라믹 저항체
5KΩ의 세라믹 저항체가 불꽃으로 발생하는 전파 노이즈를 방지한다.

개스킷
연소 가스가 새는 것을 방지한다.

동심 내장형
동심을 삽입해서 과도한 열을 방출함으로써 고속주행, 저속주행을 가리지 않은 와이드 렌지 플러그를 실현했다.

에어 갭

중심 전극, 접지 전극
특수 니켈 합금으로 내열성, 내구성이 우수하다.

※ **그림 3-48** NGK 점화플러그

04 CDI(Capacitive Discharge Ignition) 점화

1 CDI 점화의 기본

엔진의 회전력을 이용해서 교류전류가 발생하는 AC 제너레이터는 CDI 유닛에 100~400V 전류를 보낸다. CDI 유닛은 이 전류를 다이오드로 정류, 직류화해서 CDI 유닛에 들어있는 콘덴서에 저장한 후 크랭크축 위치를 감지하는 펄스 제너레이터의 신호를 받은 트리거 회로가 1차 코일에 전기를 흘리는 최적의 타이밍에 SCR에 신호를 보내서 콘덴서에 저장된 전기를 방전하여 점화 코일의 1차코일에 전류가 흐르면 2차코일에도 고전압이 발생해서 점화플러그에 불꽃을 튀기기에 필요한 에너지를 발생한 방식을 말한다.

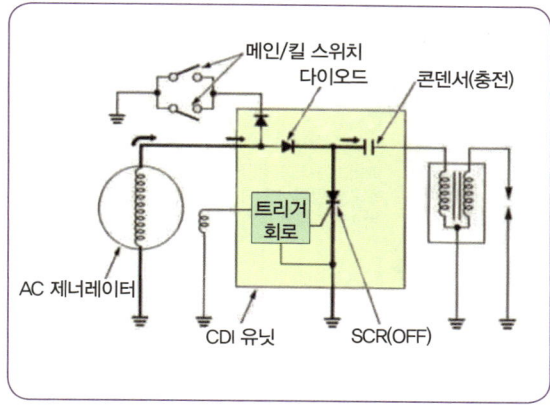

※ 그림 3-49 CDI 점화장치의 작동 회로(작동 전)

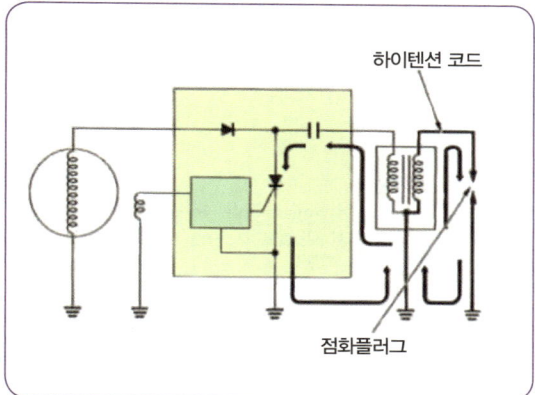

※ 그림 3-50 CDI 점화장치의 작동 회로(작동 후)

1-1 CDI(Capacitive Discharge Ignition) 점화방식의 종류

① **플라이 휠 마그네토 점화방식** : AC제너레이터에서 1차 코일로 직접 전기를 보내는 방식이다.
② **CDI식 배터리 점화방식** : 배터리를 거쳐 1차코일, 또는 CDI 유닛이나 트랜지스터로 전기를 공급하는 방식이다.

❖ 그림 3-51 CDI식 플라이 휠 마그네토 점화

1-2 CDI식 디지털 점화 시스템

스로틀 개도, 엔진 회전수 등을 토대로 최적의 점화시기를 결정하는 것이 CDI식 디지털 점화시스템 방식이다. 2008년 혼다CRF 450R은 중저속, 고속회전 영역의 고른 출력 특성을 얻기 위해 기어포지션 센서를 추가로 장착하여 ECU와 연동시켜 1단 기어에서는 토크감과 다루기 쉬운 특성을, 2단에서는 날카로운 응답성과 넓은 파워밴드를, 3단 이상에서는 강력한 파워와 경쾌하게 상승하는 회전 필링을 발휘하도록 각각 3가지 패턴에 최적으로 세팅된 점화시기를 갖추고 있다.

❖ 그림 3-52 CDI식 디지털 점화 방식

05 트랜지스터(transistor) 점화

배터리 또는 AC 제너레이터에서 공급된 전기는 트랜지스터라고 불리는 스위치 기구와 전류를 증폭시키는 전자회로를 거치면서 승압되어 점화코일로 유입되는데, 포인트 방식과는 달리 기계적 접점이 없으므로 안정적인 불꽃을 얻을 수 있다.

펄스 제너레이터, 스로틀 센서, 흡기압 센서 등의 신호를 토대로 인젝션의 연료 분사량이나 점화시기를 최적의 조건이 되도록 자동 수정한다.

❖ 그림 3-53 32bit ECU를 탑재한 풀 트랜지스터 방식

1 트랜지스터(transistor) 점화의 기본

배터리의 전기는 메인 스위치와 킬 스위치를 경유하여 점화 코일의 1차측을 지나 점화 유닛 속의 트랜지스터에 유입되어 ON이 되면 점화 코일의 1차측에 전류가 흐르고, OFF가 되면 이 전류가 차단된다. 엔진이 가동되면 크랭크축 위치를 감지한 펄스 제너레이터로부터 전기신호가 점화시기 제어회로에 들어가 펄스 신호에 따라 점화시기를 결정해서 트랜지스터로 베이스 전류를 보내 ON/OFF 시킨다.

점화코일의 1차코일에 전기가 공급되면 트랜지스터가 OFF되어 1차코일의 전류가 급격하게 차단하는 순간에 2차코일에 고전압이 발생되어 점화플러그에 공급된다.

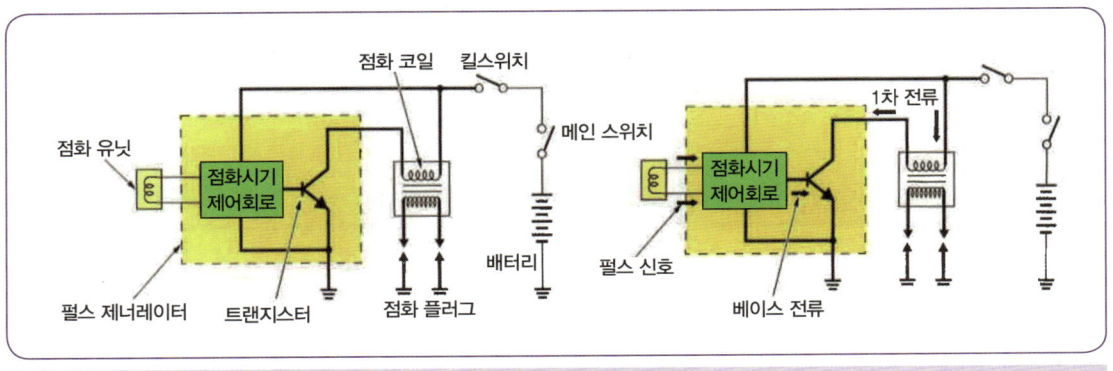

※ 그림 3-54 트랜지스터 점화시스템의 전기 흐름

06 디지털 제어식 풀 트랜지스터(Digital Controlled Pull Transistor) 점화

1 디지털 제어식 풀 트랜지스터 점화의 기본

디지털 제어식은 점화시기 제어를 점화 유닛 속의 마이크로컴퓨터로 실시하므로 엔진 회전수에 따른 최적의 점화시기를 제어할 수가 있다.

① 엔진이 시동하면 펄스 제너레이터에서 점화유닛의 펄스 입력회로로 펄스 신호가 간다.
② 펄스 입력회로는 펄스 신호를 디지털 처리해서 마이크로컴퓨터로 보낸다.
③ 디지털 신호를 받은 마이크로컴퓨터는 크랭크축의 위치와 엔진 회전수를 연산해서 엔진 회전수에 맞는 점화시기 데이터를 기억회로에서 꺼내, 점화시기를 결정해서 트랜지스터의 베이스 전류를 흘린다.

④ 트랜지스터는 베이스 전류를 받아 스위칭(ON/OFF) 작동을 실시해서 일반적인 트랜지스터 점화방식과 마찬가지로 점화코일의 1차코일에 전류를 보낸다.

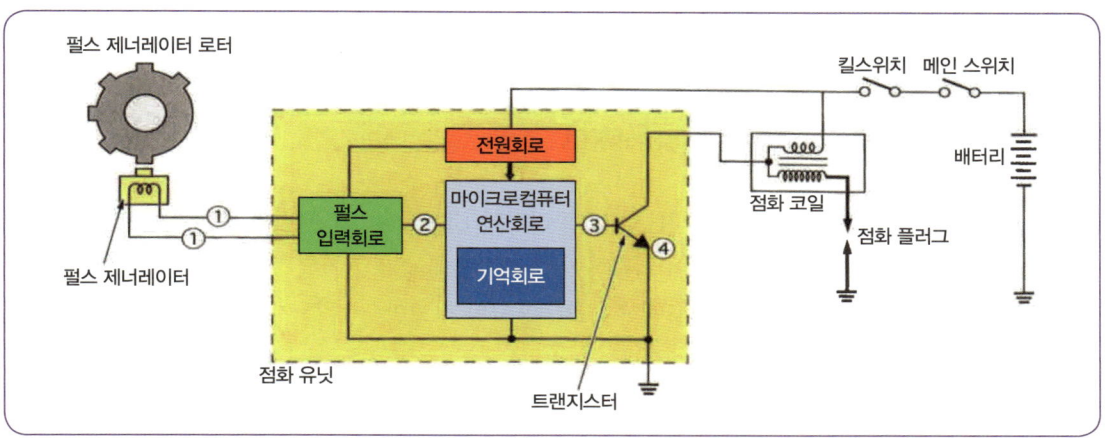

● 그림 3-55 풀 트랜지스터 점화회로

펄스 제너레이터

펄스 제너레이터는 로터의 돌기부 모서리가 제너레이터의 픽업센서를 지나치는 순간에 그림과 같은 정전압 펄스(+)와 부전압 펄스(-)를 발생시킨다.
돌기부의 개수나 각도는 기통수나 실린더 레이아웃 등 엔진 형식에 따라 다르다.

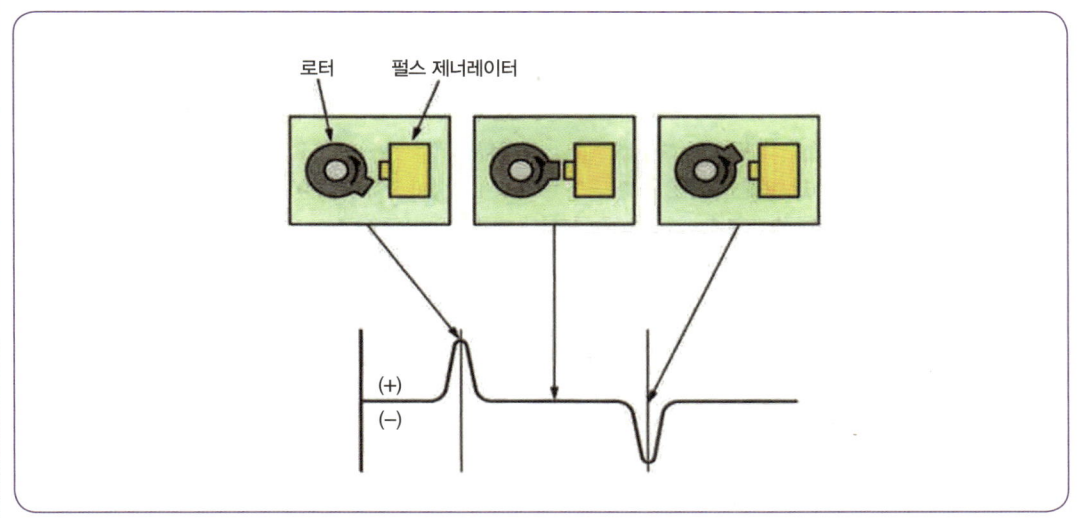

● 그림 3-56 펄스 제너레이터의 출력 파형

07 포인트 점화시스템

트랜지스터 점화가 등장하기 전까지는 거의 모든 바이크용 엔진은 포인트 점화방식을 사용하였다.

1 포인트식 점화시스템(Point Ignition System)

1차 코일에 흐르는 전류를 단속하는 장치는 디스트리뷰터(Distributor : 배전기)내의 한 가운데 실린더 수와 동일한 캠(Cam)이 있으며, 이 캠이 회전하여 포인트(Point)가 설치된 브레이커 암을 누르면 포인트가 열려 1차 코일의 전류를 차단하는 방식으로 2차 코일의 고압 전류를 각 플러그에 배분하는 장치를 포함시킨 것이 디스트리뷰터이다.
트랜지스터 점화가 등장하기 전까지는 거의 모든 바이크용 엔진은 포인트 점화방식으로 이루어져 있다.
포인트가 더러워지면 접점이 마모되어 성능이 떨어진다.

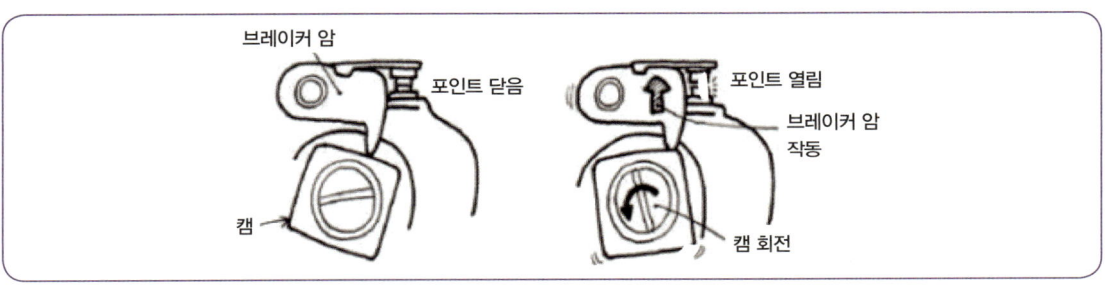

※ 그림 3-57 콘택트 포인트

2 세미 트랜지스터 점화시스템(Semi Transister Ignition System)

캠 돌기부분에 접점을 갖춘 센서로 크랭크축 위치를 감지해서 점화시기를 결정하는 시스템이며, 포인트 방식보다 진화된 방식으로 크랭크축과 연결된 캠의 돌기 부분이 접점에 접촉하면서 크랭크축 회전을 감지한다. 트랜지스터가 포인트를 대신해서 스위치 역할을 실행하므로 포인트의 소손, 마모가 없으며 안정된 불꽃을 얻을 수 있다.

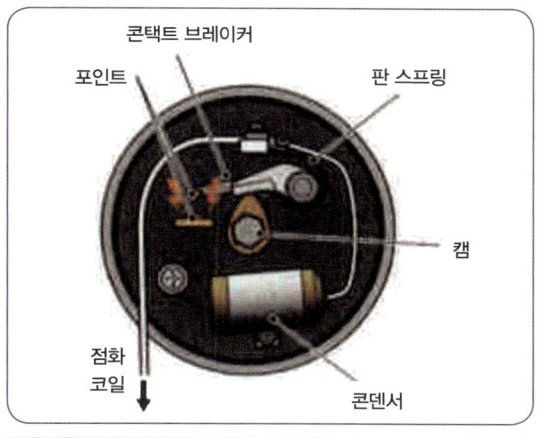

◆ 그림 3-58 포인트 점화방식의 접점이 열릴 때

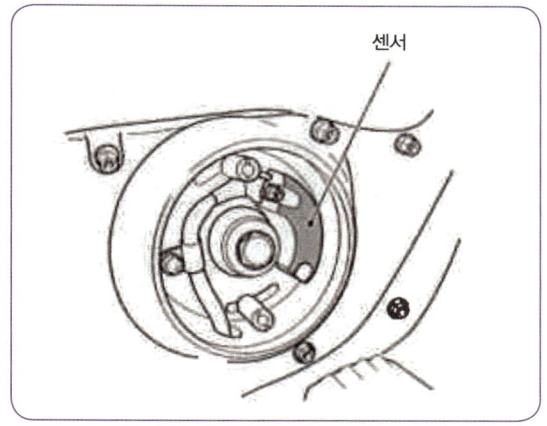

◆ 그림 3-59 세미 트랜지스터 점화방식

3 풀 트랜지스터 점화시스템(Full Transister Ignition System)

점화방식은 포인트 방식, 세미 트랜지스터, 풀 트랜지스터 점화로 진보하였다.

풀 트랜지스터 점화는 자석센서를 이용해서 전류를 제어하는 방식으로 포인트 타입의 접점이 없기 때문에 소모품이 없으며, 고장 발생 시 모듈을 교환해야 하며 가장 안정적인 불꽃을 얻을 수 있는 특징이 있다.

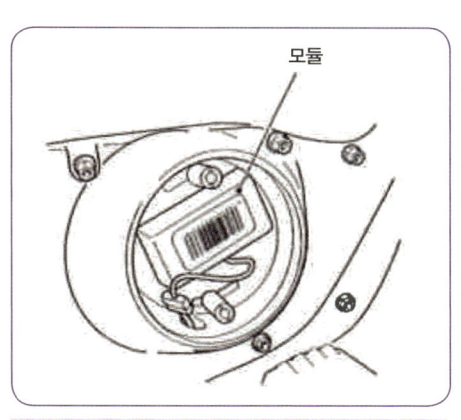

◆ 그림 3-60 풀 트랜지스터 점화방식

08 점화시점과 진각(Ignition timing Advance)

1 원심 자동 진각 장치

포인트 점화나 세미 트랜지스터 점화가 일반적이었을 때에는 원심력을 이용해서 자동으로 진각을 조정하는 거버너를 사용한다. 거버너는 포인트 캠에 장착되어 있어서 캠이 회전하면서 발생하는 원심력으로 스프링으로 연결된 두개의 플레이트가 벌어지면서 캠 각도를 바꾸는 방식이다.

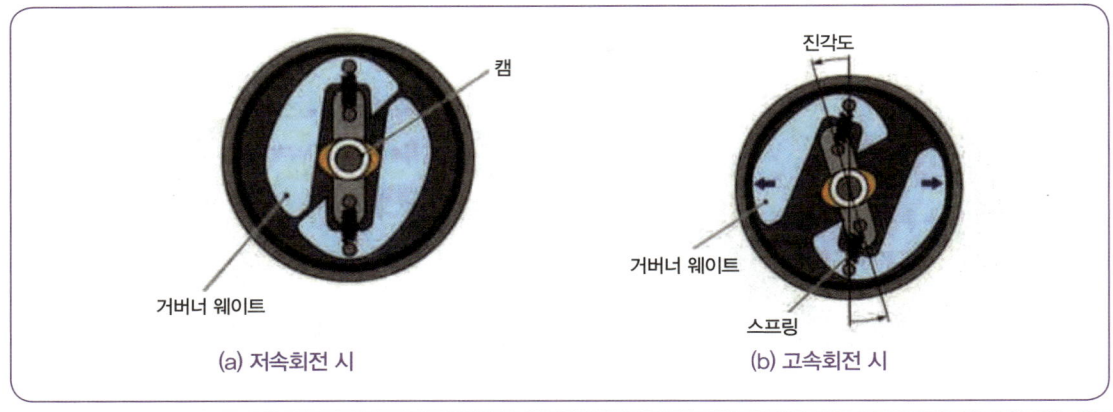

◆ 그림 3-61 거버너의 구조

2 밸브 개폐시기 선도(valve timing diagram)

4행정 사이클 기관의 흡·배기 밸브는 행정 중 정확히 상사점이나 하사점에서 개폐되지 않고 상사점 전 후, 또는 하사점 전 후에서 개폐된다. 이것은 혼합가스나 공기가 관성을 지니고 있기 때문에 가스의 흐름관성을 유효하게 이용하기 위함이며 밸브개폐 시기를 표시하는 그림을 밸브 개폐시기 선도(valve timing diagram)라 한다. 상사점 부근에서 흡·배기밸브가 동시에 열려 있게 되는데 이것을 밸브 오버랩(valve overlap)이라 부른다.

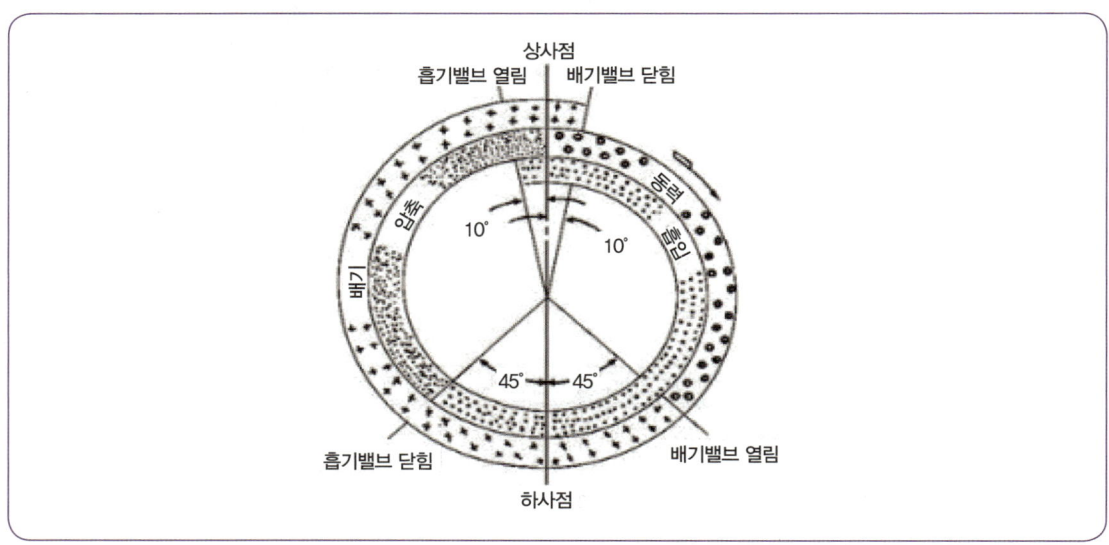

◆ 그림 3-62 4행정 사이클 기관의 밸브개폐시기 선도

3 점화타이밍(Ignition timing)과 점화 앞당김

엔진의 회전수가 빨라질수록 천천히 회전할 때와 똑같은 타이밍으로는 정상적인 폭발력이 발생할 수 없으며 엔진 회전수가 상승하면 왕복운동 속도가 빨라지므로 저속회전 시의 타이밍으로 점화를 해서는 너무 늦기 때문에 점화 시기를 빠르게 하는 것을 진각이라 하고 반대로 늦추는 것을 지각이라 한다. 점화시기가 빠르면 피스톤이 상사점에 올라오기 전에 반대로 밀어내리는 힘이 작용하여 노킹 등 이상 연소 현상이 발생하여 엔진이 손상된다.

점화시기가 늦으면 혼합기가 연소할 때 피스톤이 하강하여 압력이 부족하여 폭발력이 제대로 발생하지 않으며 엔진 내부가 과열되는 원인이 된다.

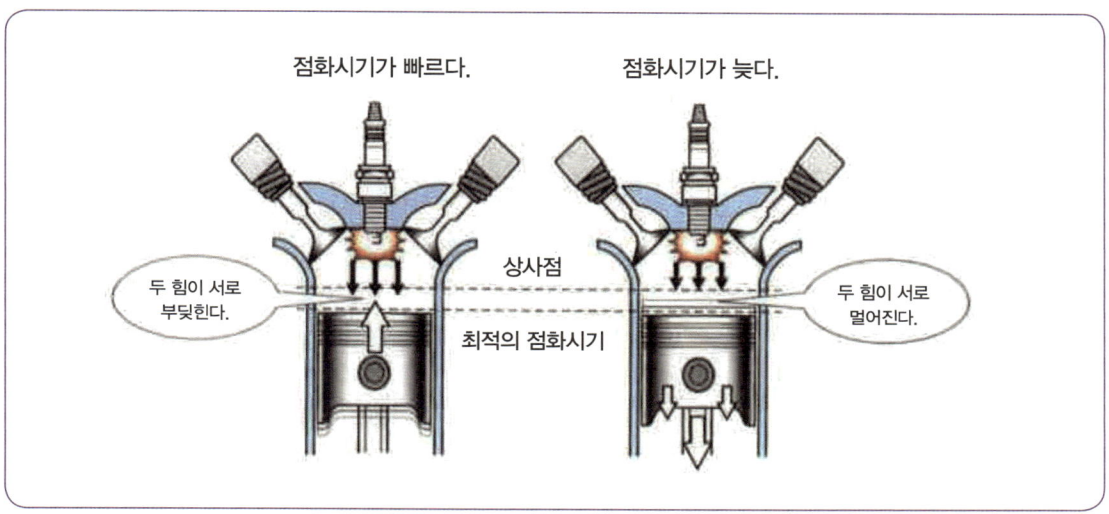

◈ 그림 3-63 엔진의 점화시기

CHAPTER 06 등화장치

01 헤드라이트 시스템(Headlight system)

1 헤드라이트((Headlight) 역사

1-1 대중화된 백열등

① 필라멘트 전구가 사용된 헤드램프이다.
② 전기와 백열등이 발명되면서 완전히 바뀌게 되었는데 백열등은 1879년에 개발이 되었지만 곧바로 헤드라이트에 적용이 되지는 않았으며 본격적으로 헤드라이트가 적용된 시점은 1913년으로 자동차의 헤드램프는 지금의 방식과 같은 전기를 이용하는 방식으로 바뀌게 된다. 독일의 보쉬가 자동차용 발전기를 발명하면서 헤드램프 역시 전기를 이용해 수동이 아닌 자동으로 그리고 조도가 상당히 높은 점으로 급격하게 유럽 자동차에 도입되었고 이때 발명된 텅스텐 필라멘트 전조등은 1990년대까지 80여 년 동안 백열등의 시대가 이어져 자동차의 긴 역사와 함께 했다.
③ 1925년 메르세데스-벤츠와 오스람은 공동으로 싱글벌브(전구)를 개발했는데 하나의 전구에 2개의 필라멘트가 있는 형태였으며 이것으로 상향등과 하향등을 구분하였다.
전구 안에 비대칭형 텅스텐 필라멘트를 사용해 상향등과 하향등 기능도 들어가 높은 밝기를 보였다. 1971년 할로겐 헤드램프가 사용되기 이전까지 이 방식은 표준 전조등으로 지정돼 시장을 독점했다.
④ 백열전구는 전구 중에서 가장 먼저 개발된 것으로 텅스텐 필라멘트를 유리구로 감싸고 유리구 내에 아르곤 가스와 질소 가스를 혼합한 불활성 기체를 넣어 만든다. 필라멘트에 전류를 흘려 텅스텐 필라멘트를 고온으로 만들어 이로 인해 텅스텐 필라멘트에서 열복사 현상이 나타나며 이 현상으로 나오는 빛을 이용하는 방식의 전구이다.
⑤ 필라멘트 백열을 이용하므로 백열전구라고도 하며 텅스텐 필라멘트를 사용하므로 텅스텐 전구라고도 한다.

1-2 제2세대 할로겐램프(Halogen Lamp)

① 텅스텐 필라멘트를 이용한 헤드램프는 시야 확보에 용이할 만큼 적절한 밝기를 갖고 있지만, 필라멘트가 타면서 빛을 만드는 만큼 사용 시간이 짧고, 다 타면 잿빛으로 변하는 문제를 안고 있었다.
② 백열등은 가스 등불보다는 확실히 좋은 광원이지만 치명적인 단점이 있었으며 수명이 짧고 효율이 낮다라는 이런 문제를 해결하기 위해 전구에 할로겐 가스를 주입한 램프가 등장하면서 이런 문제가 어느 정도 해결이 되었다.
③ 할로겐전구와 백열전구와 구조는 동일하나 유리구 안에 충전물로 할로겐 가스를 넣은 것을 할로겐전구라고 한다.
④ 할로겐 가스는 백열전구의 단점인 필라멘트의 텅스텐 입자가 기화하여 유리구 내에 증착하는 흑화현상을 방지하여 준다.
⑤ 원리 : 할로겐 가스가 텅스텐 입자와 결합하여 텅스텐 입자를 필라멘트로 되돌려 준다. 텅스텐 입자의 순환 과정을 반복하여 전구의 수명을 늘려주며 성능도 개선하여 준다.
⑥ 텅스텐전구란 필라멘트로 텅스텐을 사용하는 전구로 백열전구와 할로겐전구가 이에 해당한다.
⑦ 1964년부터 차세대 램프에 대한 개발이 이루어졌고, 1971년 첫 할로겐램프 장착 차량인 메르세데스-벤츠 SL이 탄생하며 본격적으로 사용되기 시작했다.
⑧ 기존 필라멘트 방식 대비 월등히 높은 광량을 보이며 현재까지 이용된다.

1-3 제3세대 고급차의 상징 HID 램프

① 할로겐램프를 사용하며 고도의 성장을 이룬 바이크는 이후 1990년대에 들어서는 새로운 방식의 HID(High Intensity Discharge Lamp)를 적용하게 된다.
② 1991년 BMW 7시리즈에 처음 장착되었으며 할로겐과 달리 전조등 안에 크리스탈 유리관을 삽입하고, 그 안에 제논 가스를 채워 고압의 전류로 빛을 내는 방식이기 때문에 제조사에 따라서는 제논 헤드램프라고도 부른다.
③ **특징**
  ㉠ 할로겐 대비 낮은 열 방출량을 보여 효율이 높다.
  ㉡ 450시간 수명의 할로겐램프보다 5배 가량 수명이 길다.
  ㉢ 기존 백열등과 할로겐등보다 조도가 무려 3배가 높다.
  ㉣ 많은 전력을 사용하지 않아도 되기 때문에 더 높은 밝기를 자랑한다.
  ㉤ 별도의 점화시스템과 전자 안정기를 갖추어야 한다.
  ㉥ 높은 전류를 사용하기 때문에 교체 시 쉽지 않아 유지 보수가 어려워졌으며 전문가의 도움이 필요하고 관리 비용이 비싸다.

1-4 제4세대 LED(Light Emitting Diode) 램프

① HID가 고급 차량 위주로 사용되며 헤드램프 시장은 더욱 진보를 이뤘다. 차량의 방향 지시등과 테일램프 등 일부에만 사용돼 보조적인 역할을 하던 LED가 2008년 아우디 R8에 처음 장착되었으며 LED의 경우 낮은 전력을 소비하며 1만 시간의 수명을 보장해 차량의 수명과 비슷한 내구성을 보인다.

② 특징
　㉠ 긴 수명과 빠른 작동속도, 작은 전력 소모량과 최근 사용되는 LED의 경우 빛을 정밀하게 제어해 광량 조절로 상대편 차량의 눈부심을 방지할 수 있어 대세로 자리잡는 최신 헤드램프 방식이다.
　㉡ 100~300m를 비추는 주행빔이 가능하다.
　㉢ 바이크에 적용되는 LED(발광다이오드)는 계기판의 램프나 미등, 브레이크 등에도 채택된다.
　㉣ 필라멘트가 없으므로 단선 걱정이 없고 공간 효율도 우수하므로 양산으로 경비 절감이 이루어져 적용이 좋다.

◈ 그림 3-64 두가티 LED 헤드라이트

1-5 제5세대 미래 지향적인 레이저 램프(Laser Lamp)

① LED와 비슷한 시기에 개발됐지만, 천만 원에 육박하는 높은 가격으로 고급 차종에만 제한적으로 사용되고 있는 레이저 램프는 아직 개발 가능성이 무궁무진한 차세대 램프이다. 2014년 BMW i8에 첫 장착된 이후 점차 실용화되고 있다.

② 특징
　㉠ LED램프 보다 크기가 1/10에 불과할 정도로 작지만, 빛의 도달거리가 20% 더 길고 더 밝은 빛을 낼 수 있다.
　㉡ LED와 마찬가지로 부분적 광량 조절이 가능하지만 외부 온도에 따라 빛의 도달거리가 달라지는 특성이 있다. 기존 광원보다 10배 이상의 밝기로 거의 평행한 광선을 정밀하게 조절한다.

ⓒ 최대 700m까지 밝혀줄 수 있으며 스마트 하이빔은 앞에 다른 차량이나 보행자가 있을 때 스스로 조도나 조사각을 조절 가능하다.

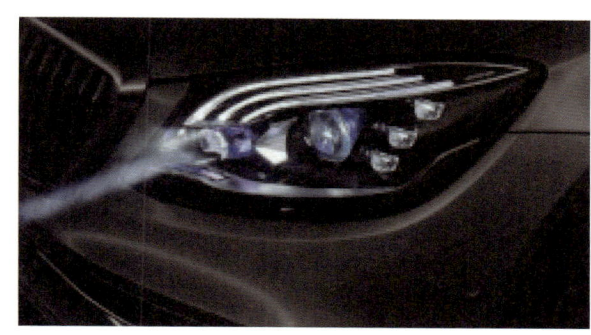

❋ 그림 3-65 레이저 헤드램프

2 헤드라이트(Headlight)의 구성 및 종류

고효율 벌브와 멀티 리플렉터의 조합으로 헤드라이트의 밝기 자체도 밝아졌고, 렌즈 커팅이 필수였던 구식 유리렌즈에 비해 멀티 리플렉터의 클리어 렌즈는 그 형상을 자유롭게 설계할 수 있다는 장점이 있으며, 덕분에 공력 특성의 향상에도 큰 기여를 하게 되었다.

2-1 멀티 리플렉터

반사판(리플렉터)에 다양한 각도로 이루어진 반상 형상을 설정해서 빛의 방향을 조정한다. 즉 커팅된 렌즈 없이도 배광을 자유롭게 할 수 있다.

2-2 전조등

1) 전조등(head light) 방식

전조등에는 실드 빔 방식(sealed beam type)과 세미 실드 빔 방식(semi sealed beam type)이 있다. 전구(lamp)는 먼 곳을 비추는 하이 빔(high beam : 상향등)의 역할을 하고, 다른 하나는 시내를 주행하거나 교행할 때 대형 자동차나 사람이 현혹되지 않도록 광도를 약하게 하고, 동시에 빔을 낮추는 로우 빔(low beam : 하향등)이 있다.

(1) 실드빔 방식

이 방식은 반사경에 필라멘트를 붙이고 여기에 렌즈를 녹여 붙인 후 내부에 불활성 가스를 넣어 그 자체가 1개의 전구가 되도록 한 것으로 특징은 다음과 같다.
① 대기의 조건에 따라 반사경이 흐려지지 않는다.
② 사용에 따르는 광도의 변화가 적다.
③ 필라멘트가 끊어지면 렌즈나 반사경에 이상이 없어도 전조등 전체를 교환하여야 한다.

(2) 세미 실드빔 방식

렌즈와 반사경은 녹여 붙였으나 전구는 별개로 설치한 것이다. 필라멘트가 끊어지면 전구만 교환하면 된다. 그러나 전구 설치부분으로 공기유통이 있어 반사경이 흐려지기 쉽다.

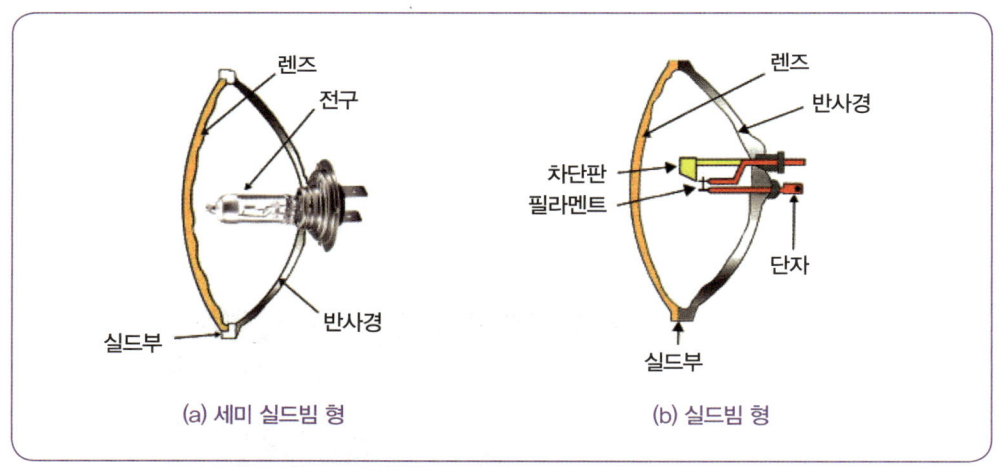

❈ 그림 3-66 전조등의 종류

2) 할로겐램프(Halogen Lamp)

필라멘트에 전류가 흐르면 열이 발생되는데 이 열이 빛으로 변한다. 이때 필라멘트는 높은 온도로 증발되기 때문에 전구 내면에 침착되어 검은색을 띠어 광도를 저하시킨다. 이러한 현상을 방지하고 필라멘트의 수명을 증대시키기 위해 전구 내부를 진공으로 하고 할로겐 가스를 주입한다.

할로겐은 비활성 기체이므로 다른 물질과 반응을 잘 하지 않는다. 텅스텐 필라멘트가 증발하면 텅스텐 증기는 할로겐과 결합하여 열운동에 의해 전구 내를 떠돌아다니다가 다시 필라멘트에서 할로겐과 텅스텐이 분리되어 텅스텐에 달라붙는 할로겐화 사이클을 통해 흑화현상을 방지하는 기능이 있다. 이러한 이유로 할로겐램프는 다른 전구에 비해 수명이 길다.

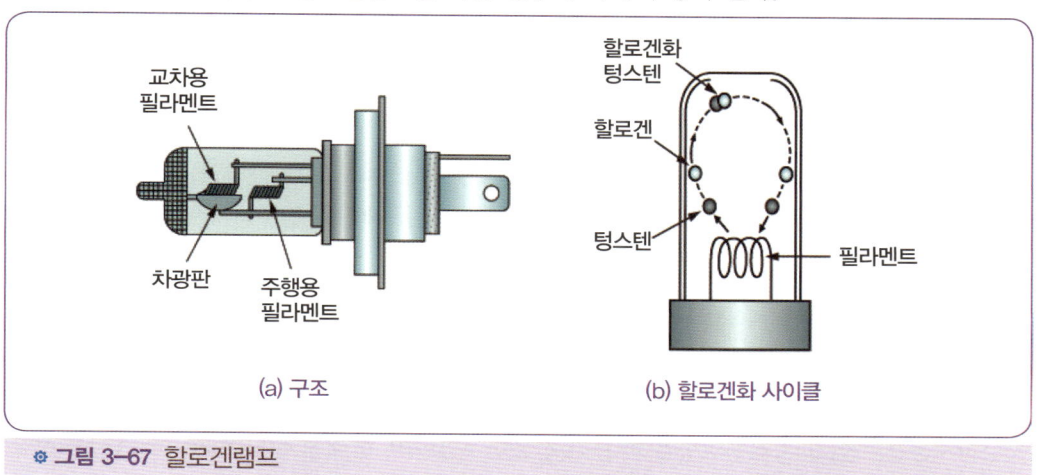

☼ 그림 3-67 할로겐램프

3) 방전 헤드램프(HID : high intensity discharge lamp)

방전 헤드램프는 최근에 많이 사용되는데 구조는 필라멘트 대신 텅스텐 전극이 설치되어 있으며, 전구(발광 관)내에 크세논(Xe)가스, 금속 할로겐화물(metal halide)이 봉입되어 있다.

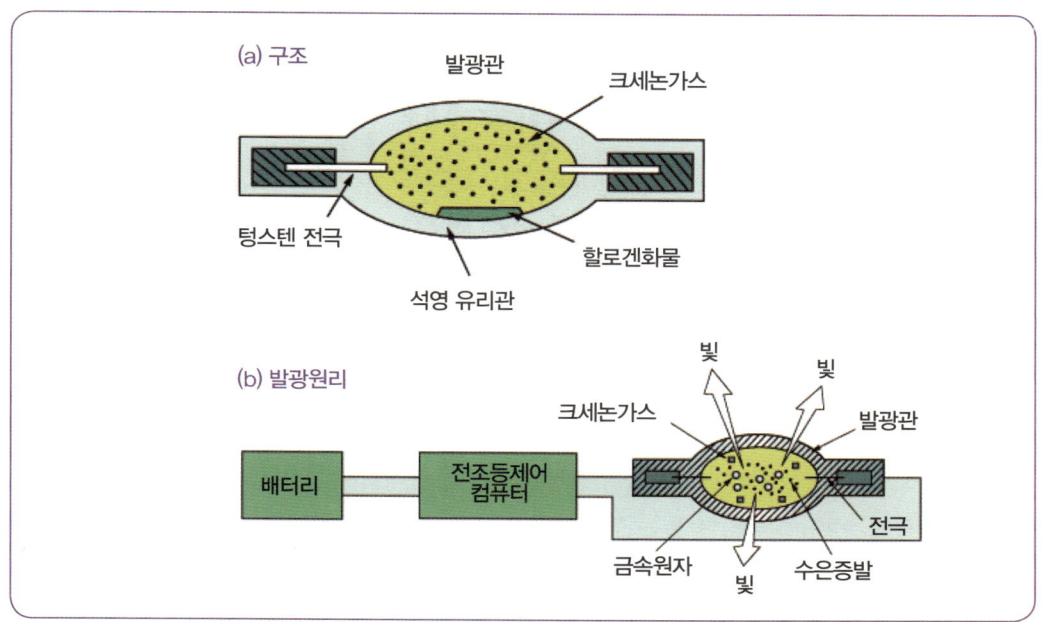

☼ 그림 3-68 방전 헤드램프의 발광원리

전조등 제어용 컴퓨터가 축전지로부터 12V를 받아 승압시켜 텅스텐전극사이에 순간적으로 약 20,000V 이상의 펄스를 발생시키면 먼저 크세논가스가 활성화되면서 청백색의 빛을 발생시킨다. 이 상태에서 전구 내의 온도가 더욱 더 상승하면 수은이 증발하여 아크방전이 일어나고, 더욱 더 온도가 상승하면 금속 할로겐화물이 증발하면서 유리전자가 발생되는데, 이 유리전자가 금속원자와 충돌하면서 높은 휘도의 빛을 발생시킨다. 이러한 이유로 고휘도 방전전조등(HID: high intensity discharge lamp)이라고도 한다.

할로겐램프에 비해 약 2배 정도 밝으며, 태양광선에 가까운 백색의 자연광선을 얻을 수 있을 뿐만 아니라 소비전력은 이전의 약 1/2 정도이며, 수명은 필라멘트에 비해 2배 정도이나 텅스텐 전극에 높은 전압을 안정적으로 공급하기 위해 전조등 제어용 컴퓨터가 필요하다.

02 방향지시등

방향지시등은 바이크의 진행방향을 바꿀 때 사용하는 것이며 플래셔 유닛(flasher unit)을 사용하여 램프에 흐르는 전류를 바이크 안전 기준상 매분 당 60회 이상 120회 이하로 단속·점멸하여 전구를 점멸시키고 등광색은 황색 또는 호박색으로 1등당 광도는 50~1,050cd의 범위에 있어야 한다.

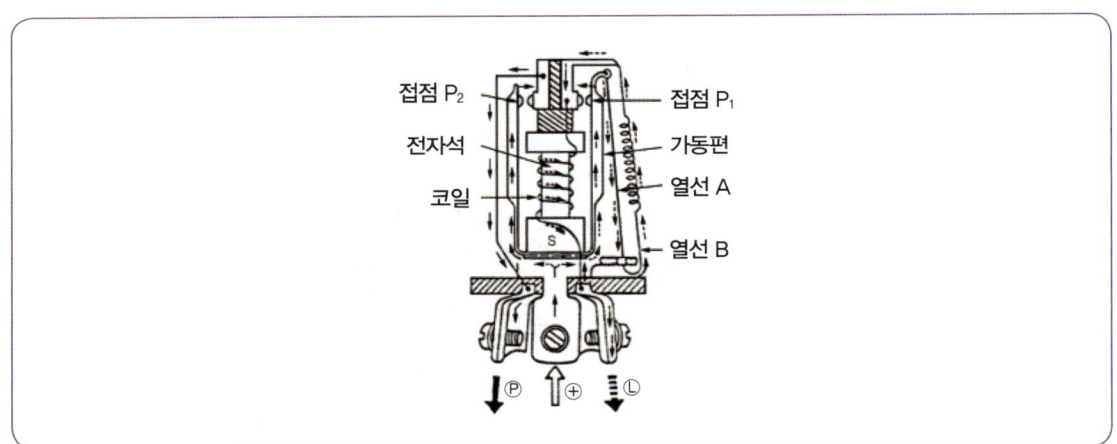

◈ 그림 3-69 전자 열선식 플래셔 유닛의 구조

플래셔 유닛의 종류에는 전자 열선방식, 축전기방식, 수은방식, 스냅 열선방식, 바이메탈방식 등이 있다. 현재 주로 전자 열선방식을 사용하며 전자 열선방식 플래셔 유닛은 열에 의한 열선(heat coil)의 신축작용을 이용한 것이며 중앙에 있는 전자석과 이 전자석에 의해 끌어 당겨지는 2조의 가동 접점으로 구성되어 있다. 방향지시기 스위치를 좌우 어느 방향으로 넣으면 접점 P1은 열선의 장력에 의해 열려지는 힘을 받고 있다. 따라서 열선이 가열되어 늘어나면 닫히고, 냉각되면 다시 열리며 이에 따라 방향지시등이 점멸하게 되고 접점 P2는 파일럿 등을 점멸시킨다.

03 안개등(fog lamp)

전조등의 빛이 안개 속을 통과하면 산란되어 먼 거리까지 도달하지 못하지만, 안개등은 빛의 파장이 긴 빛을 사용하기 때문에 일반적인 빛에 비하여 산란이 적어 같은 조건에서 멀리까지 빛을 비춰 악천후 시 시야 확보와 더불어 자신의 차량 위치를 다른 운전자들에게 알리는 목적이 있다. 따라서 안개 때문에 잘 보이지 않아도, 멀리서 다가오는 상대 운전자에게는 안개등의 불빛이 보여 서로 안전하게 운행할 수 있게 한다.

04 미등(tail lamp)

미등은 야간에 주행하거나 정지하고 있을 때 바이크가 있는 것을 뒤차에 알리는 표시등이다. 미등은 미등으로만 사용하는 단독방식과 제동등과 겸용으로 사용하는 겸용방식이 있으며, 겸용방식의 전구에는 2개의 필라멘트가 있으며, 제동등을 작동시킬 때는 그 광도가 3배 이상 증가되어야 한다.

05 제동등(stop lamp)

제동등은 브레이크 페달을 밟았을 때 뒤차에 제동함을 알리는 것으로 제동장치의 작동에 따라 점등되며, 제동등 스위치는 브레이크 페달을 밟으면 스위치의 접점이 접속되어 점등되는 기계방식과 마스터 실린더 안의 유압이 높아지면 유압에 의하여 다이어프램(diaphragm)이 밀려서 접점이 접속되는 유압방식이 있다.

06 번호등(license plate lamp)

번호등은 바이크의 뒷면에 설치된 번호판을 조명하는 것으로 전조등 스위치의 조작으로 점등되어야 하며 광원이 눈에 직접적으로 보여서는 안 되며, 등록번호 숫자 위의 어느 부분에서도 8룩스(Lux) 이상이어야 한다.

CHAPTER 07 전기오토바이

01 전기오토바이 기본구조

① 전기오토바이는 전기를 동력으로 구동되는 바이크를 말하며, 전기모터를 이용한다.
② 전기 오토바이 기본구조는 배터리 팩이 컨트롤러를 통해 전기 모터에 즉각적인 토크를 전달하고, 이 동력이 구동계를 거쳐 섀시를 통해 바퀴로 전달되며, 이를 통해 회생제동과 BMS를 포함한 전자 제어 기술이 결합되어 유지보수가 간편하고 스로틀(가속 페달)을 조작하는 순간 모터에서 즉시 토크가 발생하는 반응성 높은 친환경 모빌리티 솔루션을 구현한다.
③ 배터리로 움직이는 구조이므로 효율적으로 움직일 수 있고, 배출가스가 없기 때문에 환경에 친화적인 대안으로 주목받고 있다.

02 배터리(Battery)

전기 오토바이의 에너지원으로, 주로 리튬이온 배터리가 사용된다. 이 배터리는 전기 에너지를 저장하며, 모터에 전력을 공급한다. 배터리의 용량은 주행 가능 거리와 직접적으로 관련되며, 고용량 배터리는 더 긴 주행 거리를 제공한다.

1 배터리 화학 유형

1-1 납산(Lead-Acid)

1) 특징
① 저렴하고 공급이 널리 이루어지며, 시동용으로 높은 서지 전류를 제공한다.
② 에너지 밀도는 낮아 무겁고, 자가 방전율이 높다.
③ 정기적 유지보수(물 보충 등)가 필요하다.

1-2 리튬이온(Li-ion)

1) 특징
① 에너지 밀도가 매우 높아, 동일 용량의 납산 대비 작고 가볍다.
② 800~2,000회 이상의 충전 사이클을 제공한다.
③ 고속 충전을 지원하며, 자가 방전률이 낮다.

2) 주의 사항
① 고가이며 발열 및 과충전 시 화재, 폭발 위험이 존재한다.
② 전용 충전기와 BMS(배터리 관리 시스템)를 통한 전압·온도 관리가 필수이다.

1-3 리튬 인산철(LiFePO$_4$)

1) 특징
① Li-ion 화학의 안정형, 긴 수명(1,500~3,000 사이클)
② 내열·내폭발성이 우수하며, 화학·열 안정성이 높다.
③ 니켈·코발트 미포함으로 친환경적이며 소재 비용도 비교적 낮다.
④ 단, 에너지 밀도는 일반 Li-ion보다 낮고, 충전 시스템 호환성을 고려할 필요가 있다.

1-4 니켈수소(NiMH)

1) 특징
① 납산보다 에너지 밀도가 높고 비독성이다.
② 자가 방전률이 높고 고열에서 발열 이슈가 있다. 현재는 전동 킥보드에서 일부 사용한다.

2 배터리 성능 비교

항목	납산	Li-Ion	LiFePO$_4$
에너지 밀도	낮음 (30lb vs 6lb)	매우 높음	중간 수준
수명	300~500 사이클	800~2,000 사이클	1,500~3,000 사이클
무게	무거움	가벼움	약간 무거움
안정성	높은 안전성, 누액 가능	화재, 폭발 위험 있음	가장 안전함
가격	저렴	고가	중고가 (~Li-ion)

3 전기 오토바이에서의 활용과 사례

① **72V 20Ah 납산** : 약 60~80km 주행
② **동 용량 리튬이온** : 동일 거리 주행, 부피는 1/3 수준
③ **대용량 리튬(150Ah)** : 300~500km 주행 가능
④ **혼다 MPP** : PCX 전기 모터사이클 등에 사용하는 스왑형 리튬 셀, 제조는 파나소닉

4 안전 및 관리 팁

① **BMS 장착** : 과충전 · 과방전 · 과열 방지
② **공인 충전기 사용** : 인증된 제조 충전기로 완충 시 자동 차단
③ **충전 환경** : 발열 걱정 없는 단단한 바닥 위, 사람이 있는 동안 충전
④ **온도 유지** : 보관 · 충전 시 0~45℃가 이상적, 냉 · 과열 피함
⑤ **정기 점검** : 용량 · 저항 저하, 셀 불균형 여부 확인

5 친환경성과 재활용

① 리튬 배터리는 납산 대비 제조 · 폐기 시 환경 영향이 낮지만, 리튬 채굴 과정에서 물 사용 · 폐수 · 탄소 배출 우려가 있다.
② $LiFePO_4$는 니켈 · 코발트보다 원재료 접근성이 좋아 환경적 이점이 크다.

6 결론

① 비용을 최우선이라면 → 납산, 유지보수와 무게는 감수
② 넉넉한 주행거리와 성능 원한다면 → 리튬이온
③ 안정성 · 수명 · 환경적 균형 원한다면 → 리튬 인산철($LiFePO_4$)
④ 전기 오토바이가 방전되었을 때 전체 충전이 아닌 배터리 팩 자체를 빠르게 교체하는 배터리 시스템 도입도 고려할 수 있다. (예 혼다 MPP)

출처 : 테크홀릭

✿ **그림 3-70** 복슨 와트맨(Voxan Wattman)

03 전기 모터(Electric Motor)

전기 모터는 배터리로부터 공급받은 전기를 기계적 에너지로 변환하여 오토바이를 움직인다. 일반적으로 브러시리스 DC 모터가 사용되며, 고효율과 낮은 유지보수 비용이 특징이다. 모터의 출력은 오토바이의 가속 성능과 최고 속도에 영향을 미친다.

1 모터의 주요 구성 요소

① **스테이터(Stator)** : 고정된 부분으로, 코일에 전류를 흘려 자기장을 생성한다.
② **로터(Rotor)** : 회전하는 부분으로, 영구자석(permanent magnet)이나 직류전류를 사용한 자기장을 이용해 회전력을 발생한다.
③ **컨트롤러(Controller)** : 펄스 폭 변조(PWM) 기법을 통해 전류의 크기와 흐름을 제어해, 모터의 속도와 토크를 정밀하게 조절한다.

2 모터의 구동 원리

① **전류 공급** : 배터리에서 DC 전류가 컨트롤러를 통해 인가한다.
② **자기장 생성** : 스테이터 코일에 전류가 흐르면 자기장이 발생한다.
③ **로터 회전** : 스테이터의 자기장과 로터의 자기장이 상호작용하여 회전력이 생기고, 모터가 회전한다.
④ **회전력 전달** : 모터 샤프트(rotor 축)가 구동축이나 바퀴 허브와 연결되어 회전을 전달한다.

3 대표적인 모터 유형과 특징

3-1 브러시 DC 모터(Brushed DC Motor)

① **구조** : 로터에 브러시와 정류자가 있어 전류 방향을 바꾼다.
② **장점** : 구조가 간단하고 초기 토크가 강하다.
③ **단점** : 마찰로 인한 에너지 손실, 브러시 마모, 유지보수가 필요하다.

3-2 브러시리스 DC 모터(BLDC)

① **구조** : 정류자 없이 컨트롤러가 전류를 전자 제어
② **장점** : 효율(80~90%), 유지보수 비용과 소음이 적다.
③ **단점** : 컨트롤러가 복잡하며, 비용이 다소 높다.

3-3 영구자석 동기 모터(PMSM)

① **구조** : 고성능 영구 자석이 로터에 고정되어 있으며, 정밀한 전자제어로 회전한다.
② **장점** : 최고 효율(95% 이상), 고출력 밀도, 정밀 속도/토크 제어
③ **단점** : 자석 비용, 고급 컨트롤러가 필요하다.

3-4 AC 유도 모터(Induction Motor)

① **구조** : 로터에 외부 전류 없이 전자기 유도에 의해 회전한다.
② **장점** : 내구성 우수, 고온/전압 변화에 강하다.
③ **단점** : 효율과 출력 밀도는 PMSM보다 낮다.

3-5 설치 방식에 따른 구분

1) 허브 타입 모터(Hub Motor)
① 바퀴 허브에 모터가 내장된다.
② 구조가 단순하고, 정비가 쉽다.
③ 단, 현가중량 증가로 핸들링에 더 큰 영향을 준다.

2) 미드 드라이브 모터 (Mid-Drive Motor)
① 프레임 중심, 드라이브축이나 변속기와 직결된다.
② 무게중심이 좋고, 일반 기어와 결합 가능 → 정교한 토크 조절.
③ 구조가 복잡해서 정비 난이도가 높다.

❂ **그림 3-71** 전기모터바이크 최고속도 165km/h 72V150Ah 리튬배터리(미드 드라이브 모터)

3-6 성능 지표와 제어 기술

① **출력(W · kW)** : 일반 도심형은 5kW 이하, 스포츠형은 50kW 이상도 존재한다.
② **토크(Torque)** : 모터 부하 및 가속성능에 직접적인 영향을 미친다.
③ **정밀 제어** : PWM 제어를 통한 전류 펄스 속도 · 폭 조정으로 부드러운 가속 · 회생제동 등이 가능하다.

04 컨트롤러(Controller)

컨트롤러는 배터리와 모터 사이에서 전력 흐름을 조절하는 장치로, 스로틀 입력에 따라 모터의 속도와 토크를 제어한다. 대부분의 전기 오토바이는 펄스 폭 변조(PWM) 방식을 사용하여 모터의 회전 속도와 방향을 정밀하게 제어한다. 또한, 컨트롤러는 과전류 및 저전압 보호 기능을 포함하여 시스템의 안전성을 높인다.

❂ 그림 3-72 전기 오토바이 컨트롤러

1 컨트롤러의 역할

① **두뇌(brain) 역할** : 스로틀, 페달·토크·속도 센서, 브레이크, 디스플레이 등으로부터 신호를 받아 배터리에서 모터로 전력을 배분하고, 여러 시스템을 통합·제어한다.
② **전원 관리** : 전류·전압·ON/OFF 제어로 모터의 속도, 토크, 회생제동 등 성능을 조절한다.

2 구성 요소와 기능

① **MCU(마이크로컨트롤러 유닛)** : 회로판 위의 '컴퓨터'로, 다양한 센서 입력을 통해 모터 구동 알고리즘을 실행해 PWM 신호 등을 출력한다.
② **전력소자(MOSFET·H-브리지)** : MOSFET를 통해 전력을 스위칭 제어하여 모터의 회전 방향·출력 전류를 PWM 방식으로 조절한다.
③ **센서 입력** : 스로틀, 토크·속도·브레이크 센서 신호를 수집하고 해석하여 모터에 필요한 출력을 결정한다.
④ **커넥터&배선부** : 배터리, 모터, 센서까지 안정적인 전력·신호 전달을 담당한다. 불량 연결 여부를 정기적으로 확인한다.
⑤ **보호 및 안전 시스템** : 과전류/과전압, 저전압, 과온, 브레이크 작동 우선 차단 등의 안전 기능을 포함한다.

⑥ **방열 및 케이스** : 금속 케이스 또는 히트싱크를 통해 MOSFET 등의 발열을 분산하며, 방수·방진 구조로 제작한다.

3 내부 동작 원리

① **PWM 방식 제어** : 배터리 전압을 PWM으로 조절해 전류량과 유효 전력을 세밀히 제어한다.
② **홀(Hall) 센서 피드백** : BLDC·PMSM 모터 동기화를 위해 로터 위치를 실시간 감지한다.
③ **신호 해석 및 출력** : 스로틀 위치, 토크·속도·브레이크 센서 입력을 MCU가 해석해 출력 전류/속도를 조정한다.
④ **안전 보호** : 전류·전압·온도 임계치를 지속적으로 모니터링하여 위험 발생 시 즉시 전력을 차단한다.

4 컨트롤러의 종류

① **허브모터 컨트롤러** : 바퀴 허브에 별도 박스로 장착된다. 구조 단순, 교체·정비 쉬우며, 대부분 전기 스쿠터에서 사용한다.
② **미드 드라이브 통합형** : 모터 내부에 컨트롤러가 내장되었다. 무게중심 우수하나 고장 시 분해가 필요하다.
③ **브러시/브러시리스 모터용** : 브러시 모터(DC 모터)는 단순하게 모터를 켜고 끄는 방식으로 구동되는 반면, BLDC/PMSM 모터는 PWM(Pulse Width Modulation) 제어와 센서 동기화 제어 기능을 사용하여 더 정밀하고 효율적인 제어가 가능하다.

05 구동 시스템(Drive System)

전기 모터의 회전력을 바퀴에 전달하는 시스템으로, 체인, 벨트 또는 기어를 사용할 수 있다. 구동 방식에 따라 주행 감각과 유지보수 요구 사항이 달라진다.

1 체인 드라이브(Chain Drive)

1-1 장점

① **높은 효율** : 약 95% 이상의 동력 전송 효율로, 손실이 적다.
② **비용 효율적** : 제작 및 교체 비용이 저렴하며, 부품 구하기도 쉽다.
③ **유연성** : 스프로킷만 변경하면 기어비 조절이 가능하며, 다양한 주행 조건에 대응하기 좋다.

1-2 단점

① **높은 유지보수 부담** : 윤활 및 청소가 자주 필요하며, 줄어든 장력으로 인해 텐션 조절도 해야 한다.
② **소음 및 오염** : 금속 간 마찰로 소음이 크며, 체인 그리스가 튀어 오염을 유발할 수 있다.

2 벨트 드라이브(Belt Drive)

2-1 장점

① **저유지보수** : 윤활 필요 없이 청소만으로 관리 가능하며, 약 100,000km 이상 유지가 가능하다.
② **조용하고 부드러움** : 소음·진동이 적어 장거리 주행 또는 도심 주행에 적합하다.
③ **청결함** : 기름기 없어 주행 시 오염의 문제가 없고, 누유가 없다.

2-2 단점

① **비용** : 초기 제작 및 교체 시 체인보다 비싸며, 특정 프레임에 요구된다.
② **전력 손실** : 설정에 따라 9~15% 정도 추가 손실이 발생한다.
③ **취약성** : 자갈·모래 등에 약해 오프로드 주행 시 파손 가능성이 있으며, 긴급 현장 수리가 어렵다.

3 샤프트 드라이브(Shaft Drive)

3-1 장점

① **내구성과 신뢰성** : 시스템이 방수·밀폐되어 고무적인 장기 성능 보장, 수만 km 유지가 가능하다.
② **저유지보수** : 방향유 교환만으로 관리 가능하며, 체인·벨트 대비 유지보수 비용이 크게 절감된다.
③ **운전 안정감** : 무윤활, 조용한 주행성, 깨끗함, 튼튼함 등 장거리·투어에 유리하다.

3-2 단점

① **높은 무게** : 중량 증가로 인해 기동성과 핸들링에 불리하다.
② **낮은 효율** : 체인 대비 20~25%까지 전력 손실 가능
③ **드라이브 이펙트** : 급가속 시 '샤프트 이펙트(Shaft Effect)'로 체감이 다를 수 있다.
④ **비용** : 제작·교체 비용이 높으며, 부품도 브랜드 전용일 경우가 많다.

4 허브 모터(Hub Motor) 방식

① 전기 모터를 바퀴 허브에 직접 결합하여 구동한다. 체인/벨트/샤프트 없이 직접 회전을 전달한다.
② **장점** : 기계적 장치 없음으로 구조 단순, 무유지 보수
③ **단점** : 출력 및 토크 제한적, 허브 무게 증가로 현가 중량이 증가한다.
④ 고성능 E-모터사이클보다는 도시형·스쿠터에 적합하다.

5 방식별 비교 요약

방식	효율	유지보수	무게	비용	특징 요약
체인	최고 (≈95%)	자주 필요	보통	저가	고성능·변속 유연성
벨트	중간 (85~91%)	거의 없음	가벼움	중고가	조용·청결, 도심형/크루저 적합
샤프트	낮음 (≈75~80%)	거의 없음	무거움	고가	장거리·투어 견고성
허브 모터	직결 (100%)	무	중간 이상	중~저가	구조 단순, 무변속 직결

06 보조 전장 시스템

① **회생 제동 시스템** : 제동 시 발생하는 운동 에너지를 전기 에너지로 변환하여 배터리에 재충전함으로써 에너지 효율을 높인다.
② **디스플레이 및 계기판** : 속도, 배터리 잔량, 주행 거리 등의 정보를 제공한다.
③ **스마트 기능** : 일부 모델은 GPS, 원격 진단, 앱 연동 등의 기능을 지원하여 사용자 편의성을 향상시킨다.

1 회생 제동 시스템(Regenerative Braking)

① **원리** : 제동 또는 스로틀에서 손을 떼면 모터가 발전기 모드로 전환되어, 감속 시 발생하는 운동 에너지를 전기로 변환해 배터리에 회수한다.
② **효과** : 마찰 제동 부하를 줄이고, 주행 거리 연장 및 브레이크 마모를 감소한다. 회생 정도는 모터·컨트롤러 성능에 따라 다르며, 일부 고급 모델에서는 액티브 회생(Active Regen) 기능을 통해 스로틀만으로 회생 제동을 조절할 수 있다.
③ **사례** : Can-Am Pulse는 스로틀을 "중립 위치 이상"으로 돌리면 추가 회생 제동이 활성화되며, 주차용 후진 기능도 제공된다.

2 디스플레이 및 계기판(Display & Instrument Cluster)

2-1 기능 요소

① 속도, 배터리 잔량(State of Charge), 주행 가능 거리, 전력 출력, 계절별 모드 등 실시간 정보를 제공한다.
② 고해상도 컬러 TFT 또는 HD 터치스크린 채용, 햇빛 아래에서도 읽기 쉽고 반사 및 대응 기능을 갖추었다.
③ 스로틀·회생 제동 설정, 주행 모드(Surf/Flow 등) 선택 기능이 내장되어 있다.

2-2 연동 기능

① 블루투스, Wi-Fi 또는 5G 연결로 스마트폰 연동(CarPlay 등), GPS 내비게이션 및 음악 재생 제어가 가능하다.
② 음성 가이드, 기후·조명 자동 조절 등 인터페이스 제공으로 편의를 제공한다.

3 스마트 기능 및 연결성(Smart & Connectivity Features)

① **GPS 및 내비게이션** : 턴 바이 턴(Turn-by-Turn), 실시간 교통정보, 인근 충전소 검색을 지원한다.
② **원격 진단(Remote Diagnostics)** : 스마트 앱 또는 클라우드 연동으로 ECU 오류 확인, 배터리 상태·소비 분석, 펌웨어 OTA 업데이트가 가능하다.
③ **보안 기능(Anti-Theft)** : GPS 실시간 위치 확인, 리모트 잠금·해제, 도난 경보 알림 등 강화된 보안 기능을 지원한다.
④ **라이딩 보조 및 건강 트래킹** : 일부 e-bike 시스템은 심박·칼로리·피트니스 데이터 연동, 활동 통계 등을 제공한다.
⑤ **스마트 조명 및 ADAS 경고** : 주변 밝기 자동 조절, 제동 시 자동 브레이크등 점등, 방향 지시등·차선이탈 경고등 첨단 기능을 포함한다.

4 편의 기능 및 보조 전력 시스템

① **USB / 12V 아울렛** : 스마트폰, 액션캠, GPS 등 충전이 가능하다.
② **내장형 충전기** : 보관 공간에 내장된 온보드 충전기(On-board charger)로 충전 관리가 편리하다.
③ **광센서 기반 밝기 자동 조절** : 계기판 백라이트 밝기 최적화로 시각적 피로를 감소시킨다.

이륜자동차 전기안전장치 예상문제

001 점화지연의 3가지에 해당되지 않는 것은?

① 기계적 지연 ② 시간적 지연
③ 전기적 지연 ④ 화염전파 지연

> 풀이 점화지연은 기계적 지연, 전기적 지연, 화염전파 지연이 있다.

002 전자제어 점화장치에서 점화시기를 제어하는 순서는?

① 각종센서 – ECU – 파워트랜지스터 – 점화코일
② 각종센서 – ECU – 점화코일 – 파워트랜지스터
③ 파워트랜지스터 – ECU – 점화코일 – 각종센서
④ 점화코일 – 파워트랜지스터 – ECU – 각종센서

> 풀이 점화시기를 제어하는 순서는 각종센서 – ECU – 파워트랜지스터 – 점화코일 순서이다.

003 용량이 90Ah인 배터리는 3A의 전류로 몇 시간 동안 방전시킬 수 있는가?

① 15 ② 30
③ 45 ④ 60

> 풀이 방전시간 = 배터리 용량(Ah) / 전류(A) = 30h

004 암전류에 대한 설명으로 틀린 것은?

① 전자제어장치 바이크에서는 차종마다 정해진 규정치 내에서 암전류가 있는 것은 정상이다.
② 일반적으로 암전류의 측정은 모든 전기장치를 OFF한 상태에서 실시한다.
③ 배터리 자체에서 저절로 소모되는 전류이다.
④ 암전류가 큰 경우 배터리 방전의 요인이 된다.

> 풀이 배터리 자체에서 저절로 소모되는 전류는 암전류가 아니라 자연방전이라고 한다.

005 전자제어 바이크 점화장치에서 1차전류를 단속하는 부품은?

① 다이오드 ② 점화스위치
③ 파워트랜지스터 ④ 컨트롤 릴레이

> 풀이 바이크 점화 시스템에서 파워트랜지스터는 ECU로부터 제어 신호를 받아 점화 코일의 1차 전류를 제어한다.

006 저항에 12V를 가했더니 전류계에 3A로 나타났다. 이 저항의 값은?

① 2Ω ② 4Ω
③ 6Ω ④ 8Ω

> 풀이 저항은 전압/전류로 나뉜다. 12/3 = 4Ω

정답 01. ② 02. ① 03. ② 04. ③ 05. ③ 06. ②

007 전기회로 내에 전류계를 사용할 때의 사항으로 맞는 것은?

① 전류계는 직렬로 연결하여 사용한다.
② 전류계는 병렬로 연결하여 사용한다.
③ 전류계는 직렬, 병렬연결을 모두 사용한다.
④ 전류계의 사용시 극성에서는 무관한다.

풀이 저항이 낮은 소자에 더 많은 전류가 흐르므로, 과부하 및 과전류 문제가 발생할 수 있어 직렬로 연결해서 사용해야 한다.

008 일반적인 바이크에서 교류발전기의 충전전압 범위를 표시한 것 중 맞는 것은?(단, 12V 배터리의 경우이다)

① 10~12V ② 13.8~14.7V
③ 23.8~24.8V ④ 33.8~34.8V

풀이 교류전압의 충전전압 범위 표시는 13.8V~14.7V 정도이다.

009 전기바이크의 주요 구성품이 아닌 것은?

① 컨트롤러 ② 전동기
③ 배터리 ④ 발전기

풀이 전기 오토바이에는 발전기가 포함되지 않고 배터리에서 전력을 공급받아 모터를 구동하는 방식으로 작동한다.

010 전기바이크의 기어리스 모터의 특징이 아닌 것은?

① 기어가 내접되어 있어 큰 토크를 생성할 수 있다.
② 출력에 마찰이 없어 부드럽고 조용한 주행이 가능하다.
③ 유지보수 측면에서 상대적으로 우위에 있다.
④ 시스템의 간소화로 제조단가를 낮출 수 있다.

풀이 기어리스 모터는 기어가 내접되어 있지 않으며, 대신 기어 매커니즘을 제거하고 모터가 직접 드라이브 벨트나 체인에 연결된다.

011 축전지 취급 시 주의사항이 아닌 것은?

① 전해액이 옷이나 피부에 닿지 않도록 한다.
② 전해액을 혼합할 때에는 물을 황산에 천천히 붓는다.
③ 중탄산소다수와 같은 중화제를 항상 준비한다.
④ 축전지 케이스의 균열에 대하여 점검하고 정도에 따라 수리 또는 교환한다.

풀이 물을 황산에 붓게 되면 급격한 열 발생으로 인해 위험해 질 수 있다.

012 14V배터리에 연결된 전구의 소비전력이 60W이다. 배터리의 전압이 떨어져 12V가 되었을 때 전구의 실제 전력은 약 몇 W인가?

① 3.2 ② 25.5
③ 39.2 ④ 44.1

정답 07. ① 08. ② 09. ④ 10. ① 11. ② 12. ④

풀이 1. 14V에서 60W 소모라면, 저항 R은 아래와 같이 구할 수 있다.

$$R = \frac{V^2}{P} = \frac{14^2}{60} \approx \frac{196}{60} \approx 3.27\Omega$$

2. 이후 저항은 일정하므로, 12V 공급 시에는

$$P = \frac{V^2}{R} = \frac{12^2}{3.27} \approx \frac{144}{3.27} \approx 44\Omega$$

즉, 공급 전압이 85.7%로 줄면 전력은 $0.857^2 \approx 0.735$, 즉, 약 73.5% 수준이 되며 60W × 0.735 ≈ 44W이다.

013 점화 1차 파형으로 확인할 수 없는 사항은?

① 드웰 시간 ② 방전 전류
③ 점화 코일 상태 ④ 파워 TR의 성능평가

풀이 점화 1차 파형으로 점화코일 상태, 파워 TR상태, 배선 상태, 전압 및 전류 분석, 드웰시간 등을 알 수 있다.

014 전기회로의 점검 방법으로 틀린 것은?

① 전류 측정 시 회로와 병렬로 연결한다.
② 회로가 접속 불량일 경우 전압 강하를 점검한다.
③ 회로의 단선시 회로의 저항 측정을 통해서 점검할 수 있다.
④ 제어모듈 회로 점검 시 디지털 멀티미터를 사용하여 점검할 수 있다.

풀이 전류 측정 시 회로와 직렬로 연결해야 한다.

015 점화장치의 파워 트랜지스터 불량 시 발생하는 고장 현상이 아닌 것은?

① 주행 중 엔진이 정지한다.
② 공전 시 엔진이 정지한다.
③ 엔진이 크랭크되지 않는다.
④ 점화 불량으로 시동이 걸리지 않는다.

풀이 점화장치가 고장이 발생하여도 엔진의 크랭킹은 된다.

016 반도체 접합 중 이중접합의 적용으로 틀린 것은?

① 서미스터 ② 발광다이오드
③ PNP트랜지스터 ④ NPN트랜지스터

풀이 서미스터는 반도체 접합이 아닌 저항의 온도 의존성을 이용한 소자이다.

017 점화플러그의 열가(H.R)를 좌우하는 요인으로 거리가 먼 것은?

① 절연체 및 전극의 열전도율
② 연소실의 형상과 체적
③ 화염이 접촉되는 부분의 표면적
④ 엔진 냉각수의 온도

풀이 점화플러그의 열가는 주로 절연체 및 전극의 열전도율, 연소실의 형상과 체적, 그리고 화염이 접촉되는 부분의 표면적에 의해 결정된다.

018 교류발전기의 전압 조정기에서 출력 전압을 조정하는 방법은?

① 회전토크 변경 ② 코일의 권수 변경
③ 자속의 크기 변경 ④ 코일의 굵기 변경

풀이 교류발전기의 전압 조정기에서 출력 전압을 조정하는 방법 중 하나는 자속의 크기 변경이다. 자속의 크기를 변경함으로써 발전기의 출력 전압을 조절할 수 있다.

정답 13. ② 14. ① 15. ③ 16. ① 17. ④ 18. ③

019 트랜지스터식 점화장치는 트랜지스터의 무슨 작용을 이용하여 전압을 발생시키는가?

① 스위칭 작용   ② 자기 유도 작용
③ 충·방전 작용   ④ 상호 유도 작용

> 풀이 트랜지스터는 전류를 끊었다가 연결하는 스위칭 역할을 하여 점화 코일에 고전압을 유도한다.

020 CAN 통신 시스템의 특징이 아닌 것은?

① 데이터를 2개의 배선(CAN-High, CAN-Low)을 이용하여 전송한다.
② 모듈간의 통신이 가능하다.
③ 양방향 통신이다.
④ 싱글 마스터 방식이다.

> 풀이 멀티마스터 방식을 사용하여 여러 장치가 동시에 데이터를 송신할 수 있으며, 중앙 제어 장치가 필요 없다.

021 물체의 전기 저항 특성에 대한 설명 중 틀린 것은?

① 단면적이 증가하면 저항은 감소한다.
② 도체의 저항은 온도에 따라서 변한다.
③ 보통의 금속은 온도 상승에 따라 저항이 감소된다.
④ 온도가 상승하면 전기 저항이 감소하는 소자를 부특성 서미스터라 한다.

> 풀이 보통의 금속은 온도가 상승하면 저항이 증가한다.

022 전류의 3대 작용으로 옳은 것은?

① 발열작용, 화학작용, 자기작용
② 물리작용, 발열작용, 자기작용
③ 저장작용, 유도작용, 자기작용
④ 발열작용, 유도작용, 증폭작용

> 풀이 **발열 작용** : 전류가 도체를 통과할 때 저항에 의해 열이 발생하는 현상
> **자기 작용** : 전류가 흐르는 도선 주위에 자기장이 형성되는 현상
> **화학 작용** : 전류가 흐를 때 물질에 화학적 변화를 일으키는 현상

023 이륜자동차에 직류 발전기보다 교류 발전기를 많이 사용하는 이유로 틀린 것은?

① 크기가 작고 가볍다.
② 정류자에서 불꽃 발생이 크다.
③ 공회전이나 저속에서도 충전이 가능하다.
④ 출력전류의 제어 작용을 하고 조정기의 구조가 간단하다.

> 풀이 교류 발전기는 정류자가 없기 때문에 불꽃 발생이 작다.

024 방향지시등의 이상 현상에 대한 설명으로 틀린 것은?

① 하나의 램프 단선 시 점멸 주기가 달라질 수 있다.
② 회로의 저항이 클 때 점멸 주기가 달라질 수 있다.
③ 방향지시등 스위치 불량 시 점멸 주기가 달라질 수 있다.

정답 19. ① 20. ④ 21. ③ 22. ① 23. ②

④ 방향지시등 릴레이 불량 시 모든 방향지시등이 작동 불량하다.

> 풀이 방향지시등 릴레이(플래셔 유닛) 불량 시 모든 방향지시등이 작동 불량이 되는 것이 아니라, 일부 방향지시등만 작동 불량이 될 수 있다.

025 12V 6AH 배터리가 방전되어 정전류 충전법으로 보충하려고 할 때 표준 충전 전류값은?(단, 배터리는 20시간율 용량이다.)

① 0.3A
② 0.6A
③ 0.9A
④ 1.2A

> 풀이 12V 6AH 배터리를 정전류 충전법으로 보충하려고 할 때 표준 충전 전류값은 0.6A이다. 이는 배터리 용량의 10%에 해당된다.

026 기동전동기의 작동 원리는?

① 앙페르 법칙
② 렌츠의 법칙
③ 플레밍의 왼손 법칙
④ 플레밍의 오른손 법칙

> 풀이 자기장 내에서 전류가 흐르는 도체가 받는 힘의 방향을 결정하는 데 사용되는데 왼손을 이용하여 다음과 같이 기억할 수 있다.
> • 엄지: 힘의 방향(F)
> • 검지: 자기장의 방향(B)
> • 중지: 전류의 방향(I)
> 이 세 손가락을 각각 90도 각도로 맞추면, 엄지가 가리키는 방향이 도체가 받는 힘의 방향이 된다.

027 배터리의 과충전 현상이 발생되는 주된 원인은?

① 배터리단자의 부식
② 전압 조정기의 작동 불량
③ 영구자석의 탈 자성
④ 발전기 커넥터의 단선 및 접촉 불량

> 풀이 배터리의 과충전 현상이 발생되는 주된 원인은 전압 조정기의 작동 불량이다.

028 릴레이 내부에 다이오드 또는 저항이 장착된 목적으로 옳은 것은?

① 역방향 전류 차단으로 릴레이 접점 보호
② 역방향 전류 차단으로 릴레이 코일 보호
③ 릴레이 접속 시 발생하는 스파크로부터 전장부품 보호
④ 릴레이 차단 시 코일에서 발생하는 서지 전압으로부터 제어모듈 보호

> 풀이 릴레이 내부에 다이오드 또는 저항이 장착된 주된 목적은 릴레이 차단 시 코일에서 발생하는 서지 전압으로부터 제어모듈을 보호하기 위함이다.

029 이륜자동차 편의장치 중 이모빌라이저 시스템에 대한 설명으로 틀린 것은?

① 이모빌라이저 시스템이 적용된 차량은 일반 키로 복사하여 사용할 수 없다.
② 이모빌라이저는 등록된 키가 아니면 시동되지 않는다.
③ 통신 안전성을 높이는 CAN통신을 사용한다.
④ 이모빌라이저 시스템에 사용되는 시동키 내부에는 전자 칩이 내장되어 있다.

24. ④ 25. ② 26. ③ 27. ② 28. ④ 29. ③   **정답**

풀이 이모빌라이저 시스템은 일반적으로 CAN 통신을 사용하지 않는다.

030 MF(Maintenance Free) 배터리의 특징에 대한 설명으로 틀린 것은?

① 자기 방전률이 높다.
② 전해액 증발량이 감소된다.
③ 무보수(무정비 배터리)라고도 한다.
④ 산소와 수소가스를 증류수로 환원시킬 수 있는 촉매마개를 사용한다.

풀이 MF(Maintenance Free) 배터리는 자기 방전률이 낮은 것이 특징이다.

031 자계와 자력선에 대한 설명으로 틀린 것은?

① 자계란 자력선이 존재하는 영역이다.
② 자속은 자력선 다발을 의미하며 단위는 Wb/m^2을 사용한다.
③ 자계 강도는 단위 자기량을 가지는 물체에 작용하는 자기력의 크기를 나타낸다.
④ 자기유도는 자석이 아닌 물체가 자계내에서 자기력의 영향을 받아 자석을 띠는 현상을 말한다.

풀이 자속의 단위는 Wb(웨버)이며, 자속 밀도의 단위는 T(테슬라)이다.

032 바이크 엔진의 점화시기 제어에 대한 설명으로 옳은 것은?

① 가속 시 지각시킨다.
② 감속 시 진각시킨다.
③ 노킹 발생 시 진각시킨다.
④ 냉각수 온도가 높으면 지각시킨다.

풀이 냉각수 온도가 높으면 엔진의 과열을 방지하기 위해 점화시기를 지각시키는 방법은 보편 타당하지 않다.

033 점화 전압의 크기에 대한 설명으로 틀린 것은?

① 압축 압력이 크면 높아진다.
② 점화 플러그 간극이 크면 높아진다.
③ 연소실 내에 혼합비가 희박하면 낮아진다.
④ 점화 플러그 중심전극이 날카로우면 낮아진다.

풀이 연소실 내에 혼합비가 희박하면 점화 전압이 높아진다.

034 점화플러그 간극이 규정보다 넓을 때 방전구간에 대한 설명으로 옳은 것은?

① 점화 전압이 높아지고 점화 시간은 길어진다.
② 점화 전압이 높아지고 점화 시간은 짧아진다.
③ 점화 전압이 낮아지고 점화 시간은 길어진다.
④ 점화 전압이 낮아지고 점화 시간은 짧아진다.

풀이 점화플러그 간극이 규정보다 넓을 때는 점화 전압이 높아지고 점화 시간은 단축된다.

정답 30. ① 31. ② 32. ④ 33. ③ 34. ②

035 「소음 진동관리법」상 2006년 1월 1일 이후에 제작되는 이륜자동차의 운행 배기 소음 기준으로 맞는 것은?

① 105dB ② 110dB
③ 120dB ④ 125dB

> 풀이 2006년 1월 1일 이후에 제작되는 이륜자동차의 운행 배기소음 기준은 105dB 이하이다.

036 이륜자동차를 운행하기 전에 점검해야 할 사항이 아닌 것은?

① 이륜자동차의 구조 및 장치가 안전기준에 적합하지 않으면 운행하지 않아야 한다.
② 운행 전 전·후 바퀴가 동일한 공기압을 유지하고 있다.
③ 출발 전 공회전을 오래 시켜야 엔진에 무리가 가지 않으며 연료가 절감된다.
④ 이륜자동차의 뒤쪽에서 진행되는 공간을 확보하기 위하여 후사경을 조절한다.

> 풀이 공회전을 오래하면 친환경에 위배되면서 배기가스가 많이 배출되므로 오래 해서는 안된다.

037 이륜자동차 주행 시 전방에 주행하는 차의 제동등이 점등되었을 때 할 조치로 가장 바른 자세는?

① 브레이크를 작동시키면서 감속한다.
② 경음기를 작동시킨다.
③ 추월을 하면서 신속히 비켜간다.
④ 차선을 변경한다.

> 풀이 제동등이 켜지면 즉시 감속해서 정지해야 한다.

038 바이크에 사용하는 납산축전지의 구조에 대한 설명으로 가장 옳은 것은?

① 12V 축전지 케이스 속에는 6개의 셀(cell)이 병렬로 연결되어 있다.
② 양극판은 과산화납으로, 음극판은 해면상 납으로 되어 있다.
③ 양극판은 음극판과의 화학적 평형을 고려하여 1장 더 많다.
④ 납산축전지의 격리판은 전도성이어야 한다.

> 풀이 납산축전지 특징
> 12V 축전지는 6개의 셀이 직렬로 연결되어 있으며 음극판이 양극판과의 화학적 평형을 고려하여 1장 더 많이 구성되어 있으며 납산축전지의 격리판은 비전도성이어야 한다.

039 납산축전지 격리판의 구비조건에 대한 설명으로 가장 옳지 않은 것은?

① 전도성일 것
② 전해액의 확산이 잘 될 것
③ 전해액에 산화·부식되지 않을 것
④ 극판에 나쁜 물질을 내뿜지 않을 것

> 풀이 격리판의 역할
> 양극판과 음극판 사이에 끼워져 양쪽 극판의 단락을 방지하는 일을 한다.
> [구비조건]
> 비전도성일 것, 구멍이 많아서 전해액의 확산이 잘 될 것, 기계적 강도가 있고, 전해액에 부식되지 않을 것, 극판에 좋지 못한 물질을 내 뿜지 않을 것

35. ① 36. ③ 37. ① 38. ② 39. ①

040 보기의 회로에서 헤드램프 스위치가 ON이 되면 (가)에서의 전압 V은?

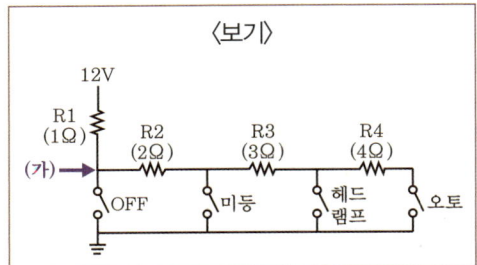

① 6
② 8
③ 10
④ 12

풀이 헤드램프 스위치가 ON위치가 된다는 조건에서
I = E/R = 12/(1Ω + 2Ω +3Ω)
I = 2A   전압은 전류 × 저항이므로 2A×5Ω = 10V

041 단위 시간당 공급 에너지 또는 다른 에너지로 전환되는 전기에너지를 뜻하는 용어는?

① 전류
② 전압
③ 전력
④ 전력량

풀이 전력
전기가 단위시간 동안에 한 일의 양이며 전등, 전동기 등에 전압을 가하여 전류를 흐르게 하면 기계적 에너지를 발생시켜 여러 가지 일을 할 수 있도록 하는 것을 말한다.

042 다음 중 설페이션(유화) 현상의 원인이 아닌 것은?

① 장시간 방전 상태로 방치
② 잦은 급속충전
③ 전해액 부족으로 극판이 공기 중에 노출된 경우
④ 전해액 속에 황산이 과도하게 함유되었을 경우

풀이 설페이션 현상의 발생원인
① 방전상태로 장시간 방치
② 방전전류가 대단히 큰 경우
③ 불충분한 충전을 반복하는 경우

043 다음 중 반도체 소자의 설명으로 바른 것은?

① 발광다이오드는 감광소자이다.
② 사이리스터는 2개의 트랜지스터를 하나로 합쳐서 전류를 증폭한다.
③ 부특성 서미스터는 온도가 높아지면 저항이 떨어진다.
④ 트랜지스터는 PNPN 또는 NPNP결합으로 스위칭형이며 (+)에노드, (−)캐소드로 제어단자와 게이트로 구성된다.

풀이 감광소자 : 빛 에너지를 송신수단이나 수신수단으로 사용할 때에 빛에너지를 전기에너지로 변환하는 소자(포토 다이오드)
서미스터 : 회로의 전류가 일정 이상으로 오르는 것을 방지하거나, 회로의 온도를 감지하는 센서로 부특성 서미스터는 온도가 높아지면 저항이 떨어진다.

044 납산축전지의 구조에 대한 설명으로 틀린 것은?

① 극판의 수가 많아지면 용량이 커진다.
② 격리판은 양극과 음극사이에 위치해야 하며 전해액이 통하지 않아야 한다.
③ 단자의 기둥은 음극보다 양극이 커야 한다.
④ 전해액으로는 묽은 황산을 사용한다.

정답 40. ③ 41. ③ 42. ② 43. ③ 44. ②

풀이 격리판은 구멍이 많아서 전해액의 확산이 잘 되어야 한다.

풀이 점화 파형에서 파워 TR(트랜지스터)의 통전시간을 의미하는 것은 드웰 시간이며 점화 코일에 전류가 흐르는 시간을 나타내며, 점화 시스템의 효율성과 성능에 중요한 역할을 한다.

045 전자제어 점화장치에서 ECU에 입력되는 정보로 거리가 먼 것은?

① 엔진회전수 신호
② 흡기매니폴드 압력센서
③ 엔진오일 압력센서
④ 수온센서

풀이 엔진오일 압력센서는 문제가 발생 시 계기판에 체크 등으로 점등된다.

048 12V 5W 번호판등이 사용되는 승용차량에 24V 3W가 잘못 장착되었을 때, 전류 값과 밝기의 변화는 어떻게 되는가?

① 0.125A, 밝아진다.
② 0.125A, 어두워진다.
③ 0.0625A, 밝아진다.
④ 0.0625A, 어두워진다.

풀이 24V 3W 전구의 저항이 $R=V^2/P = 24^2/3 = 192\Omega$인 전구를 12V차량에 장착하면 전류는 $I=V/R=12/192 = 0.0625A$
정상적인 12V 5W 전구의 전류는 $I = 5/12 = 0.417A$

046 퓨즈에 관한 설명으로 맞는 것은?

① 퓨즈는 정격전류가 흐르면 회로를 차단하는 역할을 한다.
② 퓨즈는 과대 전류가 흐르면 회로를 차단하는 역할을 한다.
③ 퓨즈는 용량이 클수록 정격전류가 낮아진다.
④ 용량이 작은 퓨즈는 용량을 조정하여 사용한다.

풀이 퓨즈는 과대전류가 흐를 때 회로를 차단하는 역할을 한다.

049 점화플러그의 열가(heat range)를 좌우하는 요인으로 거리가 먼 것은?

① 엔진 냉각수의 온도
② 연소실의 형상과 체적
③ 절연체 및 전극의 열전도율
④ 화염이 접촉되는 부분의 표면적

풀이 점화플러그의 열가는 주로 연소실의 형상과 체적, 절연체 및 전극의 열전도율, 그리고 화염이 접촉되는 부분의 표면적에 의해 결정된다.

047 점화 파형에서 파워 TR(트랜지스터)의 통전시간을 의미하는 것은?

① 전원전압
② 피크(peak) 전압
③ 드웰(dwell) 시간
④ 점화시간

45. ③ 46. ② 47. ③ 48. ④ 49. ①

050 방향지시등의 점멸 속도가 빠르다. 그 원인에 대한 설명으로 틀린 것은?

① 플래셔 유닛이 불량이다.
② 비상등 스위치가 단선되었다.
③ 전방 우측 방향지시등이 단선되었다.
④ 후방 우측 방향지시등이 단선되었다.

풀이 비상등 스위치가 단선되면 비상등이 작동하지 않지만, 방향지시등의 점멸 속도에는 영향을 미치지 않는다.

051 다음에 설명하고 있는 법칙은?

> 회로에 유입되는 전류의 총합과 회로를 빠져나가는 전류의 총합이 같다.

① 옴의 법칙
② 줄의 법칙
③ 키르히호프의 제1법칙
④ 키르히호프의 제2법칙

풀이 키르히호프의 제1법칙은 전기 회로의 접속점에서 유입되는 전류의 총합이 유출되는 전류의 총합과 같다는 것을 의미한다.

052 다음 직렬회로에서 저항 R_1에 5mA의 전류가 흐를 때 R_1의 저항값은?

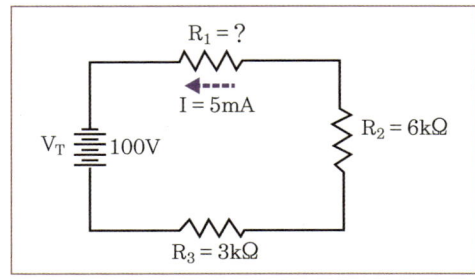

① 7kΩ   ② 9kΩ
③ 11kΩ ④ 13kΩ

풀이 옴에 법칙에 의하여 5 = 100 / (6+3+X)
X = 11kΩ

053 다음 회로에서 전압계 V_1과 V_2를 연결하여 스위치를 「ON」, 「OFF」 하면서 측정한 결과로 옳은 것은? (단, 접촉저항은 없음)

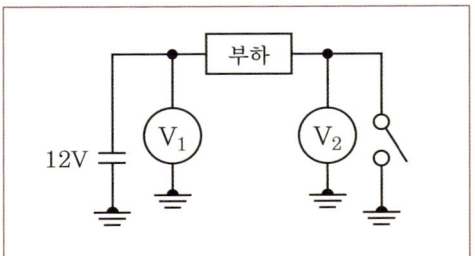

① ON : V_1 − 12V, V_2 − 12V,
   OFF : V_1 − 12V, V_2 − 12V
② ON : V_1 − 12V, V_2 − 12V,
   OFF : V_1 − 0V, V_2 − 12V
③ ON : V_1 − 12V, V_2 − 0V,
   OFF : V_1 − 12V, V_2 − 12V
④ ON : V_1 − 12V, V_2 − 0V,
   OFF : V_1 − 0V, V_2 − 0V

풀이 ON : V_1 − 12V, V_2 − 0V,
   OFF : V_1 − 12V, V_2 − 12V

054 반도체의 장점으로 틀린 것은?

① 수명이 길다.
② 매우 소형이고 가볍다.
③ 일정시간 예열이 필요하다.
④ 내부 전력 손실이 매우 적다.

정답 50. ② 51. ③ 52. ③ 53. ③ 54. ③

풀이 반도체는 예열 없이 곧바로 작동할 수 있는 장점이 있다.

풀이 배터리 터미널이 탈거되면 차량 전체의 전기 시스템이 작동하지 않게 되므로, 경음기만의 문제로 볼 수 없다.

055 전자제어 바이크엔진의 점화장치에서 크랭킹 시 점화코일에 고전압이 유기되지 않을 경우 가장 먼저 점검해야 할 부품은?

① 노크 센서
② 캠축 포지션 센서
③ 크랭크 포지션 센서
④ 매니폴드 압력 센서

풀이 크랭크 포지션 센서가 제대로 작동하지 않으면 점화 코일에 고전압이 유기되지 않을 수 있다.

056 배터리의 충전 상태를 표현한 것은?

① SOC(State Of Charge)
② SOH(State Of Health)
③ PRA(Power Relay Assembly)
④ BMS(Battery Management System)

풀이 SOC는 배터리의 현재 충전 상태를 나타내며, 배터리에 저장된 에너지가 총 용량에서 차지하는 비율을 백분율로 표시한다.

057 경음기가 완전 작동하지 않는다. 고장원인으로 적절하지 않은 것은?

① 혼 진동판 균열
② 배터리 터미널의 탈거
③ 혼 스위치 커넥터 탈거
④ 메인 퓨즈 또는 혼 퓨즈 불량

058 바이크 전기 배선에 대한 설명으로 틀린 것은?

① 배선의 지름이 증가하면 저항 값은 줄어든다.
② 배선의 길이가 2배로 증가하면 저항 값도 2배로 증가한다.
③ 배선의 지름을 2배로 증가시키면 저항 값은 1로 감소한다.
④ 보통의 금속(구리)은 일반적으로 온도 상승에 따라 저항도 증가한다.

풀이 배선의 지름을 2배로 증가시키면 저항 값은 원래 저항 값의 절반으로 감소한다.

059 이륜자동차의 등화장치에 대한 설명으로 틀린 것은?

① 전조등은 야간 주행 시 전방을 밝히고, 상대방 운전자가 위치를 인지할 수 있도록 한다.
② 미등은 야간 및 악천후 시 차량의 위치를 표시하며, 전조등과 함께 켜진다.
③ 방향지시등은 바이크 진행 방향을 알리기 위해 사용하며, 점멸 속도는 회로 저항에 따라 달라질 수 있다.
④ 후미등은 전방 시야 확보를 위해 장착되며, 브레이크 조작과 관계없이 항상 켜져 있어야 한다.

풀이 후미등은 바이크 뒷부분에 불이 들어와 뒤따르는 운전자들에게 라이더의 존재를 알려야 한다.

55. ③ 56. ① 57. ② 58. ③ 59. ④

060 바이크에서 암전류를 측정하는 방법으로 틀린 것은?

① 측정 전 모든 전기장치를 OFF한다.
② 배터리(-)터미널을 탈거한 후 전류계를 회로와 직렬로 연결한다.
③ 측정하려는 전율 값이 불확실할 때는 전류계를 높은 범위에서 낮은 범위로 조정하며 측정한다.
④ 전류계 적색프로브(+)는 배터리(+)케이블에 연결, 흑색프로브(-)는 배터리(-)터미널에 연결한다.

풀이 암전류를 측정할 때는 전류계를 배터리(-)터미널과 배터리 케이블 사이에 직렬로 연결해야 한다. 전류계의 적색 프로브(+)와 흑색 프로브(-)를 배터리의 양극과 음극에 연결하는 것은 올바른 방법이 아니다.

061 기전력이 2V이고 0.2Ω의 저항 5개가 병렬로 접속되었을 때 각 저항에 흐르는 전류는 몇 A인가?

① 10 ② 20
③ 30 ④ 40

풀이 병렬 회로에서 각 저항에 걸리는 전압은 동일하다. 따라서 각 저항에 흐르는 전류는 옴의 법칙을 사용하여 계산할 수 있다.
I = V/R = 2V/0.2Ω = 10A

062 다이오드 종류 중 역방향으로 일정 이상의 전압을 가하면 전류가 급격히 흐르는 특성을 가지는 회로보호 및 전압조정용으로 사용되는 다이오드는?

① 스위치 다이오드 ② 정류 다이오드
③ 제너 다이오드 ④ 트리오 다이오드

풀이 제너 다이오드는 역방향 전압에서 전류가 흐르며 일정한 전압을 유지하는 특성을 가지고 있어 전압 안정화 및 과전압 보호에 사용된다.

063 두 개의 영구자석 사이에 도체를 직각으로 설치하고 도체에 전류를 흘리면 도체의 한 면에는 전자가 과잉되고 다른 면에는 전자가 부족해 도체 양면을 가로 질러 전압이 발생되는 현상을 무엇이라고 하는가?

① 홀 효과 ② 렌츠의 현상
③ 칼만 볼텍스 ④ 자기유도

풀이 홀 효과는 두 개의 영구자석 사이에 도체를 직각으로 설치하고 도체에 전류를 흘리면 도체의 한 면에는 전자가 과잉되고 다른 면에는 전자가 부족해 도체 양면을 가로질러 전압이 발생하는 현상이다.

064 온도를 감지하는 센서는 정특성 서미스터와 부특성 서미스터가 있다. 다음 중 올바르게 설명하고 있는 것은?

① 부특성 서미스터는 온도가 올라가면 저항이 내려가고 온도가 내려가면 저항이 올라간다.
② 정특성 서미스터는 온도가 올라가면 저항이 내려가고 온도가 내려가면 저항이 올라간다.
③ 부특성 서미스터는 온도가 올라가면 저항이 올라가고 온도도 올라간다.
④ 정특성 서미스터는 온도가 올라가면 저항이 올라가고 온도도 올라간다.

정답 60. ④ 61. ① 62. ③ 63. ① 64. ①

풀이 부특성 서미스터(NTC 서미스터)는 온도가 상승하면 저항이 감소하고, 온도가 하강하면 저항이 증가하는 특성을 가지고 있다.

068 점화코일에 대한 설명 중 옳지 않은 것은?

① 축전지의 1차 전압을 고전압으로 바꾸는 유도 코일이다.
② 1차 코일은 0.05~0.09mm에서 2차 코일은 0.4~1.0mm 정도의 코일이 사용된다.
③ 1차 코일은 방열이 좋게 하기 위하여 2차 코일 바깥쪽에 감겨진다.
④ 1차 코일은 축전지, 2차코일은 배전기에 연결된다.

풀이 1차코일과 2차코일의 크기가 반대로 되어 있다.

065 AC 발전기 전기자에서 생성되는 전류는 어느 것인가?

① 교류   ② 직류
③ 전압   ④ 저항

풀이 교류 발전기 전기자에서 생성되는 전류는 교류다.

066 다음 중 축전지에 대한 설명으로 맞는 것은?

① 전해액의 온도가 높으면 비중이 높아진다.
② 축전지가 방전되면 기전력은 높아진다.
③ 전해액의 온도가 높으면 기전력은 낮아진다.
④ 극판이 크고 수가 많으면 용량이 크다.

풀이 전해액의 온도가 높아지면 비중이 낮아지고 축전지가 방전되면 기전력도 낮아진다. 전해액의 온도가 낮으면 비중은 높아진다.

069 바이크에 사용되는 축전지에 대한 설명으로 옳지 않은 것은?

① 축전지 셀의 음극판 수가 양극판 수보다 하나 더 많다.
② 충전 시 화학적 에너지가 전기적 에너지로 변환시켜 저장하고, 방전 시 전기적 에너지가 화학적 에너지로 바꾸어 저장된다.
③ 극판의 격리작용을 하는 격리판은 충분한 강성과 비전도성이어야 한다.
④ 축전지는 사용하지 않아도 스스로 방전을 하는데 이것을 자기방전이라 한다.

풀이 방전 시 화학적 에너지를 전기적 에너지로 변환하며 충전 시 전기적 에너지를 충전기를 사용하여 화학에너지로 변환시킨다.

067 스위치가 시동 위치에 있는데 엔진이 회전하지 않을 때 가장 문제 있는 부품은?

① 시동 전동기   ② 점화코일
③ 인젝터   ④ 하우징

풀이 시동 전동기가 고장이 발생하면 엔진이 회전하지 않는다.

65. ① 66. ④ 67. ① 68. ② 69. ②

070 바이크 전기장치에 사용되는 퓨즈의 설명으로 옳지 않은 것은?

① 재질은 알루미늄과 구리의 합금이다.
② 단락 및 누전에 의해 과다 전류가 흐르면 차단되어 전류흐름을 방지한다.
③ 전기회로에 직렬로 설치되어 있다.
④ 회로, 합성퓨즈가 단선되면 전류공급을 차단한다.

풀이 퓨즈의 재질은 납과 납 + 주석 + 안티몬 또는 납 + 구리 + 안티몬으로 구성되어 있다.

071 전기장치 중 점화장치와 관련 없는 것은?

① 점화코일　② 점화플러그
③ 파워 트랜지스터　④ 삼원촉매

풀이 배기가스 내의 일산화탄소, 탄화수소, 질소산화물을 촉매로 정화처리하는 장치를 삼원촉매장치라 하며 배기장치이다.

072 다음 중 기동 전동기의 회전이 느린 원인이 아닌 것은?

① 솔레노이드 스위치 작동 불량
② 축전지 케이블 접촉 불량
③ 브러시 및 정류자 접촉 불량
④ 정류자 소손

풀이 솔레노이드 스위치 작동이 불량하면 기동전동기가 회전을 하나 풀인 코일과 홀드인 코일이 작동을 못하여 링기어를 돌려주지 못한다.

073 축전지 케이스에 균열이 일어나는 원인으로 가장 적절한 것은?

① 발전기 및 발전기 조정기 결함
② 양극단자 쪽 셀커버 부풀어 오름
③ 축전지 케이블 연결 불량
④ 전해액 빙결

풀이 축전지 케이스가 균열이 발생하는 원인은 축전지가 동결하여 발생한다.

074 다음 중 점화플러그의 성능을 결정하는 데 가장 중요한 요소는?

① 점화플러그의 열방산 정도
② 점화플러그의 방전 전압
③ 점화플러그의 절연도
④ 점화플러그의 저항

풀이 점화플러그의 열가는 점화플러그의 열방산정도를 수치로 나타낸 것으로 자기청정온도를 유지하기 위함이다.

075 도난을 방지할 목적으로 적용되는 것이며, 도난 상황에서 시동이 걸리지 않도록 제어하여 시동은 반드시 암호코드가 일치할 경우에만 시동이 가능하도록 한 도난 방지 장치는?

① 도난 경보 장치(Burglar alarm)
② 에탁스(ETACS)
③ 이모빌라이저(Immobilizer)
④ 인플레이터(Inflator)

정답　70. ①　71. ④　72. ①　73. ④　74. ①　75. ③

풀이 **이모빌라이저**
도난방지 시스템의 하나로 암호가 다른 경우 시동을 걸 수 없으며 열쇠에 내장된 암호와 키(Key)박스에 연결된 전자유닛의 정보가 일치하는 경우에만 시동을 걸 수 있게 만들어 놓은 장치를 말한다.

풀이 전압조정기는 발전기 부품이다.

076 바이크 배터리에서 황산과 납의 화학작용이 심화되어 영구적인 황산납으로 변하는 현상을 무엇이라 하는가?

① 디아이싱 현상(deicing)
② 베이퍼 록 현상(vapor lock)
③ 설페이션 현상(sulfation)
④ 퍼콜레이션 현상(percolation)

풀이 **설페이션 현상**
축전지의 방전상태가 일정 한도 이상 오랫동안 진행되어 극판이 결정화되어 영구황산납이 되는 현상을 말한다.

079 전기바이크에서 주행 중 모터를 가동하기 위해 직류를 교류로 변환시켜주는 역할을 하는 변환 장치는?

① 인버터   ② 컨버터
③ 트랜지스터   ④ 다이오드

풀이 직류를 교류로 변환시켜주는 장치는 인버터이다.

080 타이어 편평비에 대한 설명으로 옳은 것은?

① 타이어 단면폭을 타이어 지름으로 나눈 값
② 타이어 단면높이를 타이어 단면폭으로 나눈 값
③ 타이어 단면폭을 타이어 단면높이로 나눈 값
④ 타이어 단면높이를 타이어 지름으로 나눈 값

풀이 **타이어의 편평비**
타이어 단면높이를 타이어 단면폭으로 나눈 값

077 바이크 교류 발전기에서 교류를 직류로 바꾸어주는 부품은 무엇인가?

① 트랜지스터   ② 저항
③ 서미스터   ④ 다이오드

풀이 실리콘 다이오드는 교류를 직류로 정류해 주는 역할을 한다.

081 다음 중 축전지의 기능이 아닌 것은?

① 점화장치의 점화시기를 적절하게 조절
② 발전기 출력과 부하와의 불균형을 조정
③ 시동장치와 점화장치에 전원을 공급
④ 발전기 고장 시 전원을 공급

풀이 점화장치의 점화시기를 적절하게 조절하는 역할은 ECU의 기능으로 엔진의 부하와 회전속도, 냉각수온도 및 스로틀 밸브의 개도에 따라 제어한다.

078 기동 전동기의 부품이 아닌 것은?

① 정류자   ② 전압 조정기
③ 솔레노이드 스위치 ④ 구동 피니언

76. ③ 77. ④ 78. ② 79. ① 80. ② 81. ①

082 도체의 저항에 관한 설명 중 틀린 것은?

① 무게에 비례
② 길이에 비례
③ 단면적에 반비례
④ 고유 저항에 비례

> 풀이 도체의 전기저항은 그 재료의 종류, 온도, 길이, 단면적에 의하여 결정되는데 고유저항 및 길이에 비례하고, 단면적에 반비례한다.

083 교류발전기에서 출력이 낮은 원인으로 틀린 것은?

① 스테이터 코일의 단선
② 정류 다이오드의 단선
③ 로터 코일의 단선
④ 충전경고등의 단선

> 풀이 교류발전기의 출력이 낮은 원인에서 충전경고등의 단선은 충전이 정상적으로 되고 있는지 안되고 있는지 확인하는 경고등이기 때문에 충전경고등의 단선은 무관하다.

084 트랜지스터식 전압조정기의 제너다이오드는 어떤 상태에서 전류가 역방향으로 흐르게 되는가?

① 브레이크다운 전압
② 낮은 온도
③ 서지 전압
④ 낮은 전압

> 풀이 브레이크 전압
> 역방향으로 전류가 흐르기 시작할 때 발생하는 역방향 전압을 말한다. 이 시점에서 제너 다이오드에 역방향 전압이 제너 전압보다 높게 가해지면 급격히 전류가 흐르기 시작한다.

085 IC(집적 회로)의 장점이 아닌 것은?

① 소형·경량이다.
② 납땜 부위가 적어 고장이 적다.
③ 대용량의 축전기는 IC화가 어렵다.
④ 진동에 강하고 소비전력이 매우 적다.

> 풀이 대용량의 축전기는 IC화가 어렵다는 단점에 속한다.

086 바이크용 납산배터리에 관한 설명으로 틀린 것은?

① 설페이션 현상 - 축전지를 방전상태로 장기간 방치하면 극판이 불활성 물질로 덮이는 현상이다.
② 기전력 - 축전지의 기전력은 셀 당 약 2.1V이지만 전해액 비중, 전해액 온도, 방전량등에 영향을 받는다.
③ 방전종지전압 - 일정 전압 이하로 과방전을 하게 되면, 축전지 극판을 손상시키므로 방전한계를 규정한 전압이다.
④ 용량(capacity) - 완전 충전된 축전지를 일정전압으로 단계별 방전하여 방전종지전압까지 방전했을 때의 전기량으로 AV로 표시한다.

> 풀이 축전지 용량
> 완전 충전된 축전지를 일정한 전류로 연속 방전하여 방전중의 단자전압이 규정의 방전종지전압이 될 때까지 방전시킬 수 있는 전기량으로 단위는 AH로 표시한다.

정답 82. ① 83. ④ 84. ① 85. ③ 86. ④

087 계기장치에서 맴돌이 전류와 영구자석의 상호작용에 의해 지침이 돌아가는 계기는?

① 전류계　　② 연료계
③ 유압계　　④ 차속계

풀이 차속계(속도계)는 맴돌이 전류와 영구자석의 상호작용에 의해 지침이 돌아가는 방식을 사용한다.

088 점화 플러그에 대한 설명으로 틀린 것은?

① 점화 플러그의 자기청정 온도는 500~600℃이다.
② 냉형 점화 플러그는 저속 저부하용 엔진에 사용된다.
③ 혼합가스의 혼합비는 점화 플러그 방전 전압에 영향을 준다.
④ 일반적인 점화 플러그의 전극은 니켈 – 크롬합금을 사용한다.

풀이 냉형(cold type) 점화 플러그
열방산 성능이 높고 온도 상승이 적은 형식이며, 냉형 점화 플러그의 특징은 조기점화에 대한 저항력은 매우 크나 오손에 대한 저항력은 낮으므로 고압축비, 고속·고부하용 엔진에 적합하다.

089 제너 다이오드에 대한 설명으로 틀린 것은?

① 정전압 다이오드라고도 한다.
② AC 발전기의 전압조정기에 사용하기도 한다.
③ 특정전압 이상에서는 역방향으로 전류가 흐른다.
④ 순방향으로 가한 일정전압을 제너전압이라고 한다.

풀이 역방향으로 가한 일정전압을 제너전압이라고 한다.

090 전기회로도에서 배선의 치수 및 색깔코드가 0.85R/W일 경우 W가 뜻하는 것은?

① 단면적　　② 줄무늬 색
③ 바탕색　　④ 배선의 굵기

풀이 0.85R/W : 0.85는 전선의 단면적, R은 바탕색, W는 줄무늬색을 나타낸다.

091 교류 발전기에서 B단자(출력단자)를 연결하지 않은 상태로 엔진을 장시간 운행하였을 때 발생되는 현상은?

① 과충전이 일어난다.
② 로터코일이 단선된다.
③ 충전 경고등이 점등된다.
④ 충전이 안 되지만 이상은 없다.

풀이 출력단자가 연결되지 않으면 엔진을 장시간 운행하였을 때 충전 경고등이 점등된다.

092 전기 바이크용 전동기에 요구되는 조건으로 틀린 것은?

① 구동 토크가 커야 한다.
② 충전시간이 길어야 한다.
③ 속도제어가 용이해야 한다.
④ 취급 및 보수가 간편해야 한다.

풀이 충전시간이 짧아야 한다.

87. ④　88. ②　89. ④　90. ③　91. ③　92. ②

093 기동전동기의 회전이 느려지는 원인으로 틀린 것은?

① 정류자의 상태가 불량할 때
② 배터리 방전으로 전압이 낮을 때
③ 전기자 코일의 접지상태가 불량할 때
④ 마그네틱 스위치의 플런저 리턴 스프링의 장력이 약할 때

풀이 기동전동기의 회전이 느린 원인
① 정류자의 상태가 불량하다.
② 축전지의 방전으로 전압이 낮다.
③ 축전지 단자와 케이블의 접촉이 헐겁다.
④ 브러시 스프링 장력이 약해 정류자의 밀착이 불량하다.

094 상호유도작용에 대한 설명으로 옳은 것은?

① 도체에 전류가 흐를 때 도체 주위에 자장을 형성하는 현상
② 자석의 영향으로 자석이 아닌 물체에 새롭게 자기가 나타나는 현상
③ 전기회로에서 자력선이 변화할 때, 옆의 다른 전기회로에 기전력이 발생하는 현상
④ 유도전압에 의해 흐르는 전류는 도체 내의 자속변화를 방해하는 방향으로 발생하는 현상

풀이 상호유도작용이란 코일에 자력선을 변화시키면 다른 코일에 자력선의 변화를 방해하려는 기전력이 유도되는 현상이다.

095 교류 발전기에서 교류 전압이 발생되는 부위는?

① 로터   ② 정류자
③ 스테이터   ④ 다이오드

풀이 교류 발전기에서 교류 전압이 발생되는 부분은 스테이터이다.

096 6A의 전류로 연속 방전하여 14시간이 지나서 방전종지전압에 이르렀다면, 이 축전지의 용량은 몇 Ah인가?

① 42   ② 66
③ 72   ④ 84

풀이 $Ah = A \times h$ ∴ $6A \times 14h = 84Ah$

097 기동전동기가 약하게 돌아가는 원인으로 옳은 것은?

① 기동전동기 계자코일이 단락되어 자력이 커졌다.
② 배터리 (+)단자의 접촉이 불량하여 많은 전류가 흐른다.
③ 기동전동기 B단자의 접촉이 불량하여 전압강하가 크다.
④ 기동전동기 마그네틱 스위치의 풀인 코일에 전류가 많이 흐른다.

풀이 기동전동기 B단자의 접촉이 불량하여 전압강하가 크다.

098 반도체의 재료로 사용되는 물질로 옳은 것은?

① 주철, 파라핀
② 구리, 알루미늄
③ 에보나이트, 유리
④ 실리콘, 게르마늄

정답 93. ④ 94. ③ 95. ③ 96. ④ 97. ③ 98. ④

PART 03 이륜자동차 전기안전장치

풀이 반도체의 종류에는 실리콘, 게르마늄, 셀렌 등이 있다.

099 바이크 충전장치의 충전경고등이 점등된 원인과 거리가 먼 것은?

① 배터리 방전
② IC 레귤레이터 결함
③ 스테이터 코일 결함
④ 충전회로와 연결된 전선의 결함

풀이 충전경고등이 점등된 원인과 배터리의 방전은 무관하다.

100 점화장치에서 폐자로(몰드) 점화코일의 특징으로 틀린 것은?

① 내열성이 우수하다.
② 1차 전류가 증가되며 자속이 감소한다.
③ 자속이 외부로 방출되는 것을 최소화시켰다.
④ 1차 코일의 지름을 굵게 하여 저항을 감소시켰다.

풀이 폐자로(몰드) 점화코일의 특징
① 자속이 외부로 방출되는 것을 방지하기 위해 철심을 통하여 자속이 흐르도록 한다.
② 1차 코일의 지름을 굵게 하여 저항을 감소시키고 큰 자속이 형성될 수 있도록 하여 높은 전압을 발생시킬 수 있다.
③ 구조가 간단하고 내열성이 우수하므로 성능저하가 없다.

101 반도체의 장점으로 틀린 것은?

① 역내압이 낮다.
② 소형이고 경량이다.
③ 내부 전력손실이 매우 적다.
④ 응답성이 빠르고 수명이 길다.

풀이 역내압이 낮다는 반도체의 단점에 속한다.

102 점화시기가 늦을 때 일어나는 현상으로 옳은 것은?

① 열효율이 높게 된다.
② 엔진 출력이 낮아진다.
③ 배기색이 청색이 된다.
④ 커넥팅 로드에 변형이 생긴다.

풀이 점화시기가 늦으면 엔진 출력이 낮아진다.

103 산소 센서의 기능을 바르게 설명한 것은?

① 유해 배출가스 중 NOx를 감소시키는 역할을 한다.
② 흡기 매니폴드에 산소를 공급하는 역할을 한다.
③ 직접적으로 연료와 산소 혼합비를 적절하게 조정한다.
④ 배기가스 중 산소의 농도를 감지하여 출력 전압을 보내준다.

풀이 산소 센서의 역할
배기가스 중 산소의 농도를 감지하여 출력 전압을 ECU로 보내준다.

99. ① 100. ② 101. ① 102. ② 103. ④ 정답

104 점화장치에서 점화 코일에 고압의 2차 전압이 발생되는 시기로 옳은 것은?

① 파워 트랜지스터가 통전 시작 전
② 파워 트랜지스터가 통전 중일 때
③ 파워 트랜지스터가 'off' 상태에서 'on'되는 순간
④ 파워 트랜지스터가 'on' 상태에서 'off'되는 순간

풀이 파워 트랜지스터가 'ON' 상태에서 'OFF'로 단속하는 순간 점화 코일에 고압의 2차 전압이 발생된다.

105 바이크 납산 배터리의 자기방전에 대한 설명으로 틀린 것은?

① 양극판은 과산화납으로 음극판은 해면 상납으로 변하면서 방전된다.
② 전해액 중에 불순물이 혼입되어 국부 전지가 형성되었을 때 방전된다.
③ 탈락한 작용물질이 극판의 아랫부분이나 측면에 퇴적되었을 때 방전된다.
④ 배터리 케이스의 표면에 부착된 전해액이나 먼지 등에 의한 누전으로 방전된다.

풀이 양극판과 음극판은 황산납으로 변하면서 방전된다.

106 배터리 보충전 방법이 아닌 것은?

① 정전류 충전법   ② 정전압 충전법
③ 단별 전류 충전법 ④ 단별 전압 충전법

풀이 배터리의 보충전 방법
정전류 충전, 정전압 충전, 단별전류 충전, 급속충전

107 외부로부터 빛을 받으면 전류를 흐를 수 있게 하는 센서로서 크랭크 각 센서, 일사 센서 등에 쓰이는 것은?

① 발광다이오드   ② 포토다이오드
③ 제너다이오드   ④ PN 접합 다이오드

풀이 포토다이오드는 외부로부터 빛을 받으면 전류를 흐를 수 있게 하는 센서로서 크랭크 각 센서, 일사 센서 등에 쓰인다.

108 전기회로 정비 작업을 할 때의 설명으로 틀린 것은?

① 전기회로 배선 작업을 할 때 진동, 간섭 등에 주의하여 배선을 정리한다.
② 차량에 외부 전기장치를 장착할 때는 전원 부분에 반드시 퓨즈를 설치한다.
③ 배선 연결 회로에서 접촉이 불량하면 열이 발생한다.
④ 연결 접촉부가 있는 회로에서 선간 전압이 5V 이하일 때에는 문제가 되지 않는다.

풀이 선간 전압이 5V 이하일 때에도 회로접촉부를 신경 써야 한다.

109 전류의 자기작용을 응용한 예를 설명한 것으로 틀린 것은?

① 스타터 모터의 작용
② 릴레이의 작동
③ 시거라이터의 작동
④ 솔레노이드의 작동

풀이 시거라이터는 전류의 발열작용이다.

정답 104. ④ 105. ① 106. ④ 107. ② 108. ④ 109. ③

110 발전기와 축전지가 접속된 상태로 급속충전을 할 때 손상되는 것은?

① 코일 ② 다이오드
③ 절연 바니스 ④ 브러시

> 풀이 축전지를 자동차에서 떼어내지 않고 급속 충전을 할 경우에는 반드시 축전지와 발전기를 연결하는 케이블을 반드시 분리해야 한다. 이는 발전기 다이오드를 보호하기 위함이다.

111 전동기의 회전방향을 알고자 할 때 쓰이는 법칙은?

① 플레밍의 왼손 법칙
② 앙페르의 법칙
③ 렌츠의 법칙
④ 플레밍의 오른손 법칙

> 풀이 플레밍의 왼손 법칙에 의하여 전동기의 회전방향을 알 수 있다.

112 알칼리 축전지의 설명으로 틀린 것은?

① 과충전, 과방전 등 가혹한 조건에 잘 견딘다.
② 고율방전 성능이 매우 우수하다.
③ 출력밀도(W/kg)가 크다.
④ 극판은 납과 칼슘 합금으로 구성된다.

> 풀이 알칼리 축전지의 양극판은 수산화 제2니켈, 음극판은 카드뮴으로 구성되어 있다.

113 점화코일의 시험에 있어 일반적으로 적당한 방법은?

① 오실로스코프 시험기를 사용하고 있다.
② 고주파 코일 시험기를 사용하고 있다.
③ 네온관 시험기를 사용하고 있다.
④ 축전기 시험기를 사용하고 있다.

> 풀이 파형과 전압과 전류를 전체를 볼 수 있는 오실로스코프 시험기를 사용한다.

114 점화제어 점화장치의 파워TR회로에서 ECU와 연결된 단자는?

① 이미터 ② 베이스
③ 컬렉터 ④ 애노드

> 풀이 ECU와 연결되어 있는 단자는 베이스 단자이다.

115 점화장치에서 사용되는 TR(트랜지스터)의 기본 작용은?

① 잡음방지작용 ② 스위칭작용
③ 검파작용 ④ 정류작용

> 풀이 트랜지스터의 이미터와 컬렉터 사이의 전류가 흐르게 하려면 베이스에 전류를 흐르게 해야한다. 이것은 베이스 전류를 단속하므로 이미터의 컬렉터 사이에 ON, OFF 할 수 있다는 것으로 스위칭작용이라 한다.

정답 110. ② 111. ① 112. ④ 113. ① 114. ② 115. ②

116 트랜지스터 점화장치의 특징 중 옳지 않은 것은?

① 불꽃 에너지가 감소되어 착화성이 향상된다.
② 고속성능이 향상된다.
③ 신뢰성이 향상된다.
④ 저속 성능이 안정된다.

> 풀이 불꽃 에너지가 좋아 착화성이 향상된다.

117 자기유도작용과 상호유도작용 원리를 이용한 것은?

① 발전기　　② 점화코일
③ 기동모터　④ 축전지

> 풀이 자기유도작용과 상호유도작용 원리를 이용한 것은 점화코일이다.

118 점화코일의 성능상 중요한 특성과 가장 거리가 먼 것은?

① 속도특성　② 온도특성
③ 축전특성　④ 절연특성

> 풀이 점화코일의 성능상 중요한 특성과 관계없는 것은 온도특성이다.

119 점화플러그에서 자기청정 온도가 정상보다 높아졌을 때 나타날 수 있는 현상은?

① 실화　　② 후화
③ 조기점화　④ 역화

> 풀이 내연기관에서 점화플러그·배기밸브 등의 고온부분이 점화원이 되어 정규의 점화 시간보다 먼저 혼합기가 발화하여 연소하는 현상을 조기점화라 한다.

120 공랭 또는 과급기관과 같은 열부하가 큰 기관에 사용되는 점화플러그는?

① 보통형　　② 고온형
③ 열형　　　④ 냉형

> 풀이 절연체 노스 면적이 작아 열을 거의 흡수하지 못하며, 짧은 열전도 통로를 통한 열 분산성이 우수한 플러그는 냉형플러그이다.

121 점화플러그 점검 및 교환 시 안전 유의사항 중 적합하지 않는 것은?

① 점화플러그 절연체 부분의 파손으로 인한 손상이 없도록 취급 시 주의하여야 한다.
② 전극의 간극을 조정할 때에는 무리하게 구부리면 손상될 수 있으므로 주의하여야 한다.
③ 카본이나 오물을 청소할 때에는 끝이 뾰족한 공구를 사용하여 깨끗이 제거한다.
④ 점화플러그를 탈착한 경우에는 실린더에 이물질이 유입되지 않도록 주의한다.

> 풀이 카본이나 오물을 청소할 때에는 브러시나 부드러운 공구로 청소한다.

정답　116. ①　117. ②　118. ②　119. ③　120. ④　121. ③

122 다음 중 점화플러그에 대한 설명으로 틀린 것은?

① 전극 앞부분의 온도가 950℃ 이상이 되면 자연 발화될 수 있다.
② 전극부의 온도가 450℃ 이하가 되면 실화가 발생한다.
③ 점화플러그의 열 방출이 가장 큰 부분은 단자부분이다.
④ 전극의 온도가 400~600℃인 경우 전극은 자기 청정작용을 한다.

> **풀이** 점화플러그 절연체
> 점화플러그의 수명을 결정하는 부분이며 고온에서도 절연성과 기계적 강도를 유지하고, 전극부에서 받은 열을 방출시키는 부분으로 내열성 및 열전도성이 좋아야 한다.

123 점화플러그의 품번 "B6PES"에서 "6"에 해당되는 것은?

① 열가　　② 나사의 지름
③ 제품　　④ 플러그형

> **풀이** B – 플러그 나사의 지름(mm), P – 자기돌출형, 6 – 열가, E – 플러그 나사의 길이, S – 표준형의 개량형, R – 저항플러그(10KΩ)

124 코일 자신에 흐르는 전류를 변화시키면 코일과 교차하는 자력선도 변화되기 때문에 코일에 그 변화를 방해하는 방향으로 기전력이 발생되는 현상을 무엇이라 하는가?

① 상호유도작용　　② 자기유도작용
③ 렌츠의 법칙　　④ 플레밍의 왼손법칙

> **풀이** 점화코일에 전류를 ON 및 OFF할 때 코일 속에는 자기장이 생겼다 없어졌다를 반복하게 되면서 역기전력이 발생한다. 이와 같은 현상을 코일이 혼자서 스스로 전기를 유도한다는 의미에서 자기유도작용이라고 한다.

125 자동차용 납산 축전지의 수명을 단축시키는 원인으로 가장 옳지 않은 것은?

① 전해액 부족으로 인한 극판의 노출
② 과다 방전으로 인한 극판의 영구 황산납화
③ 전해액의 비중이 낮은 경우
④ 방전 종지전압 이상의 충전

> **풀이** 축전지를 사용하는 경우 단자전압이 0으로 되기까지 방전시키지 않고, 어느 한도의 전압까지 강하하면 멈추게 하는 전압을 방전종지전압이라 하는데 셀당 2.1V에서 방전종지전압은 1.75V이므로 10.5V이다. 방전종지전압 이상의 충전은 축전지수명단축과 전혀 무관하다.

126 다음 중 트랜지스터의 특징으로 잘못된 설명은?

① 기계적으로 강하고, 수명이 길며 무겁다.
② 내부에서 전압강하가 매우 적다.
③ 내부에서 전력 손실이 적다.
④ 정격값 이상으로 사용하면 파손되기 쉽다.

> **풀이** 트랜지스터의 장점
> 1. 소형·경량이며 기계적으로 강하다.
> 2. 내부의 전압강하가 매우 낮다.
> 3. 수명이 길고 내부에서 전력손실이 적다.
> 4. 예열하지 않고 곧 작동한다.

122. ③　123. ①　124. ②　125. ④　126. ①

127 다음 중 바이크 배터리에 대해 잘못 설명하고 있는 것은?

① 전해액의 비중이 낮아지면, 자기방전은 커진다.
② 전해액의 온도가 낮으면, 비중은 커진다.
③ MF 배터리는 사용하는 기간 동안 전해액을 보충할 필요가 없다.
④ 배터리는 사용하지 않고 방치하면 화학작용에 의해 자기방전을 일으킨다.

> **풀이** 자기방전량은 전해액의 온도가 높을수록 커지며, 불순물이 많을수록 커진다.

128 쿨롱의 법칙(Coulomb's law)에 대한 설명으로 가장 옳지 않은 것은?

① 전기력과 자기력에 관한 법칙이다.
② 2개의 자극 사이에 작용하는 힘은 거리의 제곱에 비례하고 두 자극의 곱에는 반비례한다.
③ 2개의 대전체 사이에 작용하는 힘은 거리의 제곱에 반비례하고 대전체가 가지고 있는 전하량의 곱에는 비례한다.
④ 두 자극의 거리가 가까우면 자극의 세기는 강해지고 거리가 멀면 자극의 세기는 약해진다.

> **풀이** 쿨롱의 법칙(Coulomb's law)
> 전하를 가진 두 물체 사이에 작용하는 힘의 크기는 두 전하의 곱에 비례하고 거리의 제곱에 반비례한다. 같은 극성의 전하는 서로 미는 척력을 다른 극성의 전하는 서로 잡아당기는 인력이 작용한다.

129 바이크 배터리(battery)와 관련된 용어가 아닌 것은?

① RC(Reserve Capacity)
② CCA(Cold Cranking Ampere)
③ AGM(Absorbent Glass Mat)
④ PWM(Pulse Width Modulation)

> **풀이**
> • RC(Reserve Capacity)
> 예비용량 보유용량으로 발전기 고장시 차량의 전기 시스템에 동력을 공급하는데 도움을 주는 예비용량으로 차량 내 필요한 최소한의 전기 소모량으로 방전 종지 전압(10.5V)까지 도달하는데 걸리는 시간
> • CCA(Cold Cranking Ampere)
> 저온 시동능력으로 혹한의 날씨에 전압이 사용 불가능한 수준으로 떨어질 때까지 차량의 시동에 필요한 전류를 지원해 줄 수 있는 능력으로 저온시동능력값이 높은 배터리 일수록 겨울철 시동성이 양호하다.
> • AGM(Absorbent Glass Mat)
> 유리섬유매트로 격리판으로 사용되며 배터리 전해액이 완전히 흡수되고 배터리 극판에 전해액이 고르게 반응하여 우수한 전기효율 및 높은 충전회복 능력제공, idle-stop and go 기능이 장착된 차량에 사용 시 일반 MF배터리보다 긴 수명을 제공하며 내부 저항이 매우 낮다.

130 배터리의 고전압을 발생시켜 점화 코일에서 발생된 유도 전압으로 각각의 점화 플러그에 순차적으로 전달하여 점화하는 방식의 설명으로 옳은 설명은?

① 점화장치에서 점화코일은 12V의 배터리 전압을 이용한다.
② 자기유도작용을 이용하기 위해 점화코일의 1차 코일은 교류로 연결되어 있다.
③ 고속, 고부하 차량에는 열을 빠르게 전달하기 위해 열 발산이 잘 안 되는 열형 플러그를 사용한다.

정답 127. ① 128. ② 129. ④

④ 상호유도작용을 이용하기 위해 점화코일의 1차 코일의 권수가 2차 코일의 권수보다 적다.

> 풀이 점화코일의 1차코일은 직류이며 고속 고부하 차량에는 열 발산이 잘 되는 냉형 플러그를 사용하며 상호유도작용을 이용하기 위해 점화코일의 1차 코일의 권수가 2차 코일의 권수보다 많다. 점화장치에서 점화코일은 12V 배터리 전압을 이용한다.

131 교류 발전기에서 유도전압이 발생되는 구성부품은?

① 로터
② 회전자
③ 계자코일
④ 스테이터

> 풀이 교류발전기에서 유도전압을 발생하는 구성부품은 스테이터이다.

132 점화코일에 관한 설명으로 틀린 것은?

① 점화 플러그에 불꽃방전을 일으킬 수 있는 높은 전압을 발생한다.
② 점화코일의 입력 측이 1차 코일이고, 출력 측이 2차 코일이다.
③ 1차 코일에 전류 차단 시 플레밍의 왼손 법칙에 의해 전압이 상승한다.
④ 2차 코일에서 상호유도작용으로 2차 코일의 권수비에 비례하여 높은 전압이 발생한다.

> 풀이 점화코일에서 1차 코일의 전류를 차단하면 자기유도 작용에 의해 전압이 상승한다.

133 다이오드를 이용한 바이크용 전구회로에 대한 설명 중 옳은 것은?

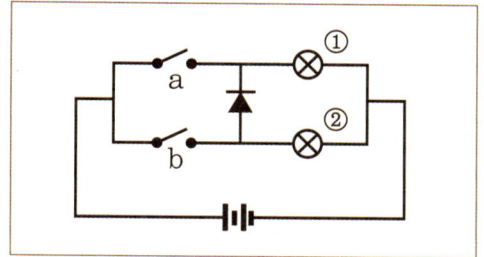

① 스위치 b가 ON일 때 전구 ②만 점등된다.
② 스위치 b가 ON일 때 전구 ①만 점등된다.
③ 스위치 a가 ON일 때 전구 ①만 점등된다.
④ 스위치 a가 ON일 때 전구 ①과 전구 ② 모두 점등된다.

> 풀이 스위치 a가 ON일 때 전구 ①만 점등된다.
> 스위치 b가 ON일 때 전구 ①과 ②가 점등된다.

134 배터리 극판의 영구 황산납(유화, 설페이션) 현상의 원인으로 틀린 것은?

① 전해액의 비중이 너무 낮다.
② 전해액이 부족하여 극판이 노출되었다.
③ 배터리의 극판이 충분하게 충전되었다.
④ 배터리를 방전된 상태로 장시간 방치하였다.

> 풀이 설페이션 현상의 원인
> ① 전해액의 비중이 너무 높거나 낮다.
> ② 전해액이 부족하여 극판이 노출되었다.
> ③ 충전이 불충분하였다.
> ④ 축전지를 방전된 상태로 장시간 방치하였다.

130. ① 131. ④ 132. ③ 133. ③ 134. ③

135 보기가 설명하고 있는 법칙으로 옳은 것은?

> [보기]
> 유도 기전력의 방향은 코일 내 자속의 변화를 방해하는 방향으로 발생한다.

① 렌츠의 법칙
② 자기유도 법칙
③ 플레밍의 왼손 법칙
④ 플레밍의 오른손 법칙

> 풀이 **렌츠의 법칙**
> 코일 내 자속의 변화를 방해하는 방향으로 유도 기전력이 발생한다는 법칙

136 배터리의 전해액 비중은 온도(1℃) 변화에 따른 비중의 변화량은? (단, 표준온도는 20℃이다.)

① 0.0003
② 0.0005
③ 0.0007
④ 0.0009

> 풀이 전해액 비중은 온도(1℃) 변화에 따른 비중의 변화량은 0.0007이다.

137 바이크에서 발전기의 주요 기능이 아닌 것은?

① 배터리를 충전하여 전기 시스템에 전력을 공급한다.
② 엔진의 회전 에너지를 전기 에너지로 변환한다.
③ 주행 중 배터리의 전압을 일정하게 유지한다.
④ 전기 시스템의 과전압을 방지하기 위해 전압 조절기를 사용한다.

> 풀이 발전기 출력전압을 일정하게 유지하기 위해서 전압 조정기를 사용한다.

138 바이크의 전조등에 사용되는 전조등 전구에 대한 설명 중 ( ) 안에 알맞은 것은?

> (　　)전구는 전구 안에 (　　)화합물과 불활성가스가 함께 봉입되어 있으며, 백열전구에 비해 필라멘트와 전구의 온도가 높고 광효율이 좋다.

① 네온
② 할로겐
③ 필라멘트
④ LED

> 풀이 할로겐램프를 설명한 내용이다.

139 이륜자동차의 전기 안전장치 중 전기 절연 저항 측정 장치의 주요 기능으로 올바른 것은?

① 배터리의 충전 상태를 실시간으로 모니터링하여 과충전을 방지한다.
② 차체와 배터리 간의 전기적 절연 상태를 점검하여 누전이나 감전 위험을 예방한다.
③ 모터의 회전 속도를 조절하여 주행 성능을 최적화한다.
④ 전기 회로의 과부하를 감지하여 자동으로 회로를 차단한다.

> 풀이 전기 절연 저항 측정 장치는 절연 저항을 측정해, 전기 회로나 배터리가 차체(접지)와 얼마나 안전하게 분리되어 있는지를 확인하는 장치이다. 즉, 전기적 누설이나 절연 파괴가 발생하지 않도록 예방하는 역할을 한다.

정답 135. ① 136. ③ 137. ④ 138. ② 139. ②

140 이륜자동차의 시동장치에서 기동전동기의 주요 역할에 해당하는 것은?

① 배기 가스를 정화하여 환경 오염을 줄인다.
② 엔진을 회전시켜 시동이 걸리도록 한다.
③ 배터리의 전압을 일정하게 유지하여 전기 시스템의 안정성을 확보한다.
④ 엔진의 연료 분사량을 조절하여 연료 효율을 높인다.

풀이 기동전동기는 엔진을 회전시켜 시동이 걸리도록 하는 역할을 한다.

141 전기오토바이의 주요 장점으로 올바른 것은?

① 배터리 교체가 필요 없음
② 소음이 크고 진동이 심함
③ 유지비가 낮고 친환경적임
④ 연료 주입이 간편함

풀이 **유지비가 낮음** : 전기오토바이는 내연기관처럼 엔진 오일, 스파크 플러그, 냉각수 교환이 필요 없으며, 구조가 단순해 정비가 적게 들며 비용 절감 효과가 크다.
친환경적임 : 배기 가스가 전혀 발생하지 않아 대기 오염 물질 배출이 없고, 소음도 적어 도시 환경에 더 적합하다.

142 전기오토바이의 주행 거리에 가장 큰 영향을 미치는 요소는?

① 타이어 종류   ② 배터리 용량
③ 핸들 디자인   ④ 브레이크 패드 상태

풀이 배터리 용량은 단위 시간당 저장할 수 있는 에너지 양을 결정하며, 이 값이 클수록 한 번 충전으로 더 긴 거리를 주행할 수 있다.

143 전기오토바이의 충전 시간에 영향을 주는 요소로 올바른 것은?

① 도로의 상태   ② 배터리의 크기
③ 운전자의 체중   ④ 날씨의 변화

풀이 배터리 크기(용량, kWh)가 클수록 더 많은 에너지를 저장할 수 있어, 완전히 충전하는 데 시간이 더 오래 소요된다.

144 전기오토바이의 유지비가 낮은 이유로 가장 적절한 것은?

① 연료비 절감   ② 보험료 인하
③ 세금 혜택   ④ 정비 비용 증가

풀이 서울시는 내연기관 오토바이를 전기오토바이로 전환 시 연간 약 2,450,000원의 유지비 절감 효과를 기대할 수 있다고 밝혔으며, 국내 전기스쿠터 이용자들은 내연기관 스쿠터 대비 연간 약 500만~600만 원정도 절약가능하다.

145 전기오토바이의 친환경성에 기여하는 것은?

① 배기가스 배출   ② 저소음 운행
③ 고속 주행   ④ 연료 소비

풀이 전기오토바이는 배출가스가 전혀 없으며, 대기 오염을 줄이는 데 기여하며, 또한, 소음이 매우 적어서 도시 환경의 소음 공해를 감소시키고, 시민들의 스트레스 및 건강 문제를 완화하는 데 도움을 주는 친환경성의 핵심요소이다.

140. ② 141. ③ 142. ② 143. ② 144. ① 145. ②

146 전기오토바이에서 허브 모터(Hub Motor)의 특징으로 옳은 것은?

① 휠 허브 내부에 통합되어 설치가 간단하다.
② 기어 변속기와 체인을 통해도 동력을 전달할 수 있다.
③ 언덕 주행에 가장 효율적이다.
④ 무게 중심이 중앙에 있어 조향성이 뛰어나다.

> 풀이 │ 허브 모터는 바퀴의 허브(중심 부분) 안에 모터가 통합되어 있어, 체인이나 벨트 드라이브와 같은 추가 구동 부품이 필요 없으며, 그 결과 구조가 단순하고 설치 및 유지보수가 매우 간단하다.

147 미드 드라이브(Mid Drive)모터의 장점이 아닌 것은?

① 무게 중심이 낮아 조향성이 우수하다.
② 기어를 활용해 다양한 지형에 대응 가능하다.
③ 구조가 간단하고 유지보수가 거의 필요 없다.
④ 언덕 주행에서 효율이 우수하다.

> 풀이 │ 실제로 미드 드라이브 모터는 구조가 복잡하고, 유지보수와 비용 측면에서 부담이 더 큰 편이다.

148 직접 구동(Direct-drive Hub Motor) 방식의 단점은?

① 구조가 복잡하다.
② 소음이 매우 크다.
③ 무게가 무겁고 효율이 낮다.
④ 유지보수가 잦다.

> 풀이 │ 직접 구동 모터는 기어가 없어 구조가 간단하지만, 무게가 무겁고 저속에서 토크가 부족하여 언덕 주행 시 효율이 떨어지며, 또한 저속에서의 에너지 손실이 커져 배터리 소모가 증가할 수 있다.

149 전기 오토바이에서 허브 모터와 섀시 기반(체인/벨트) 모터를 비교하였을 때, 일반적으로 옳은 설명은?

① 허브 모터는 체인 드라이브보다 힘이 더 크다.
② 섀시 기반 드라이브는 체인/벨트를 사용해 기어비를 적용할 수 있다.
③ 허브 모터는 무게가 중앙에 집중된다.
④ 섀시 기반 드라이브는 유지보수가 전혀 필요 없다.

> 풀이 │ 섀시 기반 드라이브(Mid-Drive Motor)는 모터가 자전거의 중앙, 즉 크랭크셋 근처에 위치하여 체인이나 벨트를 통해 구동되어 기어비를 활용할 수 있어 다양한 지형에 효율적으로 대응할 수 있으며, 또한, 모터의 무게가 중앙에 집중되어 조향성이 우수하다.

150 허브 모터가 언덕 주행에 부적합한 주된 이유는?

① 모터의 크기가 너무 커서
② 내부 기어가 없어 기어비 변환이 어렵다.
③ 벨트가 쉽게 늘어난다.
④ 무게 중심이 너무 낮다.

> 풀이 │ 허브 모터는 일반적으로 단일 기어비만을 제공하며, 이는 언덕 주행 시 효율적인 토크 전달에 제한을 둔다. 기어비를 조절할 수 없기 때문에, 언덕과 같은 경사진 지형에서는 모터가 최적의 효율 범위에서 작동하지 않아 배터리 소모가 증가하고, 모터에 과부하가 걸릴 수 있기 때문에, 허브 모터가 언덕 주행에 부적합한 주된 이유이다.

146. ① 147. ③ 148. ③ 149. ② 150. ②

PART 04
안전 및 법규

Motorcycle Safety and regulations

01 바이크 정비 작업자 안전관리 지침
02 관련 법규

바이크 정비 작업자 안전관리 지침

01 작업 전 준비사항

1 작업계획 수립

정비 대상 바이크의 상태(엔진, 체인, 브레이크, 전기장치 등)를 사전 점검하고, 필요한 공구, 부품, 소모품(오일, 필터 등)을 미리 준비하여 작업 효율성과 안전성을 확보할 수 있다.

2 작업 공간 확보 및 정리

작업 장소는 깨끗하고 정돈되어 있어야 하며, 미끄럼이나 낙하물 위험이 없도록 유류, 오일을 즉시 닦아내고 통로와 비상구는 확보한다.

3 작업자 교육 및 절차 안내

작업자에게 정비 절차, 안전수칙, 비상시 대처방안을 충분히 교육하고 이해시킨 후 작업에 들어가야 한다.

02 개인 보호장비(PPE) 착용

1 헬멧, 장갑, 작업복 등 필수 PPE 착용

정비 작업 시에도 헬멧, 보호장갑, 안전화 등 PPE를 착용해 외상 및 충격, 화학물질 등에 대한 방호를 강화해야 한다.

2 고가시성 및 충격 흡수 기능 장비 선택

반사테이프, 밝은 색상의 작업복이나 재킷을 사용하고, CE 인증 등의 충격 보호 기능(Padding, Airbag 자켓 등)을 갖춘 장비를 활용하면 더욱 효과적이다.

03 핵심 정비 항목 및 안전수칙

1 연료 및 오일관리

① **연료 교체** : 장기간 방치된 연료는 품질이 떨어질 수 있으므로, 오래된 연료는 빼내고 고품질 연료로 교체해야 한다.
② **오일 및 필터 교환** : 엔진 오일과 오일 필터는 정기적으로, 또는 계절 변화 전에 교체하여 엔진 보호와 성능 유지를 도모한다.
③ **누유 점검 및 냉각수/브레이크액 관리** : 오일, 냉각수, 브레이크액 등의 누수 유무를 확인하고 적정량 유지 또는 교체한다.

2 체인 · 구동 장치

체인 점검 및 윤활 : 체인은 일정 간격(예 700~1,000km)마다 세척하고 윤활제를 사용해 녹과 마모를 방지해야 하며, 체인 텐션도 적정하게 맞춰야 하며, 스프로킷도 함께 체크해 마모가 있으면 교체한다.

3 타이어 및 브레이크

① **타이어 압력 및 마모 확인** : 주행 전 타이어 압력을 측정하고 권장치 수준을 유지해야 하며, 트레드 깊이나 균열, 볼록함 등을 꼼꼼히 점검한다.
② **브레이크 상태 점검** : 브레이크 패드 마모, 브레이크액 양 확인, 브레이크 레버 및 페달 반응 상태를 검사해야 한다.

4 전기 시스템 및 조명

① **배터리 상태 및 단자 확인** : 배터리 잔량, 단자 부식, 연결 상태 등을 점검하고 필요 시 충전하거나 교체해야 한다.
② **조명 및 전기 장치 작동 검사** : 헤드라이트(상 · 하향), 방향지시등, 제동등, 경적 등 모든 조명 및 전기 시스템의 정상 작동을 확인해야 한다.

5 케이블 및 제어장치

급가속 · 감속—케이블 상태 확인 : 스로틀, 브레이크, 클러치 등의 케이블이 부드럽게 작동하는지, 마모 또는 마찰이 있는지 점검하며, 필요 시 윤활 또는 교체한다.

04 청소 및 정리

1 세척 후 윤활 및 왁싱

오염 물질이 남지 않도록 세척하고, 세척 후에는 체인 등 윤활이 필요한 부분은 다시 처리하며, 필요 시 코팅처리하여 부식과 마모를 방지한다.

2 청소 후 최종 점검

깨끗한 상태에서 누락된 부분 없이 다시 한 번 모든 주요 부위를 점검하고, 작업 공구를 정리정돈한다.

05 작업 후 마무리 및 응급 대응

1 폐기물 및 정비 이력 관리

교체된 오일, 필터, 부품은 지정된 절차에 따라 안전하게 폐기하고, 정비 내용, 일자, 부품 교체 여부 등을 기록해 두면 추후 관리에 유용하다.

2 비상 대비

화학물질 취급 시 소화기, 응급 처치 키트 배치, 비상 연락망 작성 등 비상 대응 체계를 준비해야 한다.

3 정기 안전 점검 체계 구축

주기적으로 정비 작업 환경과 절차를 리뷰하고, 안전사고가 발생하지 않도록 교육 및 관리 체계를 강화해야 한다.

관련 법규

01 대기환경보전법령(이륜자동차 관련)

1 대기환경보전법 제62조

① 이륜자동차 소유자는 환경부령이 정하는 바에 따라 일정 기간마다 배출가스 정기검사(이륜자동차 정기검사)를 받아야 한다. 다만, 전기이륜자동차 등 환경부령으로 정하는 일부는 검사 대상에서 제외된다.

② 세부사항(검사 방법, 주기 등)은 모두 환경부령에서 규정하며, 검사 연장·유예 조치에 관한 내용도 포함된다.

2 시행규칙 내용

① 배기량 260cc 초과 이륜은 정기검사 대상이며, 이륜자동차정기검사의 주기는 2년으로 한다. 다만, 신조차(新造車)로서「자동차관리법」제48조제1항에 따라 신고된 이륜자동차의 경우 최초 주기는 3년으로 한다.

② 이륜자동차정기검사의 유효기간은 이륜자동차정기검사 결과가 유효한 것으로 인정하는 기간으로서 2년으로 한다. 다만, 신조차로서「자동차관리법」제48조제1항에 따라 신고된 이륜자동차의 경우, 최초 유효기간은 3년으로 한다.

02 소음·진동관리법령(이륜자동차 소음 허용기준)

1 소음·진동관리법 제35조

이륜자동차는 인증·변경인증을 받은 배기소음 결과 값보다 5dB(A)를 초과하지 않도록 운행해야 하며, 이를 통해 소음 규제를 준수해야 한다.

2 허용 기준(제작 시기 별)

① **배기소음** : 105dB(A) 이하
② **경적소음** : 110dB(A) 이하

3 위반 시 제재

과태료 최대 200만 원, 점검, 개선 명령 등 행정 조치가 가능하다.

4 개정내용

2023년 7월 1일부터 이륜차 소음 규제가 강화되었다.

03 산업안전보건법령(작업안전관리 관련)

1 산업안전보건법 제78조

배달앱 등 플랫폼 운영자는, 중개된 이륜자동차 배달 종사자의 안전조치 및 보건조치(면허·안전모 보유 확인 등)를 해야 한다.

2 산업안전보건기준에 관한 규칙

① **보호구 지급 및 관리** : 사업주는 이륜차 운행 근로자에게 승차용 안전모를 지급하고, 착용토록 하며 항상 점검해야 한다.
② **탑승 제한 조치** : 전조등, 제동등, 후미등, 후사경, 제동장치가 정상 작동하지 않을 경우 해당 차량에 근로자를 탑승시키면 안 된다.

3 산재예방 가이드라인(배달 종사자 대상)

면허 및 안전모 확인, 안전운행 준수 사항 고지, 소요시간 제한 금지, 정기 교육, 건강진단, 보호구 관리, 탑승 제한 관리 등 세부 지침을 포함한다.

04 자동차관리법령(이륜자동차 관련)

1 자동차관리법 및 시행규칙

① **이륜자동차의 정의** : 최고속도가 시속 25km 이상인 이륜자동차는 「자동차관리법」 제48조 제1항에 따라 사용신고 대상에 해당한다.
② **사용신고 및 과태료** : 사용신고를 하지 않고 해당 이륜자동차를 운행할 경우, 최대 300만 원의 과태료가 부과될 수 있다.

2 이륜자동차의 구조 및 안전 기준

구조 및 장치가 안전기준에 부적합한 이륜자동차는 운행이 금지된다.

3 이륜자동차 검사 제도(신규 도입)

최근 「자동차관리법」이 개정되어, 이륜자동차에도 다양한 검사 제도가 도입되었다.

3-1 검사의 종류

① **사용검사** : 사용 폐지된 차량이 다시 사용 신고 시 필요.
② **정기검사** : 일정 기간마다 실시.
③ **튜닝검사** : 튜닝 후에 승인된 차량에 대해 실시.
④ **임시검사** : 명령 또는 소유자 신청에 따라 비정기적으로 실시.

3-2 검사기준 및 조치

① 국토교통부장관은 이륜자동차검사를 할 때에는 환경부장관과 공동으로 다음 각 호에 대하여 해당 이륜자동차의 구조 및 장치가 공동부령으로 정하는 검사기준에 적합한지 여부를 확인하여야 한다.
　㉠ 이륜자동차의 동일성 확인과 배출가스 관련 장치 등의 작동 상태 확인을 관능검사 및 기능검사로 하는 공통 분야
　㉡ 이륜자동차 안전검사 분야
　㉢ 이륜자동차 배출가스 및 소음·진동 검사 분야

② 국토교통부장관은 이륜자동차검사에 합격한 이륜자동차에 대하여는 다음의 구분에 따른 조치를 하여야 한다.
  ㉠ 이륜자동차 사용검사 : 이륜자동차 사용검사증명서의 발급
  ㉡ 이륜자동차 정기검사 · 이륜자동차 튜닝검사 또는 이륜자동차 임시검사 : 검사한 사실을 이륜자동차사용신고필증에 기록

3-3 검사 미수행 시 과태료

정기검사를 제때 받지 않으면 최대 20만 원까지 과태료가 부과된다.

4 이륜자동차관리요령(행정규칙)

① **관리 요령 내용** : 이륜자동차의 사용신고, 번호 지정, 신고사항 변경, 이륜자동차대장 작성 등 절차적인 내용을 규정하고 있다.
② **개정내용** : 과거에는 배기량 기준(50cc 이상 또는 0.59kW 이상)이 있었으나, 현재는 최고속도 시속 25km 이상 기준으로 개정되었다.

5 법령 간 차량 정의 구분

이륜자동차 vs 개인형 이동장치 : 「도로교통법」의 개인형 이동장치(예 전동 킥보드 등)는 자동차관리법상의 이륜자동차에 해당하지 않는다.

05 자동차성능 및 기준에 관한 규칙

1 이륜자동차 관련 성능 · 구조 기준

① 공기압, 타이어 구조 및 성능 기준 등 성능 세부 항목이 규정되어 있다.
② **중량 분포 기준** : 조향축에 가해지는 하중은 차량 중량의 18% 이상이어야 한다.

2 최근 개정안

① 사륜형 이륜자동차의 물품 적재장치 설치 기준 및 최대 적재량을 규정하는 개정안이 2025년 하반기에 입법 예고되었다.
② 번호판 시인성 개선 및 크기 확대 개정도 진행 중이다.

⚙ 정리 요약

분야	법령/규칙	핵심내용
대기환경보전법	제62조, 시행규칙	이륜자동차 배출가스 정기검사 의무 및 절차
소음·진동관리법	제35조, 시행규칙	배기소음 기준, 인증 값 초과 금지, 위반 시 제재
산업안전보건법	제78조, 기준규칙	배달 근로자 보호 조치, 안전모 지급, 장치 정상 작동 여부 관리
자동차관리법	제50조, 시행규칙, 요령	이륜차 구조 기준, 사용 신고, 검사 제도 도입
성능·기준 규칙	성능 규격, 개정안	타이어 구조, 중량 분포, 적재장치 기준 등 규제

PART 05

기출예상 모의고사

기출예상 모의고사 1회

001 바이크 기관에서 1사이클 중 수행된 일을 행정체적으로 나눈 값으로 가장 옳은 것은?

① 열효율 ② 체적효율
③ 총배기량 ④ 평균유효압력

> 풀이 평균유효압력이란 동력행정 전과정에 걸쳐 연소가스의 압력이 피스톤에 작용하여 피스톤에 행한 일과 같은 양의 일을 수행할 수 있는 균일한 압력을 말한다.

002 바이크 기관에서 윤활작용뿐만 아니라 다양한 역할을 담당하는 엔진오일의 작용으로 가장 옳지 않은 것은?

① 방청작용 ② 완전연소 작용
③ 기밀작용 ④ 냉각작용

> 풀이 엔진오일의 역할은 기밀작용, 윤활작용, 냉각작용, 완충작용, 정화작용, 방청작용 등 6가지이다.

003 전기와 관련된 법칙에 대한 설명으로 가장 옳은 것은?

① 줄의 법칙이란 전류에 의해 발생한 열은 도체의 저항과 전류의 제곱 및 흐르는 시간에 반비례한다는 것을 말한다.
② 렌츠의 법칙이란 도체에 영향을 주는 자력선을 변화시켰을 때 유도기전력은 코일 내의 자속이 변화하는 방향으로 생기는 것을 말한다.
③ 키르히호프의 제1법칙이란 에너지 보존의 법칙으로 회로 내의 어떤 한 점에 유입된 전압의 총합과 유출한 전압의 총합은 같다는 것을 말한다.
④ 플레밍의 왼손법칙이란 왼손의 엄지손가락, 인지 및 가운데 손가락을 서로 직각이 되게 펴고, 인지를 자력선의 방향에 가운데 손가락을 전류의 방향에 일치시키면 도체에는 엄지손가락 방향으로 전자력이 작용한다는 것을 말한다.

> 풀이 플레밍의 오른손법칙과 왼손법칙
> ① 자기장 내에서 자기력선에 수직으로 놓은 도선을 자기장에 수직으로 움직이게 할 때, 오른손의 집게손가락과 엄지손가락을 각각 자기장의 방향과 도선의 운동 방향으로 향하게 하면, 유도전류는 이들 방향에 수직으로 향하게 한 가운데 손가락의 방향으로 흐른다. 이것을 플레밍의 오른손 법칙이라고 한다.
> ② 전류가 흐르는 도선의 미소부분이 자기장에 의해 받는 힘은, 왼손의 가운데손가락과 집게손가락을 각각 전류의 방향과 자기장의 방향으로 향하게 하면, 이들에 수직으로 향하게 한 엄지손가락의 방향으로 향한다. 이것을 플레밍의 왼손법칙이라고 한다.

004 일반적으로 바이크의 제동장치인 디스크 브레이크의 구성요소로 가장 옳지 않은 것은?

① 디스크 ② 드럼
③ 캘리퍼 ④ 실린더

정답 01. ④ 02. ② 03. ④ 04. ②

풀이 드럼식 브레이크 구성부품에 해당되는 드럼이며 드럼 브레이크 작동원리는 휠과 함께 회전하는 드럼을 2개의 슈가 실린더에 의해 확장하면서 드럼 내벽에 마찰력을 발생시켜 제동력을 작동시킨다.
브레이크를 작동시키지 않으면 스프링의 탄성에 의해 슈를 안쪽으로 당겨 드럼 내벽에 닿지 않으며 드럼 브레이크는 마찰 면적이 넓어 초기 제동력이 좋은 편이지만 밀폐형 구조이기 때문에 열 방출이 좋지 않다는 단점이 있다. 또한 반복적인 제동 시 마찰열로 인해 드럼이 팽창하면 제동력이 저하된다.

풀이 배터리 팩 : 배터리 모듈을 하나로 합쳐 외부 환경의 물리적 충격으로부터 보호하며 특정한 역할을 수행할 수 있도록 만든 것
수 많은 배터리 셀을 안전하게 그리고 효율적으로 관리하기 위해 모듈과 팩이라는 형태를 거쳐 전기바이크에 탑재하는 방식이다.
셀, 모듈, 팩은 배터리를 구성하는 단위로 배터리를 모으는 단위이다. 배터리 셀을 여러 개 묶어서 모듈을 만들고, 모듈을 여러 개 묶어서 팩을 만든다. 전기바이크에는 최종적으로 배터리가 하나의 팩 형태로 장착된다.

005 바이크의 윤활 경로로 가장 옳은 것은?

① 오일팬 → 오일펌프 → 오일필터 → 오일스트레이너 → 오일통로 → 실린더 헤드
② 오일팬 → 오일필터 → 오일펌프 → 오일스트레이너 → 오일통로 → 실린더 헤드
③ 오일팬 → 오일스트레이너 → 오일펌프 → 오일필터 → 오일통로 → 실린더 헤드
④ 오일팬 → 오일통로 → 오일필터 → 오일펌프 → 오일스트레이너 → 실린더 헤드

풀이 오일의 순환경로는 오일팬 → 오일스트레이너 → 오일펌프 → 오일필터 → 오일통로 → 실린더 헤드 순서로 진행된다.

006 전기오토바이 배터리의 구성 단위의 크기가 큰 순서대로 가장 바르게 나열한 것은?

① 배터리 셀 > 배터리 팩 > 배터리 모듈
② 배터리 모듈 > 배터리 셀 > 배터리 팩
③ 배터리 셀 > 배터리 모듈 > 배터리 팩
④ 배터리 팩 > 배터리 모듈 > 배터리 셀

007 1마력(PS)에 대한 설명으로 가장 옳은 것은?

① 1초 동안 65kgf·m의 일을 할 수 있는 능률
② 1초 동안 75kgf·m의 일을 할 수 있는 능률
③ 10초 동안 65kgf·m의 일을 할 수 있는 능률
④ 10초 동안 75kgf·m의 일을 할 수 있는 능률

풀이 마력은 말이 일할 수 있는 힘으로 1마력이란 한 마리의 말이 1초 동안 75kg의 중량을 1m 움직일 수 있는 일의 크기를 말한다.

008 게르마늄, 규소 등의 반도체를 이용하여 증폭작용이나 스위칭 작용을 하는 데 사용되는 반도체 소자로 가장 옳은 것은?

① 다이오드   ② 콘덴서
③ 트랜지스터   ④ 광전도 셀

풀이 트랜지스터는 전류나 전압흐름을 조절하여 증폭하거나 스위치 역할을 하는 반도체 소자이다. 외부 회로와 연결할 수 있는 최소 3개 단자를 가지고 반도체 재료로 구성되어 있다. 전압 또는 전류가 한 쌍의 트랜지스터 단자에 인가가 되면 다른 한 쌍의 단자를 통해 전류를 제어한다. 출력된 전력은 입력된 전력보다 높일 수 있기 때문에 트랜지스터는 신호를 증폭하는 것이 가능하다.

05. ③ 06. ④ 07. ② 08. ③

009 크랭크축 비틀림 진동발생의 관계로 가장 옳지 않은 것은?

① 크랭크축의 길이가 길수록 크다.
② 크랭크축의 강성이 적을수록 크다.
③ 엔진의 회전력 변동이 클수록 크다.
④ 엔진의 회전속도가 빠를수록 크다.

풀이 비틀림 진동은 크랭크축에 속도가 빠를수록 회전력이 작용하므로 발생한다. 비틀림 진동은 축의 회전수가 공진주파수와 일치될 때 심하며 기어, 크랭크축 파손의 원인이 된다.

010 산소센서의 공연비 검사 조건으로 적합한 것은?

① 급 감속을 하면 일시적으로 공연비가 희박하여 1V에 가깝게 된다.
② 급 감속을 하면 일시적으로 공연비가 농후하여 0V에 가깝게 된다.
③ 엔진 냉간 시 급가속 상태에서 실시한다.
④ 피드백 제어가 되면 희박과 농후가 반복된다.

풀이 급 감속을 하면 공연비가 희박하여 0V에 가깝고 농후하면 1V에 가깝다. 그리고 엔진 정상작동시 산소센서의 피드백 제어가 되면 희박과 농후가 반복된다.

011 바이크 전자제어장치에서 이론공연비(λ, 람다)에 대한 설명으로 틀린 것은?

① 이론공연비 기준은 14.7:1 이다.
② 연료가 과하게 되면 λ < 1로 농후하다.
③ 연료가 부족하게 되면 λ > 1로 희박하다.
④ 바이크 전자제어 엔진은 λ = 0.9 ~ 1.2까지 제어한다.

풀이 연소실에서 혼합기의 점화가 가능한 점화한계 제어범위 0.5 < λ < 1.3~1.60이다.

012 엔진 본체 정비 작업 방법으로 옳지 않은 것은?

① 피스톤링의 엔드갭은 크랭크축 방향으로 120 ~ 180도 간격으로 설치한다.
② 볼트 조립 시 토크렌치를 사용한다.
③ 실린더헤드 볼트 조임순서는 안에서 바깥으로 한다.
④ 피스톤링은 오일링을 먼저 끼운 다음 압축링을 끼운다.

풀이 피스톤 엔드갭의 위치는 피스톤 슬랩이 발생되는 측압쪽을 피해서 120~180도 간격으로 설치한다.

013 전류 측정 방법으로 옳은 것은?

① 측정기의 적색 리드선을 (−)측에 접촉한다.
② 전류 측정은 리드선을 병렬로 연결하여 측정한다.
③ 측정기 선택스위치를 전압(V)로 전환한다.
④ 측정기 선택스위치의 전류 측정범위 이상으로 설정한다.

풀이 전류 측정시 선택스위치의 전류 측정범위 이상 높은 전류에서 설정하여 낮은 전류로 낮추면서 측정한다.

정답 09. ④ 10. ④ 11. ④ 12. ① 13. ④

014 배출가스 검사방법 중 정속모드(ASM2525-IDLE) 측정 순서에 해당하지 않은 것은?

① 예열모드
② 저속공회전 검사모드
③ 정속모드
④ 고속공회전 검사모드

> **풀이** 배출가스 검사 시 예열모드, 저속 공회전 검사모드, 정속모드(40km/h)의 속도로 주행하고 있는 상태에서 검사한다. 고속 공회전 검사모드는 디젤기관 Lug-Down 3모드에 해당된다.

015 빛을 받으면 전류가 흐르는 다이오드는?

① 제너 다이오드
② 발광 다이오드
③ 포토 다이오드
④ 정류 다이오드

> **풀이** 빛에너지를 전기 에너지로 변환하는 다이오드를 포토 다이오드라 한다.

016 캠축의 캠 높이에서 기초원을 뺀 부분의 명칭을 무엇이라 하는가?

① 로브
② 노브
③ 캠고
④ 양정

> **풀이** 캠축의 캠 높이에서 기초원을 뺀 부분은 양정이라고 한다.

017 삼원촉매장치에서 환원촉매장치가 정화시키는 유해 배출가스는 무엇인가?

① 이산화탄소(CO_2)
② 일산화탄소(CO)
③ 탄화수소(HC)
④ 질소산화물(NO_X)

> **풀이** 환원촉매장치는 질소산화물을 질소와 산소로 분리시킨다.

018 다음 중 반도체의 종류가 아닌 것은?

① 다이오드
② 트랜지스터
③ 집적회로
④ 콘덴서

> **풀이** 콘덴서는 축전기로 전류의 회로에서 절연체를 사이에 두고 두 개의 금속으로 이루어져 전하 혹은 전기에너지를 저장할 수 있는 장치로 작은 축전지라고 할 수 있다.

019 NTC 서미스터의 설명으로 맞는 것은?

① 온도가 올라가면 저항이 올라간다.
② 온도가 올라가면 저항이 내려간다.
③ 전압이 상승하면 저항이 올라간다.
④ 전압이 하강하면 저항이 내려간다.

> **풀이** NTC 서미스터는 부특성의 저항체를 말하므로 온도가 올라가면 저항이 내려간다.

020 배터리 보충전 방법이 아닌 것은?

① 정전류 충전법
② 정전압 충전법
③ 단별 전류 충전법
④ 단별 전압 충전법

> **풀이** **배터리의 보충전 방법**
> 정전류 충전, 정전압 충전, 단별전류 충전, 급속충전

14. ④ 15. ③ 16. ④ 17. ④ 18. ④ 19. ② 20. ④

021 공기 과잉율(λ)이란?

① 이론 공연비
② 실제 공연비
③ 실제 공연비/이론 공연비
④ 공기 흡입량/연료 소비량

> 풀이 공기 과잉율(λ) = 실제공연비/이론공연비

022 바이크 납산 배터리의 자기방전에 대한 설명으로 틀린 것은?

① 양극판은 과산화납으로 음극판은 해면 상납으로 변하면서 방전된다.
② 전해액 중에 불순물이 혼입되어 국부 전지가 형성되었을 때 방전된다.
③ 탈락한 작용물질이 극판의 아랫부분이나 측면에 퇴적되었을 때 방전된다.
④ 배터리 케이스의 표면에 부착된 전해액이나 먼지 등에 의한 누전으로 방전된다.

> 풀이 양극판과 음극판은 황산납으로 변하면서 방전된다.

023 점화장치에서 점화 코일에 고압의 2차 전압이 발생되는 시기로 옳은 것은?

① 파워 트랜지스터가 통전 시작 전
② 파워 트랜지스터가 통전 중일 때
③ 파워 트랜지스터가 'off'상태에서 'on'되는 순간
④ 파워 트랜지스터가 'on'상태에서 'off'되는 순간

> 풀이 파워 트랜지스터가 'ON' 상태에서 'OFF'로 단속하는 순간 점화 코일에 고압의 2차 전압이 발생된다.

024 주행 중 조향 핸들이 무거워지는 원인으로 틀린 것은?

① 앞 타이어의 마모가 심하다.
② 앞 타이어의 공기가 과다하다.
③ 볼 조인트가 과도하게 마모되었다.
④ 조향 기어 박스의 오일이 부족하다.

> 풀이 주행 중 조향 핸들이 무거워지는 원인에 앞 타이어 공기가 과다한 것은 해당되지 않는다.

025 공기 저항에 대한 설명 중 틀린 것은?

① 바이크 표면에 흐르는 공기와의 마찰 저항
② 바이크가 속도를 감속 시 발생되는 관성에 의한 저항
③ 바이크가 고속 주행할 때 양력의 발생으로 생기는 유도 저항
④ 바이크 앞부분에서의 압력과 뒷부분에서 생기는 부압과의 압력 차이로 발생되는 저항

> 풀이 공기 저항
> 바이크 차체 앞부분에서의 압력과 뒷부분에서 생기는 부압과의 압력 차이로 발생되는 저항으로 바이크 표면에 흐르는 공기와의 마찰 저항과 바이크가 고속 주행할 때 양력의 발생으로 생기는 유도 저항을 말한다.

정답 21. ③ 22. ① 23. ④ 24. ② 25. ②

PART 05 기출예상 모의고사

026 선회 시 코너링 포스에 영향을 미치는 것으로 거리가 먼 것은?

① 제동 능력
② 현가방식
③ 타이어의 분담 하중
④ 현가 스프링의 롤링 강성

> **풀이** 코너링 포스(cornering force)에 영향을 미치는 요소
> 림의 폭, 타이어의 크기, 타이어의 수직 하중, 주행속도, 타이어의 공기 압력, 노면상태, 타이어 코드의 각도, 현가방식, 타이어의 분담 하중, 현가 스프링의 롤링 강성이며 제동 능력은 포함되지 않는다.

027 빙판이나 진흙탕에서 구동바퀴가 공회전만 하고 바이크가 움직이지 못하는 경우가 있다. 이러한 현상을 방지하기 위한 것은?

① MPS(Motor Position Sensor)
② ABS(Anti-lock Brake System)
③ TCS(Traction Control System)
④ ECS(Electronic Suspension System)

> **풀이** 구동력 제어장치(TCS)
> 마찰계수가 낮은 도로에서 출발 또는 가속할 때 구동바퀴가 공회전을 하면 운전자가 미세한 가속 페달을 조작하지 않아도 자동적으로 엔진의 출력을 감소시키고 바퀴의 공회전을 가능한 억제하여 구동력을 도로면에 효율적으로 전달할 수 있는 장치를 말한다.

028 고전압 배터리의 셀 밸런싱을 제어하는 장치는?

① MCU(Motor Control Unit)
② LDC(Low Voltage DC-DC Convertor)
③ ECM(Electronic Control Module)
④ BMS(Battery Management System)

> **풀이** BMS(Battery Management System)
> 배터리를 최적으로 관리하여 에너지효율을 높이고 수명을 연장해주는 역할을 하며 배터리 전압, 전류와 온도를 실시간으로 모니터링하여 과도한 충전 또는 방전을 미연에 방지하고 배터리의 안정성과 신뢰성을 높여주며 셀 밸런싱을 제어한다.

029 반도체의 장점으로 틀린 것은?

① 역내압이 낮다.
② 소형이고 경량이다.
③ 내부 전력손실이 매우 적다.
④ 응답성이 빠르고 수명이 길다.

> **풀이** 역내압이 낮다는 것은 반도체의 단점에 속한다.

030 점화장치에서 폐자로(몰드) 점화코일의 특징으로 틀린 것은?

① 내열성이 우수하다.
② 1차 전류가 증가되며 자속이 감소한다.
③ 자속이 외부로 방출되는 것을 최소화시켰다.
④ 1차 코일의 지름을 굵게 하여 저항을 감소시켰다.

> **풀이** 폐자로(몰드) 점화코일의 특징
> ① 자속이 외부로 방출되는 것을 방지하기 위해 철심을 통하여 자속이 흐르도록 한다.
> ② 1차 코일의 지름을 굵게 하여 저항을 감소시키고 큰 자속이 형성될 수 있도록 하여 높은 전압을 발생시킬 수 있다.
> ③ 구조가 간단하고 내열성이 우수하므로 성능저하가 없다.

26. ① 27. ③ 28. ④ 29. ① 30. ②

031 충전장치 정비 시 안전사항과 거리가 먼 것은?

① B단자를 분리한 후 엔진을 고속회전하지 않는다.
② 배터리를 자동차에 장착 시 극성이 바뀌지 않도록 한다.
③ 충전기를 사용하여 충전 시 시동키를 OFF한 후 배터리 (−)를 분리한다.
④ 엔진가동 상태에서 배터리 (−)를 분리하여 발전기의 발전 상태를 확인한다.

> **풀이** 엔진가동 상태에서는 배터리 (−)를 분리하여 발전기의 발전 상태를 확인하면 안된다.

032 하이드로 플래닝 현상을 방지하기 위한 방법으로 가장 거리가 먼 것은?

① 주행속도를 낮춘다.
② 타이어의 공기압력을 높인다.
③ 러그형 패턴의 타이어를 사용한다.
④ 트레드의 마모가 적은 타이어를 사용한다.

> **풀이** 하이드로 플래닝 현상 방지방법
> ① 리브형 패턴의 타이어를 사용한다.
> ② 트레드의 마모가 적은 타이어를 사용한다.
> ③ 타이어의 공기압력을 높인다.
> ④ 주행속도를 낮춘다.

033 가솔린 기관에서 시동 시에 공급되는 연료의 혼합비에 대한 설명으로 옳은 것은?

① 시동과 혼합비는 관계없다.
② 이론 공연비보다 농후하다.
③ 이론 공연비보다 희박하다.
④ 정확한 이론 공연비로 공급한다.

> **풀이** 기관을 시동할 때 공급하는 혼합비의 값은 이론 공연비보다도 농후해야 한다.

034 블로다운(blow down) 현상에 대한 설명으로 옳은 것은?

① 흡기 또는 배기밸브에서 밀착 불량으로 폭발이나 압축 시 가스가 새는 현상
② 흡기와 배기효율을 높이고자 상사점 부근에서 두 밸브가 동시에 열려 있는 현상
③ 피스톤 링과 실린더 사이에서 압축행정이나 폭발행정 시 가스가 새는 현상
④ 동력행정 말기에 배기밸브가 열리면 연소가스가 자체압력으로 배출되는 현상

> **풀이** 블로다운
> 동력행정 말기에 배기밸브가 열리면 연소가스가 자체 압력으로 배출되는 현상

035 윤활유가 갖추어야 할 조건으로 틀린 것은?

① 점도가 적당할 것
② 인화점과 발화점이 낮을 것
③ 열과 산에 대하여 안정성이 있을 것
④ 카본 생성에 대한 저항력이 있을 것

> **풀이** 윤활유가 갖추어야 할 조건은 인화점과 발화점이 높아야 한다.

정답 31. ④ 32. ③ 33. ② 34. ④ 35. ②

036 2행정 기관의 작동에서 소기효율에 크게 영향을 미치지 않는 것은?

① 대기압력
② 소기압력
③ 실린더 행정·내경비
④ 기관의 회전속도

> 풀이 소기효율은 소기작용이 끝난 뒤 실린더 안에 남아 있는 새 혼합기의 중량을 실린더 안에 전 가스양으로 나눈값이며 대기압력은 소기효율에 전혀 영향을 미치지 않는다.

037 기관에서 입구제어 냉각장치의 장점이 아닌 것은?

① 냉각수 온도변화 폭이 적다.
② 냉각수 온도분포가 균일하다.
③ 바이패스 통로를 없앨 수 있다.
④ 수온조절기 하우징 구조가 단순하다.

> 풀이 입구제어방식은 수온조절기 하우징 구조로 복잡하다.

038 산화 질코니아 산소센서에서 사용되는 주요 특성은?

① 산소농도 차이에 따라 기전력을 발생하는 성질
② 산소농도 차이에 따라 전력이 발생하는 성질
③ 산소농도 차이에 따라 저항을 발생하는 성질
④ 산소농도 차이에 따라 열을 발생하는 성질

> 풀이 지르코니아 산소센서는 대기중 산소와 배기가스중 산소의 농도차이를 0~1V 전압으로 나타내고 산화 티타늄을 이용한 티타니아 산소센서는 배기가스중 산소량에 따라 변화되는 저항값의 차이로 산소농도를 검출한다.

039 바이크의 점화장치에서 점화 코일의 1차코일 저항이 무한대로 측정될 때의 원인으로 적합한 것은?

① 코일 단선
② 코일 단락
③ 절연 불량
④ 코일 접지

> 풀이 1차코일의 저항값이 무한대로 나오는 이유는 점화코일의 단선에 그 원인이 있다.

040 다음은 자동차 엔진의 흡배기 밸브 개폐시기이다. 이 엔진의 오버랩 각도를 구하면?

| 흡기밸브 열림 : BTDC 12° |
| 닫힘 : ABDC 30° |
| 배기밸브 열림 : BBDC 15° |
| 닫힘 : ATDC 15° |

① 24° ② 27°
③ 30° ④ 42°

> 풀이 밸브오버랩은 상사점 전후 흡배기밸브의 열린 각도를 말한다.
> 12° + 15° = 27°

36. ① 37. ④ 38. ① 39. ① 40. ②

041 납산 축전지에 대한 설명으로 틀린 것은?

① 양(+)극판이 음(-)극판보다 1장 더 적다.
② 완전 충전상태에서 음(-)극판의 작용물질은 해면상납(Pb)이며, 색깔은 회색이다.
③ 완전 충전상태에서 양(+)극판의 작용물질은 과산화납(PbO_2)이며, 색깔은 암갈색이다.
④ 축전지 셀(cell)당 전압은 약 3.7~4.2V이며, 각 셀들은 스트랩 포스트(strap post)로 직렬 접속된다.

풀이 축전지 셀당 전압은 2.1 ~ 2.3V이다.

042 점화순서를 결정할 때 고려해야 할 사항이 아닌 것은?

① 혼합가스양이 점화순서에 따라 조절되어야 한다.
② 인접한 실린더에 연이어서 폭발이 발생하지 않도록 한다.
③ 크랭크축에 비틀림 진동이 발생하지 않도록 한다.
④ 폭발행정이 같은 간격으로 발생하도록 한다.

풀이 점화순서를 고려할 때 혼합가스의 양은 동일한 양이 공급되어야 한다.

043 캠축에 대하여 설명한 것으로 틀린 것은?

① 캠의 형상에는 반구형, 쐐기형, 지붕형등이 있다.
② 캠축은 흡·배기밸브 개폐의 역할을 한다.
③ 캠의 형상에 따라 밸브개폐상태, 열림시간, 밸브 양정등이 결정되어진다.
④ 캠에서 기초원과 노즈 사이의 거리를 양정이라 한다.

풀이 캠의 형상은 접선 캠, 볼록 캠, 오목 캠등이 있다.

044 캠축의 구동방식에서 체인 구동방식의 특징이 아닌 것은?

① 동력전달 효율이 높다.
② 소음이 감소한다.
③ 캠축의 설치위치를 자유롭게 정할 수 있다.
④ 체인의 헐거움으로 밸브개폐시기가 자동적으로 조정된다.

풀이 체인구동방식은 체인의 헐거움으로 밸브개폐시기가 달라지는 단점이 있다.

045 브레이크 라이닝의 구비조건이 아닌 것은?

① 열에 견디는 성질이 크고, 페이드 현상이 나타날 것
② 기계적 강도가 있을 것
③ 마멸에 견디는 성질이 클 것
④ 온도의 변화, 물 등에 의한 마찰계수 변화가 적을 것

풀이 열에 견디는 성질이 크고, 페이드(fade) 현상이 없을 것

정답   41. ④ 42. ① 43. ① 44. ④ 45. ①

046 밀폐된 용기 속에 담겨있는 액체의 한 부분에 주어진 압력은 그 세기에는 변함없이 같은 크기로 액체의 각 부분에 골고루 전달된다는 법칙으로 유압브레이크에 적용되는 것은?

① 플레밍의 왼손 법칙
② 렌쯔의 법칙
③ 키르히호프의 법칙
④ 파스칼의 법칙

047 스노타이어를 사용할 때 주의사항이 아닌 것은?

① 구동바퀴에 걸리는 하중을 크게 할 것
② 트레드 부분이 20% 이상 마멸되면 체인을 병용할 것
③ 스핀을 일으키면 견인력이 급격히 감소하므로 천천히 출발할 것
④ 바퀴가 고정되면 제동거리가 길어지므로 급제동을 하지 말 것

풀이 스노우 타이어는 트레드 부분이 50% 이상 마멸되면 체인을 병용해야 한다.

048 가스 봉입식 속업쇼버의 특징이 아닌 것은?

① 구조가 간단하다.
② 작동할 때 오일에 기포발생이 없어 장시간 작동하여도 감쇠효과의 감소가 적다.
③ 실린더가 2개이므로 냉각성능이 크다.
④ 내부에 압력이 걸려 있어 분해하는 것은 위험하다.

풀이 가스 봉입식 속업쇼버는 실린더가 1개이므로 냉각성능이 뛰어나다.

049 실린더는 실린더블록과 별도의 재료로 제작한 라이너를 끼운 실린더 라이너 방식 중 건식라이너의 특징이 아닌 것은?

① 실린더 벽에 도금하기가 쉽다.
② 원심주조 방법으로 제작할 수 있다.
③ 실린더 벽의 두께가 5~8mm이고 내마모성이 크며 냉각수가 샐 우려가 있다.
④ 마멸되면 라이너만 교환하므로 정비성능이 좋다.

풀이 건식 라이너는 냉각수를 사용하지 않기 때문에 냉각수가 누설되지 않는다.

050 엔진오일이 급제동할 때 오일 팬에서 오일유동으로 인해 오일이 비는 것을 방지하는 것을 무엇이라 하는가?

① 섬프   ② 배플
③ 드레인 플러그   ④ 코어 플러그

풀이 배플은 칸막이란 뜻으로 오일유동으로 오일이 비는 것을 방지하는 역할을 한다.

051 피스톤 핀의 중심위치를 피스톤의 중심위치에서 1.5~2mm 정도 변경시켜 제작된 피스톤으로 실린더에 대한 피스톤의 측압을 감소시킬 목적으로 제작한 피스톤은?

① 슬리퍼 피스톤   ② 오프 셋 피스톤
③ 인바 스트럿 피스톤 ④ 타원형 피스톤

풀이 오프 셋 피스톤은 피스톤의 측압을 감소시킬 목적으로 제작되었다.

46. ④ 47. ② 48. ③ 49. ③ 50. ② 51. ②

052 무단변속기의 특징이 아닌 것은?

① 구게가 증가한다.
② 연료소비율이 향상된다.
③ 변속 충격이 없어 승차감이 좋다.
④ 구조가 단순하면서 수리비가 적다.

풀이 무단변속기는 무게가 가볍다.

053 내연기관에서 크랭크축이 2회전하여 1사이클을 완성하는데 맨처음 행정으로 흡입밸브가 열리고 배기밸브는 닫히며 피스톤이 상사점에서 하사점으로 이동하는 행정은 크랭크축이 몇 도 회전하는가?

① 180도　　② 270도
③ 360도　　④ 540도

풀이 흡기행정으로 상사점에서 하사점으로 이동하면서 180도 회전을 한다.

054 모노코크 방식의 장점에 속하지 않는 것은?

① 외부압력과 하중을 바디와 새시 전체가 감당하기 때문에 중량을 크게 절감할 수 있다.
② 수직 하중에 대한 내구성이 뛰어나다.
③ 구조적 비틀림 강성이 뛰어나 코너링 성능 향상에도 유리하다.
④ 실내 공간 확보가 용이하다.

풀이 모노코크는 보디와 프레임이 하나로 되어 있는 차량 구조를 말한다.

055 듀얼 클러치의 특징이 아닌 것은?

① 2개의 클러치로 동력을 전달하니 동력이 단절되는 경우가 발생한다.
② 자동변속기에 비해 5~10%의 연비효율이 좋다.
③ 매끄러운 동력전달이 가능하고 변속충격이 거의 일어나지 않는다.
④ 변속시 울컥 거림이 심해지고 시동이 꺼지는 수동변속기의 단점이 일어나지 않는다.

풀이 듀얼 클러치는 2개의 클러치로 동력을 전달하니 자동변속기의 토크컨버터와 같은 동력이 단절되는 구간이 전혀 없다.

056 이륜자동차를 소유한 사람은 관련 법률에 따라 일정 기간마다 배출가스 정기검사를 받아야 한다. 이 규정은 무엇에 근거하고 있는가?

① 대기환경보전법 제46조
② 자동차관리법 제51조
③ 대기환경보전법 제62조
④ 소음·진동관리법 제37조

풀이 대기환경보전법 제62조에서는 운행차의 배출가스 정기검사에 대한 규정을 정하고 있으며, 이륜자동차의 소유자도 환경부령이 정하는 일정 기간마다 배출가스를 검사받아야 한다는 의무가 명시되어 있다.

정답　52. ①　53. ①　54. ②　55. ①　56. ③

057 충전 전류가 부족하게 되는 원인이 아닌 것은?

① 과도한 브러시 마모
② 충전의 접촉불량
③ 전압조정기의 고장
④ 베어링의 소음

> 풀이 충전중 베어링의 소음은 충전전류부족에 전혀 무관한 사항이다.

058 LED 헤드램프의 특징이 아닌 것은?

① 전력소모가 적으며 수명이 길다.
② 가격이 저렴하고 한 개의 밝기가 다른 전구에 비하여 환하다.
③ 헤드램프 안쪽에 습기가 차지 않는다.
④ 구조가 간단하고 디자인이 자유롭다.

> 풀이 LED 헤드램프는 가격이 비싸고 한 개의 밝기가 한계가 있다.

059 전기적 에너지를 기계적 에너지로 변환시키고 또 반대로 기계적 에너지를 전기적 에너지로 전환시키는 작용은 전류의 작용 중 어느 것에 속하는가?

① 발열작용   ② 화학작용
③ 자기작용   ④ 유도작용

> 풀이 전류의 자기작용은 도선 등에 전류를 흘려 발생하는 전자기장을 이용한 것으로 전자기 모터, 휴대전화, TV, 라디오 등 많은 장비가 있다.

060 다이오드 종류 중 역방향으로 일정 이상의 전압을 가하면 전류가 급격히 흐르는 특성을 가지고 회로보호 및 전압조정용으로 사용되는 다이오드는?

① 스위치 다이오드   ② 정류 다이오드
③ 제너 다이오드   ④ 트리오 다이오드

> 풀이 **제너다이오드**
> 일반 정류다이오드의 경우, 역방향 전압 이상의 전압이 인가되어 도통이 되면 그 때 발생되는 열로 인해 다이오드가 거의 파괴가 된다. 하지만 제너 다이오드의 경우에는 제너 전압 이상의 전압이 인가되어 일정한 전압이 나오기 때문에 전압을 안정화하기 위한 정전압을 구성하는데 많이 쓰이고, 또한 과전압으로부터 보호하기 위한 보호소자로도 쓰인다.

57. ④ 58. ② 59. ③ 60. ③

기출예상 모의고사 2회

001 이륜자동차의 12V 배터리 전압이 정상 범위인 것은?

① 9V　　② 11V
③ 12V　　④ 16V

> 풀이 이륜자동차의 12V 배터리는 완충 시 12~14V 범위가 정상이다. 12V 이하이면 방전 상태이며, 14V 이상이면 과충전 상태일 수 있다.

002 납산 축전지의 충전 시 수소가 발생할 수 있는 주된 이유는?

① 전압 부족　　② 전해액 과잉
③ 과충전　　　④ 낮은 온도

> 풀이 납산 축전지는 과충전 시 전해액이 분해되어 수소와 산소가 발생하며, 폭발 위험이 있다.

003 이륜자동차 점화코일의 주요 역할은?

① 연료 분사량 조절
② 고전압으로 변환하여 스파크 발생
③ 배터리 전압 안정화
④ 발전기 회전 속도 조절

> 풀이 점화코일은 배터리의 12V 저전압을 수천 볼트 이상으로 변환하여 점화 플러그 스파크를 발생시키는 장치이다.

004 점화 플러그의 방전 간극이 넓어지면 나타나는 현상은?

① 시동이 잘 걸린다.
② 시동이 걸리기 어렵다.
③ 배터리 수명이 늘어난다.
④ 엔진 rpm이 감소하지 않는다.

> 풀이 방전 간극이 넓으면 점화 전압이 높아야 스파크가 발생하며, 시동이 어려워지고 연료가 제대로 점화되지 않을 수 있다.

005 LED 전조등의 장점으로 옳지 않은 것은?

① 소비 전력 감소　　② 수명 연장
③ 전류 소모 증가　　④ 밝기 향상

> 풀이 LED 전조등은 기존 할로겐 대비 전류 소모가 적고, 밝기 향상, 수명 연장이 특징이다.

006 교류 발전기(AC Generator)에서 전류가 교류가 아닌 직류로 변환되는 장치는?

① 배터리　　　② 정류기(Rectifier)
③ 점화코일　　④ 전압조정기

> 풀이 이륜자동차 발전기는 교류(AC)를 발생시키며, 이를 직류(DC)로 변환하기 위해 정류기를 사용한다.

01. ③　02. ③　03. ②　04. ②　05. ③　06. ②

PART 05 기출예상 모의고사

007 정류기와 전압조정기의 기능을 올바르게 연결한 것은?

① 정류기 → 전류 안정화, 전압조정기 → AC → DC 변환
② 정류기 → AC → DC 변환, 전압조정기 → 전압 안정화
③ 정류기 → 스파크 발생, 전압조정기 → 배터리 충전
④ 정류기 → 배터리 방전, 전압조정기 → 배터리 충전

> 풀이 정류기는 AC를 DC로 변환하고, 전압조정기는 배터리와 전기장치가 안정된 전압으로 공급되도록 조절한다.

008 이륜자동차에서 배터리가 완전히 방전되면 시동이 걸리지 않는 이유는?

① 점화코일에 전류 공급 불가
② 연료 펌프 고장
③ 연료 혼합비 변화
④ 브레이크 작동 불가

> 풀이 배터리가 방전되면 점화코일과 연료 펌프에 전류가 공급되지 않아 시동이 걸리지 않는다.

009 이륜자동차의 방향지시등이 점멸하지 않거나 빠르게 점멸할 때의 원인으로 가장 가능성이 높은 것은?

① 배터리 과충전
② 하나의 램프 단선
③ 점화플러그 간극 문제
④ 전압조정기 불량

> 풀이 방향지시등 점멸 속도는 전구 회로 저항에 따라 달라진다. 단선이나 전구 불량 시 점멸 속도가 변한다.

010 배터리 충전 상태를 확인할 때 적합한 방법은?

① 점화플러그 확인
② 타이어 공기압 측정
③ 배터리 전압 측정
④ 헤드라이트 밝기 확인

> 풀이 배터리 충전 상태는 전압 측정으로 확인하며, 12~14V 범위면 정상, 12V 이하이면 방전, 14V 이상이면 과충전 상태이다.

011 이륜자동차 전조등 하향등의 일반적인 규정 광도 기준은?

① 50lx   ② 200lx
③ 300lx   ④ 600lx

> 풀이 최근 규정에 따라 이륜자동차 하향등은 도로를 안전하게 비출 수 있는 150~200lux 수준이 요구된다.

012 배터리 전해액이 부족할 때 나타나는 현상으로 옳은 것은?

① 배터리 용량 감소
② 점화코일 전압 증가
③ 헤드라이트 밝기 상승
④ 시동이 정상적으로 걸림

> 풀이 전해액 부족은 배터리 내부 화학반응이 제대로 일어나지 않아 용량과 시동 성능이 떨어진다.

07. ② 08. ① 09. ② 10. ③ 11. ② 12. ①

013 이륜자동차에서 ECU(Electronic Control Unit)의 역할로 옳은 것은?

① 엔진 연료 분사 및 점화 제어
② 배터리 전압 조절
③ 헤드라이트 광도 조절
④ 타이어 공기압 모니터링

풀이 ECU는 엔진 성능과 배출가스, 점화타이밍 등을 전자적으로 제어하는 장치이다.

014 PCX 등 일부 이륜자동차의 시동 모터 전류 소모 측정 시 정상 범위는?

① 10A　② 40A
③ 60A　④ 120A

풀이 시동 모터는 엔진 크랭킹 시 60~80A 정도 전류를 소모하며, 이 범위를 벗어나면 배터리 방전이나 모터 이상을 의심해야 한다.

015 이륜자동차 전기장치 점검 시 가장 먼저 확인해야 하는 항목은?

① 타이어 공기압　② 배터리 전압
③ 헤드라이트 광도　④ 점화 플러그 간극

풀이 전기장치 점검은 배터리 전압 확인이 우선이며, 전압 이상 시 전류 공급 문제나 전장품 고장을 먼저 점검해야 한다.

016 클러치의 주요 기능은?

① 엔진 회전수를 증가시키는 장치
② 동력의 전달을 일시적으로 차단하는 장치
③ 브레이크를 보조하는 장치
④ 기어를 고정시키는 장치

풀이 클러치는 엔진과 변속기 사이에서 동력을 연결하거나 끊어 주어 기어 변속 시 동력을 일시 차단하는 역할을 한다.

017 이륜자동차 변속기의 역할은?

① 속도를 일정하게 유지한다.
② 토크를 조절하여 구동력을 변화시킨다.
③ 연료 소비를 줄인다.
④ 브레이크 성능을 향상시킨다.

풀이 변속기는 엔진의 회전수를 구동 바퀴에 맞게 변환하여 토크와 속도를 조절해, 효율적 주행을 가능하게 한다.

018 체인 구동과 벨트 구동의 장단점 비교가 올바른 것은?

① 체인은 조용하고 유지보수가 적음 / 벨트는 강함
② 체인은 강력하지만 소음 많고 유지보수 필요 / 벨트는 조용하고 유지보수 적음
③ 벨트는 내구성이 높으며 체인은 방수
④ 둘 다 동일한 특징

풀이 체인 구동은 높은 내구성과 강도를 제공하지만 정기적인 윤활과 조정이 필요하며 소음이 크다. 벨트 구동은 조용하고 유지보수가 적은 반면, 파손 시 교체비용이 크다.

13. ①　14. ③　15. ②　16. ②　17. ②　18. ②

019 차동기어장치(디퍼렌셜)는 이륜자동차에 적용되는가?

① 예, 항상 적용된다.
② 전륜에만 적용된다.
③ 후륜에만 적용된다.
④ 아니요, 이륜은 필요 없다.

풀이 디퍼렌셜 기어는 좌우 바퀴의 회전수를 다르게 해주는 장치로, 이륜자동차에는 필요하지 않다.

020 종감속기어의 역할은?

① 토크를 증대시킨다.
② 속도를 증가시킨다.
③ 연료 소비를 줄인다.
④ 엔진 소음을 줄인다.

풀이 종감속기어는 최종적으로 전달되는 회전수를 줄이고 토크를 높여, 구동 바퀴에 필요한 힘을 제공한다.

021 동력 손실을 줄이기 위한 설계 요소는?

① 마찰이 큰 부품 사용
② 불필요한 기어 적용
③ 베어링과 윤활을 최적화
④ 체인 텐션 무시

풀이 고품질 베어링, 적절한 윤활, 체인 정렬 등을 통해 동력 손실을 최소화할 수 있다.

022 ABS의 작동 원리는?

① 브레이크 압력을 계속 유지
② 엔진 출력을 증가시켜 제동
③ 급브레이크 시 휠 잠김을 방지하기 위해 압력을 펄스 형태로 조절
④ 드라이버가 직접 압력을 조절

풀이 ABS는 휠이 잠기려 할 때 압력을 반복적으로 낮추고 높여 잠김을 방지한다.

023 ABS 장치가 없는 경우 급제동 시 발생 위험은?

① 주행이 빨라진다.
② 조향이 어려워지고 미끄럼이 발생할 수 있다.
③ 연료 소비가 많아진다.
④ 타이어 수명이 연장된다.

풀이 ABS 없이 급제동하면 휠이 잠기면서 차량 컨트롤을 잃고 미끄러짐 사고 위험이 크다.

024 ABS의 주요 구성 요소는?

① 오일 펌프, 회전 센서, 컨트롤러
② 속도 센서, 밸브, 펌프, 제어기
③ 엔진, 브레이크, 타이어
④ 연료 펌프, 휠, ECU

풀이 ABS는 휠 속도 센서, 브레이크 라인 밸브, 유압 펌프, ABS ECU로 이루어진다.

025 ABS가 작동하지 않을 수 있는 상황은?

① 노면이 매우 미끄러울 때 제동거리가 길어지기도 한다.
② 항상 더 짧은 제동거리 제공
③ 주행 속도가 낮으면 필수 작동
④ 온도와 무관하게 항상 작동

19. ④ 20. ① 21. ③ 22. ③ 23. ② 24. ② 25. ①

> 풀이 ABS는 도로 상태에 따라 제동거리 감소에 제한이 있으며, 특히 자갈이나 눈길에서는 제동거리가 오히려 늘어날 수 있다.

> 풀이 TCS는 휠 속도 센서나 ECU 오류, 퓨즈 문제 등이 발생하면 작동이 불가할 수 있다.

026 TCS의 기본 원리 및 목적은?

① 과속을 감지하여 속도를 줄인다.
② 구동 휠의 회전 과다(슬립)를 감지해 제어함으로써 견인력을 유지한다.
③ 브레이크를 비활성화한다.
④ 연료 효율을 높인다.

> 풀이 TCS는 구동 휠의 슬립을 감지해 제동력 제어나 연료·점화 조절로 구동력을 유지한다.

027 TCS와 ABS의 차이는?

① TCS는 엔진만 제어하고 ABS는 바퀴만 제어한다.
② ABS는 제동 시 잠김 예방, TCS는 가속 시 미끄러짐 예방
③ 둘은 동일한 시스템
④ TCS는 ABS보다 먼저 개발되었다.

> 풀이 ABS는 제동 중 조향과 안정성 유지, TCS는 가속 중 휠 슬립을 방지한다.

028 TCS가 작동하지 않을 수 있는 조건은?

① 모든 노면에서 항상 작동한다.
② 센서 고장, 시스템 비활성화, 유지보수 불량
③ 배터리 전압만 변화되면 작동 중단
④ 주행 속도와 상관없이 항상 작동

029 이륜 타이어의 주요 구성 요소는?

① 광폭 트레드, 리지드 측면, 연료 탱크
② 나사, 볼트, 너트, 패드
③ 트레드, 사이드월, 케이싱, 비드
④ 디스크, 캘리퍼, 유압 라인, 핑거

> 풀이 타이어는 접지 면인 트레드, 옆면인 사이드월, 내부 구조인 케이싱, 림에 고정하는 비드로 구성된다.

030 '120/70 ZR17' 타이어 표시의 의미는?

① 폭 120mm, 높이/폭=70%, ZR타입, 17인치 림
② 직경 120cm, 폭 70cm, 17세대 ZR 등급
③ 120마력, 70토크, ZR 등급, 제한 속도 17km/h
④ 120년 제조, 70도 경사, 17리터 용량

> 풀이 '120'은 단면 폭(mm), '70'은 높이 비율(%), 'ZR'은 고성능 타이어의 구조 및 속도 지시자, '17'은 림 지름(inch)이다.

031 휠의 재질에 따른 장단점을 비교한 것으로 옳은 것은?

① 알루미늄은 무겁지만 강함 / 강철은 가볍고 약함
② 알루미늄은 저렴함 / 강철은 고가임
③ 강철은 더 열을 잘 분산시킨다.
④ 알루미늄은 가볍고 부식에 강함 / 강철은 강하지만 무겁고 녹 발생 가능

26. ② 27. ② 28. ② 29. ③ 30. ① 31. ④

풀이 알루미늄 휠은 경량화 및 부식 저항에 유리. 강철 휠은 내구성이 높지만 무겁고 녹에 약하다.

032 타이어 마모 한계를 판단하는 방법은?

① 색상이 어두워지면 교체한다.
② 마모 인디케이터가 트레드와 수평이 되면 교체한다.
③ 사이드월 금이 있으면 교체한다.
④ 한계가 없으므로 계속 사용한다.

풀이 타이어 트레드 표면의 마모 인디케이터가 트레드와 수평이 되면 마모 한계에 도달한 것이다.

033 바이크 정비 작업 중 개인 보호장비(PPE)를 착용해야 하는 주된 이유는 무엇인가?

① 작업 시간을 단축하기 위해
② 작업 중 발생할 수 있는 부상과 사고를 예방하기 위해
③ 작업장의 온도를 조절하기 위해
④ 작업 효율성을 높이기 위해

풀이 바이크 정비 작업은 날카로운 부품이나 고온의 엔진 등으로 인해 부상의 위험이 있다. 따라서 안전모, 장갑, 보호안경 등 개인 보호장비를 착용하여 이러한 위험으로부터 자신을 보호하는 것이 중요하다.

034 바이크 정비 작업을 시작하기 전에 반드시 확인해야 할 안전 점검 항목이 아닌 것은?

① 작업 도구의 상태 확인
② 작업 공간의 청결 상태 확인
③ 작업복의 색상 확인
④ 바이크의 고정 상태 확인

풀이 정비 작업 전에는 도구의 상태, 작업 공간의 청결, 바이크의 고정 상태 등을 점검하여 안전한 작업 환경을 마련해야 한다. 작업복의 색상은 안전과 직접적인 관련이 없다.

035 바이크 정비 작업 중 화재를 예방하기 위한 올바른 조치는?

① 연료를 작업장 내에 보관한다.
② 정비 작업 중 흡연을 한다.
③ 작업장 내 환기를 유지한다.
④ 전기 코드를 여러 개 연결하여 사용한다.

풀이 정비 작업 중 발생할 수 있는 연료 증기나 가연성 가스는 화재의 위험을 높인다. 따라서 작업장 내 환기를 통해 이러한 가스를 배출하고, 화재 예방을 위한 조치를 취하는 것이 중요하다.

036 정기검사 신청 기간과 유예 조건에 관한 설명 중 올바른 것은?

① 검사유효기간 만료일 이후 10일 내에만 신청 가능
② 검사유효기간 전후 각각 31일 이내에 신청 가능
③ 천재지변 시에는 연장이나 유예 불가
④ 신청기간이 지나면 아무런 연장이나 통지 없이 끝남

풀이 정기검사 신청 기간은 검사유효기간 만료일 전후 각 31일 이내이며, 천재지변 등 부득이한 사유에는 연장 또는 유예가 인정된다.

32. ② 33. ② 34. ③ 35. ③ 36. ②

037 다음 중 이륜자동차 정기검사 대상에 해당하지 않는 경우는?

① 배기량 270cc 이륜자동차
② 2019년 이후 제작된 150cc 이륜자동차
③ 2018년 7월에 제작된 200cc 이륜자동차
④ 전기이륜자동차

> 풀이 대기환경보전법 제62조에서 전기이륜차는 배출가스 정기검사 대상에서 제외한다고 명시되어 있다.

038 정기검사 주기 및 유효기간에 관한 설명으로 옳은 것은?

① 신조차는 최초 3년, 이후 2년마다 검사
② 모든 이륜자동차는 1년마다 검사
③ 신조차도 항상 2년마다 검사
④ 기존 차는 최초 4년, 이후 3년마다 검사

> 풀이 일반적으로는 2년 주기이지만, '신조차(신규로 사용 신고된 차량)'는 최초 3년, 이후 매 2년마다 정기검사를 받아야 한다.

039 이륜자동차의 운행 시 배기소음 허용 기준으로 옳은 것은?

① 100dB(A) 이하   ② 105dB(A) 이하
③ 110dB(A) 이하   ④ 115dB(A) 이하

> 풀이 이륜자동차의 운행차 소음허용기준에 따르면, 배기소음은 105dB(A) 이하, 경적소음은 110dB(A) 이하여야 한다. 이 기준은 2006년 1월 1일 이후 제작된 차량에 적용된다.

040 2023년 7월 1일 이후 제작된 이륜자동차의 운행 시 소음 규제 요건으로 옳은 설명은?

① 단순히 배기소음 기준인 105dB(A)만 지키면 된다.
② 인증된 배기소음보다 10dB(A) 초과하지 않아야 한다.
③ 인증된 배기소음보다 5dB(A) 초과하지 않아야 한다.
④ 경적소음만 110dB(A) 이하이면 충분하다.

> 풀이 2023년 7월 1일 이후 제작되었거나, 그 이후 최초 판매된 이륜차는 인증 받은 배기소음 결과 값보다 5dB(A) 초과하지 않도록 운행해야 한다. 이 기준은 기존의 상한치보다 더 엄격할 수 있다.

041 이륜자동차의 소음 기준 위반 시 가능한 행정 조치로 옳지 않은 것은?

① 과태료 최대 200만 원 부과 가능
② 점검 실시 및 개선 명령
③ 사용정지 명령 부과 가능
④ 운전면허 정지 처분

> 풀이 이륜자동차가 소음 기준을 초과하거나 소음기를 제거하거나 경음기를 추가한 경우, 최대 200만 원 이하의 과태료, 수시 또는 정기 점검, 개선 명령 또는 사용정지 명령 등의 행정 처분이 가능하다.

042 산업안전보건법 제78조의 주요 의무로 올바른 것은?

① 플랫폼 운영자는 배달 종사자에게 연 1회 정기 건강검진을 제공해야 한다.
② 플랫폼 운영자는 중개된 배달 종사자의 면허 및 안전모 보유 여부를 확인해야 한다.

37. ④ 38. ① 39. ② 40. ③ 41. ④ 42. ②

③ 플랫폼 운영자는 배달 종사자에게 소방훈련을 실시해야 한다.
④ 플랫폼 운영자는 배달 종사자의 운전 속도를 자동으로 제어해야 한다.

> **풀이** 산업안전보건법 제78조에 따르면, "이동통신단말장치로 물건의 수거·배달 등을 중개하는 자"는 이륜자동차 배달 종사자의 산업재해 예방을 위한 필요한 안전조치 및 보건조치를 해야 한다.

043 산업안전보건기준에 관한 규칙에 따른 보호구 지급 의무로 옳지 않은 것은?

① 사업주는 이륜자동차 운행 근로자에게 승차용 안전모를 지급해야 한다.
② 사업주는 지급된 안전모를 정기적으로 점검하여 이상 시 수리하거나 교체해야 한다.
③ 사업주는 근로자에게 자체적으로 안전모를 준비하도록 요구할 수 있다.
④ 근로자는 사업주로부터 지급받거나 착용 지시 받은 보호구를 반드시 착용해야 한다.

> **풀이** 「산업안전보건기준에 관한 규칙」 제32조는 사업주가 이륜자동차 운행 작업을 하는 근로자에게 도로교통법 시행규칙 기준에 적합한 승차용 안전모를 지급해야 하며, 이를 착용·점검하도록 해야 함을 명시하고 있다.

044 산재예방 가이드라인(이륜자동차 배달 종사자 대상)에 포함된 안전조치가 아닌 것은?

① 면허 및 안전모 착용 여부 확인
② 과속 배달(예: '30분 배달제') 금지
③ 배달 종사자에게 업무 집중도 향상을 위한 보너스 지급
④ 탑승 제한 조치(등화·제동장치 이상 시 탑승 금지)

> **풀이** 이륜차 배달 종사자를 위한 산재예방 가이드라인에는 다음과 같은 항목들이 포함된다:
> ① 면허 및 안전모 보유 확인, 안전운행 및 산재예방 사항 정기 고지, 업무수행 시간 제한 금지 (예: 과속 유도하는 '30분 배달제' 금지)
> ② 보호구 지급 및 관리, 탑승 제한 조치 (예: 전조등, 제동등, 후사경 이상 시 탑승 금지)
> ③ 업무 효율과 관련된 보너스 지급은 해당 가이드라인의 목적에 포함되지 않는다.

045 자동차관리법상 '이륜자동차' 사용신고 대상 기준에 해당하는 것은?

① 최고속도 시속 20km 이상
② 최고속도 시속 25km 이상
③ 배기량 50cc 이상
④ 전기모터 출력 0.59kW 이상

> **풀이** 「자동차관리법 시행규칙」에 따라, 최고속도 시속 25km 이상인 이륜자동차가 사용신고 대상에 해당된다.

046 사용신고를 하지 않고 이륜자동차를 운행하면 부과될 수 있는 최대 과태료는?

① 50만 원
② 100만 원
③ 300만 원
④ 500만 원

> **풀이** 사용신고 없이 이륜자동차를 운행할 경우, 최대 300만 원의 과태료가 부과될 수 있다.

43. ③ 44. ③ 45. ② 46. ③

047 이륜자동차가 구조 및 장치 안전기준에 부적합할 경우 어떻게 되는가?

① 정기검사 대상에서 제외된다.
② 운행을 계속해도 무방하다.
③ 운행이 금지된다.
④ 과태료만 부과된다.

> 풀이 안전기준에 부적합한 구조 또는 장치를 가진 이륜자동차는 운행이 금지된다.

048 다음 중 '이륜자동차 검사 제도'에 해당하지 않는 것은?

① 사용검사   ② 정기검사
③ 튜닝검사   ④ 기능검사

> 풀이 이륜자동차 검사 제도에는 사용검사, 정기검사, 튜닝검사, 임시검사가 포함되며, '기능검사'라는 명칭은 존재하지 않는다.

049 정기검사를 제때 받지 않았을 때 부과될 수 있는 과태료는?

① 최대 20만 원   ② 최대 50만 원
③ 최대 100만 원 ④ 최대 300만 원

> 풀이 정기검사를 제때 받지 않을 경우 최대 20만 원의 과태료가 부과될 수 있으며, 검사명령을 따르지 않으면 더 강한 처벌이 가능함을 참고해야 한다.

050 튜닝 승인 받은 이륜자동차는 언제까지 튜닝검사를 받아야 하는가?

① 승인 후 즉시   ② 승인 후 15일 이내
③ 승인 후 45일 이내 ④ 승인 후 90일 이내

> 풀이 튜닝을 승인받았다면 45일 이내에 튜닝검사를 받아야 한다. 이를 어길 경우 법적인 제재(예: 과태료 등)가 따를 수 있다.

051 '자동차관리요령(행정규칙)'에 개정된 이륜자동차 사용신고 기준은 무엇인가?

① 배기량 50cc 이상
② 출력 0.59kW 이상
③ 제동거리 5m 이내
④ 최고속도 시속 25km 이상

> 풀이 과거에는 배기량 또는 kW 기준이었으나, 현재는 최고속도 시속 25km 이상 기준으로 개정되었다.

052 다음 중 이륜자동차 조향축 하중 기준으로 올바른 것은 무엇인가?

① 차량 중량의 10% 이상
② 차량 중량의 15% 이상
③ 차량 중량의 18% 이상
④ 차량 중량의 20% 이상

> 풀이 「자동차성능 및 기준에 관한 규칙」에서는 이륜자동차 조향축에 가해지는 하중이 차량 중량의 18% 이상이어야 한다고 규정하고 있다.

053 이륜자동차의 타이어 관련 규정으로 잘못된 것은?

① 타이어 폭이 차량 중량의 50% 이상이어야 한다.
② 타이어 성능 세부 항목이 규정되어 있다.
③ 타이어 공기압과 구조 기준이 규정되어 있다.
④ 공기압 기준은 제조사별 권장값을 반영한다.

47. ③ 48. ④ 49. ① 50. ③ 51. ④ 52. ③ 53. ①

풀이 타이어 폭이 차량 중량의 50% 이상이어야 한다는 규정은 없다. 규칙에서는 타이어의 공기압, 구조, 성능 등 안전과 주행 성능과 관련된 항목만 규정하며, 폭과 중량의 비율과 같은 기준은 포함되지 않는다.

풀이 「자동차성능 및 기준에 관한 규칙」은 차량 성능과 구조, 안전 기준을 규정하는 법령으로, 운전자의 면허 취득 절차와 같은 운전자 관련 사항은 다루지 않는다.

054 2025년 하반기에 입법 예고된 개정안 내용으로 올바른 것은 무엇인가?

① 사륜형 이륜자동차의 물품 적재장치 설치 기준 및 최대 적재량 규정
② 이륜자동차 배기 소음 기준 변경
③ 타이어 공기압 최소 기준 상향
④ 조향장치 구조 변경 규정

풀이 최근 개정안에서는 사륜형 이륜자동차의 물품 적재장치 설치 기준과 최대 적재량을 명확히 규정하고자 입법 예고가 진행되었다.

055 번호판 관련 최근 개정안의 내용으로 옳지 않은 것은?

① 시인성 개선
② 크기 확대
③ 반사재 개선
④ 위치 제한 완화

풀이 번호판 관련 개정안에서는 시인성 개선, 크기 확대, 반사재 개선이 주요 내용으로 다뤄지고 있으나, 번호판 위치 제한 완화는 개정안에 포함되지 않았다.

056 「자동차성능 및 기준에 관한 규칙」에서 다루지 않는 항목은?

① 이륜자동차 공기압 및 타이어 구조 기준
② 차량 중량에 따른 조향축 하중 기준
③ 사륜형 이륜자동차 적재장치 설치 기준
④ 운전자의 운전면허 취득 절차

057 4행정 엔진의 행정 순서로 올바른 것은?

① 흡입 – 압축 – 폭발 – 배기
② 압축 – 흡입 – 배기 – 폭발
③ 폭발 – 흡입 – 압축 – 배기
④ 흡입 – 배기 – 압축 – 폭발

풀이 4행정 엔진은 흡입 → 압축 → 폭발(연소) → 배기 순으로 작동한다.

058 이륜자동차 엔진에서 흡입행정의 주요 역할은?

① 혼합기를 압축한다.
② 연소가스를 배출한다.
③ 연료와 공기를 실린더로 흡입한다.
④ 피스톤을 상사점으로 이동시킨다.

풀이 흡입행정은 피스톤이 하강하면서 공기와 연료 혼합기를 실린더로 흡입하는 과정이다.

059 카뷰레터의 기본 기능은?

① 공기량만 공급한다.
② 연료와 공기를 적절한 비율로 혼합한다.
③ 연료만 공급한다.
④ 폭발 시 점화를 발생시킨다.

54. ① 55. ④ 56. ④ 57. ① 58. ③ 59. ②

풀이 카뷰레터는 엔진에 필요한 공기와 연료를 혼합하여 최적의 혼합기를 만들어 공급하는 장치이다.

060 엔진의 압축비가 높아지면 일반적으로 나타나는 효과는?

① 출력 감소 ② 열효율 증가
③ 연료 소모 증가 ④ 폭발 압력 감소

풀이 압축비가 높을수록 연료 혼합기의 연소 효율이 증가하여 출력과 연비가 향상되지만, 노킹 가능성이 커진다.

60. ②

PART

부록

■ 국가기술자격검정 실기시험 예상문제 &결과기록표

1안		국가기술자격검정 실기시험 예상문제	
자격종목	이륜자동차 정비기능사	**과제명**	이륜자동차정비 작업
수험번호 :			
시험시간 : 3시간 30분(엔진 1시간 30분, 섀시 1시간, 전기 1시간)			

01 엔진

① 주어진 이륜차엔진에서 실린더 헤드와 점화플러그를 탈거한 후(감독위원에게 확인하고) 감독위원의 지시에 따라 기록표의 내용대로 기록·판정하시오.
② 주어진 전자제어 이륜차엔진에서 감독위원의 지시에 따라 시동에 필요한 점화회로의 고장부분 1개소를 점검 및 수리하여 시동하시오.
③ 주어진 전자제어 이륜차 엔진에서 에어크리너를 탈거(감독위원에게 확인)한 후 다시 조립하고 감독위원의 지시에 따라 진단기(스캐너)를 사용하여 엔진의 각종 센서(액츄에이터)를 점검 후 고장부분을 기록하시오.
④ 주어진 이륜차에서 기록표에 제시된 내용을 측정하고 기록·판정하시오.

02 섀시

① 주어진 이륜차에서 감독위원의 지시에 따라 앞 쇽업쇼버를 탈거(감독위원에게 확인)한 후 다시 조립하시오.
② 주어진 이륜차(ABS 장착 바이크)에서 감독위원의 지시에 따라 브레이크 패드(전 또는 후륜측)를 탈거(감독위원에게 확인)하고 다시 조립하고 기록·판정하시오.
③ 주어진 이륜차에서 감독위원의 지시에 따라 속도계케이블을 탈거한 후(감독위원에게 확인하고) 기록·판정하시오.
④ 주어진 전자제어 이륜차에서 감독위원의 지시에 따라 주어진 휠 스피드 센서의 저항과 출력전압을 점검하고 기록·판정하시오.

03 전기

① 주어진 이륜차에서 방향지시등을 탈거(감독위원에게 확인)한 후, 다시 부착하여 방향지시등이 정상 작동되는지 확인하시오.
② 주어진 이륜차에서 시동모터의 크랭킹 부하시험을 하여 고장부분을 점검한 후 기록·판정하시오.
③ 주어진 이륜차에서 미등 및 번호등 회로의 고장부분을 점검한 후 기록·판정하시오.
④ 주어진 이륜차에서 전조등 광도를 측정하고 기록·판정하시오.

1안 국가기술자격검정 실기시험 예상문제 결과기록표

| 자 격 종 목 | 이륜자동차정비기능사 | 과 제 명 | 이륜자동차 정비 작업 |

※ 기록표는 문항별 구분 절단하여 배부하고, 각 문항별로 종료 시 회수한다.

01 엔진

엔진1 시험 결과 기록표

엔진 번호 :

| 비 번호 | | 감독위원 확인 | |

항목	1. 측정(또는 점검)		2. 판정 및 정비(또는 조치) 사항		득점
	측정값	규정(정비한계)값	판정 (□에 'V' 표)	정비 및 조치할 사항	
크랭크축 베어링 오일간극			□ 양호 □ 불량		

엔진3 시험 결과 기록표

오토바이 번호 :

| 비 번호 | | 감독위원 확인 | |

항목	1. 측정(또는 점검)			2. 고장 및 정비(또는 조치) 사항		득점
	고장부위	측정값	규정값	고장 내용	정비 및 조치할 사항	
센서(액추에이터) 점검						

엔진4 시험 결과 기록표

오토바이 번호 :

| 비 번호 | | 감독위원 확인 | |

항목	1. 측정(또는 점검)		2. 판정 및 정비(또는 조치) 사항		득점
	측정값	기준값	판정 (□에 'V' 표)	정비 및 조치할 사항	
CO			□ 양호 □ 불량		
HC					

※ 감독위원이 제시한 오토바이등록증(또는 차대번호)을 활용하여 차종 및 연식을 적용합니다.
※ 자동차 검사기준 및 방법에 의하여 기록, 판정합니다.
※ CO 측정값은 소수점 첫째자리까지만 기입하고 HC 측정값은 소수점 자리를 기록하지 않습니다.

02 섀시

섀시 2 시험 결과 기록표

오토바이 번호 :

비 번호		감독위원 확인			
항목	1. 측정(또는 점검)		2. 판정 및 정비(또는 조치) 사항		득점
	측정값	규정(정비한계)값	판정 (□에 'V' 표)	정비 및 조치할 사항	
톤 휠 간극			□ 양호 □ 불량		

섀시 3 시험 결과 기록표

오토바이 번호 :

비 번호		감독위원 확인			
항목	1. 측정(또는 점검)		2. 판정 및 정비(또는 조치) 사항		득점
	이상 부분	내용 및 상태	판정 (□에 'V' 표)	정비 및 조치할 사항	
ABS 자기진단			□ 양호 □ 불량		

섀시 4 시험 결과 기록표

오토바이 번호 :

비 번호		감독위원 확인			
항목	1. 측정(또는 점검)		2. 판정 및 정비(또는 조치) 사항		득점
	측정값	규정(정비한계)값	판정 (□에 'V' 표)	정비 및 조치할 사항	
저항			□ 양호 □ 불량		
출력전압					

03 전기

전기 2 시험 결과 기록표

오토바이 번호 :

비 번호		감독위원 확인	

항목	1. 측정(또는 점검)		2. 판정 및 정비(또는 조치) 사항		득점
	측정값	규정(정비한계)값	판정(□에 'V' 표)	정비 및 조치할 사항	
전류소모			□ 양호 □ 불량		

전기 3 시험 결과 기록표

오토바이 번호 :

비 번호		감독위원 확인	

항목	1. 측정(또는 점검)		2. 판정 및 정비(또는 조치) 사항		득점
	이상 부위	내용 및 상태	판정(□에 'V' 표)	정비 및 조치할 사항	
미등 및 번호등 회로			□ 양호 □ 불량		

전기 4 시험 결과 기록표

오토바이 번호 :

비 번호		감독위원 확인	

항목	1. 측정(또는 점검)		2. 판정(□에 'V' 표)	득점
	측정값	기준값		
전조등		_____ 이상	□ 양호 □ 불량	

2안		국가기술자격검정 실기시험 예상문제	
자격종목	이륜자동차 정비기능사	과제명	이륜자동차정비 작업
수험번호 : 시험시간 : 3시간 30분(엔진 1시간 30분, 섀시 1시간, 전기 1시간)			

01 엔진

① 주어진 이륜차엔진에서 실린더 헤드와 밸브 스프링(1개)을 탈거(감독위원에게 확인)하고 감독위원의 지시에 따라 기록표의 내용대로 기록 · 판정한 후 조립하시오.
② 주어진 전자제어 이륜차엔진에서 감독위원의 지시에 따라 시동에 필요한 연료장치 회로의 고장부분 1개소를 점검 및 수리하여 시동하시오.
③ 주어진 전자제어 이륜차 엔진에서 인젝터 1개를 탈거(감독위원에게 확인)한 후 다시 조립하고 감독위원의 지시에 따라 진단기(스캐너)를 사용하여 엔진의 각종 센서(액츄에이터)를 점검 후 고장부분을 기록하시오.
④ 주어진 이륜차에서 기록표에 제시된 내용을 측정하고 기록 · 판정하시오.

02 섀시

① 주어진 이륜차에서 감독위원의 지시에 따라 (전 또는 후륜) 베어링을 탈거(감독위원에게 확인)한 후 다시 조립하시오.
② 주어진 이륜차(ABS 장착 바이크)에서 감독위원의 지시에 따라 브레이크 라이닝슈를 탈거(감독위원에게 확인)하고 다시 조립하고 기록 · 판정하시오.
③ 주어진 전자제어 이륜차 엔진에서 감독위원의 지시에 따라 진단기(스캐너)로 자동변속기를 점검하고 기록 · 판정하시오.
④ 주어진 이륜차에서 감독위원의 지시에 따라 최소회전 반경을 측정하여 기록 · 판정하시오.

03 전기

① 주어진 이륜차에서 발전기를 탈거(감독위원에게 확인)한 후, 다시 부착하여 정상 작동하는지 충전전압으로 확인하시오.
② 주어진 이륜차에서 점화코일의 1차, 2차 저항을 측정하고 코일의 고장 유무를 확인하여 기록 · 판정하시오.
③ 주어진 이륜차에서 전조등 회로의 고장부분을 점검한 후 기록 · 판정하시오.
④ 주어진 이륜차에서 경음기 음량을 측정하여 기록 · 판정하시오.

2안 국가기술자격검정 실기시험 예상문제 결과기록표

| 자 격 종 목 | 이륜자동차정비기능사 | 과 제 명 | 이륜자동차 정비 작업 |

※ 기록표는 문항별 구분 절단하여 배부하고, 각 문항별로 종료 시 회수한다.

01 엔진

엔진 1 시험 결과 기록표

엔진 번호 :

| 비 번호 | | 감독위원 확인 | |

항목	1. 측정(또는 점검)		2. 판정 및 정비(또는 조치) 사항		득점
	측정값	규정(정비한계)값	판정 (□에 'V' 표)	정비 및 조치할 사항	
밸브스프링 자유고			□ 양호 □ 불량		

엔진 3 시험 결과 기록표

오토바이 번호 :

| 비 번호 | | 감독위원 확인 | |

항목	1. 측정(또는 점검)			2. 고장 및 정비(또는 조치) 사항		득점
	고장부위	측정값	규정값	고장 내용	정비 및 조치할 사항	
센서(액추에이터) 점검						

엔진 4 시험 결과 기록표

오토바이 번호 :

| 비 번호 | | 감독위원 확인 | |

항목	1. 측정(또는 점검)		2. 판정 및 정비(또는 조치) 사항		득점
	측정값	기준값	판정 (□에 'V' 표)	정비 및 조치할 사항	
CO			□ 양호 □ 불량		
HC					

※ 감독위원이 제시한 오토바이등록증(또는 차대번호)을 활용하여 차종 및 연식을 적용합니다.
※ 자동차 검사기준 및 방법에 의하여 기록, 판정합니다.
※ CO 측정값은 소수점 첫째자리까지만 기입하고 HC 측정값은 소수점 자리를 기록하지 않습니다.

02 섀시

섀시 2 시험 결과 기록표

오토바이 번호 :

비 번호			감독위원 확인		
항목	1. 측정(또는 점검)		2. 판정 및 정비(또는 조치) 사항		득점
	측정값	규정(정비한계)값	판정 (□에 'V' 표)	정비 및 조치할 사항	
브레이크 페달 유격			□ 양호 □ 불량		

섀시 3 시험 결과 기록표

오토바이 번호 :

비 번호			감독위원 확인		
항목	1. 측정(또는 점검)		2. 판정 및 정비(또는 조치) 사항		득점
	이상 부분	내용 및 상태	판정 (□에 'V' 표)	정비 및 조치할 사항	
자동변속기 자기진단			□ 양호 □ 불량		

섀시 4 시험 결과 기록표

오토바이 번호 :

비 번호			감독위원 확인		
항목	1. 측정(또는 점검)		2. 판정 및 정비(또는 조치) 사항		득점
	앞바퀴	기준값	판정 (□에 'V' 표)	정비 및 조치할 사항	
회전방향 □ 좌 □ 우			□ 양호 □ 불량		

03 전기

전기 2 시험 결과 기록표

오토바이 번호 :

비 번호			감독위원 확인		
항목	1. 측정(또는 점검)		2. 판정 및 정비(또는 조치) 사항		득점
	측정값	규정(정비한계)값	판정 (□에 'V' 표)	정비 및 조치할 사항	
1차 저항			□ 양호 □ 불량		
2차 저항					

전기 3 시험 결과 기록표

오토바이 번호 :

비 번호			감독위원 확인		
항목	1. 측정(또는 점검)		2. 판정 및 정비(또는 조치) 사항		득점
	이상 부위	내용 및 상태	판정 (□에 'V' 표)	정비 및 조치할 사항	
전조등 회로			□ 양호 □ 불량		

전기 4 시험 결과 기록표

오토바이 번호 :

비 번호			감독위원 확인		
항목	1. 측정(또는 점검)		2. 판정 및 정비(또는 조치) 사항		득점
	측정값	기준값	판정 (□에 'V' 표)	정비 및 조치할 사항	
경음기 음량		_____ 이하	□ 양호 □ 불량		

3안		국가기술자격검정 실기시험 예상문제	
자격종목	이륜자동차 정비기능사	과제명	이륜자동차정비 작업
수험번호 : 시험시간 : 3시간 30분(엔진 1시간 30분, 섀시 1시간, 전기 1시간)			

01 엔진

① 주어진 이륜차엔진에서 라디에이터를 탈거(감독위원에게 확인)하고 감독위원의 지시에 따라 기록표의 내용대로 기록·판정한 후 조립하시오.
② 주어진 전자제어 이륜차엔진에서 감독위원의 지시에 따라 시동에 필요한 크랭킹 회로의 고장부분 1개소를 점검 및 수리하여 시동하시오.
③ 주어진 전자제어 이륜차 엔진에서 스로틀 포지션센서를 탈거(감독위원에게 확인)한 후 다시 조립하고 감독위원의 지시에 따라 진단기(스캐너)를 사용하여 엔진의 각종 센서(액츄에이터)를 점검 후 고장부분을 기록하시오.
④ 주어진 이륜차에서 기록표에 제시된 내용을 측정하고 기록·판정하시오.

02 섀시

① 주어진 이륜차에서 감독위원의 지시에 따라 림(휠)에서 타이어 1개를 탈거(감독위원에게 확인)한 후 다시 조립하시오.
② 주어진 이륜차(ABS 장착 바이크)에서 감독위원의 지시에 따라 드라이브 체인을 탈거(감독위원에게 확인)하고 조립한 후 기록·판정하시오.
③ 주어진 전자제어 이륜차 엔진에서 감독위원의 지시에 클러치 릴리스 실린더를 탈거(감독위원에게 확인)하고 다시 공기빼기 작업 후 기록·판정하시오.
④ 주어진 전자제어 이륜차 엔진에서 감독위원의 지시에 따라 원심클러치를 점검하고 기록·판정하시오.

03 전기

① 주어진 이륜차에서 2기통엔진의 점화플러그 및 고압 케이블을 탈거(감독위원에게 확인)한 후, 다시 부착하여 시동이 되는지 확인하시오.
② 주어진 이륜차에서 발전기에서 감독위원의 지시에 따라 충전되는 전류와 전압을 점검하여 확인사항을 기록·판정하시오.
③ 주어진 이륜차에서 제동등 회로의 고장부분을 점검한 후 기록·판정하시오.
④ 주어진 이륜차에서 전조등 광도를 측정하여 기록·판정하시오.

3안 국가기술자격검정 실기시험 예상문제 결과기록표

자 격 종 목	이륜자동차정비기능사	과 제 명	이륜자동차 정비 작업

※ 기록표는 문항별 구분 절단하여 배부하고, 각 문항별로 종료 시 회수한다.

01 엔진

엔진 1 시험 결과 기록표

엔진 번호 :

비 번호		감독위원 확인	

항목	1. 측정(또는 점검)		2. 판정 및 정비(또는 조치) 사항		득점
	측정값	규정(정비한계)값	판정 (□에 'V' 표)	정비 및 조치할 사항	
압력식 캡			□ 양호 □ 불량		

엔진 3 시험 결과 기록표

오토바이 번호 :

비 번호		감독위원 확인	

항목	1. 측정(또는 점검)			2. 고장 및 정비(또는 조치) 사항		득점
	고장부위	측정값	규정값	고장 내용	정비 및 조치할 사항	
센서(액추에이터) 점검						

엔진 4 시험 결과 기록표

오토바이 번호 :

비 번호		감독위원 확인	

항목	1. 측정(또는 점검)		2. 판정 및 정비(또는 조치) 사항		득점
	측정값	기준값	판정 (□에 'V' 표)	정비 및 조치할 사항	
CO			□ 양호 □ 불량		
HC					

※ 감독위원이 제시한 오토바이등록증(또는 차대번호)을 활용하여 차종 및 연식을 적용합니다.
※ 자동차 검사기준 및 방법에 의하여 기록, 판정합니다.
※ CO 측정값은 소수점 첫째자리까지만 기입하고 HC 측정값은 소수점 자리를 기록하지 않습니다.

02 섀시

섀시 2 시험 결과 기록표

오토바이 번호 :

비 번호		감독위원 확인	

항목	1. 측정(또는 점검)		2. 판정 및 정비(또는 조치) 사항		득점
	측정값	규정(정비한계)값	판정 (□에 'V' 표)	정비 및 조치할 사항	
드라이브 체인 유격			□ 양호 □ 불량		

섀시 3 시험 결과 기록표

오토바이 번호 :

비 번호		감독위원 확인	

항목	1. 측정(또는 점검)		2. 판정 및 정비(또는 조치) 사항		득점
	측정값	내용 및 상태	판정 (□에 'V' 표)	정비 및 조치할 사항	
ABS 자기진단			□ 양호 □ 불량		

섀시 4 시험 결과 기록표

오토바이 번호 :

비 번호		감독위원 확인	

항목	1. 측정(또는 점검)		2. 판정 및 정비(또는 조치) 사항		득점
	이상 부위	내용 및 상태	판정 (□에 'V' 표)	정비 및 조치할 사항	
원심클러치			□ 양호 □ 불량		

03 전기

전기 2 시험 결과 기록표

오토바이 번호 :

비 번호			감독위원 확인		

항목	1. 측정(또는 점검)		2. 판정 및 정비(또는 조치) 사항		득점
	측정값	규정(정비한계)값	판정 (□에 'V' 표)	정비 및 조치할 사항	
충전 전류			□ 양호 □ 불량		
충전 전압					

전기 3 시험 결과 기록표

오토바이 번호 :

비 번호			감독위원 확인		

항목	1. 측정(또는 점검)		2. 판정 및 정비(또는 조치) 사항		득점
	이상 부위	내용 및 상태	판정 (□에 'V' 표)	정비 및 조치할 사항	
제동등 회로			□ 양호 □ 불량		

전기 4 시험 결과 기록표

오토바이 번호 :

비 번호			감독위원 확인	

항목	1. 측정(또는 점검)		2. 판정(□에 'V' 표)	득점
	측정값	기준값		
전조등		_____ 이상	□ 양호 □ 불량	

4안	국가기술자격검정 실기시험 예상문제		
자격종목	이륜자동차 정비기능사	과제명	이륜자동차정비 작업
수험번호 : 시험시간 : 3시간 30분(엔진 1시간 30분, 섀시 1시간, 전기 1시간)			

01 엔진

① 주어진 이륜차엔진에서 캠축과 타이밍 벨트를 탈거(감독위원에게 확인)하고 감독위원의 지시에 따라 기록표의 내용대로 기록 · 판정한 후 조립하시오.
② 주어진 전자제어 이륜차엔진에서 감독위원의 지시에 따라 시동에 필요한 점화회로의 이상개소를 점검 및 수리하여 시동하시오.
③ 주어진 전자제어 이륜차 엔진에서 ECM을 탈거(감독위원에게 확인)한 후 다시 조립하고 감독위원의 지시에 따라 진단기(스캐너)를 사용하여 엔진의 각종 센서(액츄에이터)를 점검 후 고장부분을 기록하시오.
④ 주어진 이륜차에서 기록표에 제시된 내용을 측정하고 기록 · 판정하시오.

02 섀시

① 주어진 이륜차에서 감독위원의 지시에 따라 후륜쇽업쇼버 및 스윙암을 탈거(감독위원에게 확인)한 후 다시 조립하시오.
② 주어진 이륜차에서 감독위원의 지시에 따라 제동장치의 (전 또는 후륜)브레이크 캘리퍼를 탈거(감독위원에게 확인)하고 다시 조립한 후 기록 · 판정하시오.
③ 주어진 전자제어 이륜차 엔진에서 감독위원의 지시에 따라 진단기(스캐너)로 TCS점검하고 기록 · 판정하시오.
④ 주어진 전자제어 이륜차 엔진에서 감독위원의 지시에 따라 회전 시 최소회전반경을 측정하여 기록 · 판정하시오.

03 전기

① 주어진 이륜차에서 키박스를 탈거(감독위원에게 확인)한 후, 다시 부착하여 크랭킹하여 기동모터가 작동되는지 확인하시오.
② 주어진 이륜차에서 감독위원의 지시에 따라 기동전동기의 고장부분을 점검한 후 기록표에 기록 · 판정하시오.
③ 주어진 이륜차에서 방향지시기 회로의 고장부분을 점검한 후 기록 · 판정하시오.
④ 주어진 이륜차에서 경음기 음량을 측정하여 기록 · 판정하시오.

4안 국가기술자격검정 실기시험 예상문제 결과기록표

| 자 격 종 목 | 이륜자동차정비기능사 | 과 제 명 | 이륜자동차 정비 작업 |

※ 기록표는 문항별 구분 절단하여 배부하고, 각 문항별로 종료 시 회수한다.

01 엔진

엔진 1 시험 결과 기록표

엔진 번호 :

| 비 번호 | | 감독위원 확인 | |

항목	1. 측정(또는 점검)		2. 판정 및 정비(또는 조치) 사항		득점
	측정값	규정(정비한계)값	판정 (□에 'V' 표)	정비 및 조치할 사항	
캠 높이			□ 양호 □ 불량		

엔진 3 시험 결과 기록표

오토바이 번호 :

| 비 번호 | | 감독위원 확인 | |

항목	1. 측정(또는 점검)			2. 고장 및 정비(또는 조치) 사항		득점
	고장부위	측정값	규정값	고장 내용	정비 및 조치할 사항	
센서(액추에이터) 점검						

엔진 4 시험 결과 기록표

오토바이 번호 :

| 비 번호 | | 감독위원 확인 | |

항목	1. 측정(또는 점검)		2. 판정 및 정비(또는 조치) 사항		득점
	측정값	기준값	판정 (□에 'V' 표)	정비 및 조치할 사항	
CO			□ 양호 □ 불량		
HC					

※ 감독위원이 제시한 오토바이등록증(또는 차대번호)을 활용하여 차종 및 연식을 적용합니다.
※ 자동차 검사기준 및 방법에 의하여 기록, 판정합니다.
※ CO 측정값은 소수점 첫째자리까지만 기입하고 HC 측정값은 소수점 자리를 기록하지 않습니다.

02 섀시

섀시 2 시험 결과 기록표

오토바이 번호 :

비 번호		감독위원 확인	

항목	1. 측정(또는 점검)		2. 판정 및 정비(또는 조치) 사항		득점
	측정값	규정(정비한계)값	판정 (□에 'V' 표)	정비 및 조치할 사항	
디스크 런 아웃			□ 양호 □ 불량		

섀시 3 시험 결과 기록표

오토바이 번호 :

비 번호		감독위원 확인	

항목	1. 측정(또는 점검)		2. 판정 및 정비(또는 조치) 사항		득점
	이상 부분	내용 및 상태	판정 (□에 'V' 표)	정비 및 조치할 사항	
TCS 자기진단			□ 양호 □ 불량		

섀시 4 시험 결과 기록표

오토바이 번호 :

비 번호		감독위원 확인	

항목	1. 측정(또는 점검)		2. 판정 및 정비(또는 조치) 사항		득점
	앞바퀴	기준값	판정 (□에 'V' 표)	정비 및 조치할 사항	
회전방향 □ 좌 □ 우			□ 양호 □ 불량		

03 전기

전기 2 시험 결과 기록표

오토바이 번호 :

비 번호			감독위원 확인		

항목	1. 측정(또는 점검)		2. 판정 및 정비(또는 조치) 사항		득점
	측정값	규정(정비한계)값	판정 (□에 'V' 표)	정비 및 조치할 사항	
전압 강하			□ 양호 □ 불량		
전류 소모					

전기 3 시험 결과 기록표

오토바이 번호 :

비 번호			감독위원 확인		

항목	1. 측정(또는 점검)		2. 판정 및 정비(또는 조치) 사항		득점
	고장 부분	내용 및 상태	판정 (□에 'V' 표)	정비 및 조치할 사항	
방향지시기 회로			□ 양호 □ 불량		

전기 4 시험 결과 기록표

오토바이 번호 :

비 번호			감독위원 확인		

항목	1. 측정(또는 점검)		2. 판정 및 정비(또는 조치) 사항		득점
	측정값	기준값	판정 (□에 'V' 표)	정비 및 조치할 사항	
경음기 음량		_____ 이하	□ 양호 □ 불량		

5안		국가기술자격검정 실기시험 예상문제	
자격종목	이륜자동차 정비기능사	과제명	이륜자동차정비 작업
수험번호 : 시험시간 : 3시간 30분(엔진 1시간 30분, 섀시 1시간, 전기 1시간)			

01 엔진

① 주어진 이륜차엔진에서 크랭크축을 탈거(감독위원에게 확인)하고 감독위원의 지시에 따라 기록표의 내용대로 기록·판정한 후 조립하시오.
② 주어진 전자제어 이륜차엔진에서 감독위원의 지시에 따라 시동에 필요한 연료장치 회로의 고장부분 1개소를 점검 및 수리하여 시동하시오.
③ 주어진 전자제어 이륜차 엔진에서 연료펌프를 탈거(감독위원에게 확인)한 후 다시 조립하고 감독위원의 지시에 따라 진단기(스캐너)를 사용하여 엔진의 각종 센서(액츄에이터)를 점검 후 고장부분을 기록하시오.
④ 주어진 이륜차에서 기록표에 제시된 내용을 측정하고 기록·판정하시오.

02 섀시

① 주어진 이륜차에서 감독위원의 지시에 따라 체인을 탈거(감독위원에게 확인)한 후 다시 조립하시오.
② 주어진 이륜차에서 감독위원의 지시에 따라 1개의 휠을 탈거하여 휠 밸런스 상태를 점검하여 기록·판정하시오.
③ 주어진 전자제어 이륜차 엔진에서 감독위원의 지시에 따라 진단기(스캐너)로 ABS를 점검하고 기록·판정하시오.
④ 주어진 전자제어 이륜차 엔진에서 감독위원의 지시에 따라 브레이크 마스터 실린더를 탈거(감독위원에게 확인)하고 다시 공기빼기 작업 후 기록·판정하시오.

03 전기

① 주어진 이륜차에서 헤드라이트를 탈거(감독위원에게 확인)한 후, 다시 부착하여 정상적인 전원이 작동되는지 확인하시오.
② 주어진 이륜차에서 감독위원의 지시에 따라 축전지의 비중과 축전지 용량시험기를 작동시킨 상태에서 전압을 측정하고 기록표에 기록·판정하시오.
③ 주어진 이륜차에서 경음기 회로의 고장부분을 점검한 후 기록·판정하시오.
④ 주어진 이륜차에서 전조등 광도를 측정하여 기록·판정하시오.

5안 국가기술자격검정 실기시험 예상문제 결과기록표

자 격 종 목	이륜자동차정비기능사	과 제 명	이륜자동차 정비 작업

※ 기록표는 문항별 구분 절단하여 배부하고, 각 문항별로 종료 시 회수한다.

01 엔진

엔진 1 시험 결과 기록표

엔진 번호 :

비 번 호		감독위원 확인	

항목	1. 측정(또는 점검)		2. 판정 및 정비(또는 조치) 사항		득점
	측정값	규정(정비한계)값	판정 (□에 'V' 표)	정비 및 조치할 사항	
크랭크축 휨			□ 양호 □ 불량		

엔진 3 시험 결과 기록표

오토바이 번호 :

비 번 호		감독위원 확인	

항목	1. 측정(또는 점검)			2. 고장 및 정비(또는 조치) 사항		득점
	고장부위	측정값	규정값	고장 내용	정비 및 조치할 사항	
센서(액추에이터) 점검						

엔진 4 시험 결과 기록표

오토바이 번호 :

비 번 호		감독위원 확인	

항목	1. 측정(또는 점검)		2. 판정 및 정비(또는 조치) 사항		득점
	측정값	기준값	판정 (□에 'V' 표)	정비 및 조치할 사항	
CO			□ 양호 □ 불량		
HC					

※ 감독위원이 제시한 오토바이등록증(또는 차대번호)을 활용하여 차종 및 연식을 적용합니다.
※ 자동차 검사기준 및 방법에 의하여 기록, 판정합니다.
※ CO 측정값은 소수점 첫째자리까지만 기입하고 HC 측정값은 소수점 자리를 기록하지 않습니다.

 섀시

섀시 2 시험 결과 기록표

오토바이 번호 :

비 번호			감독위원 확인		
항목	1. 측정(또는 점검)		2. 판정 및 정비(또는 조치) 사항		득점
	측정값	기준값	판정 (□에 'V' 표)	정비 및 조치할 사항	
휠 밸런스	IN : OUT :	IN : OUT :	□ 양호 □ 불량		

섀시 3 시험 결과 기록표

오토바이 번호 :

비 번호			감독위원 확인		
항목	1. 측정(또는 점검)		2. 판정 및 정비(또는 조치) 사항		득점
	이상 부분	내용 및 상태	판정 (□에 'V' 표)	정비 및 조치할 사항	
ABS 자기진단			□ 양호 □ 불량		

섀시 4 시험 결과 기록표

오토바이 번호 :

비 번호			감독위원 확인		
항목	1. 측정(또는 점검)		2. 판정 및 정비(또는 조치) 사항		득점
	점검 위치	내용 및 상태	판정 (□에 'V' 표)	정비 및 조치할 사항	
자동변속기 오일량			□ 양호 □ 불량		

03 전기

전기 2 시험 결과 기록표

오토바이 번호 :

| 비 번호 | | 감독위원 확인 | |

항목	1. 측정(또는 점검)		2. 판정 및 정비(또는 조치) 사항		득점
	측정값	규정(정비한계)값	판정 (□에 'V' 표)	정비 및 조치할 사항	
축전지 전해액 비중			□ 양호 □ 불량		
축전지 전압					

전기 3 시험 결과 기록표

오토바이 번호 :

| 비 번호 | | 감독위원 확인 | |

항목	1. 측정(또는 점검)		2. 판정 및 정비(또는 조치) 사항		득점
	고장 부분	내용 및 상태	판정 (□에 'V' 표)	정비 및 조치할 사항	
경음기 회로			□ 양호 □ 불량		

전기 4 시험 결과 기록표

오토바이 번호 :

| 비 번호 | | 감독위원 확인 | |

항목	1. 측정(또는 점검)		2. 판정(□에 'V' 표)	득점
	측정값	기준값		
전조등		_____ 이상	□ 양호 □ 불량	

6안	국가기술자격검정 실기시험 예상문제		
자격종목	이륜자동차 정비기능사	과제명	이륜자동차정비 작업
수험번호 : 시험시간 : 3시간 30분(엔진 1시간 30분, 섀시 1시간, 전기 1시간)			

01 엔진

① 주어진 이륜차엔진에서 크랭크축을 탈거(감독위원에게 확인)하고 감독위원의 지시에 따라 기록표의 내용대로 기록 · 판정한 후 조립하시오.
② 주어진 전자제어 이륜차엔진에서 감독위원의 지시에 따라 시동에 필요한 크랭킹 회로의 고장부분 1개소를 점검 및 수리하여 시동하시오.
③ 주어진 전자제어 이륜차 엔진에서 스로틀 보디를 탈거(감독위원에게 확인)한 후 다시 조립하고 감독위원의 지시에 따라 진단기(스캐너)를 사용하여 엔진의 각종 센서(액츄에이터)를 점검 후 고장부분을 기록하시오.
④ 주어진 이륜차에서 기록표에 제시된 내용을 측정하고 기록 · 판정하시오.

02 섀시

① 주어진 이륜차에서 감독위원의 지시에 따라 윈드 스크린을 탈거(감독위원에게 확인)한 후 다시 조립하시오.
② 주어진 이륜차에서 감독위원의 지시에 따라 CVT 벨트를 탈거하여 장력상태를 점검하여 기록 · 판정하시오.
③ 주어진 전자제어 이륜차 엔진에서 감독위원의 지시에 따라 진단기(스캐너)로 자동변속기를 점검하고 기록 · 판정하시오.
④ 주어진 전자제어 이륜차 엔진에서 감독위원의 지시에 따라 브레이크 오일를 교환(감독위원에게 확인)한 후 공기빼기 작업을 한 후 기록 · 판정하시오.

03 전기

① 주어진 이륜차에서 헤드라이트를 탈거(감독위원에게 확인)한 후, 다시 부착하여 정상적인 전원이 작동되는지 확인하시오.
② 주어진 이륜차에서 시동모터의 전압 강하 시험을 하여 고장부분을 점검한 후 기록표에 기록 · 판정하시오.
③ 주어진 이륜차에서 기동 및 점화회로의 고장부분을 점검한 후 기록 · 판정하시오.
④ 주어진 이륜차에서 경음기 음량을 측정하여 기록 · 판정하시오.

6안 국가기술자격검정 실기시험 예상문제 결과기록표

자 격 종 목	이륜차정비기능사	과 제 명	오토바이 정비 작업

※ 기록표는 문항별 구분 절단하여 배부하고, 각 문항별로 종료 시 회수한다.

01 엔진

엔진 1 시험 결과 기록표

엔진 번호 :

비 번호			감독위원 확인		

| 항목 | 1. 측정(또는 점검) | | 2. 판정 및 정비(또는 조치) 사항 | | 득점 |
	측정값	규정(정비한계)값	판정 (□에 'V' 표)	정비 및 조치할 사항	
( )번 저널 크랭크 축 외경			□ 양호 □ 불량		

엔진 3 시험 결과 기록표

오토바이 번호 :

비 번호			감독위원 확인		

| 항목 | 1. 측정(또는 점검) | | | 2. 고장 및 정비(또는 조치) 사항 | | 득점 |
	고장부위	측정값	규정값	고장 내용	정비 및 조치할 사항	
센서(액추에이터) 점검						

엔진 4 시험 결과 기록표

오토바이 번호 :

비 번호			감독위원 확인		

| 항목 | 1. 측정(또는 점검) | | 2. 판정 및 정비(또는 조치) 사항 | | 득점 |
	측정값	기준값	판정 (□에 'V' 표)	정비 및 조치할 사항	
CO			□ 양호 □ 불량		
HC					

※ 감독위원이 제시한 오토바이등록증(또는 차대번호)을 활용하여 차종 및 연식을 적용합니다.
※ 자동차 검사기준 및 방법에 의하여 기록, 판정합니다.
※ CO 측정값은 소수점 첫째자리까지만 기입하고 HC 측정값은 소수점 자리를 기록하지 않습니다.

02 섀시

섀시 2 시험 결과 기록표

오토바이 번호 :

비 번호		감독위원 확인	

| 항목 | 1. 측정(또는 점검) | | 2. 판정 및 정비(또는 조치) 사항 | | 득점 |
	측정값	규정(정비한계)값	판정(□에 'V' 표)	정비 및 조치할 사항	
구동벨트 장력상태			□ 양호 □ 불량		

섀시 3 시험 결과 기록표

오토바이 번호 :

비 번호		감독위원 확인	

| 항목 | 1. 측정(또는 점검) | | 2. 판정 및 정비(또는 조치) 사항 | | 득점 |
	이상 부분	내용 및 상태	판정(□에 'V' 표)	정비 및 조치할 사항	
자동변속기 자기진단			□ 양호 □ 불량		

섀시 4 시험 결과 기록표

오토바이 번호 :

비 번호		감독위원 확인	

| 항목 | 1. 측정(또는 점검) | | 2. 판정 및 정비(또는 조치) 사항 | | 득점 |
	측정값	규정(정비한계)값	판정(□에 'V' 표)	정비 및 조치할 사항	
클러치 레버 유격 기준			□ 양호 □ 불량		

03 전기

전기 2 시험 결과 기록표

오토바이 번호 :

비 번호		감독위원 확인	

항목	1. 측정(또는 점검)		2. 판정 및 정비(또는 조치) 사항		득점
	측정값	규정(정비한계)값	판정(□에 'V' 표)	정비 및 조치할 사항	
전압 강하			□ 양호 □ 불량		

전기 3 시험 결과 기록표

오토바이 번호 :

비 번호		감독위원 확인	

항목	1. 측정(또는 점검)		2. 판정 및 정비(또는 조치) 사항		득점
	고장 부분	내용 및 상태	판정(□에 'V' 표)	정비 및 조치할 사항	
기동 및 점화 회로			□ 양호 □ 불량		

전기 4 시험 결과 기록표

오토바이 번호 :

비 번호		감독위원 확인	

항목	1. 측정(또는 점검)		2. 판정 및 정비(또는 조치) 사항		득점
	측정값	기준값	판정(□에 'V' 표)	정비 및 조치할 사항	
경음기 음량		_____ 이하	□ 양호 □ 불량		

7안		국가기술자격검정 실기시험 예상문제	
자격종목	이륜자동차 정비기능사	과제명	이륜자동차정비 작업 |apo
수험번호 : 시험시간 : 3시간 30분(엔진 1시간 30분, 섀시 1시간, 전기 1시간)			

01 엔진

① 주어진 DOHC 엔진에서 실린더 헤드를 탈거(감독위원에게 확인)하고 감독위원의 지시에 따라 기록표의 내용대로 기록·판정한 후 조립하시오.
② 주어진 전자제어 이륜차엔진에서 감독위원의 지시에 따라 시동에 필요한 점화회로의 고장부분 1개소를 점검 및 수리하여 시동하시오.
③ 주어진 전자제어 이륜차 엔진에서 점화플러그와 배선을 탈거(감독위원에게 확인)한 후 다시 조립하고 감독위원의 지시에 따라 진단기(스캐너)를 사용하여 엔진의 각종 센서(액츄에이터)를 점검 후 고장부분을 기록하시오.
④ 주어진 이륜차에서 기록표에 제시된 내용을 측정하고 기록·판정하시오.

02 섀시

① 주어진 이륜차에서 감독위원의 지시에 따라 머플러를 탈거(감독위원에게 확인)한 후 다시 조립하시오.
② 주어진 이륜차에서 감독위원의 지시에 따라 전, 또는 후륜 브레이크 디스크의 두께 및 흔들림(런아웃)을 점검하여 기록·판정하시오.
③ 주어진 전자제어 이륜차 엔진에서 감독위원의 지시에 따라 자동변속기의 오일 압력을 점검하고 기록·판정하시오.
④ 주어진 전자제어 이륜차 엔진에서 감독위원의 지시에 따라 전륜 프론트 포크를 탈거(감독위원에게 확인)한 후 다시 조립하고 기록·판정하시오.

03 전기

① 주어진 이륜차에서 시동릴레이를 탈거(감독위원에게 확인)한 후, 다시 부착하여 정상적인 작동을 확인하시오.
② 주어진 이륜차에서 인젝터를 탈거하여 인젝터 코일의 저항을 측정하여 기록표에 기록·판정하시오.
③ 주어진 이륜차에서 제동등 및 미등 회로의 고장부분을 점검한 후 기록·판정하시오.
④ 주어진 이륜차에서 전조등 광도를 측정하여 기록·판정하시오.

7안 국가기술자격검정 실기시험 예상문제 결과기록표

| 자 격 종 목 | 이륜자동차정비기능사 | 과 제 명 | 이륜자동차 정비 작업 |

※ 기록표는 문항별 구분 절단하여 배부하고, 각 문항별로 종료 시 회수한다.

01 엔진

엔진 1 시험 결과 기록표

엔진 번호 :

| 비 번호 | | 감독위원 확인 | |

항목	1. 측정(또는 점검)		2. 판정 및 정비(또는 조치) 사항		득점
	측정값	규정(정비한계)값	판정 (□에 'V' 표)	정비 및 조치할 사항	
흡기밸브 간극			□ 양호 □ 불량		

엔진 3 시험 결과 기록표

오토바이 번호 :

| 비 번호 | | 감독위원 확인 | |

항목	1. 측정(또는 점검)			2. 고장 및 정비(또는 조치) 사항		득점
	고장부위	측정값	규정값	고장 내용	정비 및 조치할 사항	
센서(액추에이터) 점검						

엔진 4 시험 결과 기록표

오토바이 번호 :

| 비 번호 | | 감독위원 확인 | |

항목	1. 측정(또는 점검)		2. 판정 및 정비(또는 조치) 사항		득점
	측정값	기준값	판정 (□에 'V' 표)	정비 및 조치할 사항	
CO			□ 양호 □ 불량		
HC					

※ 감독위원이 제시한 오토바이등록증(또는 차대번호)을 활용하여 차종 및 연식을 적용합니다.
※ 자동차 검사기준 및 방법에 의하여 기록, 판정합니다.
※ CO 측정값은 소수점 첫째자리까지만 기입하고 HC 측정값은 소수점 자리를 기록하지 않습니다.

02 섀시

섀시 2 시험 결과 기록표

오토바이 번호 :

비 번호			감독위원 확인		
항목	1. 측정(또는 점검)		2. 판정 및 정비(또는 조치) 사항		득점
	측정값	규정(정비한계)값	판정 (□에 'V' 표)	정비 및 조치할 사항	
디스크 두께			□ 양호　□ 불량		
흔들림(런아웃)					

섀시 3 시험 결과 기록표

오토바이 번호 :

비 번호			감독위원 확인		
항목	1. 측정(또는 점검)		2. 판정 및 정비(또는 조치) 사항		득점
	측정값	규정(정비한계)값	판정 (□에 'V' 표)	정비 및 조치할 사항	
브레이크오일 수분함유량			□ 양호　□ 불량		

섀시 5 시험 결과 기록표

오토바이 번호 :

비 번호			감독위원 확인		
항목	1. 측정(또는 점검)		2. 판정 및 정비(또는 조치) 사항		득점
	점검 위치	내용 및 상태	판정 (□에 'V' 표)	정비 및 조치할 사항	
조향핸들 유격			□ 양호　□ 불량		

03 전기

전기 2 시험 결과 기록표

오토바이 번호 :

비 번호			감독위원 확인		

| 항목 | 1. 측정(또는 점검) | | 2. 판정 및 정비(또는 조치) 사항 | | 득점 |
	측정값	규정(정비한계) 값	판정 (□에 'V' 표)	정비 및 조치할 사항	
인젝터 코일 저항			□ 양호 □ 불량		

전기 3 시험 결과 기록표

오토바이 번호 :

비 번호			감독위원 확인		

| 항목 | 1. 측정(또는 점검) | | 2. 판정 및 정비(또는 조치) 사항 | | 득점 |
	고장 부분	내용 및 상태	판정 (□에 'V' 표)	정비 및 조치할 사항	
제동등 및 미등 회로			□ 양호 □ 불량		

전기 4 시험 결과 기록표

오토바이 번호 :

비 번호			감독위원 확인		

| 항목 | 1. 측정(또는 점검) | | 2. 판정(□에 'V' 표) | 득점 |
	측정값	기준값		
전조등		_____ 이상	□ 양호 □ 불량	

8안	국가기술자격검정 실기시험 예상문제		
자격종목	이륜자동차 정비기능사	과제명	이륜자동차정비 작업
수험번호 : 시험시간 : 3시간 30분(엔진 1시간 30분, 섀시 1시간, 전기 1시간)			

01 엔진

① 주어진 이륜차 엔진에서 스로틀바디(어셈블리)와 점화플러그를 모두 탈거(감독위원에게 확인)하고 감독위원의 지시에 따라 기록표의 내용대로 기록·판정한 후 조립하시오.
② 주어진 전자제어 이륜차엔진에서 감독위원의 지시에 따라 시동에 필요한 연료장치 회로의 이상개소를 점검 및 수리하여 시동하시오.
③ 주어진 전자제어 이륜차 엔진에서 점화코일을 탈거(감독위원에게 확인)한 후 다시 조립하고 감독위원의 지시에 따라 진단기(스캐너)를 사용하여 엔진의 각종 센서(액츄에이터)를 점검 후 고장부분을 기록하시오.
④ 주어진 이륜차에서 기록표에 제시된 내용을 측정하고 기록·판정하시오.

02 섀시

① 주어진 이륜차에서 감독위원의 지시에 따라 후륜 쇽업쇼버를 탈거(감독위원에게 확인)한 후 다시 조립하시오.
② 주어진 이륜차에서 감독위원의 지시에 따라 브레이크페달의 유격을 점검하여 기록·판정하시오.
③ 주어진 전자제어 이륜차 엔진에서 감독위원의 지시에 따라 브레이크 캘리퍼를 탈거(감독위원에게 확인)하고 다시 조립하여 공기빼기 작업 후 기록·판정하시오.
④ 주어진 전자제어 이륜차 엔진에서 감독위원의 지시에 따라 차대번호를 찾아서 확인하고 기록·판정하시오.

03 전기

① 주어진 이륜차에서 레귤레이터를 탈거(감독위원에게 확인)한 후, 다시 부착하여 정상적인 작동을 확인하시오.
② 주어진 이륜차에서 축전지를 감독위원의 지시에 따라 급속 충전한 후 충전된 축전지의 비중과 전압을 측정하여 기록표에 기록·판정하시오.
③ 주어진 이륜차에서 충전회로의 고장부분을 점검한 후 기록·판정하시오.
④ 주어진 이륜차에서 경음기 음량을 측정하여 기록·판정하시오.

8안 국가기술자격검정 실기시험 예상문제 결과기록표

자 격 종 목	이륜자동차정비기능사	과 제 명	이륜자동차 정비 작업

※ 기록표는 문항별 구분 절단하여 배부하고, 각 문항별로 종료 시 회수한다.

01 엔진

엔진 1 시험 결과 기록표

엔진 번호 :

비 번호		감독위원 확인	

항목	1. 측정(또는 점검)		2. 판정 및 정비(또는 조치) 사항		득점
	측정값	규정(정비한계)값	판정 (□에 'V' 표)	정비 및 조치할 사항	
피스톤과 실린더 간극			□ 양호 □ 불량		

엔진 3 시험 결과 기록표

오토바이 번호 :

비 번호		감독위원 확인	

항목	1. 측정(또는 점검)			2. 고장 및 정비(또는 조치) 사항		득점
	고장부위	측정값	규정값	고장 내용	정비 및 조치할 사항	
센서(액추에이터) 점검						

엔진 4 시험 결과 기록표

오토바이 번호 :

비 번호		감독위원 확인	

항목	1. 측정(또는 점검)		2. 판정 및 정비(또는 조치) 사항		득점
	측정값	기준값	판정 (□에 'V' 표)	정비 및 조치할 사항	
CO			□ 양호 □ 불량		
HC					

※ 감독위원이 제시한 오토바이등록증(또는 차대번호)을 활용하여 차종 및 연식을 적용합니다.
※ 자동차 검사기준 및 방법에 의하여 기록, 판정합니다.
※ CO 측정값은 소수점 첫째자리까지만 기입하고 HC 측정값은 소수점 자리를 기록하지 않습니다.

02 섀시

섀시 2 시험 결과 기록표

오토바이 번호 :

비 번호			감독위원 확인		
항목	1. 측정(또는 점검)		2. 판정 및 정비(또는 조치) 사항		득점
	측정값	규정(정비한계)값	판정 (□에 'V' 표)	정비 및 조치할 사항	
브레이크 페달 유격			□ 양호 □ 불량		

섀시 3 시험 결과 기록표

오토바이 번호 :

비 번호			감독위원 확인		
항목	1. 측정(또는 점검)		2. 판정 및 정비(또는 조치) 사항		득점
	이상 부분	내용 및 상태	판정 (□에 'V' 표)	정비 및 조치할 사항	
TCS 자기진단			□ 양호 □ 불량		

섀시 4 시험 결과 기록표

오토바이 번호 :

비 번호			감독위원 확인		
항목	1. 측정(또는 점검)		2. 판정 및 정비(또는 조치) 사항		득점
	점검 위치	제작년도	판정 (□에 'V' 표)	정비 및 조치할 사항	
차대번호			□ 양호 □ 불량		

03 전기

전기2 시험 결과 기록표

오토바이 번호 :

비 번호			감독위원 확인		

| 항목 | 1. 측정(또는 점검) | | 2. 판정 및 정비(또는 조치) 사항 | | 득점 |
	측정값	규정(정비한계)값	판정(□에 'V'표)	정비 및 조치할 사항	
축전지 비중			□ 양호 □ 불량		
전압					

전기3 시험 결과 기록표

오토바이 번호 :

비 번호			감독위원 확인		

| 항목 | 1. 측정(또는 점검) | | 2. 판정 및 정비(또는 조치) 사항 | | 득점 |
	고장 부분	내용 및 상태	판정(□에 'V'표)	정비 및 조치할 사항	
충전 회로			□ 양호 □ 불량		

전기4 시험 결과 기록표

오토바이 번호 :

비 번호			감독위원 확인		

| 항목 | 1. 측정(또는 점검) | | 2. 판정 및 정비(또는 조치) 사항 | | 득점 |
	측정값	기준값	판정(□에 'V'표)	정비 및 조치할 사항	
경음기 음량		_____ 이하	□ 양호 □ 불량		

"꿈은 날짜와 함께 적으면 목표가 되고,
목표를 잘게 나누면 계획이 되며,
계획을 실행에 옮기면 꿈은 실현된다."

― 당신의 합격메이커 에듀피디 ―